Machining Technology Series

기계 가공
기술 시리즈
No. 1

# 구멍 가공용 공구의 모든 것

툴엔지니어 편집부 편저 | 김하룡 역

드릴의 종류와 절삭 성능 | 드릴을 선택하는 법, 사용하는 법
리머와 그 활용 | 보링 공구와 그 활용 | 탭과 그 활용
공구 홀더와 그 활용 | 데이터 시트

BM (주)도서출판 성안당
일본 옴사 · 성안당 공동 출간

# 구멍 가공용 공구의 모든 것

This Korean language edition co-published by Taiga and Sung An Dang
Copyright ⓒ 1998
All rights reserved.

---

All rights reserved. No part of this publication may reproduced or stored in a retrieval system or transmitted in any form or by any means, electronic, mechanical, photocopying, recoding, or otherwise, without prior written permission of the publisher.

---

이 책은 ㈜大河出版과 BM㈜도서출판 성안당의 저작권 협약에 의해 공동 출판된 서적으로, 도서출판 성안당 발행인의 서면 동의 없이는 이 책의 어느 부분도 재제본하거나 재생 시스템을 사용한 복제, 보관, 전기적, 기계적 복사, DTP에의 도움, 녹음 또는 향후 개발될 어떠한 복제 매체를 통해서도 전용할 수 없습니다.

# 차 례

## PART • 1
## 드릴의 종류와 절삭 성능

| | |
|---|---|
| 드릴의 종류 | 2 |
| 드릴의 절삭 기구와 기준 절삭 조건 | 8 |
| 기준 절삭 조건의 수정 | 15 |
| 드릴 수명과 절삭 조건 | 22 |
| 드릴 형상과 구멍 뚫기 성능 | 35 |
| • 홈 길이 | 35 |
| • 비틀림각 | 38 |
| • 시닝(thinning) | 40 |
| • 지름 | 43 |
| • 선단각 | 46 |
| • 여유각 | 48 |
| 구멍 뚫기 깊이와 드릴 성능 | 50 |

## PART • 2
## 드릴을 선택하는 법, 사용하는 법

| | |
|---|---|
| 하이스 드릴의 선택 방법·사용 방법 | 58 |
| 초경 드릴의 종류와 사용 분류의 포인트 | 65 |
| 뉴 포인트 드릴의 절삭 성능 | 71 |
| EX 골드 드릴의 절삭 성능 | 75 |
| 심공 가공은 건 드릴로 | 79 |
| 절삭 유제의 효과 | 83 |
| 트위스트 드릴의 재연삭 | 90 |
| 드릴링의 트러블과 그 대책 | 97 |
| 난삭재의 구멍 뚫기 | 104 |
| 칩 브레이커 | 110 |

## PART • 3
## 리머와 그 활용

- 리머의 종류 · 114
- 리머의 선택 방법 · 사용 방법 · 117
- CBN 리머의 절삭 성능 · 124
- 다이아몬드 리머의 절삭 성능과 사용 예 · 128
- 초경 팁붙이 한개 날 테이퍼 리머 · 136
- 리머의 수정 · 140
- 리머의 재연삭 · 147
- 리머 가공의 트러블 대책 · 151

## PART • 4
## 보링 공구와 그 활용

- 보링 가공의 여러 가지 · 158
- 보링 바의 종류와 활용 · 162
- 보링 공구의 기본적인 사고 방식과 사용 방법의 힌트 · 172
- 보링 가공의 공작물 설치 · 178
- BTA 방식에 의한 심공 가공 · 182
- 범용기를 정밀 심공 뚫기 전용기로 · 188
- 변신시키는 보링 유닛 · 189
- 보링 바이트의 사용 방법 · 194

## PART • 5
## 탭과 그 활용

- 탭의 종류 · 200
- 탭의 형상과 절삭 기구 · 203
- 탭의 선택 방법 · 사용 방법 · 210
- 초경 탭의 종류와 절삭 성능 · 220
- 고속 싱크로 탭의 절삭 성능 · 226
- 암나사 등급과 탭의 등급 · 230
- 나사내기 구멍 지름과 걸림률 · 233
- 탭의 재연삭 · 237
- 태핑의 트러블과 대책 · 244

# PART • 6
## 공구 홀더와 그 활용

- 드릴 척 ......................................................................... 248
- 조립식 스터브 홀더 ........................................................ 257
- 리머 홀더 ...................................................................... 260
- 태핑 척 ......................................................................... 263

## 데이터 시트

1. 드릴의 각 부분의 명칭 ................................................ 272
2. 드릴의 날 세우기 형상과 특성 ..................................... 273
3. 리머의 각 부분의 명칭 ................................................ 274
4. 리머의 절삭 조건 ........................................................ 275
5. 리머의 측정 방법 1 ..................................................... 276
6. 리머의 측정 방법 2 ..................................................... 277
7. 탭의 각 부분의 명칭 ................................................... 278
8. 나사내기 구멍 지름 ..................................................... 279

# 만화로 보는 프롤로그

아들아, 기능을 연마하기 위해서는 반복 학습을 해야 한다. 이것도 드릴이란다.

# PART

# 드릴의 종류와 절삭 성능

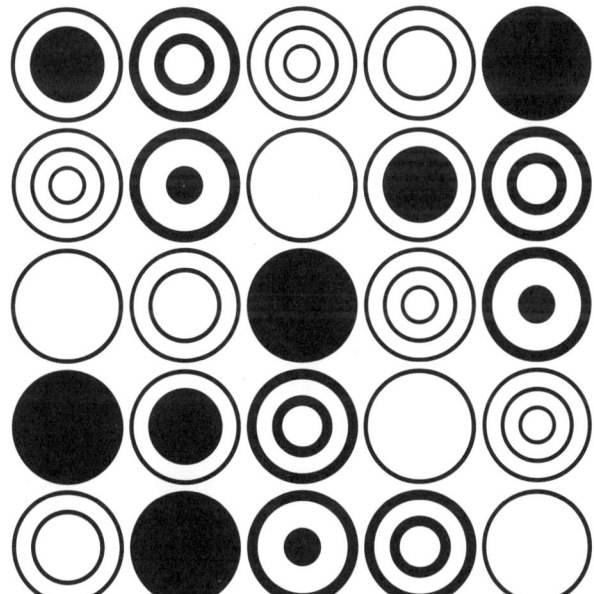

# 드릴의 종류

 기계 가공 중에서, 구멍 뚫기는 제일 많은 일반적인 가공이고 구멍이 없는 기계 부품은 없다고 말 할 정도다. 그 가공에는 여러 가지 방법이 있으나, 많이 사용되는 것은 드릴(송곳)을 사용한 절삭에 의한 구멍 뚫기다. 따라서 드릴은 가장 대중적인 절삭 공구라고 할 수 있다.

 드릴은 선단부에 절삭날을 갖고, 그리고 동체에 절삭분(칩)을 배출하기 위한 홈을 갖는 구멍 뚫기 공구로, 형상, 재질, 구조, 기능 등으로 매우 많은 종류가 있다.

 일반적인 드릴은 오른날 오른 비틀림의 홈날 형상을 한 트위스트 드릴로, 그저 드릴이라고 하면 트위스트 드릴을 가리킬 정도로 많이 사용되고 있다. 그러나 이 트위스트 드릴과 하이스, 초경(超硬) 등이라고 하는 재질상의 종별이 있고 스트레이트 섕크, 테이퍼 섕크, 기름 구멍붙이 등 형상에 의한 구분, 그 위에 롱 타입, 스터브(短尺) 타입 등의 사이즈상의 구분이나 날 수의 구분 등, 이것도 여러 가지 종류의 것이 있다.

 그리고 트위스트 드릴로 바깥 지름 $\phi 2 \sim 75\,mm$, 선단각 118°, 홈 길이가 바깥 지름의 20~30배, 바깥 지름의 3~5배 정도의 구멍 깊이까지의 구멍을 뚫을 수 있는 하이스 드릴을 일반적으로 표준형 드릴이라고 말하고 있다. 이보다 가는 지름의 것을 작은지름 드릴, 굵은 것은 굵은지름 드릴이라고 부르고 있다.

 이와 같이 트위스트 드릴만으로도 여러 가지 종류가 있으며, 그 외에 건 드릴, 스페이드 드릴, 센터 드릴, 특수 드릴 등을 더하면 그 종류야말로 대단한 수가 된다.

 그래서, JIS(일본 공업 규격에서는, 드릴의 종류에 대해서 다음 7 가지로 분류하고 있다.
  ① 날 부분의 재료
  ② 구조
  ③ 홈의 비틀림
  ④ 섕크의 형태
  ⑤ 보디의 축 직각 단면 형상
  ⑥ 드릴의 축 단면 형상 및 길이
  ⑦ 기능 또는 용도

### (1) 날 부분의 재료에 의한 분류

 드릴 절삭날부의 재질에 의한 분류로 탄소 공구강 드릴, 합금 공구강 드릴, 하이스 드릴, 초경 드릴의 4 종류

### (2) 구조에 의한 분류

보디와 섕크가 일체인 재료로 된 솔리드 드릴, 보디와 섕크를 맞댄 용접을 한 용접 드릴, 보디를 섕크에 끼워 넣어서 납땜 그 외의 방법으로 고정한 심은날 드릴, 초경 그 외의 팁을 납땜한 날붙이 드릴, 선단에서 어느 길이 부분이 동일 재료로 되어 있는 솔리드 드릴, 2개 이상의 부품을 기계적으로 조립한 조립 드릴, 절삭날로 스로어웨이 팁을 사용한 스로어웨이 드릴의 7종류.

### (3) 홈의 비틀림에 의한 분류

홈이 오른 쪽으로 비틀린 오른 트위스트 드릴, 왼쪽으로 비틀린 왼 트위스트 드릴, 홈이 비틀어져 있지 않는 곧은날 드릴의 3종류.

### (4) 섕크의 형태에 의한 분류

섕크부가 원통 형상인가 테이퍼인가 나사붙이인가에 의한 분류로, 스트레이트 섕크 드릴, 모스 테이퍼 섕크 드릴, 탱붙이 스트레이트 섕크 드릴, 나사붙이 스트레이트 섕크 드릴, 나사붙이 모스 테이퍼 섕크 드릴의 5종류.

### (5) 보디의 축 직각 단면 형상에 의한 분류

보디에 기름 구멍이 있는 기름 구멍붙이 드릴, 2개 이상의 지름의 전연(leading edge)을 갖는 복수 홈 드릴(일반적으로 스텝 드릴과 조합해서 서브랜드 드릴로서 사용한다). 한 개의 랜드(land)에 2개의 마진(margin)을 갖는 더블 마진 드릴, 절삭날이 한 개인 반달형 드릴, 날 부분이 판 형상인 평 드릴(세로홈 드릴)의 5종류.

### (6) 드릴의 축 단면 형상 및 길이에 의한 분류

2개 이상의 바깥 지름을 갖고, 단으로 되어 있는 단붙이 드릴, 전체 길이, 홈 길이가 널리 사용되는 표준적인 길이의 드릴(스트레이트 섕크 드릴, 모스 테이퍼 섕크 드릴 등), 전장이 표준적인 길이의 드릴부와 긴 롱 드릴, 반대로 표준적인 길이의 드릴보다 짧은 스터브 드릴의 4종류.

### (7) 기능 또는 용도에 의한 분류

작은지름 드릴로 지름과 섕크 지름이 다른 스트레이트 섕크인 러머형 드릴, 드릴의 중심부에는 절삭날이 없고, 나사내기 구멍 가공후의 마무리 리머의 나사내기 구멍 가공 등에 사용하는 코어 드릴, 중공 원통 형상의 날 부분을 섕크에 삽입해서 사용하는 셀 드릴, 센터 구멍 가공용의 센터 구멍 드릴, 각구멍의 가이드에 안내되어서 각구멍을 뚫는 삼각형을 한 각구멍 드릴, 강판에 접시형 구멍의 자리를 가공하는 선단의 절삭날이 원추형인 카운터 싱킹 드릴, 구멍의 중심부를 남겨서 구멍 뚫기를 하는 타깃 드릴(절삭날이 1개 또는 2개), 깊은 구멍용의 절삭날이 1개 또는 2개의 곧은홈을 갖는 건 드릴, 평 드릴과 같이 절삭날이 판 형상을 한 곧은날의 스페이드 드릴의 9종류.

이상이 JIS에 의한 7분류이고, 이외에도 세라믹 코팅을 한 드릴을 위시해서 홈 비틀림각의 강약에 의한 강비틀림이나 약비틀림의 트위스트 드릴, 사이드 로크의 스트레이트 생크 드릴, 탭이나 리머와 복합화된 드릴 등 여러 가지의 것이 있다.

여기서는 표준 드릴에서 특수 드릴까지 여러 가지 드릴을 사진으로 소개하고자 한다.

사진에서는 재질의 구분이 안되기 때문에 형상적인 종류로 소개한다.

① 표준 비틀림 스트레이트 생크 드릴

② 강비틀림 스트레이트 생크 드릴

③ 약비트림 스트레이트 생크 드릴

④ 탱붙이 스트레이트 생크 드릴

⑤ 스터브 드릴

⑥ 테이퍼 생크 드릴

● **스트레이트 생크 드릴**……①은 표준 비틀림의 스트레이트 생크 드릴이다. 비틀림각은 지름에 따라 다르나 27°전후. ②는 비틀림각이 32~40°의 강비틀림으로 알루미늄, 아연 등 비철금속의 구멍을 뚫는데 적합하다. ③은 비틀림각이 16~22°의 약비틀림으로 플라스틱 등에 적합하다.

● **탱붙이 스트레이트 생크 드릴**……긴 생크로 홈 길이가 짧게 되어 있으므로 돌출 범위를 넓게 잡을 수 있고, 강성도 높아, NC 기계에 적합하다④.

● **스터브 드릴**……홈 길이를 짧게 해서 강성을 높이고 빠른 이송을 할 수 있는 드릴이다. ⑤는 초경 3개 절삭날인 드릴이다.

⑦ 롱 드릴/스트레이트 섕크

⑧ 롱 드릴/테이퍼 섕크

⑨ 사이드 로크 드릴

⑩ 양초 드릴

⑪ 초경붙이날 기름 구멍붙이 드릴

⑫ 기름 구멍붙이 초경 스로어웨이 드릴(비틀림 홈)

⑬ 기름 구멍붙이 초경 스로어웨이 드릴(곧은 홈)

⑭ 건 드릴

- **테이퍼 섕크 드릴**……⑥은 표준 비틀림의 테이퍼 섕크 드릴이다.
- **롱 드릴**……깊은 구멍이나 깊은 위치의 구멍 뚫기에 사용한다. ⑦은 스트레이트 섕크, ⑧은 테이퍼 섕크이다. 기름 구멍붙이의 것이나, 스텝 피드 없이 깊은 구멍 가공을 할 수 있도록 홈을 연구한 논스텝 롱 드릴도 있다.
- **사이드로크 드릴**……섕크에 평탄부를 만들어 사이드로크 방식으로 고정할 수 있어서 중절삭(重切削)이 가능하다. 섕크의 평탄부가 1개소의 것이나 ⑨와 같이 3개소, 요컨대 삼각형인 것도 있다.

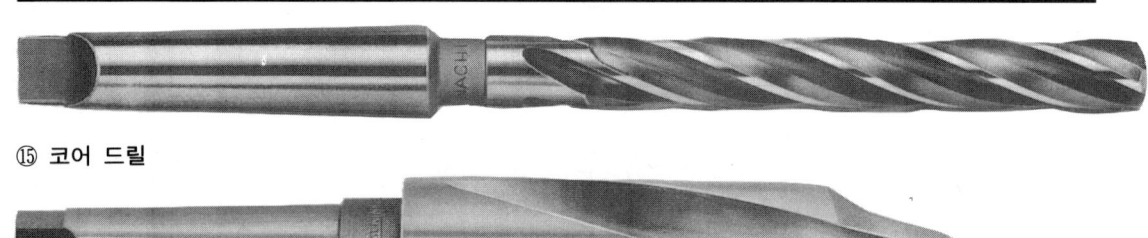

⑮ 코어 드릴

⑯ 카운터 싱킹 드릴

⑰ 서브랜드 드릴

⑱ 러머형 드릴

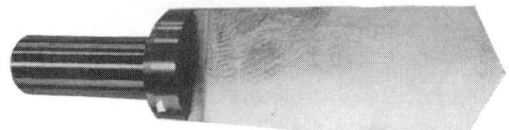

⑲ 센터 구멍 드릴(B형 60°용의 예)

⑳ 평 드릴

㉑ 드릴 리머

㉒ 드릴 탭

● **양초 드릴**······얇은판의 구멍 뚫기에 적합한 드릴로서, 날끝이 ⑩과 같이 양초 형상을 하고 있다. 둥근 랜드이기 때문에 얇은판도 양호한 진원도의 구멍 뚫기를 할 수 있다.
●. **초경붙이날 기름붙이 구멍 드릴**······초경 팁을 납땜한 기름 구멍붙이 구조의 드릴이다⑪.
● **기름 구멍붙이 초경 스로어웨이 드릴**······코팅한 초경 스로어웨이 드릴로, 기름 구멍붙이 구조의 드릴이다. ⑫는 비틀림홈, ⑬은 곧은홈이다.
● **건 드릴**······초경 팁을 납땜한 기름 구멍붙이의 구조로 지름의 100~150배의 깊은 구멍을 스텝 피드 없이 가공할 수 있다⑭.

● **코어 드릴**······나사내기 구멍 가공후의 마무리, 구멍 지름의 확대 등에 사용하고 선단 중심부의 절삭날은 없다⑮.
● **카운터 싱킹 드릴**······접시형 구멍의 자리를 가공할 때 사용하기 때문에 선단의 절삭날이 원추형으로 되어 있다.
● **서브랜드 드릴**······2개의 다른 지름을 갖는 드릴로 태평 나사내기 구멍 가공과 모떼기를 동시에 할 수 있다⑰.
● **러머형 드릴**······날 지름과 섕크 지름이 다르고, ⑱은 프린트 기판용의 초경 솔리드 드릴이다.
● **센터 구멍 드릴**······센터를 낼 때 사용하는 드릴이다. 센터 구멍의 각도에 따라 60°, 75°, 90°의 3종류, 센터 구멍의 형식에 따라 A형, B형, C형, R형의 4형식이 있다. ⑲는 B형(모떼기형) 60°용이다.
● **평 드릴**······날부분이 판상인 곧은날 드릴로서, 강도를 내기 위해서 섕크측을 두껍게 한 테이퍼 형상으로 되어 있다⑳.
● **드릴 리머**······드릴링과 리밍을 1개로 할 수 있는 복합 드릴이다㉑.
● **드릴 텝**······나사의 나사내기 구멍 가공과 태평을 1개로 할 수 있는 복합 드릴이다㉒.

# 드릴의 절삭 기구와 기준 절삭 조건

## 1 드릴의 형상과 절삭 기구

일반적으로, 드릴은 그 자신의 회전에 의해 2개의 절삭날(에지)이 공작물의 표면에서 파들어 가서 구멍을 뚫고 들어간다. 드릴의 절삭 속도는 외주부에 가까울수록 빠르게 된다. 통상의 절삭 속도란, 이 외주 속도를 말한다.

반대로, 드릴의 중심부에 가까워지면 절삭 속도는 저하되고, 회전 중심인 치즐 중앙부에서의 절삭 속도는 제로가 된다.

결국, 치즐부는 절삭에 관여한다기 보다는 공작물을 소성 변화시켜서, 강대한 추력으로 피삭재를 솟아 올려 잡아 뽑는 것과 같은 작용이 주가 된다.

**그림** 1은 드릴의 절삭날 각부의 절삭 상황을 표시한 것이다.

어떤 절삭 공구이건 절삭이라는 일을 하는 데는 절삭날에 경사각과 여유각이 없어서는 안된다.

바이트의 경사각이나 여유각은 한번 보면 알 수 있으나, 드릴의 경우는 좀 이해하기 어렵고 복잡하다.

드릴의 경사각은 치즐 포인트를 중심으로 외주부로 가는 데 따라서 크게 된다. 경사각은 강도를 상하지 않는 정도로 크게 할수록 절삭성이 좋은 것이며, 드릴의 가공 능률이 좋고 나쁜 것은 외주부의 절삭날의 상황-날이 잘 갈아져 있는가, 치평되고 있지는 않는가-에 달려 있다.

한편, 치즐부는 극히 큰 마이너스의 경사각으로 되어 있고, 절삭 속도도 낮기 때문에 절삭이라고 하는 작업을 하기가 대단히 어려운 곳이다. 그래서 시닝이 중요하게 되었다.

시닝이라고 하는 것은 절삭 저항을 적게 하기 위해서, 치즐부의 웨이브만을 조금 깎아내서 작게 하는 것이다(40페이지).

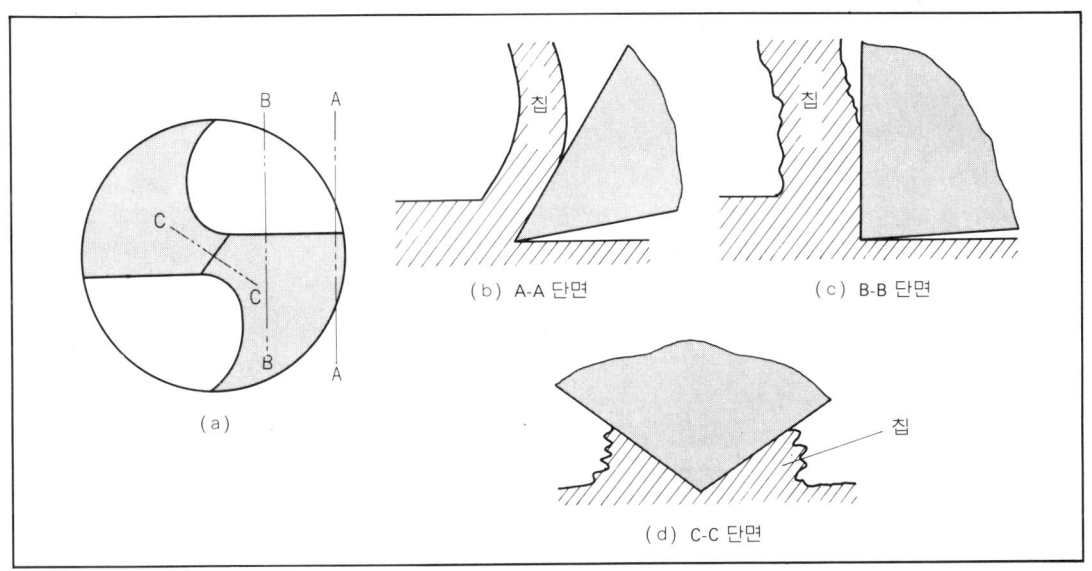

그림 1 절삭날 각부의 절삭 상태

이와 같이 드릴의 경사각은 에지의 반지름 방향과 같이 변화하는 것만이 아니라, 원추 연삭법에서는 여유각은 반대로 외주부로 가는 데 따라서 작게 된다. 그리고 드릴의 경우는 "경사각=비틀림각"이라고 하는 것으로, 바이트와 같이 재차 연삭으로 임의의 경사각을 만들 수는 없고 구입했을 때 결정되고 만다.

그런데 드릴 가공에 의해서 생긴 칩은 전부 비틀림홈을 통해서 배출된다. 그 사이, 절삭액은 칩과는 반대로 이 홈을 따라서 절삭날부에 흘러 들어간다. 상식적으로 봐서 드릴 가공중의 절삭액이 절삭날부에 생각하는 것만큼 골고루 미치지 못하는 것을 이해할 수 있을 것이다.

드릴은 선단부에서 생크(자루)로 가는데 따라, 지름이 조금 가늘게 되도록 만들어져 있다. 이것을 백 테이퍼라고 한다. 이것은 구멍 뚫기 작업중에 가공 구멍의 내면과 드릴이 접촉해서, 서로 마찰하고 가공 구멍을 확대해서 한 편으로 드릴의 랜드를 상하게 하는 것을 조금이라도 피하기 위한 것이다. 그리고 절삭액을 절삭날부로 보내기 위해서는 플러스로 작용한다.

드릴이라는 공구는 2개의 날이 원칙적으로는 같지 않으면 안된다. 소위, 밸런스 커팅하는 공구이다.

따라서, 양쪽날의 각도가 다르게 되어 있으면 한쪽날에 무게가 크게 걸리게 되고, 극단인 경우는 한쪽의 절삭날만이 가동하지 않고 한쪽의 홈에서 밖으로 칩이 나오지 않는다. 그 결과 구멍은 크게 되고, 위치도 어긋나서 그대로 드릴을 진행시키면 구멍은 구부러지고 만다. 그리고 가공 능률도 극단으로 저하되어 버린다.

2개의 절삭날을 동시에 작용시키기 위해서는 우선 선단각이 오른쪽과 왼쪽으로 다르게 되어 있어서는 안된다. 그리고 절삭날의 전체 길이가 같고 또 양 어깨의 높이가 같지 않으면 안된다.

드릴에 의한 구멍 뚫기의 절삭 상태는 입구에서 깊이 되는 데 따라서, 칩의 형상도, 배출성도, 절삭액의 침투성도, 절삭날의 온도도, 시간에 따라 변화한다. 깊은 구멍이 될수록 가공은 어렵게 되어 간다.

## 2 기준 절삭 조건

드릴 가공을 해 나가는데 있어서는, 적절한 절삭 조건을 정하지 않으면 안된다. 절삭 조건은 구멍 뚫기 작업의 내용으로 볼 때, 드릴의 안정된 수명을 취하는가, 구멍 뚫기 능력을 주체로 하는가, 구멍 뚫기 정밀도가 중요한가에 따라서 자연히 변화하게 된다. 결국, 기준이 되는 절삭 속도, 이송을 가공 목적에 따라 수정해 나가지 않으면 안된다.

이 수정량이야 말로 구멍 뚫기 가공의 노하우라고 하는 것이다. 이 노하우는 많은 경험을 쌓거나 될 수 있는 대로 많은 데이터를 접하고, 또 자기 나름대로 이해하든가, 어느 방법에 의해서밖에는 얻을 수 없다.

효율이 좋고 나름의 비결을 갖는 데는, 구멍 뚫기 가공에서 생기는 여러 가지 문제나 현상을 이론적으로 생각해 보는 습관을 갖는 것이 첫째이다.

자, 여기서 드릴의 절삭 속도와 이송에 대한 기준 절삭 조건을 어떻게 정했으면 좋은가에 대해서 말하고자 한다.

수동 이송에 의한 절삭, 혹은 범용기에 의한 절삭에서는 어느 정도 작업원이 절삭 상태를 보면서 회전수나 이송을 조절할 수 있게 되었다.

그러나 NC 공작 기계에서는 어느 정도까지 탁상 플래닝의 단계에서 프로그램 속에 절삭 조건을 짜넣지 않으면 안된다.

그 때문에, 연속식으로 표시되는 드릴의 회전수와 이송의 계산식이 필요하게 되었다. 그리고 그들의 기준 절삭 조건이 어떤 사고 방식에 따르고 있는가를 알아 둘 필요도 있다.

그래서 이송에 대해서 역학적으로 어림을 잡은 절삭 토크의 계산식과 보통 드릴의 비틀림 파괴 토크의 실험식에 파괴 토크에 대한 안전 계수를 가미해서 이송 조건의 식을 구해 보았다.

### (1) 회전수 $N$(rpm)

드릴의 회전수는 외주(外周)에 있어서 절삭 속도로 바꿔서 표시되는 것으로, 일반적으로는 절삭 속도가 빠르게 되면 절삭 온도가 높아지고 공구 수명은 저하하게 된다.

드릴에 의한 절삭은 선반의 바이트에 의한 외주 절삭과 같이 연속 절삭으로 엔드 밀을 포함한 밀링 커터나 정면 밀링 커터에 의한 절삭 등의 단속 절삭에 비해서 절삭 속도는 약간 느리다. 그 이유는 날끝의 공전에 의한 냉각 사이클이 없기 때문이다.

드릴의 경우는 절삭점이 구멍 밑에 있고, 칩의 배출에 맞추어서 절삭열이 축적되기 쉽기 때문에 특별히 절삭날의 냉각이 중요하다. 그러나 절삭액의 침투가 여러 가지 원인으로 날끝까지 도달하지 않는 경우가 대부분이라는 것을 고려하지 않으면 안된다.

$$N = \frac{1000 \cdot V}{\pi \cdot D} \fallingdotseq \frac{320 \cdot V}{D} \text{ (rpm)} \quad \cdots\cdots(1)$$

여기서, $V$ : 절삭 속도 (m/min)
$D$ : 드릴의 지름 (mm)

### (2) 이송 $f$ 또는 이송 속도 $F$

그림 2는, 드릴의 절삭 상태를 나타내는 약도이다. 이 그림을 기초로 우선 드릴의 절삭 토크 $T$(kgf·cm)를 구하는 계산식을 세워 보도록 하자.

$$T = \underbrace{\underbrace{\underbrace{\underbrace{\underbrace{\frac{D}{2}}_{\text{(드릴 반지름)}} \times \underbrace{\frac{f}{2}}_{\text{(한날의 이송 분담량)}}}_{\text{한쪽 날의 절삭 면적 mm}^2} \times \underbrace{K}_{\text{(비절삭 저항)}}}_{\text{한쪽 날의 절삭 저항 kgf}} \times \underbrace{\frac{D}{4}}_{\text{(그림 중심까지의 반지름)}}}_{\text{한쪽 날의 절삭 토크 kgf·mm}} \times \underbrace{\frac{1}{10}}_{\binom{\text{mm}\rightarrow}{\text{cm}}}}_{\text{한쪽 날의 절삭 토크 kgf·cm}} \times \underbrace{2}_{\text{(날수)}} \quad \cdots\cdots(2)$$

여기서, $f$ : 이송 (mm/rev)
$K$ : 비절삭 저항 (kgf/mm$^2$)

식 (2)를 정리하면 다음과 같이 된다.

$$T = \frac{D^2 \cdot f \cdot K}{80} \text{ (kgf·cm)} \quad \cdots\cdots(3)$$

드릴의 절삭 토크에 대해서는 많은 연구자가 실험식을 나타내고 있으나, 식 (3)의 계산식에 의해서도 실험값에 상당히 가까운 값을 얻을 수 있다.

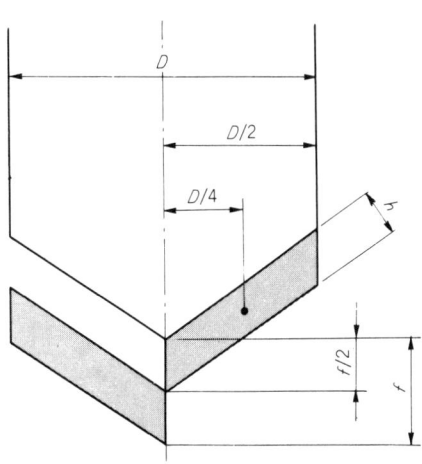

그림 2 드릴의 절삭 상태

한편, 보통의 하이스(고속도 공구강)의 트위스트 드릴(중심 두께가 $0.1D \sim 0.2D$ 정도의 것)의 비틀림 파괴 토크 $T_b$는, 다음 식 (4)에 표시하는 실험식으로 나타내진다.

$$T_b = 1.26 \cdot D^{2.72} \text{ (kgf} \cdot \text{cm)} \quad \cdots \cdots (4)$$

이 실험식은 $\phi 3 \sim \phi 30$ mm의 SKH 51 표준 드릴에 대해서, 상당한 정밀도의 높은 값을 얻을 수 있다. 초경 솔리드 드릴로는, 식 (4)의 1/2~1/3 정도로 생각한다.

식 (3)을 이항해서 $f$를 구하면,

$$f = \frac{80 \cdot T}{D^2 \cdot K} \text{ (mm/rev)} \quad \cdots \cdots (5)$$

식 (4)의 $T_b$를 식 (5)의 $T$에 대입하면,

$$f_b = \frac{80 \cdot T_b}{D^2 \cdot K} \fallingdotseq \frac{100 \cdot D^{0.72}}{K} \text{ (mm/rev)} \quad \cdots \cdots (6)$$

식 (6)은, 이 이송 조건으로 절삭하면 반드시 비틀림 파괴를 일으키는 한계 이송을 나타내는 식으로 실용적으로는 이것에 안전 계수 $S$를 생각하지 않으면 안된다.

$$f_s = \frac{100 \cdot D^{0.72}}{K \cdot S} \text{ (mm/rev)} \quad \cdots \cdots (7)$$

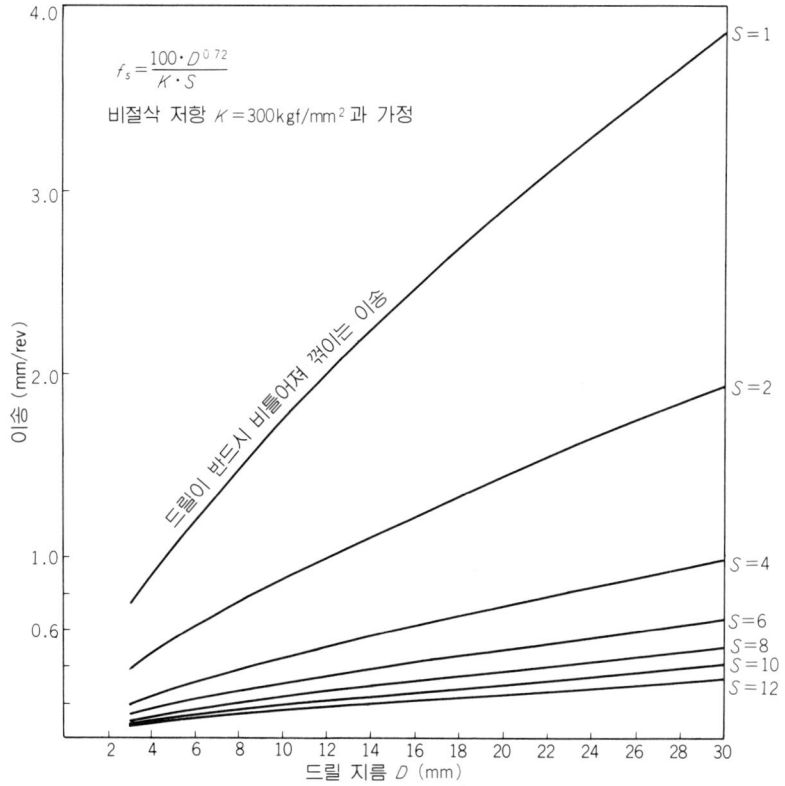

그림 3 비틀림 파괴 안전 계수 $S$를 바꾼 경우의 드릴 지름 $D$와 이송 $f_s$의 관계

식 (7)은 드릴의 비틀림 파괴 토크 $T_b$의 $1/S$가 작용하는 안전 이송 $f_s$를 나타내는 것이다. 안전 계수 $S$는 일반적으로 8~12 정도의 범위에서, 드릴의 수명, 구멍 뚫기 능률, 구멍 뚫기 정밀도 등, 어느 것을 주체로 보는가를 작업 목적에 맞추어서 수정한다.

이 때의 이송 속도 $F$ (mm/min)는,

$$F = N \cdot f_s \text{(mm/min)} \quad \cdots\cdots (8)$$

또, 이 때의 정미 절삭 동력 $P_m$은,

$$P_m = \frac{N \cdot T_b}{97442 \cdot S} \text{ (kW)} \quad \cdots\cdots (9)$$

로 구할 수 있다.

그러나, 실제의 절삭에서는 무부하 운전 동력 $P_0$를 고려하지 않으면 안되기 때문에 소요 동력 또는 전(全)동력 $P_t$는 다음과 같이 된다.

$$P_t = P_0 + P_m \text{ (kW)} \quad \cdots\cdots (10)$$

이 무부하 운전 동력 $P_0$는 기계의 주축 회전수가 높아질수록 크게 되어 무시할 수 없다. 신규로 기계를 구입할 때는, 메이커에 물어 보고 주축의 회전수 $N$과 무부하 운전 동력 $P_0$의 관계를 알아 두는 것은 중요한 일이다.

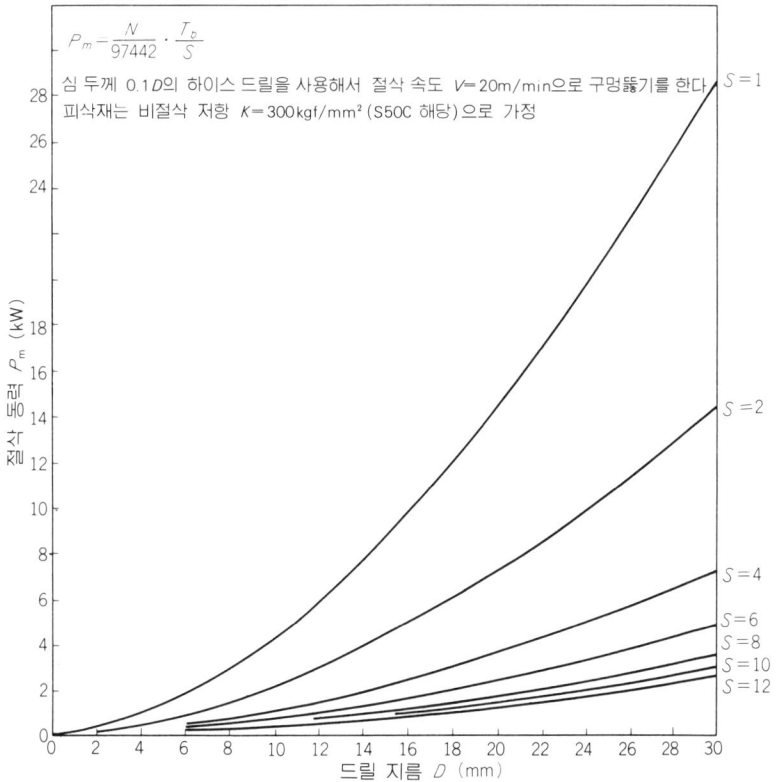

그림 4 드릴 지름과 비틀림 파괴 안전 계수 $S$에 의한 정미 절삭 동력 계산값 $P_m$의 관계

이상에서 말한 바와 같이, 구멍 뚫기 가공에 필요한 드릴의 회전수 $N$ (식 (1))과 이송 $f_s$ (식 (7))를 기준 절삭 조건으로 구할 수 있게 되었다.

**그림 3**은 비절삭 저항 $K=300\,\text{kgf/mm}^2$로 가정해서 식 (7)에 의해 안전 계수 $S$를 바꿔서 구한 기준 절삭 조건의 한 예이다. 이것은 좀 경도가 높은 S 50 C에 해당하는 재료에 구멍을 뚫는다고 가정한 것이다.

이 안전 계수 $S$ 자체도 기준 절삭 조건에 대한 수정 계수이며, 하여간 능률 좋고 빨리 구멍을 뚫고 싶은 경우는 $S$를 조금 작게 잡고, 반대로 고정밀도의 구멍에서는 드릴이 절대로 부러지지 않는다는 조건을·선택한다면, $S$를 조금 크게 잡을 필요가 있다.

**그림 4**는 그림 3에 표시한 것과 같은 내용으로 절삭 속도 $V=20\,\text{m/min}$로 절삭하는 것으로 가정했을 때의 드릴의 지름 $D$와 절삭 동력 $P_m$의 관계를 표시한 것이다. 안전 계수 $S=1$의 곡선은 절삭 속도 20 m/min에서 비틀림 파괴를 일으키는 극한의 정미 절삭 동력을 표시한다.

여기서 주의하지 않으면 안될 것은, $P_m$은 칩이 막히는 영향 등은 포함하지 않는다. 계산상의 정미 절삭 동력인 경우이다.

＊　　　　＊　　　　＊

이상, 기준 절삭 조건에 대한 생각을 기술하였으나, 실제 작업에서는 안전 계수 $S$를 포함해서 이 기준 절삭 조건을 어떻게 수정하느냐가 구멍 뚫기 가공의 노하우이고, 조작자 혹은 기술자로서의 수완을 보여 주는 것이다.

# 기준 절삭 조건의 수정

## ③ 기준 절삭 조건의 수정 항목

전항에서, 드릴 가공의 기준 절삭 조건을 구하는 계산식에 대해서 말하였으나 실제의 구멍 뚫기 작업에 있어서는 그들의 계산식에 포함되는 절삭 속도 $V$, 이송 $f$, 비절삭 저항 $K$, 비틀림 파괴 안전 계수 $S$ 등을 그 가공 조건에 적합하도록 수정, 선택해서 취급하지 않으면 안된다. 그러나 처음부터 무엇이든지 수정 항목으로서는 기준값이 정해지지 않는다.

그래서 그것들을 포함해서 드릴의 성능을 좌우하는 수정 항목이라고도 부를 수 있는 인자로서, 어떤 것이 있는가, 주된 것을 **그림 5**에 나타낸다. 이들 인자의 효과(영향)는, 그들 하나하나가 단독으로 가산적으로 작용하는 것, 적산(積算) 혹은 지수 함수적으로 작용하는 것 등 여러 가지다.

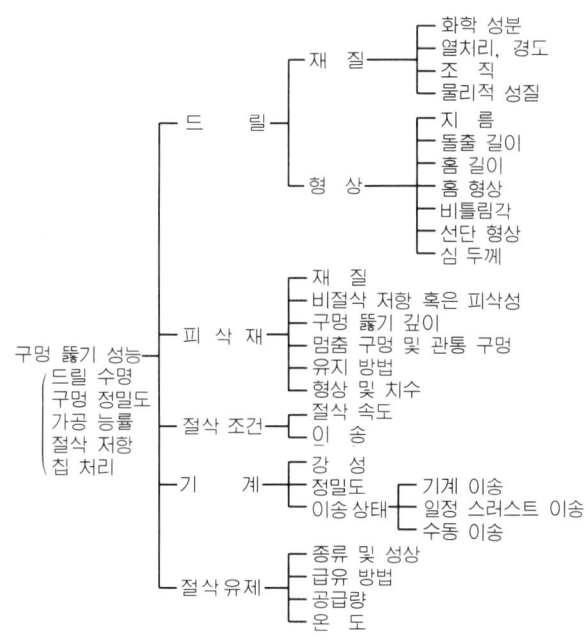

그림 5 구멍 뚫기 성능을 좌우하는 인자(수정 항목)

이들 인자의 효과를 전체적으로 받아들여서 기준 절삭 조건값을 어떻게 수정해 가는가가, 수완을 보여 주는 것이 된다.

예컨대, 전항에서 말한 비틀림 파괴 안전 계수 $S$를 포함시킨 계산식이지만, $S$는 구멍 뚫기 작업의 내용에 따라 선택한다.

　기준으로서는, 드릴에 걸리는 절삭 토크가 과대하게 되지 않도록 이송을 좀 작게 하고 경절삭으로 장기간 안정된 구멍 뚫기를 하는 경우는 $S$를 10~12 정도로 잡는다. 1회전마다의 이송이 작게 되기 때문에, 당연한 일이지만 고정밀도로 다듬질면이 좋은 구멍 뚫기를 할 수 있다.

　중절삭, 높은 이송에 의한 구멍 뚫기의 경우는 $S=6~8$로 1회전마다의 이송이 크게 되기 때문에 구멍 뚫기 능률은 높게 되나, 절손이나 날이 떨어지는 등의 불상사가 일어나기 쉽게 된다.

　일반적인 구멍 뚫기에서는, 경절삭과 중절삭의 중간적인 값으로 $S=8~10$을 취한다. 안전 계수 $S$ 하나를 들어 봐도, 합리적인 구멍 뚫기 작업을 진행해 나가는 데 있어서 중요한 조건 선택으로 된다.

## 4  절삭 속도와 절삭 온도

　절삭 가공에서는 상온에 있어서 공구의 경도는 높아도 절삭열로 날끝 온도가 높아지고 고온 상태에서 경도가 저하되면 공구 마모는 더욱 촉진된다. 이 날끝 온도를 내리는 방법으로 가장 효과적인 것은 절삭 속도를 내리거나 냉각하는 것이다. 온도가 내려가면 날끝의 경도 저하는 작게 되고 드릴의 수명은 길게 된다.

　**그림 6**은 드릴의 날끝 온도와 수명의 관계를 열전대법에 의해서 측정한 결과로 **그림 7**은 각종 공구 재료의 고온에 있어서의 경도의 변화를 비교한 것이다.

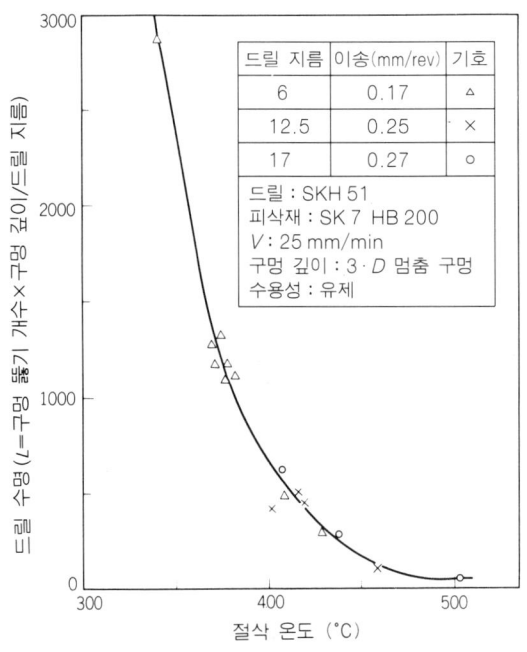

그림 6  절삭 온도와 드릴 수명

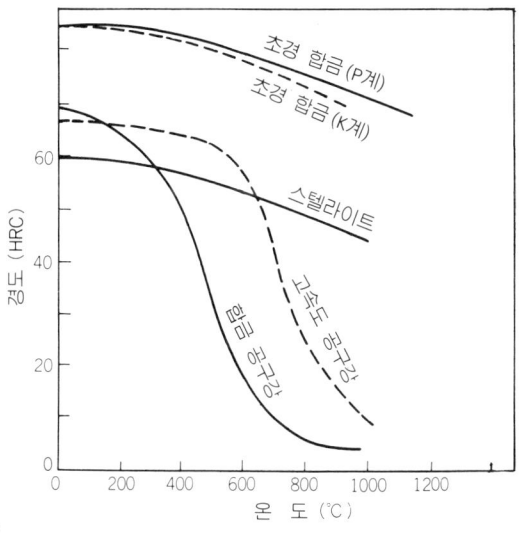

그림 7 고온 경도의 비교

이 데이터는 시료 전체를 일정 온도로 유지해서 측정한 것으로 실제의 절삭에서는 순간적으로는 이 온도에 도달하고 있는지도 모르지만, 열은 자꾸 확산되고 칩에 의해 전도되면서 배제되기 때문에, **그림 7**과 같은 영향을 어떤 경우에도 반드시 받는다고는 할 수 없다. 그러나 고온 상태가 유지되면 날끝의 경도는 저하되어 버린다.

드릴 가공에 있어서 절삭열은 드릴의 외주 절삭날 부근이 제일 높다고 생각되며 절삭 온도 $T$는 다음 실험식(1)으로 표시된다.

그러나 이 실험식은 선삭에 의한 것으로 드릴의 경우 이보다 조금 높은 값으로 된다고 생각할 수 있다.

$$\left.\begin{array}{l} \text{S15C}: T = 52 \times V^{0.45} \\ \text{황 동}: T = 29 \times V^{0.56} \end{array}\right\} \quad\quad\quad\quad\quad\quad\quad\quad\quad\quad\quad (11)$$

여기서, $T$ : 절삭 온도 (℃)
$V$ : 절삭 속도 (m/min)

**표 1**은 각종 피삭재별의 비절삭 저항과 대략 어느 정도의 절삭 속도를 취하면 되는가에 대해서 드릴 재질별로 표시한 것이다.

피삭재가 탄소강 혹은 합금강이라고 하여도 여러 가지 조성의 재료가 있으며 열처리에 의해서 경도나 다른 물성(物性)도 대폭적으로 다르게 된다.

그리고 절삭 속도에 대해서는 상당히 넓은 범위가 표시되고 있으나 결국은 날끝의 온도가 오르지 않도록 하는 대책을 세울 수 있는가 어떤가에 따라 달라지게 된다. 그것은 또, 칩이 막히기 쉬운가 그렇지 않은가에 따라서도 결정된다.

더욱이, 피삭재의 열전도율의 대소도 생각하지 않으면 안된다. 일반적으로 합금강 등의 구멍 뚫기에서는 **그림 8**에 표시한 것같이 절삭으로 발생한 열의 약 70~80%가 칩에 전도되고 공구와 피삭재에는 각각 약 10%가 전도된다고 말하고 있다.

표 1  피삭 재질별, 공구 재질별의 절삭 속도, 비절삭 저항

| 피 삭 재 | 경 도 HB | 절삭 속도 V(m/min) | | 비 절 삭 저 항 K(kgf/mm$^2$) | | | |
|---|---|---|---|---|---|---|---|
| | | 고속도강 드릴 | 초경 드릴 | $h$=12.5$\mu$m | $h$=27.0$\mu$m | $h$=55.0$\mu$m | $h$=190.0$\mu$m |
| 구조용강 SS 41 | ~175 | 15~30 | 30~60 | 480 | 350 | 300 | 220 |
| 탄소강 S 50 C, SK 7 | ~225 | 15~30 | 30~60 | 500 | 350 | 300 | 220 |
| 합금강 SNC, SUJ 2, SCM | ~275 | 10~25 | 20~50 | 500 | 350 | 320 | 250 |
| 공구강, 다이스강 SKD, SKH | ~325 | 8~15 | 20~50 | 620 | 400 | 350 | 280 |
| 내열강, 고합금강 | ~375 | 2~5 | 5~15 | 700 | 500 | 350 | 300 |
| 고경도재 | HRC 40~ | ~3 | ~5 | 600 | 370 | 320 | 320 |
| 페라이트계 스테인리스강 SUS 405, 429, 430, 439 | ~183 | 10~20 | 20~40 | 500 | 350 | 320 | 230 |
| 마텐자이트계 스테인리스강 SUS 405, 429, 418, 420 | ~210 | 8~15 | 16~30 | 650 | 430 | 320 | 280 |
| 오스테나이트계 스테인리스강 SUS 201, 302, 304, 316 | ~187 | 5~12 | 10~25 | 800 | 550 | 350 | 280 |
| 주철 FC 25 | ~180 | 20~30 | 40~60 | 450 | 270 | 200 | 120 |
| 황동, 기타 동합금 | | 20~40 | 40~80 | 220 | 180 | 130 | 100 |
| 알루미늄, 알루미늄 합금 | | 30~50 | 60~100 | 180 | 150 | 100 | 80 |

스테인리스강(SUS 304)이나 티탄은, 열전도율이 강의 1/3~1/4 정도로 극히 작고, 절삭열이 칩이나 피삭재로 전도되기 어렵기 때문에 열은 드릴에 일방적으로 축적되고 고온이 되어서 공구 수명이 저하된다.

따라서 이들의 재료는 경도가 탄소강과 같거나 또는 그 이하라 할지라도, 절삭 속도는 저속으로 하지 않으면 안된다.

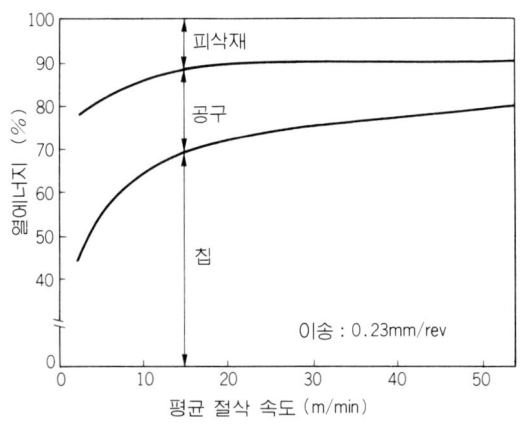

그림 8  강철의 구멍 뚫기에 있어서의 절삭열의 분포

반대로 알루미늄이나 동은, 경도는 낮고 열전도율은 높기 때문에 절삭 속도를 상당히 빠르게 할 수 있다. 그러나 칩이 드릴에 감겨 붙거나 용착(溶着)하거나 구멍의 내면에 뜯긴면을 남기거나 다른 의미로서의 절삭에 어려움이 있다.

이와 같이 절삭 속도의 선택에 있어서는 피삭재가 딱딱한가 연한가, 끈기가 있는가 부서지기 쉬운가, 열전도율이 큰가 작은가, 때로는 팽창 계수, 영률(Young' modulus) 등도 고려해서 자기 나름대로의 근거에 의해 확신을 갖고 결정하는 것이 중요하다.

그리고 표 1의 드릴 재질로는 초경 드릴로 밖에 표시할 수 없지만 초경 솔리드인가 메커니컬 클램프 구조인가, 팁 납땜형인가에 대해서도 고려하지 않으면 안된다. 주철의 건절삭중에 납땜 팁의 납이 절삭열로 녹아서 팁이 떨어져 나갔다는 예는 많이 있다.

## 5 절삭 속도와 비절삭 저항

표 1에 표시한 비절삭 저항 $K$ (kgf/mm$^2$)에 대해서는 정미 절삭 깊이 $h$를 4구분으로 표시하고 있다. 이 $h$는, 그림 9에 표시한 것같이 드릴의 선단각을 $a$, 이송을 $f$로 하면 다음 식으로 표시할 수 있다.

$$h = \frac{f}{2} \cdot \sin \frac{a}{2} \quad \cdots\cdots (12)$$

비절삭 저항 $K$는, 단위 단면적을 절삭하는 경우의 절삭 저항을 나타내는 것이지만, 단면적이 동일해도 그 형상이 가늘고 긴 것, 바꿔 말하면 얕고 폭이 넓은 절삭을 할 때는 매우 크게 된다.

예컨대, 드릴의 기준 절삭 조건(12페이지의 식 (7)을 산출하는 경우에 필요한 비절삭 저항 $K$는, 앞의 식 (12)으로 알 수 있듯이 드릴의 선단각 $a$ (일반적으로는 118°)와 이송 $f$ (mm/rev)의 대소에 따라서, 정미 절삭 깊이 $h$가 바뀌고, 그 일에 의해서 $K$도 또 바뀌는 것을 알고 있지 않으면 안된다.

따라서 구멍 뚫기 가공의 베테랑은 드릴의 선단각 $a$와 예상되는 이송 $f$에서 절삭날의 정미 절삭 깊이 $h$를 어림셈해서 비절삭 저항 $K$를 구하고, 다시 12페이지의 식 (7)에 의해서 기준 절삭 조건으로서의 이송을 구한다.

이 정미 절삭 깊이 $h$는, 다른 의미로도 중요하다. 오스테나이트계 스테인리스강이나 망간강 등과 같이 가공 경화성이 큰 피삭재의 구멍 뚫기에서는 100 $\mu$m를 넘는 깊이까지 가공 경화하는 일이 있기 때문이다.

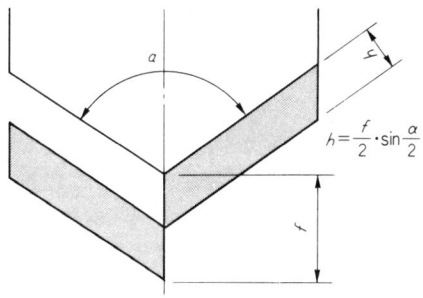

그림 9 드릴 절삭날의 정미 절삭 깊이 $h$

그 때는 일반적으로 선단각 $a$를 조금 크게 하고, 이송 $f$도 비교적 크게 한다.

그 이유는, 절삭날의 정미 절삭 깊이 $h$를 가급적 크게 해서, 가공 경화된 층의 밑을 끊임없이 끊게 하려는 배려가 있기 때문이다.

더욱이 실제상의 문제로서, 사용하는 드릴은 표준 홈의 길이로 좋은가 혹은 롱 드릴을 사용하여야 하는가, 드릴의 뚫기 시작부터 깊은 구멍부까지는 이송을 일정하게 해도 좋은가, 절삭액은 구멍이 깊게 되는 데 따라서 침투하기 어렵게 되나 어떻게 고려하면 되는가, 칩이 길게 늘어나서 드릴에 감기지는 않는가, 롱 드릴을 사용하면 뚫기 시작할 때의 가이드 부시(guide bush)는 필요하지 않는가, 드릴은 어떤 척으로 유지하는가, 피삭재의 체적이 작으면 온도 상승에 의한 드릴 수명의 저하가 있는데… 등을 검토해서 구멍 뚫기 가공에 최적의 절삭 속도, 이송이라는 절삭 조건을 구해 주기 바란다.

그 수정의 정확도는 조작자가 갖는 노하우에 따라서 좌우된다. 구멍 뚫기 가공의 경험을 쌓고 많은 기술적 데이터에 눈을 돌려 두는 것도 필요한 일이다.

다음의 **표 2**는 **표 1** 및 12페이지의 식 (7)에 따라서 기계적으로 구한 기준 절삭 조건표의 한 예이다.

## 표 2 트위스트 드릴의 기준 절삭 조건

표 중, 위의 값은 회전수 $N$(rpm), 밑의 값은 이송 $f$(mm/rev)을 표시함.

| 재 질 | 경도 | 1 | 2 | 3 | 4 | 5 | 6 | 7 | 8 | 9 | 10 | 11 | 12 | 14 | 16 | 18 | 20 | 22 | 24 |
|---|---|---|---|---|---|---|---|---|---|---|---|---|---|---|---|---|---|---|---|
| 구조용 강 SS 41 | HB ~175 | 4800~9600 0.021 | 2400~4800 0.034 | 1600~3200 0.063 | 1200~2400 0.078 | 960~1900 0.091 | 800~1600 0.121 | 690~1400 0.135 | 600~1200 0.149 | 530~1100 0.162 | 480~960 0.239 | 440~870 0.255 | 400~800 0.272 | 340~700 0.304 | 300~600 0.335 | 260~550 0.364 | 240~480 0.393 | 220~440 0.421 | 200~400 0.448 |
| 탄소 강 S 50 C·SK 7 | ~225 | 4800~9600 0.020 | 2400~4800 0.033 | 1600~3200 0.063 | 1200~2400 0.078 | 960~1900 0.091 | 800~1600 0.121 | 690~1400 0.135 | 600~1200 0.149 | 530~1100 0.162 | 480~960 0.239 | 440~870 0.255 | 400~800 0.272 | 340~700 0.304 | 300~600 0.335 | 260~550 0.364 | 240~480 0.393 | 220~440 0.421 | 200~400 0.448 |
| 합금 강 SNC·SUJ 2·SCM | ~275 | 3200~8000 0.020 | 1600~4000 0.033 | 1100~2700 0.063 | 800~2000 0.078 | 640~1600 0.091 | 550~1400 0.114 | 460~1140 0.127 | 400~1000 0.140 | 360~890 0.152 | 320~800 0.210 | 290~730 0.225 | 270~700 0.239 | 230~570 0.267 | 200~500 0.294 | 180~445 0.321 | 160~400 0.346 | 145~365 0.370 | 135~350 0.394 |
| 공구강·다이스강 SKD·SKH | ~325 | 2500~4800 0.016 | 1300~2400 0.027 | 850~1600 0.055 | 650~1200 0.068 | 500~960 0.080 | 430~800 0.104 | 360~690 0.116 | 330~600 0.128 | 280~530 0.139 | 250~480 0.187 | 230~440 0.201 | 210~400 0.214 | 180~340 0.239 | 160~300 0.263 | 140~265 0.286 | 130~240 0.309 | 115~220 0.331 | 105~200 0.352 |
| 내열강·고합금강 | ~375 | 640~1600 0.014 | 320~800 0.024 | 210~530 0.044 | 160~400 0.054 | 130~320 0.064 | 100~270 0.104 | 90~230 0.116 | 80~200 0.128 | 70~180 0.139 | 64~160 0.175 | 58~150 0.187 | 50~140 0.198 | 45~120 0.223 | 40~100 0.245 | 35~90 0.267 | 32~80 0.288 | 29~75 0.309 | 25~70 0.329 |
| 고경도 재 | HRC 40~ | ~960 0.017 | ~480 0.027 | ~320 0.060 | ~240 0.073 | ~200 0.086 | ~160 0.114 | ~140 0.127 | ~120 0.140 | ~110 0.152 | ~96 0.164 | ~87 0.176 | ~80 0.187 | ~70 0.209 | ~60 0.230 | ~55 0.250 | ~48 0.271 | ~44 0.289 | ~40 0.308 |
| 페라이트계 스테인리스 SNS 405·429·430·439 | ~183 | 3200~6400 0.020 | 1600~3200 0.033 | 1100~2100 0.063 | 800~1600 0.078 | 640~1300 0.091 | 550~1100 0.114 | 460~910 0.127 | 400~800 0.140 | 360~710 0.152 | 320~640 0.228 | 290~580 0.244 | 270~550 0.260 | 230~460 0.291 | 200~400 0.320 | 180~355 0.348 | 160~320 0.376 | 145~290 0.403 | 140~275 0.429 |
| 마텐자이트계 스테인리스 SUS 403·429·416·420 | ~210 | 2500~4800 0.015 | 1300~2400 0.025 | 830~1600 0.051 | 650~1200 0.063 | 500~960 0.074 | 410~800 0.114 | 360~690 0.127 | 330~600 0.140 | 280~530 0.152 | 250~480 0.187 | 230~430 0.201 | 200~400 0.214 | 180~345 0.239 | 165~300 0.263 | 140~265 0.286 | 130~240 0.309 | 115~215 0.331 | 100~200 0.352 |
| 오스테나이트계 스테인리스 SUS 201·302·304·316 | ~187 | 1600~3800 0.013 | 800~1900 0.021 | 530~1300 0.040 | 400~950 0.049 | 320~760 0.058 | 260~650 0.104 | 230~540 0.116 | 200~500 0.128 | 180~420 0.139 | 160~380 0.187 | 145~340 0.201 | 130~320 0.214 | 110~270 0.239 | 100~250 0.263 | 90~210 0.286 | 80~190 0.309 | 72~170 0.331 | 65~160 0.352 |
| 주 철 FC 25 | ~180 | 6400~9600 0.022 | 3200~4800 0.037 | 2100~3200 0.082 | 1600~2400 0.100 | 1300~2000 0.118 | 1050~1600 0.182 | 910~1370 0.203 | 800~1200 0.223 | 710~1100 0.243 | 640~960 0.437 | 580~870 0.468 | 500~800 0.500 | 450~685 0.557 | 400~600 0.610 | 355~550 0.610 | 320~480 0.610 | 290~435 0.610 | 250~400 0.610 |
| 황동·동합금 | | 6400~13000 0.045 | 3200~6400 0.075 | 2100~4300 0.120 | 1600~3200 0.150 | 1300~2600 0.180 | 1050~2100 0.280 | 910~1900 0.312 | 800~1600 0.344 | 710~1400 0.374 | 640~1300 0.525 | 580~1180 0.562 | 500~1050 0.600 | 450~950 0.600 | 400~800 0.600 | 355~700 0.600 | 320~640 0.600 | 290~590 0.600 | 250~500 0.600 |
| 알루미늄·알루미늄 합금 | | 9600~16000 0.055 | 4800~8000 0.091 | 3200~5300 0.147 | 2400~4000 0.180 | 1900~3200 0.212 | 1600~2700 0.360 | 1400~2300 0.406 | 1200~2000 0.447 | 1100~1800 0.486 | 960~1600 0.656 | 870~1450 0.660 | 800~1400 0.660 | 700~1150 0.660 | 600~1100 0.660 | 550~900 0.660 | 480~800 0.660 | 435~725 0.660 | 400~700 0.660 |

① $fs = \dfrac{100^{0.72}}{K \cdot S}$ 단, $S = 10$으로 하였음. ② $\phi 1 \sim 2$든, $h = 12.5\mu m$, $\phi 3 \sim 5$든, $h = 27\mu m$, $\phi 6 \sim 9$든, $h = 55\mu m$, $\phi 10 \sim$ 든, $h = 190\mu m$으로 해서 $K$를 결정. ③ 하이스제 표준 드릴을 기준으로 하였음.
④ 회전수는, TiN 코팅 드릴에서는 $1.2 \sim 1.5$배, 초경 드릴에서는 $1.5 \sim 2.0$배로 하였음. ⑤ 이송은, TiN 코팅 드릴은 표의 값을, 초경 드릴은 $0.6 \sim 0.8$배로 할 것.
⑥ 깊은 구멍($4D$ 이상)에서는 이송을 작게 함. ⑦ 어디까지나 기준 절삭 조건이고, 작업 내용에 따라 수정, 조정할 것.

# 드릴 수명과 절삭 조건

 드릴을 위시해서 모든 절삭 공구는 사용 시간의 경과와 함께 마모해서 절삭 성능이 저하되어 곧 수명이 다 되고 만다. 마모되기 전에 부러지거나 치핑이 생겨서 급속하게 가공에 견디지 못하게 되는 경우도 있다.
 이와 같이 마모나 치핑으로 수명이 다 된 드릴은 일반적으로 다시 연삭을 하게 되는데, 이 재연삭을 필요로 할 때까지의 수명의 판정 기준은 어떻게 결정하게 되는 것인가.
 그리고 실제의 구멍 뚫기 작업에서는 드릴의 수명을 연장시키기 위해서 여러 가지 연구가 필요하다. 수명 향상 대책은 바꿔 말하면 마모 감소책이라는 것이지만 우선 마모하기 어려운 절삭 조건의 선정(기준 절삭 조건의 수정), 날끝의 냉각(절삭 유제) 등을 검토해서 수명 연장을 생각할 필요가 있다.
 그래서 드릴의 수명 판정 기준, 그리고 절삭 속도, 이송 등 절삭 조건과 드릴 수명의 관계에 대해서 말하고자 한다.

## 1 수명 판정 기준

 어떤 절삭 조건으로 드릴에 의한 구멍 뚫기 가공을 하고, 그 결과로서 바람직한 작업이 되었는지 어떤지의 판단은 일반적으로 **그림 1**에 표시한 것같은 수명 판정 기준에 따라 실시되고 있다.
 어떤 수명 판정 항목이 합리적인가 하는 것은 일률적으로는 정할 수 없다. 작업 내용에 따라 제일 필요로 하는 항목, 혹은 관리하기 쉬운 항목에 주목해서 수명 시점을 판단하고 재연삭을 하거나 교환하거나 한다.

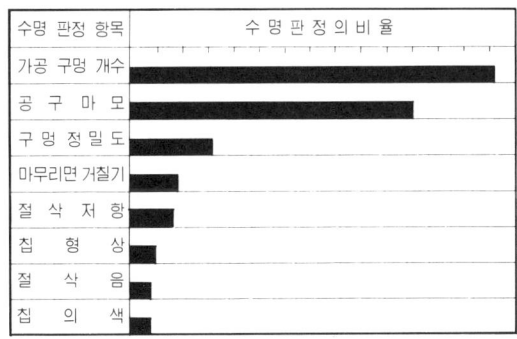

그림 1 드릴 수명 판정의 한 예

   일반적으로 가공 구멍수, 공구 마찰, 구멍 정밀도에 따른 수명 관리가 실시되고 있으나 MC(머시닝 센터; 복합 공작 기계) 가공으로는 문제가 있는 것 같다.

   그와 같이 말한 것은 공구 잡지에 들어 있는 여러 가지 드릴에 대해서 각각이 몇 개의 구멍을 뚫었는가를 항상 관리하는 것이 곤란하고, 드릴 지름, 길이 등에 의해 서로 다른 고유의 수명을 갖고 있어서 그것을 예측하지 않으면 안되기 때문이다.

   그리고 마모량으로 관리하게 되면 누가, 언제, 어느 위치에서 관측하면 되는가, 그것이 가능한가도 문제이다. 더욱이, 드릴이 MC의 주축에 유지되고 있는 상태에서는 일반적으로 미소한 마모나 치핑을 볼 수는 없다. 그렇다고 MC의 운전중에 공구 매거진 속의 드릴의 마모를 확인하는 것은 위험하다.

   따라서 MC에 있어서 드릴의 수명 관리가 실제로 규칙화된 방법으로는 대부분 이루어지고 있지 않다고 말하는 것이 실정일 것이다.

   특히 MC에 의한 금형 제작이나 특수한 부품 관리와 같은 다종 소량 생산에 있어서의 드릴의 수명 관리는 기계 메이커, 공구 메이커, 사용자의 3자가 지혜를 서로 내놓아서, 생각해 나가지 않으면 안 될 과제라고 생각한다.

# 2
# 절삭 속도의 관계

   드릴의 구멍 뚫기 성능을 생각할 때, 수명, 가공 정밀도, 구멍 뚫기 능률, 절삭 토크, 추력(스러스트력) 등 여러 가지의 평가 특성이 있다.

   이것들은 구멍 뚫기 작업의 내용에 따라 복잡하게 서로 영향을 주고, 때로는 서로 강하게 하며, 때로는 서로 부정한다. 또 그것들을 정량적으로 받아들여서 기준 절삭 조건의 수정 계수를 구하는 것은 불가능하다. 그러나 될 수 있는 대로 그것에 가깝게 하는 노력은 해야 하는 것이다.

**그림 2**(a), (b)는 드릴 피삭재 열전대법이라고 하는 방법에 의해서 측정한 주철의 얕은 구멍 뚫기에 있어서의 절삭 온도의 비교 데이터이다. 이 정도의 구멍 뚫기 깊이에서는 칩의 영향은 전연 생각할 필요가 없기 때문에 정미의 절삭 온도로 봐도 좋은 것이다.

(a), (b)의 양 대수 그래프에서 절삭 속도, 이송과 절삭 온도 사이에는 직선적 관계가 성립되고 있는 것을 알 수 있다. 그리고 절삭 속도쪽이 이송보다 영향을 주는 방법이 강한 것도 알 수 있다. 결국, 드릴의 마모 감소(수명 향상) 대책은 우선 절삭 속도, 다음으로 이송에 대한 배려가 필요하다고 할 수 있다.

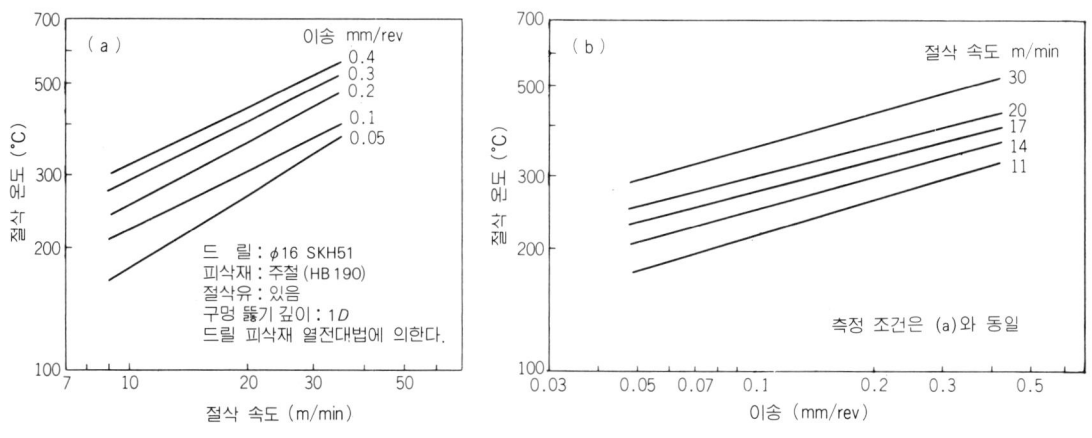

그림 2 절삭 조건과 절삭 속도

**그림 3**은, 드릴 지름과 절삭 온도의 관계를 각 절삭 속도마다 비교한 것이다. 드릴 지름이 크게 되면 드릴 자체의 체적도 크게 되고 열을 받아 들이는 양이 크게 되어서 날끝에 발생한 열의 이동, 확산이 빠르게 된다.

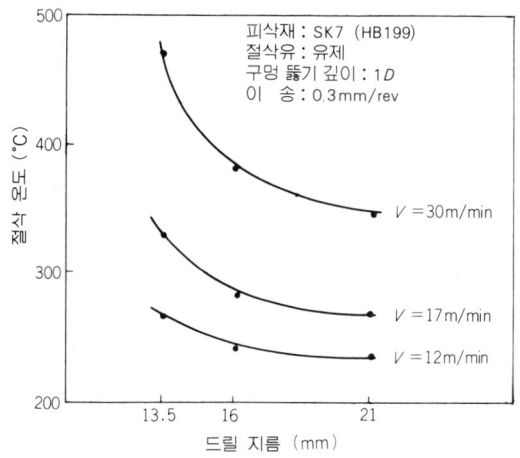

그림 3 드릴 지름과 절삭 온도

결국, 냉각한 것과 같은 효과가 일어난다. 이것과 유사한 작용은 피삭재의 체적이 크게 된 경우에도 해당된다.

큰 체적을 갖는 피삭재는 절삭 온도가 올라가기 어렵고 드릴의 수명도 길게 된다고 하는 데이터도 있다.

**그림 4**, **그림 5**는 각종 합금강의 구멍 뚫기 깊이 2D(지름)에 있어서의 절삭 속도, 이송 및 절삭 유제의 효과를 비교한 것이다. 어느 것이나 절삭 속도나 이송을 크게 하면 수명이 급격히 짧아지게 되어 있다.

그리고 같은 절삭 속도, 이송에서는 불수용성 절삭유를 사용하는 것이 수용성 절삭유를 사용하는 경우보다 수명이 길어지게 되는 것을 나타내고 있다.

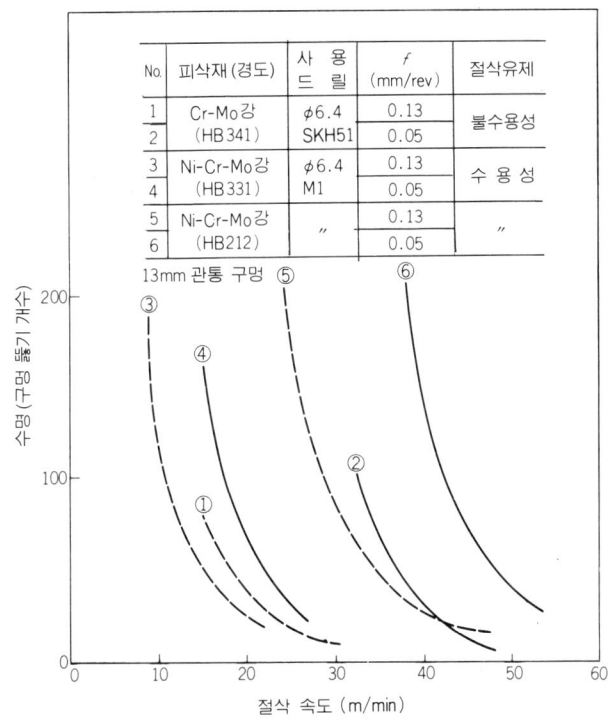

그림 4 합금강에 대한 절삭 속도와 수명

**그림 4**에서는 피삭재나 경도에 따라 드릴 수명이 어떻게 변화하는가를 나타내고 있다. 딱딱한 재료라 할지라도 드릴 재질, 절삭 속도, 이송, 절삭 유제 등을 잘 선택하면 구멍 뚫기 능률, 수명도 현저하게 개선할 수 있다고 한다. 시사(示唆)가 풍부한 데이터이다.

**그림 5**의 스테인리스강의 구멍 뚫기 데이터 중에서 특히 흥미를 끄는 것은 마텐자이트계의 것은 일반 합금강 등과 같이 이송이 증가하면 수명이 저하하는 데 대해서 오스테나이트계의 것은 그 관계가 역전하고 있는 것이다. 이것은 가공 경화층이 원인으로 되어 있지 않는가라고 생각할 수 있다.

SUS 304 등으로 대표되는 오스테나이트계 스테인리스강은 가공 경화(硬化)의 성질이 강하기 때문이다.

여기서, 드릴 가공에 있어서의 가공 경화 현상에 대해서 다소 말하고자 한다.

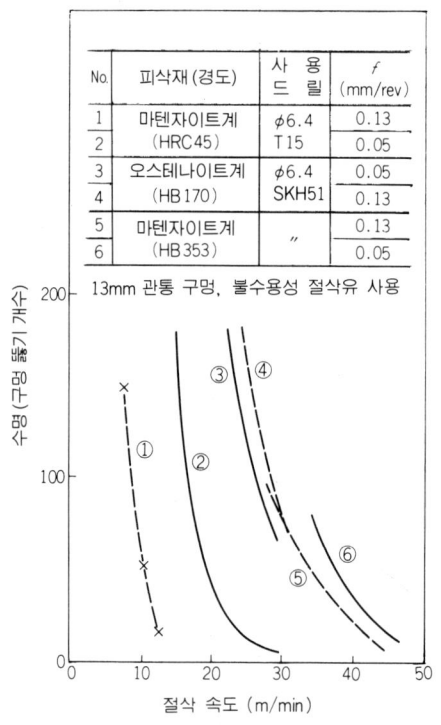

그림 5 스테인리스강에 대한 절삭 속도와 수명

**그림 6**은 가공 경화를 포함하는 가공 변질층의 발생을 설명하기 위한 절삭 상태 모형이다. 공구의 날끝은 실질적으로는 반지름 $r$의 둥글기로 되어 있어서 절삭시에는 가공면에 대해서 큰 배분력(가공면을 수직 방향으로 세게 누르는 힘)을 일으킨다.

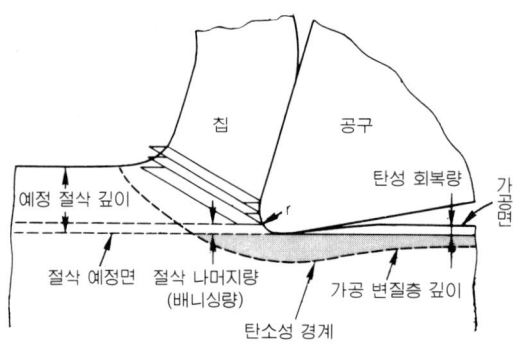

그림 6 절삭 상태 모형

실제의 날끝은 예정 절삭 깊이에 대해서 공구, 피삭재 쌍방에 여유가 생기기 때문에 얕게 되고 그 몫에 해당하는, 절삭되지 않은 부분이 생긴다. 그리고 공작물의 표면에 배니싱 면이라고 불리는 표면 유동층을 갖는 광휘면(光輝面)이 남는다. 이것이 탄성 변형, 소성 변형에 의해서 생긴 가공 경화층이다.

이 경화층의 경도나 깊이는 배분력이 클수록, 날끝의 둥그라미 $r$가 클수록, 혹은 비율로서 예정 절삭 깊이가 작을수록 두드러지게 된다.

따라서 가공 경화성이 큰 재료의 구멍 뚫기에서는 이송을 너무 지나치게 작게 하면 날끝은 가공 경화층의 딱딱한 부분을 절삭해서 마모가 촉진하게 된다. 이송을 좀 크게 해서 가공 경화의 정도가 작은 아래쪽을 절삭하도록 하면 가공 경화가 낮은 부분을 절삭하는 것이 되고 드릴 수명이 연장된다는 경우가 나오게 된다.

이와 같이 드릴의 날끝이 가공 경화층의 내부를 절삭하느냐, 혹은 경화 정도가 낮은 부분을 절삭하느냐 하는 것은 드릴 선단각의 대소에 따라서도 영향을 받는다.

**그림 7**은, 드릴의 선단각 $a$가 큰 경우와 작은 경우로 한쪽의 절삭날이 피삭재에 실제로 절삭해 들어가는 깊이 $h$를 비교한 것이다.

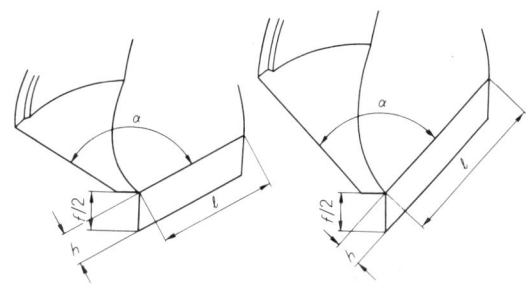

그림 7  선단각 $a$와 절삭 깊이 $h$

선단각 $a$가 작게 되면 당연히 절삭날 길이 $l$은 길게 되고, 그 몫만큼 절삭 깊이 $h$는 작게 된다. 이 절삭 깊이 $h$가 경화층의 깊이에 대해서 어느 정도인가에 따라서, 드릴의 수명이 크게 달라지게 된다.

선단각 $a$와 이송 $f$에 따라서 절삭 깊이 $h$가 어떤 값으로 되는가 하는 것은 19페이지의 식 (12)에서 알 수 있듯이, 선단각 $a$가 크게 되고, 그리고 이송 $f$가 크게 되면 절삭 깊이 $h$는 크게 된다.

**그림 8**은 가공 경화의 경도와 깊이의 관계를 나타낸 것이다. 공작물 표면의 경도는 측정하기 어려우나 내부에 이르는 경도의 분포 곡선은 단면을 만들어서 측정하였다.

가공 경화의 영향층은 표면에서 0.3 mm 정도에 까지 이르고 있다. 드릴 가공만이 아니라 가공 경화성이 높은 재료의 가공에서는 절삭날의 절삭 깊이 $h$를 될 수 있는 대로 크게 잡고, 조금이라도 가공 경화의 영향을 받지 않는 곳을 절삭하여야 한다는 것을 이해하였다고 생각한다.

**그림 9**는 절삭 속도, 피삭재 경도, 절삭 유제와 수명의 관계를 본 것이다. 경도가 낮은 재료를 고속 영역에서 구멍 뚫기하는 경우에는 불수용성 절삭 유제가 우수한 성능을 나타내고 있다. 이것은 얕은 구멍 뚫기 가공 때문에 불수용성 절삭 유제의 침투가 가능하게 되고, 그 윤활 효과가 충분히 발휘된 것으로 생각할 수 있다. 그러나 칩은 상당한 고열로 되기 때문에 절삭 유제의 공급량이 부족하게 되면 발열이나 발화 등의 문제가 생긴다.

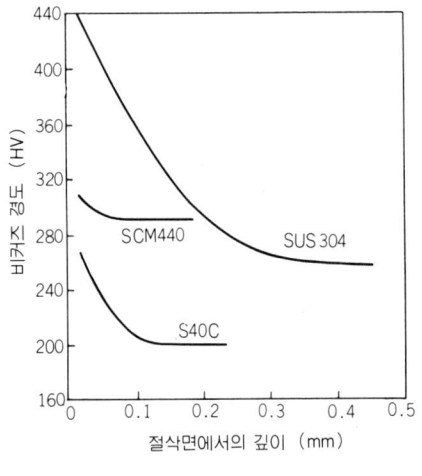

그림 8  가공 경화 깊이의 예            그림 9  절삭 속도, 피삭재 경도, 절삭 유제와 수명

그림 10은 난삭재로서 유명한 내열 합금 RENE 41의 구멍 뚫기 데이터이다. 이러한 종류의 재료의 구멍 뚫기에서는 특히 높은 강성을 가진 드릴을 사용해서 극히 낮은 절삭 속도로 구멍 뚫기하는 것이 특징이다.

이 그림에서는 절삭 속도가 높게 되는 데 따라서, 또 이송이 크게 되는 데 따라서 수명이 짧아지고 있다.

반대로 저절삭 속도의 영역에서는 앞에서 말한 관계는 볼 수 없고, 절삭 속도와 이송의 조합으로서 수명이 최대로 되는 곳이 있는 것을 나타내고 있다.

그림 11도 마찬가지로 내열 합금으로 유명한 UDIMET 700(주물)의 구멍 뚫기 데이터이다. 이 재료도 절삭 속도에 관해서 피크 수명이 있는 것을 나타내고 있다.

초경 드릴에 의한 고경도재의 구멍 뚫기에서도 절삭 속도와 이송의 조합에 의해 수명이 최고값을 나타내는 조건이 있다.

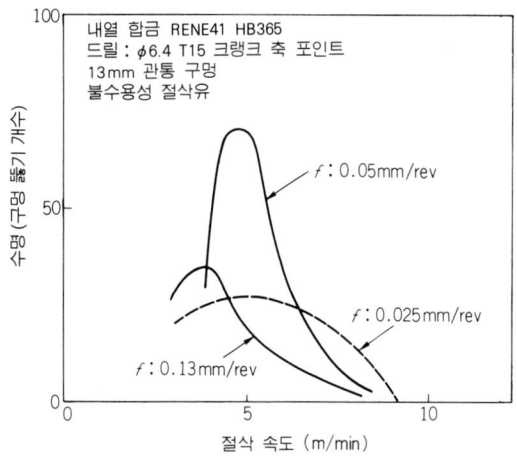

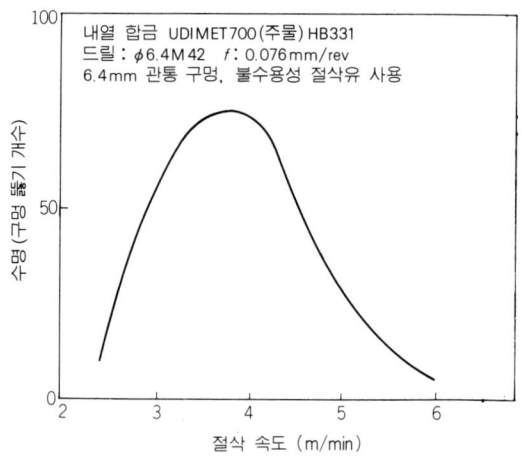

그림 10  내열 합금에 대한 절삭 속도와 수명        그림 11  내열 합금에 대한 절삭 속도와 수명

고무와 석면으로 구성된 브레이크용 내마재(耐摩材)의 구멍 뚫기에서는 절삭날을 마모시키기 쉬운 딱딱한 석면 파이버가 대량으로 들어 있고 그리고 열전도 속도가 대단히 낮기 때문에 절삭에 의해서 발생하는 열의 대부분이 드릴에 축적되어 마모를 현저하게 촉진시킨다.

이와 같은 재료나 FRP(유리 섬유 강화 플라스틱)와 같은 보강 섬유가 들은 수지계 재료의 구멍 뚫기에서는 여유각 등은 치핑에 신경을 쓰지 말고 될 수 있는 대로 크게 할 필요가 있다.

이에 의해서 날끝과 피삭재의 접촉 면적을 줄이고, 날의 드는맛을 좋게 해서 발열을 작게 한다. 여유각이 크고 절삭 속도는 낮은 것이 좋은 결과를 나타낸다.

이송을 너무 작게 하면 절삭날이 만드는 나선형 총절삭 길이가 증가하고 딱딱한 파이버를 절단하는 횟수가 증가하여 수명이 짧게 된다. 그러나 이 경우도 단지 수명만이 아니라 흠집이나 빠지는 쪽 구멍 가장자리의 깨짐 등, 가공 구멍의 정밀도, 품질 등도 고려할 필요가 있을 것이다.

# 3
# 이송의 관계

## 1 이송과 이송 속도

절삭 속도는 통상적으로 사용되는 절삭 조건의 범위에서는 절삭 드릴이나 추력에는 전혀 영향을 주지 않으나 이송의 영향력은 크며 대부분 직선적인 비례 관계가 있다. 결국 실용 범위에서는 이송값이 2배로 되면 절삭 토크나 추력도 거의 2배로 된다.

당연한 일로서 과대한 이송으로 절삭하면 드릴은 비틀림 파괴 및 좌굴에 의해서 부러지고 만다. 따라서 보통의 구멍에서는 드릴 고유의 파괴 토크의 1/6~1/12의 값이 되는 범위에서 기준 절삭 조건으로서의 이송을 구한다.

그런데 드릴의 이송 상태를 표시하는 데는 드릴 1회전마다의 이송 $f$(mm/rev)와, 1분마다의 구멍 뚫기 이송 속도 $F$(mm/min)가 있다. 이 $f$와 $F$의 관계는, $F=N$(회전수 rpm)$\times f$로 된다.

이송 $f$는 절삭 저항, 마모, 치핑, 다듬질면 거칠기 등 절삭중의 현상을 생각하는데 편리한 기준이다. 또, 이송 속도 $F$는 구멍 뚫기 능력을 주체로 해서 구멍 뚫기 코스트 등을 평가하는 데 편리한 지표로, 페니트레이션(Penetration 또는 Penetrate rate)이라고도 한다.

**그림 12**는 이송 속도, 절삭 속도와 수명의 관계를 나타낸 탄소 공구강(SK 7)의 구멍 뚫기 데이터이다. 이것은 구멍 뚫기 가공이 제일 많은 구조용강, 탄소강의 구멍 뚫기에 대해서 절삭 속도나 이송 관계를 전형적으로 나타내고 있는 응용 범위가 넓은 데이터이다.

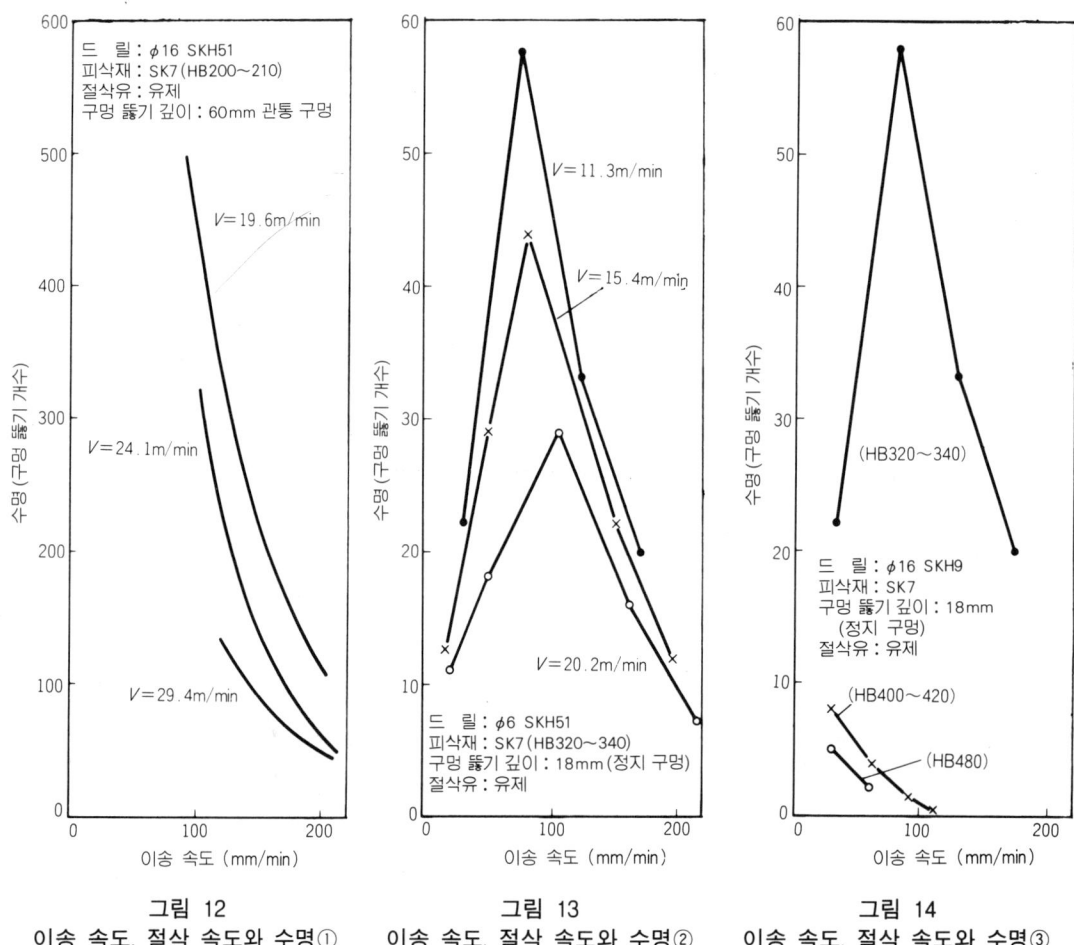

그림 12
이송 속도, 절삭 속도와 수명①

그림 13
이송 속도, 절삭 속도와 수명②

그림 14
이송 속도, 절삭 속도와 수명③

구멍 뚫기 깊이는 $4D$(지름)로 약간 깊기 때문에 칩의 배출에 대한 문제를 포함하며 절삭 속도나 칩의 형상, 배출 형상에 따라서는 절삭 유제의 침투성도 문제가 된다.

**그림 13**도 SK 7의 데이터이지만 수명에 대해서 이송 속도에도 최적값이 있는 것을 나타내고 있다.

단지, 이와 같은 그림을 볼 때 주의하여야 할 것은 그림상에서는 꺾인 선이 수명의 피크를 나타내고 있으나 이것은 실험값이 그 데이터 중에서 최대값을 나타낸 것에 불과하다. 결국, 피크 위치의 이송 속도의 수준을 좌우 어느쪽으로나 옮겨 놓으면 훨씬 수명이 긴 값을 얻을 수 있는 가능성도 있다고 하는 것이다.

때때로 실험한 이송 속도가 수명의 최고값을 나타내는 이송 속도라고 할 이유는 없다. 그러나 이 피크의 왼쪽이나 오른쪽 부근에 수명의 최고값을 나타내는 이송 속도가 있을 것이다라고는 할 수 있다.

같은 절삭 속도로 이송 속도가 크게 되면 당연히 이송도 크게 되고 절삭 토크, 추력, 절삭 온도도 올라가서 드릴 수명은 저하하게 된다.

반대로 이송 속도를 너무 내려도 수명은 저하하게 되는데, 그것은 앞에서 말한 바와 같이 비절삭 저항이 급증하고 배분력의 비율이 늘고, 배니싱 작용이 강해져서 가공 경화나 절삭날 국부에 대한 구성 날끝이나 용착의 발생을 촉진하고 입구에서 관통하는 틈새의 절삭날의 총 마찰 길이가 증대하는 등 나쁜 영향이 겹치기 때문이다.

## 2 피삭재 경도의 영향

그림 14는 그림 13의 절삭 조건의 일부와 비교하면서 피삭재 경도가 바뀌었을 경우의 수명에 대해서 조사한 것이다. 피삭재 경도가 수명에 미치는 영향을 본 경우에도 각각의 피삭재 고유의 최적한 절삭 속도와 이송 속도가 있는 것 같고 이들 조건을 고정했을 때의 수명의 비교가 반드시 적당하진 않다.

예컨대 마라톤 선수와 단거리 선수에게 어느쪽이 빠른가라는 질문을 하는 것과 같은 것으로 전자는 장거리에서는 빠르고 후자는 단거리에서 빠르다고 하는 특성을 갖고 있기 때문이다. 단순히 공평화라는 것으로 중거리에서 양자를 경쟁시키면 양자는 다같이 충분히 힘을 발휘하지 못한 채 지쳐버린다. 참다운 능력을 비교할 수 없게 되는 것이다.

그림 15(a), (b)는 그림 14와 마찬가지로 이송 속도와 피삭재 경도가 드릴 수명에 어떻게 영향을 주는가를 보여주는 것이다. 그러나 이 그림은 피삭재 경도의 수준이 대단히 접근해 있으며 보통 우리들이 피삭재 경도의 허용 범위로 보고 있는 정도의 수준 간격인 것에 주목하기 바란다.

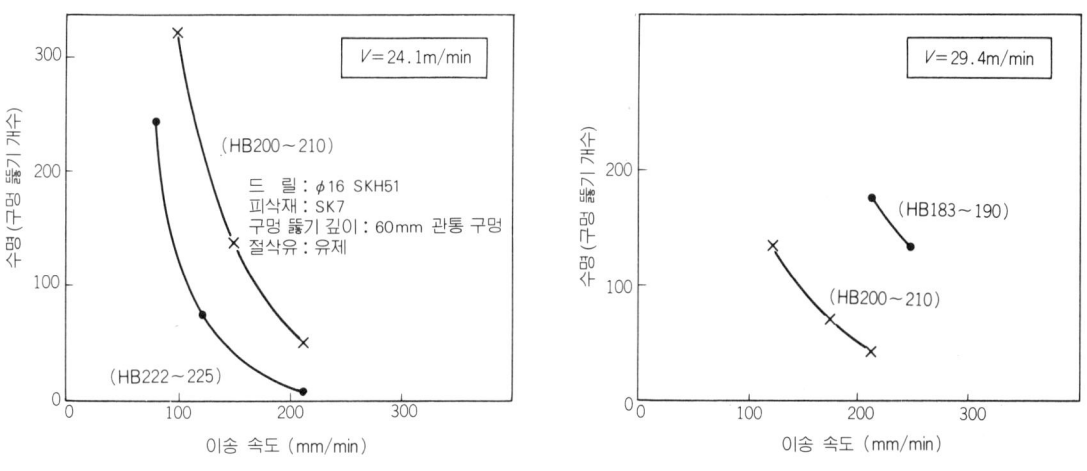

그림 15 이송 속도, 피식재 경도와 수명

예컨대 어느 부품을 대량 생산하고 있는 공장에서 구멍 뚫기 가공을 하고 있는 피삭재 경도의 허용 범위가 HB 180~210이었다고 가정한다.

이동해 오는 재료가 규격내의 경도이므로 OK라는 생각으로 보면, 그림 15에 나타낸 것같이 경도가 규격의 상한과 하한에 있는 것은 구멍 뚫기 수명이 수배에서 그 이상의 차이가 되어 나타난다.

이와 같이 비교적 작은 경도의 차이가 큰 수명의 차이로 되어 나타나는 재료에는 이 SK 7 이외에 SUJ 2, S 50 C 등이 있고, 경도가 HB 180~250 정도되는 곳에 드릴 수명에 크게 영향을 주는 범위가 있다.

따라서 대량 생산 또는 반복 생산을 하고 있는 공장에서는 피삭재의 경도 허용 범위가 어느 정도이고 그의 상한과 하한에서 드릴 수명이나 기타의 특성이 어느 정도 변화하는가 하는 것을 실험에 의해서 미리 확인해 둘 필요가 있다.

## 3 다수(多數) 구멍과 심공 가공

**그림** 16(a), (b)는 13크롬 스테인리스강에 대한 구멍 뚫기 데이터이고, 상당히 많은 수의 구멍 뚫기를 하고 있으며 절삭 속도, 이송이 수명에 대해서 전형적인 형상으로 영향을 주고 있다.

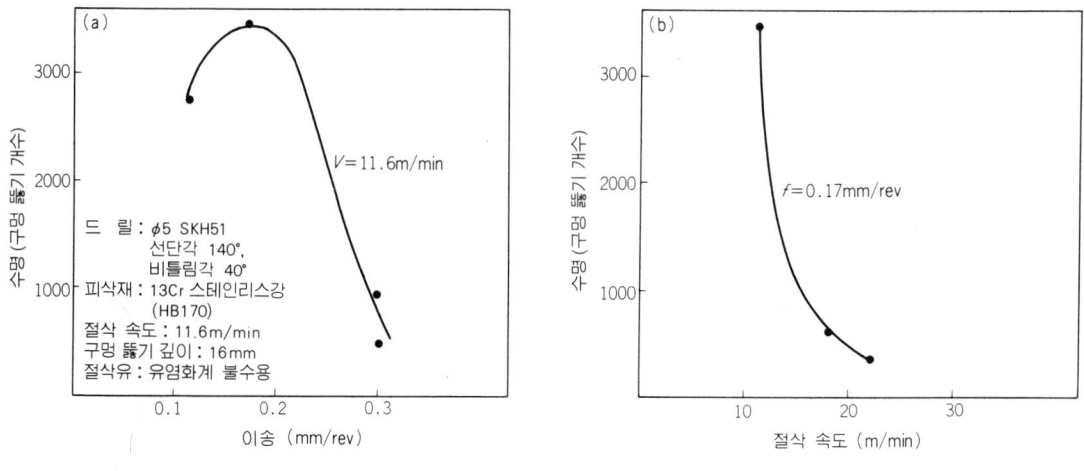

그림 16  이송, 절삭 속도와 수명

이와 같이 구멍 뚫기 개수가 상당히 많은 경우는 드릴의 마모 형태가 **그림 17**에 나타난 것같이 크게 2가지로 나누어지는 경우가 있다.

일반적으로 (a)의 경우는 수명이 짧은쪽에 속하고 (b)에 표시한 것같이 플랭크 및 마진이 빗과 같이 들쭉날쭉한 형상으로 마모되기 시작하면 수명은 상당히 길게 된다.

이 마진 위의 벤 자리(노치) 형상의 마모는 코너에서 $f/2$ ($f$ : 이송)의 간격으로 2~수 피치에 걸쳐서 관찰되지만 이 이송 마크는 경계 마모의 일종이다. 그러나 선단 플랭크에 생기는 벤 자리 형상 마모는 마진 위의 것과는 이질적인 것으로 생각하지 않으면 안된다.

그리고 이와 같은 마모 상태로 되면 경사면에 깊이 크레이터 마모가 발달하고 있는 경우가 많고 칩의 흐름 방향에 작용하고 있는 경사각은 크레이터에 의해 제법 크게 되는 데에 효과가 있다고 생각된다.

이와 같이 발달된 크레이터와 절삭날 사이에 생기는 소위 "흙 제방"은 쉽게 부서지지 않고 여기저기 여유면에 생긴 벤 자리 형상의 마모와 부분적으로 줄지어 있다. 절삭 중에 이 타입의 마모를 인지하게 되면 마모의 진행은 대단히 완만하고 수명은 경이적으로 늘어나는 것이 보통이다.

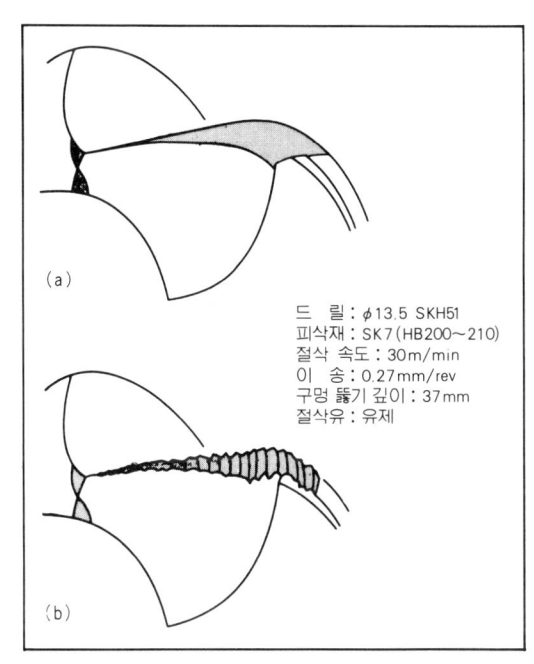

그림 17 드릴의 특이한 마모 형상

일찍이, 이 벤 자리 형상 마모를 인공적으로 만들어서 수명이 긴 드릴을 만들 수 없을까 하고 시도해 본 일이 있었으나 실패로 끝났다. 아마도, 경사면의 크레이터가 중요한 역할을 다하고 있는 것으로 생각할 수 있으나 실패는 크레이터 마모에 해당하는 것을 만드는 등의 작은 일들을 할 수 없었기 때문인지도 모른다.

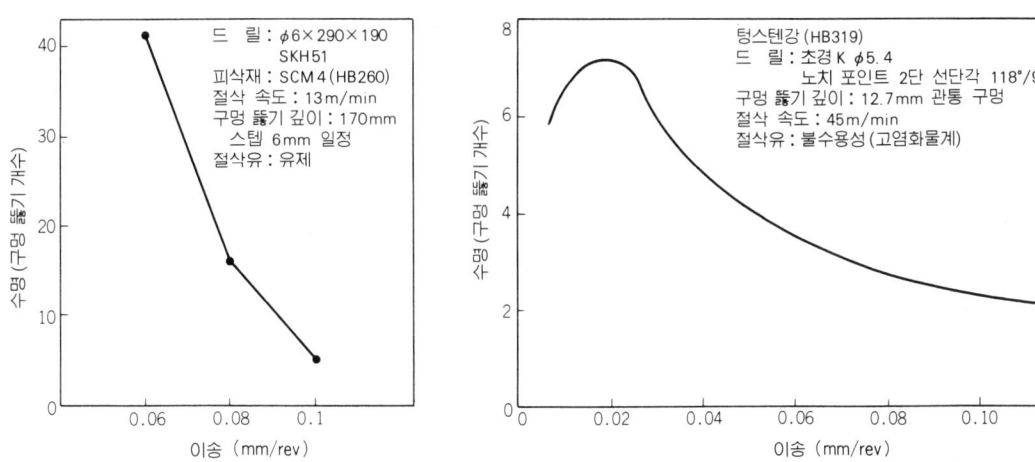

그림 18 스텝 이송에 있어서 이송과 수명    그림 19 초경 드릴에 있어서 이송과 수명

그림 18은 심공 가공용 롱 드릴로 약 $28D$ ($D$ : 지름)의 구멍 뚫기 가공을 실시한 경우의 이송과 수명의 관계를 표시한 것이다. 테이퍼부에는 당연히 가이드 부시가 사용된다.

이 그림의 이송은 이제까지의 얕은 구멍 뚫기 이송값과 비교해서 대단히 작다는 것을 알 수 있다. 그리고 특징적인 것은 $1D$ 마다 스텝 이송으로 가공한다는 것이다.

롱 드릴은 이송을 크게 하면 활과 같이 좌굴이 일어나서 채터링도 크게 되고 수명은 현저하게 단축된다. 심공 가공의 스텝 이송은 칩의 배출을 돕는 것뿐만 아니라 절삭 유제를 구멍 바닥까지 공급하는 데에도 효과적이다.

## 4 초경 드릴의 이송

그림 19는 초경 드릴에 있어서 이송과 수명의 관계를 나타낸 것이다. 구멍 뚫기 깊이는 $2D \sim 3D$이고, 칩이 막히는데 따른 트러블은 생기지 않는 범위이다.

그러나 절삭 속도로 볼 때 절삭 유제가 날끝까지 충분히 도달했는가 하는 의문이 남는다. $118°/90°$의 2단 선단각으로 되어 있는 것은 코너의 치핑을 방지하는 의미가 있기 때문인 것으로 생각할 수 있다.

초경 드릴이 하이스 드릴과 다른 점은 그것의 높은 경도를 고온 상태에서도 유지하기 위해 내마모성이 높을 것, 철 베이스의 공구와 달라서 피삭재와의 친화성이 낮고 반용착성이 우수한 것, 영률이 높고 정밀도가 좋은 구멍 뚫기를 할 수 있는 것 등을 들 수 있다. 그러나 약점으로서 항절력(抗折力)이 낮고 치핑이나 깨짐, 절손(折損), 열충격에 의한 균열 등이 문제가 된다.

이와 같은 성질을 생각하면 초경 드릴의 사용 조건을 은연중에 알게 된다. 이송은 어느 정도 작게 해서 그것의 능률 저하분을 절삭 속도로 커버하고 긴 수명의 절삭을 할 수 있도록 하는 것이다. 초경 드릴은 소위 중절삭에는 적합하지 않다.

일반적으로 하이스 드릴의 파괴 토크에 대해서 초경 솔리드 드릴은 그 항절력으로 추정해서 $1/2 \sim 1/3$의 값으로 수정해서 판단하면 된다고 생각한다. 혹은 하이스 드릴 이송의 기준 절삭 조건에 있어서 안전 계수 $S$를, 초경 솔리드 드릴에서는 하이스의 2~3배로 본다고 하는 사고 방식과도 같다.

그러나 납땜 타입이나 메커니컬 클램프 타입에서는 절삭 토크에 의한 본체 절손의 염려는 적으므로, 하이스 드릴에 가까운 고토크 절삭(고이송 절삭)이 가능하게 된다. 그러나 이러한 초경 드릴은 홈의 길이는 현저하게 짧고 단면 형상은 고강성(高剛性)이 되도록 설계되어 있어서 채터링등에 의한 절삭날의 치핑 방지에 최대한의 주의가 주어져 있는 것을 알 수 있다.

# 드릴 형상과 구멍 뚫기 성능 • 홈 길이

구멍을 뚫기 어려울 때, 또는 수명이 짧다고 하는 문제에 대해서 절삭 유제, 절삭 속도, 이송 등과 같이 대단히 효과가 큰 것이 드릴의 홈 길이에 관한 대책이다.

드릴의 홈 길이에 대한 효과를 충분히 파악하기 위해서 굳이 같은 의미의 데이터를 **그림 1, 그림 2, 그림 3**에 나타내었다. 어느 데이터를 봐도 홈 길이를 조금 짧게 함으로써 수명은 몇배로도 늘고 있다.

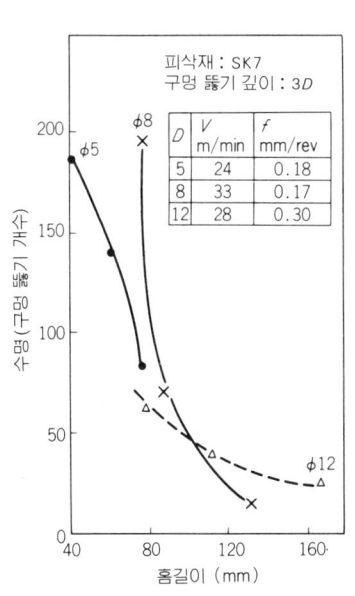

그림 1 홈 길이와 수명①

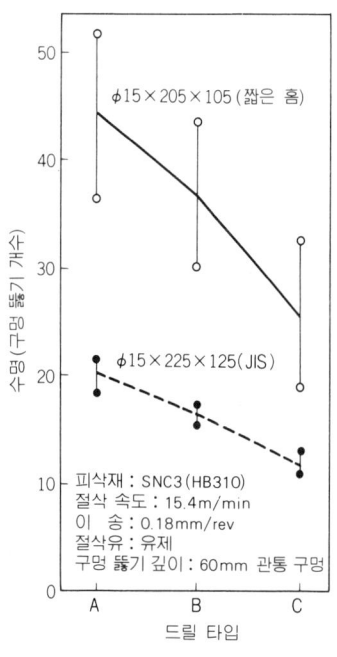

그림 2 홈 길이와 수명②

**그림 1**은 각 사이즈의 드릴의 홈 길이를 컷백해서 수명을 비교하고 있다. **그림 2**는 드릴의 선단 형상이 다른 타입에 대해 각각 홈 길이를 바꿔서 수명을 비교하고 있다.

아이러니컬하게도 JIS에 표시된 홈 길이는 긴 것이 어느 것이나 수명이 짧고 홈 길이를 16% 정도 짧게 한 짧은홈 드릴의 수명이 2배 이상이나 늘고 있다.

그림 3은 가공 경화성이 큰 난삭재의 대표적인 것에다가 구멍을 뚫은 예이다. 드릴의 홈 길이의 영향이 놀랄 만큼 큰 것을 알게 되었다.

이들의 데이터를 보면, 드릴은 신품일 때의 수명이 제일 짧다고 까지 말할 수 있게 된다.

그러나, 드릴의 홈 길이를 단지 컷백한 것만으로는 중심 두께 테이퍼가 붙어 있기 때문에 차차로 중심 두께가 커지게 된다. 그에 따라서 치즐이 길게 되고 절삭 추력의 급증과 치즐부에서의 칩 배출 불량을 일으켜서 구멍 뚫기를 하지 못하게 된다.

그래서 치즐의 길이를 짧게 해서 이 부분에서의 칩 배출성을 개선하고, 추력을 경감하기 위한 시닝을 한다.

드릴의 홈 길이가 수명에 대해 어떻게 해서 이렇게 큰 영향을 주게 되는 것일까. 그것은 절삭 토크에 대한 비틀림의 강성이 변화하기 때문이다.

**그림 4**는 $\phi 7$ mm의 드릴에 토크를 주어서 억지로 비틀었을 때의 단면 비틀림 변위각을 본 것이다.

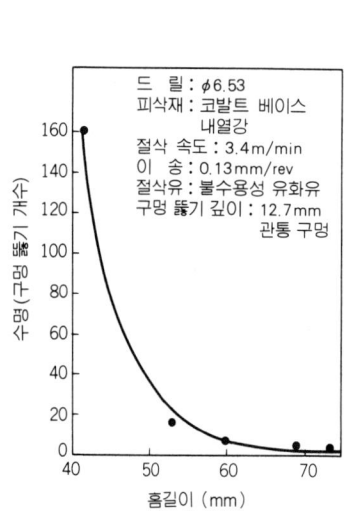

그림 3 홈 길이와 수명③

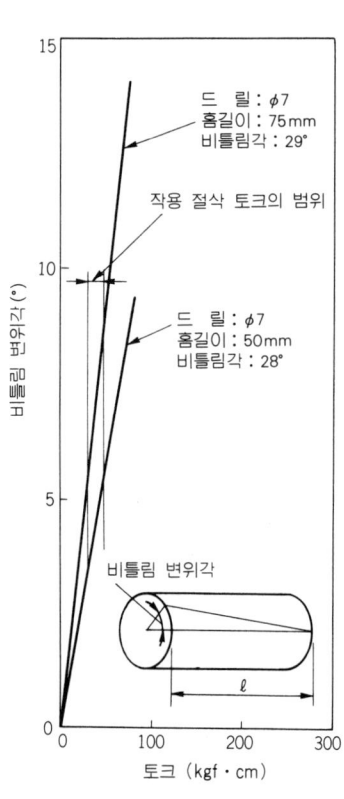

그림 4 절삭 토크에 의한 비틀각 변위

그것을 보면 당연한 일이지만 홈 길이가 긴 쪽이 그 값은 크게 된다. 실제의 절삭 토크의 범위에서 보아도 수도(數度)의 비틀림 변위각이 일어나고 있다.

이것을 드릴의 비틀림각에 대해서 보면 절삭중에는 약 0.5° 정도 비틀림 각이 감소된 상태로 비틀려 되돌아가 있는 것이다.

절삭중의 드릴은 이 비틀림 변위각내에서 비틀림 진동을 일으켜 이로 인해서 드릴의 축 방향에 대한 진동도 생기게 되고 절삭 상태는 현저하게 불안전하게 된다.

드릴의 홈 길이와 절삭 토크의 변동을 보면 절삭 토크의 평균값은 그렇게 변하지 않지만 홈 길이가 2배로 되면 절삭 토크의 변동폭은 약 4배로 된다는 데이터가 있다.

이상과 같은 것으로 심공 가공에서 롱 드릴을 사용하지 않으면 안될 경우에는 할 수 없으나 그 경우에도 필요 이상으로 긴 홈은 드릴 수명을 현저하게 저하시킨다.

최소한으로 필요한 홈 길이를 갖는 드릴로 척에서의 돌출 길이도 될 수 있는 대로 **짧**게 하는 사용 방법이 최고의 결과를 끌어내게 될 것이다. 이것은 모든 의미에서 절삭의 기본에 합치되고 있기 때문이다.

특히 초경 드릴에서는 섕크 및 홈 부분의 강성이 한층 큰 문제로 된다.

초경 합금의 영률이 고속도강의 2~3배이고, 굽힘 강성이 계산상 높다고 하여도 초경 날끝의 약점은 불안정한 절삭 상태와 진동에 의해서 생기는 치핑이기 때문이다.

드릴의 비틀림각의 효과에 대해서 생각해 보도록 한다. 비틀림각의 첫째의 효과는 경사각을 생각하는 것이다.

그러나 외주에 가까운 절삭날에서는 비틀림각과 같은 경사각도 치즐에서는 부(−)의 각도로 된다. 그것은 비틀림각을 형성하고 있는 리드 $L$, 드릴의 절삭날 위의 임의의 지름을 $D'$라 할 때, 비틀림 각 $\theta$는,

$$\theta = \tan^{-1} \frac{\pi \cdot D'}{L}$$

로 표시되기 때문이다.

그러나 엄밀하게는 절삭날이 드릴의 중심을 향하고 있지 않기 때문에 이 식은 좀 다르게 되어 가지만, 생각 방식으로서는 문제가 없다. 이 경사각에 해당하는 비틀림각은 크게 되는데 따라서 절삭 토크를 감소시킨다.

둘째는 칩의 배출을 쉽게 하기 위해서이다. 이것에는 칩 통로의 거리가 짧은 것이 좋은가, 혹은 칩을 윗쪽으로 들어 올리는 리프트 효과가 필요한 것인가 하는 의문이 생긴다. 만약, 거리가 짧은 쪽이 좋다고 하면 드릴의 비틀림각은 작은 쪽이 좋은 것이 된다.

또 리프트 효과가 중요하게 되면 비틀림각이 클수록 그 작용은 강하게 된다.

나의 이제까지의 경험으로서는 여러 가지 조건밑에서 비틀림각의 대소에 대해 비교 실험한 결과 비틀림각이 큰 쪽이 좋은 결과를 나타내고 있었다. 절삭 토크를 측정해서도 비틀림각이 큰 것은 그 평균 토크가 낮은 것과 칩 막힘에 의한 불안정 토크의 발생이 극히 적었다고 하는 결과였다.

이들의 결과를 종합해 볼 때, 칩 배출에는 거리보다도 리프트 효과쪽이 강하게 작용하는 것이라고 생각할 수 있다. 철, 비철, 비금속을 가리지 않고 굳이 낮은 비틀림각의 드릴을 선택할 필요는 없다고 생각한다.

여기서 말하는 낮은 비틀림각이라는 것은 25° 이하의 것을 말하고 그 이상의 각도에서는 동등, 또는 큰 비틀림각쪽이 좋은 결과를 얻는 경우가 많다고 하는 것이다.

**그림 5, 그림 6**은 비틀림각과 수명의 관계를 나타내고 있다. 어느 것이나 높은 비틀림각이 수명이 길게 되는 경향을 나타내고 있는데 이와 같이 보면, 비틀림각 30°로 대표되는

표준인 것보다도 35°라든가 45°라고 하는 높은 비틀림각으로 해버리면 좋은게 아닌가 하는 생각이 나오게 된다.

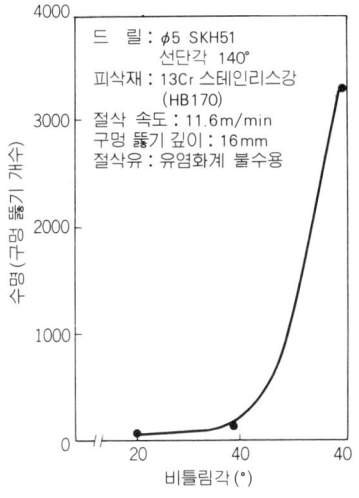

그림 5 드릴의 비틀림각과 수명

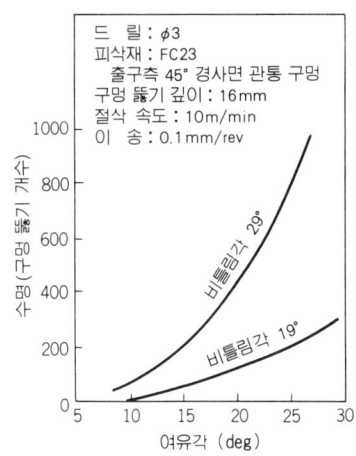

그림 6 여유각, 비틀림각과 수명

그러나 비틀림각이 너무 크게 되면, 가형 단면의 형상이 같다 할지라도 홈 직각 단면 형상에서 볼 때 칩의 배출 저항이 급격히 크게 되어 버린다.

그런데, 이상의 데이터에 사용된 서로 다른 비틀림각을 갖는 드릴은 과연 비틀림각만이 다르고 다른 인자는 전적으로 같다든가 아니든가가 문제로 될 것이다.

즉, 비틀림각만으로의 영향으로 볼 것인가 아닌가 하는 것이다.

비틀림각 이외에 여유각, 선단각, 중심 두께, 단면 형상 등도 다르게 되어 있었다고 하면, 그들 인자의 효과도 수명 속에 영향을 끼치고 있는 셈이다. 여러 가지 실험 데이터를 솔직하게 보는 것도 좋으나 때로는 자기 나름대로 데이터를 의심해 보고 표에 나타나 있지 않은 결과를 더듬어 볼 필요도 있다.

시닝은 드릴의 선단부 중심 두께를 부분적으로 작게 하고 치즐을 짧게 해서 중심부에서의 칩 배출성을 좋게 함으로써 다음과 같은 효과를 얻을 수 있다.

① 절삭 스러스트 하중의 감소
② 파들기가 좋아지고 위치 결정 정밀도가 향상
③ 구심성(求心性)이 향상하고 곧은 구멍을 뚫을 수 있다.
④ 가공 구멍의 정밀도 향상
⑤ 드릴의 수명 향상

시닝에 대해서 엄밀한 규정은 없으나 **그림 7**에 대표적인 4종류를 나타낸다. 이외에도 몇 종류가 더 있으며 그들의 변형 타입이나 조합 타입도 있다.

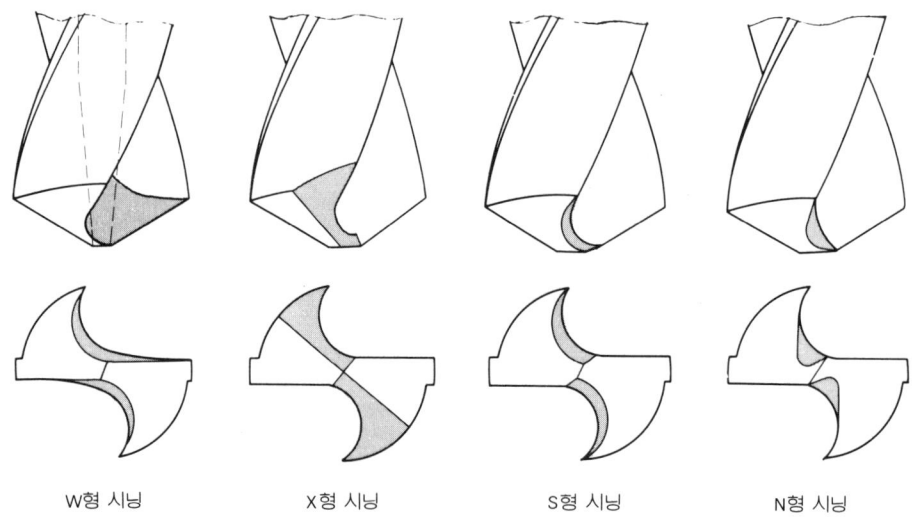

W형 시닝  X형 시닝  S형 시닝  N형 시닝

그림 7 대표적인 시닝

W형 시닝은 주철이나 알루미늄, 플라스틱 등 절삭 저항이 적고 칩이 가는편(細片) 형상이거나 또는 연하게 컬이 져서 그 배출에 신경을 쓰지 않는 $3D$($D$ : 지름) 이하의 구멍 뚫기 가공에 적용한다.

선단에서 $D$ 정도의 구간에 중심 두께부를 주체(主體)에다 홈 전체에 걸쳐서 급한 구배 형상으로 시닝한다. 최선단부(치즐 부분)의 중심 두께는 극단적으로 작게 되지만 절삭 저항이 작은 재료의 구멍 뚫기이기 때문에 문제는 되지 않는다.

그러나 이 드릴로 깊은 구멍을 가공하면 칩이 윗쪽에 배출될 때 중심 두께 테이퍼가 크기 때문에 배출 도중의 칩이 구속되고 칩 막힘을 일으키는 일이 있다.

X형 시닝은 특히 난삭재 가공용의 고강성 드릴이나 심공 가공용 롱 드릴 등의 중심 두께가 큰 드릴에 적용된다.

그 중에서도 심공용 드릴은 칩의 배출을 쉽게 하기 위해서 콘스탄트 웨이브(중심 두께 테이퍼가 없고 일정 중심 두께 드릴)로 되어 있고 강성을 높이기 위해서 중심 두께가 크게 되어 있기 때문에 대부분에 X형 시닝이 실시된다.

크랭크축의 기름 구멍 가공은 심공 가공의 대표적인 것으로 이 가공에 사용하는 드릴을 크랭크축 포인트 또는 스플릿 포인트 등의 별명으로 부르고 있다. 이 드릴로는 기본적으로 치즐의 길이를 대부분 0으로 하고 시닝에 의해서 형성되는 중심 두께부의 절삭날에는 정(+)의 경사각을 만들도록 하고 있다.

S형 시닝은 제일 가공하기 쉬운 범용 타입이다. 치즐이 짧게 되고 구심성이나 구멍 정밀도는 향상되지만 절삭 스러스트의 저감 효력은 작은 편에 속한다.

N형 시닝은 선단 중심 두께가 이미 상당히 작은 드릴에 대해서 더욱 치즐 부분의 칩 배출성을 향상시키는 경우에 사용한다. 예컨대 W형 시닝에 N형 시닝을 더한 형상 등을 생각하면 될 것이다.

**그림 8**은 시닝에 의한 스러스트 하중의 경감을 설명할 때 잘 사용되는 그림이다.

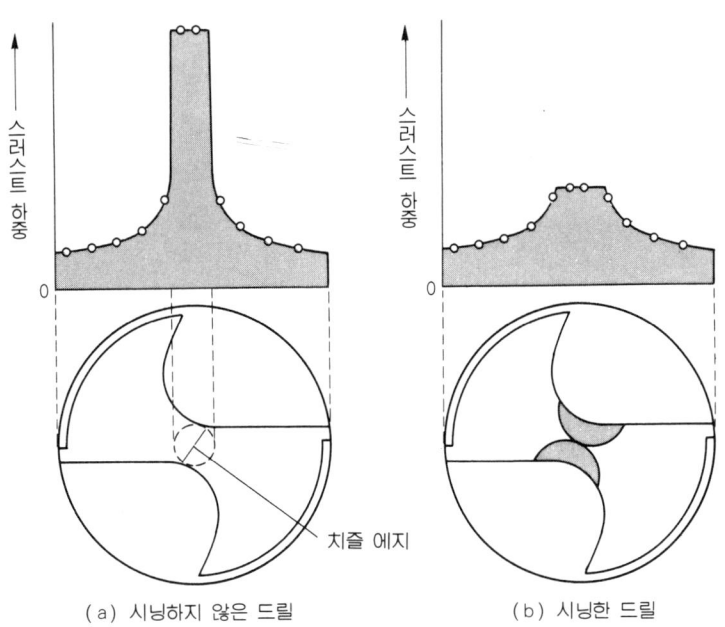

그림 8 시닝에 의한 절삭 추력의 감소

시닝이 없는 드릴(a)에서는 절삭날 부분과 비교해서 치즐 부분에서는 큰 스러스트 하중이 발생하고 있다. 이것은 중심 두께가 크고 치즐이 길게 될수록 크게 된다.

이에 대해서 시닝을 하고 치즐을 짧게 한 (b)(그림에서는 0으로 한 상태)에서는 치즐 부분에서 발생하는 스러스트 하중이 상당히 해소되고 있다.

이와 같이 치즐이 절삭하는 체적은 가공 구멍 전체에서 보면 얼마 안되는 것이지만 스러스트 하중은 대단히 큰 비율로 발생하고 있다. 그러나 절삭 토크는 각종의 시닝에 의한 차이가 거의 없고, 대체적으로 비슷한 값을 나타낸다.

시닝은 치즐 부근의 드릴 형상의 개량이고, 드릴의 수명 판정이 외주 코너 마모로 결정되어지는 얕은 구멍 가공의 경우는 그다지 수명 향상 대책으로서 현저한 효과가 인정되지는 않는다.

그러나 치즐 부근의 치핑이나 마모에 의해서 드릴 수명이 결정되는 경우에는 수명에 대해서도 큰 효과가 기대된다.

시닝과 구멍 뚫기 정밀도에 관한 종합적 데이터는 비교적 적은 것 같다. 그것은 대개 시닝을 정량적으로 표현하기 어렵고 시닝의 효과와 같이 치즐 편심, 중심 두께 편심, 반각 차, 립 하이트 차 등의 영향이 얽혀서 데이터를 얻기 어렵기 때문인 것으로 생각할 수 있다.

그러나 회전 중심이 점이 아니고 어떤 길이를 갖는 치즐의 경우에 중심을 정하기 어려운 것은 당연하며 진원도, 확대량이 다같이 크게 되는 것은 충분히 이해할 수 있다.

시닝에 의해서 치즐을 될 수 있는 대로 짧게 하고, 할 수 있으면 점에 가깝게 함으로써 앞에서 말한 유리한 효과를 얻을 수 있다. 그러나 그 회전 중심에 편심이 있으면 정밀도에 미치는 시닝의 효과가 급격히 상실되어 버리는 것을 충분히 고려해 둘 필요가 있다.

드릴의 지름이 바뀐 경우에도 드릴 재질과 피삭재 재질의 조합으로 절삭 속도는 대체로 같은 정도의 값이 선택된다. 바이트 절삭 등에 있어서 $V-T$(절삭 속도-수명)곡선의 사고 방식은 기본적으로는 드릴의 경우에도 맞아 들어간다.

그러나 구멍 뚫기 수명을 단지 총 구멍 뚫기 길이, 혹은 구멍 뚫기 개수로 나타내려고 하면 반드시 $VT^n=C$ 의 관계는 보기 어렵게 된다.

드릴에 의한 구멍 뚫기 가공에서는 특히 구멍 뚫기 깊이에 따라 칩의 배출성, 절삭열의 축적, 절삭 유제의 침투성 등이 크게 변화하고 수명이나 정밀도 등도 이들의 변화에 따라 크게 좌우되기 때문이다.

드릴 지름에 관한 이야기에서 약간 어긋나지만, 구멍 뚫기 깊이에 의해서 드릴 수명(총 구멍 뚫기 깊이)은 현저하게 변화한다. 구멍 뚫기 깊이가 $3D$ 를 넘는 부근에서 갑자기 수명이 짧아 진다. 같은 피삭재를 같은 드릴로 같은 조건에서 수명을 길게 하는 데는 깊은 구멍 수를 적게 뚫는 것보다 얕은 구멍($3D$ 이하)을 많이 뚫는 것이 훨씬 수명(총 구멍 뚫기 길이)이 길어지게 된다.

한편 절손에 관한 트러블을 보면, 지름이 작은 영역에서 상당히 빈도가 높게 된다.

작은지름 영역에서의 절손 원인의 대부분은 칩이 막히거나 또는 1회전마다의 이송(mm/rev)이 너무 크기 때문이라고 생각된다. 특히 이송 과다의 원인으로 주축 회전수가 충분히 얻어지지 못하는 경우가 많은 것 같다.

**그림 9**는 드릴(SKH 51, 표준 드릴)의 지름 비틀림 파괴 토크 및 비절삭 저항 $K=300$ kg/mm$^2$ 정도의 합금강(약간 경도가 높은 S 50 C 해당의 것)을 구멍 뚫기하는 것으로 가정하고 각 이송에 있어서의 계산식에서 구한 절삭 토크를 표시한 것이다.

드릴의 절삭 토크 및 비틀림 파괴 토크의 계산식은 12페이지에서 해설한 것과 같다. NATOCO의 절삭 토크식에서 구한 값도 함께 기재하였다.

이 그림에서 각 사이즈의 드릴의 대략적인 비틀림 파괴 강도 또는 각 이송에 있어서의 절삭 토크를 알 수 있다. 초경 솔리드 드릴은 중심 두께 지름 및 축 직각 단면적 전체가 하이스제의 것보다 상당히 크게 설계되고 있다고는 하지만 비틀림 파괴 토크는 약 1/2~1/3 정도로 생각하는 것이 좋다.

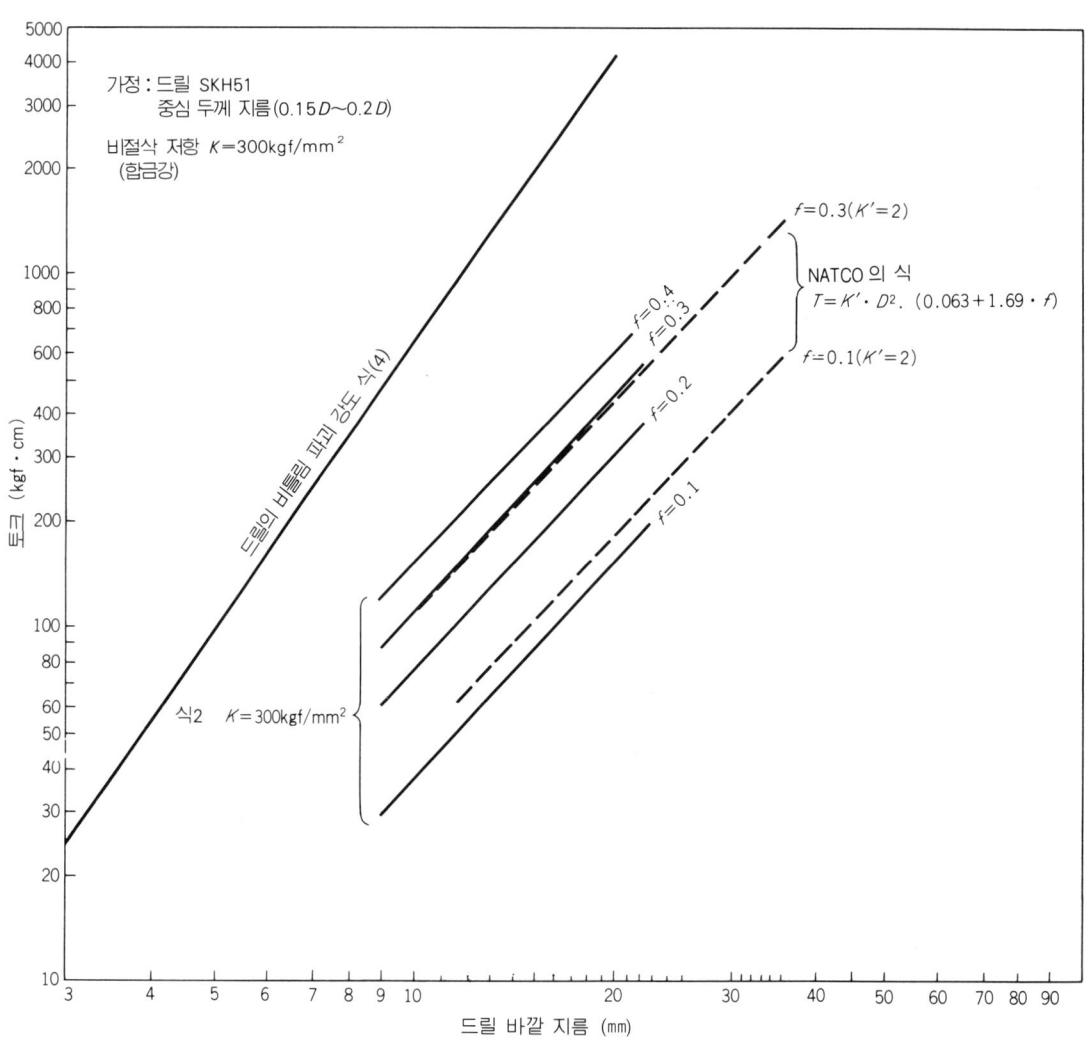

그림 9 드릴 지름과 절삭 토크

그림 10은 드릴에 대해서 피삭재의 경도 또는 기계의 상태가 좋은 것과 그렇지 않은 것에 따라 가공 구멍 지름이 어떻게 되는가를 대충 나타낸 것이다.

연질재나 깎기 쉬운 피삭재는 절삭날의 휠링에 의해서 쉽게 구멍의 지름 확대를 일으키는 것을 이해할 수 있고 기계에 강성 부족이나 덜거덕거림이 있는 경우에는 그들의 현상이 현저하게 될 것도 알게 된다.

그림 11은 각 드릴 지름에 대해서 치즐 편심이 거의 0인 경우와 JIS에 표시되는 상한의 경우에 구멍 지름 확대가 어떻게 되는가를 표시한 것이다. 이들의 데이터를 이해해 둠으로서 드릴로 가공된 구멍이 어느 정도의 정밀도로 되는가를 알 수 있다.

구멍 지름 확대의 원인으로는 치즐 부근의 절삭 불균형에 의한 것이 많기 때문에 확대량이 작은 구멍을 뚫을 때는 사전에 나사내기 구멍을 가공해 두고, 치즐로의 절삭이 없는 상태에서 다듬질 가공을 하면 좋은 결과를 얻을 수 있다.

그 때 선단각은 조금 작게 하고 여유각도 조금 작게 해서 절삭날의 편심을 될 수 있는 대로 작게 가공할 필요가 있다.

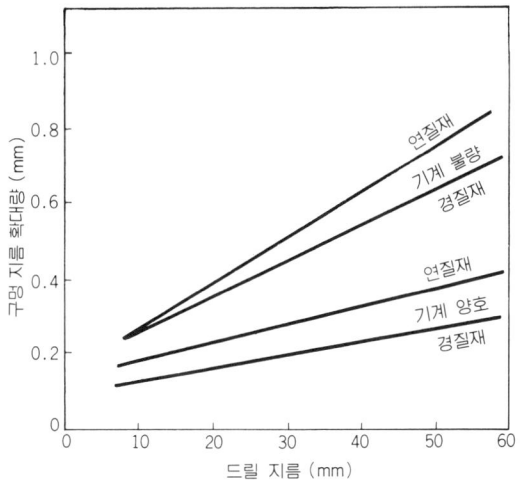

그림 10 드릴 지름, 기계 상태와 구멍 지름 확대량의 경향

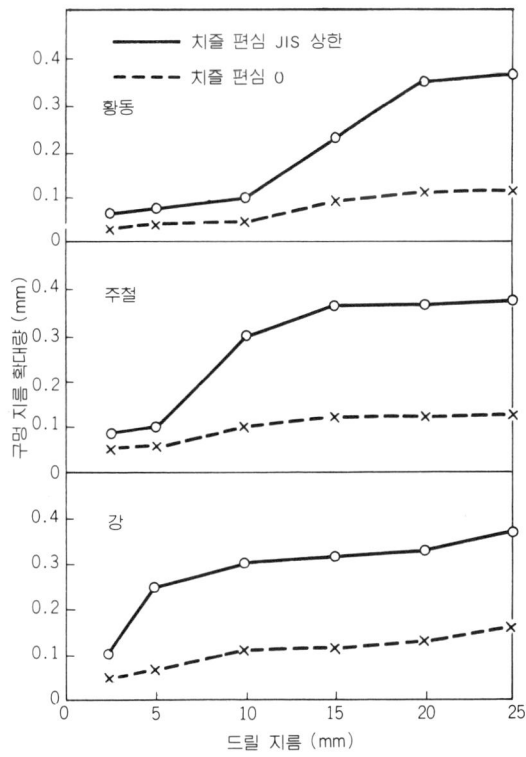

그림 11 드릴 지름, 치즐 편심과 구멍 지름 확대량

일반적으로 드릴의 절삭날은 선단각을 118°로 한 경우에 직선 형상이 되도록 설계되고 있다.

**그림 12**는 선단각 $\alpha$가 118°인 경우와 그보다 큰 경우, 작은 경우에 대해서 절삭날의 직선 경향을 본 것이다. $\alpha<118°$에서 연삭하면 절삭날은 중간이 볼록(凸) 형상으로 되고, $\alpha>118°$로 되면 중간이 오목(凹) 형상이 된다.

이와 같이 드릴의 선단각과 절삭날의 직선성과의 사이에는 밀접한 관계가 있기 때문에 구멍 뚫기의 여러 특성이 선단각의 영향인지, 절삭날의 직선성이 원인으로 그렇게 되는지의 구별을 하기 어렵게 된다.

선단각과 여러 특성의 관계를 표시하는 그래프 등도 이런 일을 고려하면서 보면 새로운 해석이 나올지도 모른다.

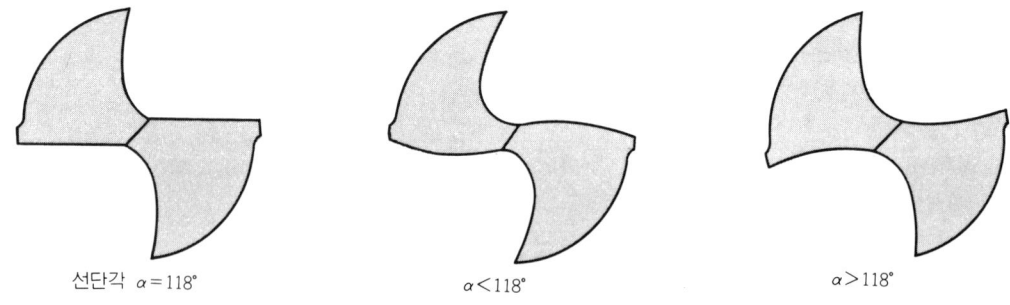

그림 12 선단각과 절삭날의 직선성

일반적으로 내열강이나 스테인리스강 중에서 난삭재라고 불리는 것에 대해서는 선단각이 큰 쪽이 수명이 길다고 하는 데이터가 많이 있다(**그림 13**).

한편 가공 구멍의 정밀도에서 보면, 선단각이 크게 되는 데에 따라서 위치 결정 정밀도나 구심성이 저하되는 것은 피할 수 없다. 선단각이 작고 치즐이 예리한 경우는 당연히 파들어가는 성질이 개선되고 위치 결정 정밀도도 향상된다.

드릴에 의한 가공 구멍의 관통측의 버(홈집)의 발생 상황에서 보면 합금강류에 대해서는 선단각이 큰 쪽이 유리하다고 하는 보고가 있다.

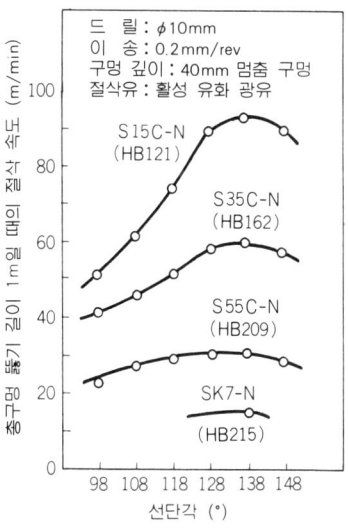

그림 13 드릴의 선단각과 수명

 이에 대해서 극히 무른 재료, 예컨대 주철의 일부나 플라스틱 등 깨지거나 균열이 생기기 쉬운 재료에 대해서는 선단각을 60°~90° 정도의 범위로 작게 하고 마치 구멍을 리머로 확대 가공하는 것같이 가공한다.
 이와 같은 경우에도 단일의 선단각으로 하지 말고, 118°~60°와 같이 2단 선단각으로 한다거나 코너에 R를 붙인 드릴로 가공하는 일이 많다.
 **그림 14**는 선단각과 절삭 토크, 절삭 스러스트의 관계를 표시한 것이다. 절삭 스러스트에 대해서는 선단각이 118°보다 크게 되거나 작게 되어도 치즐로의 절삭 기구가 복잡하게 된다. 두 극단적인 선단각을 가상해 보기 바란다.

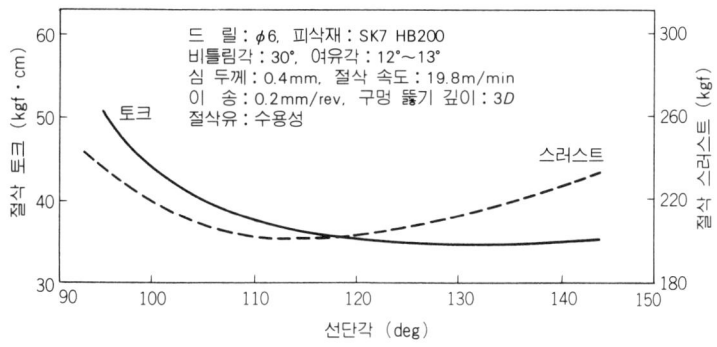

그림 14 드릴의 선단각과 절삭 저항

## 드릴 형상과 구멍 뚫기 성능 — 여유각

 드릴의 선단 여유면에 여유각이 주어져 있지 않으면 구멍 가공을 할 수 없다. 그러나 이 여유각도 너무 커지면 날이 깨지거나 가공 구멍의 확대를 초래하고 너무 작으면 절삭 토크, 스러스트가 다같이 증대해서 절삭날은 마모되기 쉽게 된다.

 딱딱한 재료의 구멍 뚫기나 고정밀도의 구멍 뚫기, 고(高)이송 절삭, 혹은 드릴 지름이 큰 경우에는 일반적으로 여유각은 $6° \sim 10°$로 조금 작게 설정한다.

 알루미늄, 동, 플라스틱 등의 연하고 비절삭 저항이 작은 것의 구멍 뚫기에서는 절삭 토크나 스러스트 등의 절삭 저항도 작고, 절삭날의 깨짐 등의 트러블이 거의 발생하지 않기 때문에 과감하게 크게 하는 경우가 많은 것 같다.

 **그림** 15는 각종 피삭재에 대한 여유각과 수명의 관계를 나타낸 것이다. 이 경도 정도의 탄소강의 구멍 뚫기에서는 여유각의 수명에 대한 영향은 그다지 현저하게 볼 수 없다.

 **그림** 16은 여유각을 바꾼 경우의 절삭 온도와 수명의 관계를 표시한 것이다. 여유각의 영향이 현저하게 나타나고 있다.

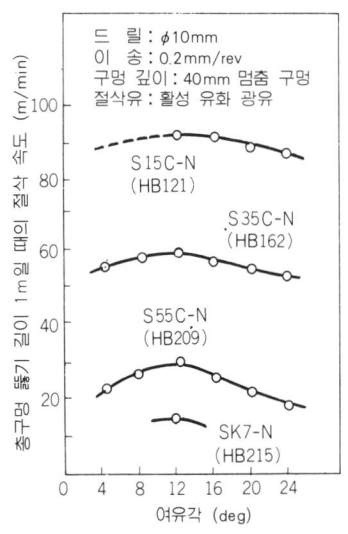

그림 15  드릴 여유각과 수명

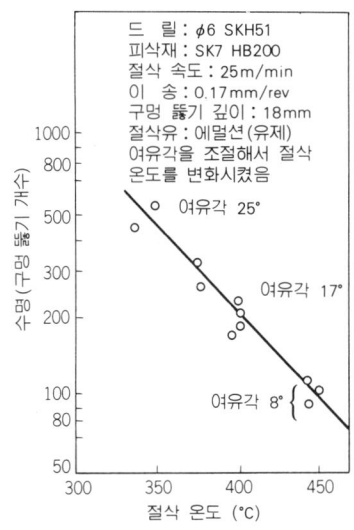

그림 16  절삭 속도, 여유각과 수명

이 그림에서, 여유각이 큰 것의 절삭 온도는 낮고 수명은 현저하게 늘고 있다. 그러나 한 쪽에서 이와 같이 여유각을 크게 하면 구멍 지름의 확대, 다각형 구멍으로 되는 경향이나 라이플링 마크(rifling mark)의 발생이 조장되는 경우도 생기게 된다.

이 제목에서 약간 벗어나지만 **그림 17**에 나타낸 것같은 자료가 있다. 이송과 절삭 속도의 조합에 의해서 가공 구멍의 다각형화가 영향을 받는 상황을 표시하고 있는 것이다.

이 그림에서는 치즐이 강한 힘으로 피삭재에 억눌려져 있으면 회전 중심이 쉽게 정해져서 진원을 얻기 쉽게 되는 것으로 생각된다.

그러나 이 그림은 가공 구멍 지름의 확대량에 대해서는 언급하지 않고 있기 때문에 가공 구멍 정밀도를 종합적으로 평가하는 자료로는 되어 있지 않다. 만약, 드릴의 회전 중심이 편심된 상태에서 고정되면, 가공 구멍은 크게 확대되는 것으로 될 것이다.

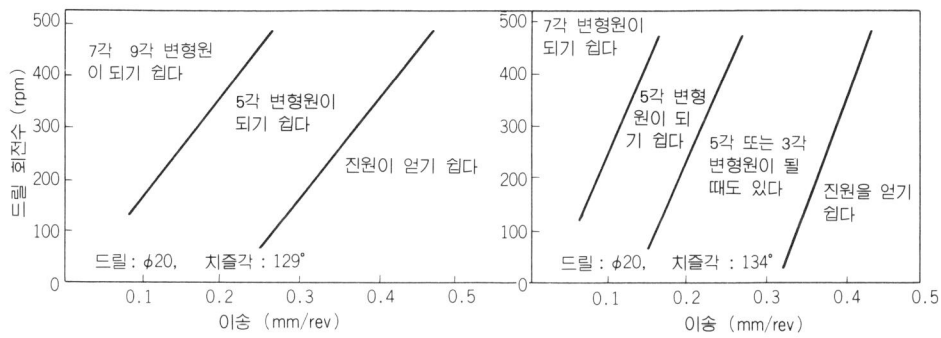

그림 17 절삭 조건과 가공 구멍의 찌그러짐(변형)

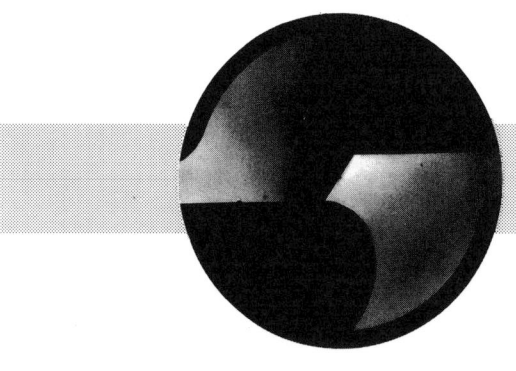

# 구멍 뚫기 깊이와 드릴 성능

일반적으로 사용되는 트위스트 드릴에는 **그림** 1(a)에 나타낸 것같이 중심 두께 테이퍼가 만들어져 있고 드릴의 선단보다도 섕크에 가까운 쪽의 중심 두께가 크게 되어 있다.

이와 같은 드릴로 깊은 구멍을 가공하면 칩의 배출 경로인 홈의 공간은 출구에 가까워질수록 좁아지게 되고 칩은 배출되기 어렵게 된다.

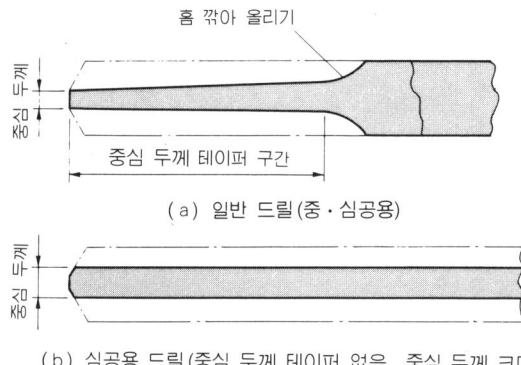

(a) 일반 드릴(중·심공용)

(b) 심공용 드릴(중심 두께 테이퍼 없음, 중심 두께 크다)

**그림 1 드릴의 중심 두께 및 중심 두께 테이퍼**

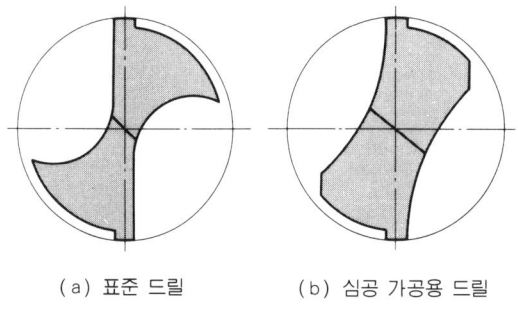

(a) 표준 드릴    (b) 심공 가공용 드릴

**그림 2 드릴의 단면 약도**

깊은 구멍 가공에서는 중심 두께 테이퍼에 의한 칩의 배출 저항 증대를 피하기 위해서 **그림** 1(b)와 같이 중심 두께 테이퍼를 만들지 않는 것이 사용된다. 그리고 드릴의 홈 길이도 길게 되기 때문에 비틀림 강성을 향상시킬 필요에서 중심 두께는 크게 설계 되고 그로 인한 홈 공간의 감소를 커버하기 위해서 **그림 2**에 표시한 것같이 드릴의 단면 형상에도 연구가 행해지고 있다.

홈이 길게 돼서 강성이 저하되고 칩 배출성도 저하돼서 절삭 유제의 날끝에 대한 침투가 곤란하게 되기 때문에 깊은 구멍 가공에서는 당연한 일이지만 드릴의 수명 저하가 문제가 된다. 따라서 기준 절삭 조건에 대한 수정 항목은 깊은 구멍 가공에서는 특히 중요하게 된다.

## 1 가이드 부시(guide bush)의 영향

트위스트 드릴에 의한 구멍 뚫기에서 가이드 부시를 필요로 하는 것은 롱 드릴에 있어서 파들기할 때의 좌굴 방지, 위치 결정 정밀도의 향상, 경사면 입구에서의 가이드, 그들에 대한 구멍 정밀도, 수명의 향상 등을 목적으로 하고 있기 때문이다. 그러나 가이드 부시를 사용함에 있어서는 부시판을 설치하지 않으면 안되고 부시가 칩의 배출을 방해하고 절삭유의 침투를 곤란하게 하는 것도 사실이다.

**그림 3**은 얕은 구멍 뚫기에서 가이드 부시를 사용한 경우에 가이드 부시에 의한 악영향이 생긴 결과를 나타낸 것이다.

사용 드릴은 $\phi$6 mm, SKH 51 표준 홈 길이로 표준 비틀림각 약 30°(SD)와 고비틀림각 약 38°(SH)에 대해서 살펴 본 것이다.

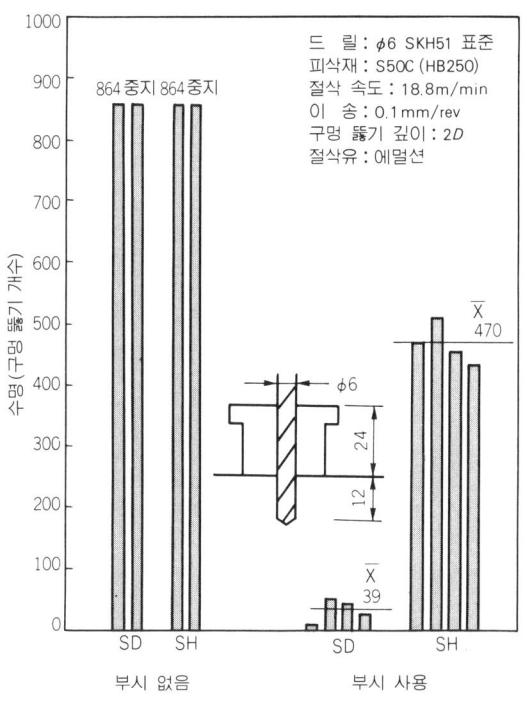

그림 3 얕은 구멍 뚫기에 있어서 수명에 미치는 부시의 악영향

가이드 부시를 사용하지 않는 경우에는 다만 지름의 2배의 깊이(12 mm)를 구멍 뚫기 하는 것으로 되지만 가이드 부시를 사용하면 가이드 부시의 길이가 마치 가공 구멍 깊이에 가산된 것같이 작용하고 드릴 지름의 6배(36 mm) 깊이의 구멍 뚫기에 해당되고 있다.

그 결과 표준 비틀림각(SD), 고비틀림각(SH)과 같이 부시 사용의 경우는 급격한 수명 저하를 일으킨다.

이 그림에서 하나 더 알게 되는 것은 S 50 C의 $6D$ 정도의 구멍 뚫기에서는 표준 비틀림각보다도 고비틀림각쪽이 수명은 약 10배 이상이나 길다고 하는 것이다. 트위스트 드릴로는 일반적으로 합금강에 대해서는 비틀림각이 큰쪽이 수명에 있어서 좋은 결과를 나타낸다.

**그림** 3에 나타낸 결과는 구멍 뚫기 깊이와 수명의 관계를 조사해 보면 잘 이해할 수 있다. 구멍 뚫기 깊이가 드릴 지름의 3배를 넘는 부근부터 급격하게 수명이 짧아지게 된다. 가이드 부시를 사용하는 것이 때로는 구멍 뚫기 깊이를 깊게 한 것같은 결과로 되어 드릴의 수명을 짧게 하는 것을 알게 되었으리라고 생각한다.

한편, 가이드 부시가 반드시 필요한 경우가 있다. 그것은 롱 드릴을 사용하는 경우다. 롱 드릴을 사용해서 얕은 구멍을 가공하는 경우도 있는지 모르지만 그것들을 포함해서 깊은 구멍을 가공하는 경우에는 아무래도 홈이 긴 롱 드릴을 사용하지 않을 수 없다.

이와 같은 롱 드릴을 가이드 부시없이 사용하면 입구에서 파들기할 때에 치즐이 미끄러져서 예정된 위치에서 벗어나 구부러진 구멍이 뚫릴 지도 모른다. 또는 중심 위치는 맞아 있어도 드릴이 좌굴에 의해서 줄넘기줄과 같이 휘어서 그 결과 구부러진 구멍이 가공되는 지도 모른다.

이와 같은 경우에 가이드 부시를 사용하면 전례와는 반대로 드릴 수명에 있어서 현저하게 좋은 결과가 생긴다.

## 2 스텝 횟수와 수명

구멍 뚫기 깊이가 깊게 되는 데에 따라서 칩의 배출성은 저하되고 절삭 유제도 날끝에는 거의 도달하지 않게 되며 절삭열이 축적되어서 드릴의 날끝 마모가 촉진된다.

드릴의 수명 판단은 어지간한 일이 없는 한 선단 여유면과 마진이 접하는 코너부의 마모에 의해서 이루어진다. 이 코너 마모가 생기는 부분은 절삭 속도가 가장 높은 곳으로 절삭열도 당연히 높고 절삭 온도의 영향도 제일 강하게 받는 곳이다.

드릴의 마모는 구멍 뚫기 수에 비례해서 차차로 크게 발달해 나가는 것을 알 수 있으나 그 구멍 뚫기 수, 마모 곡선에서는 완전 수명점을 그리 간단히 잡을 수 없다. 구멍 뚫기 도중에 돌연 "키"라고 하는 것같은 높은 진동수의 소리를 내면 이젠 수명이 다 된 것이다.

이 "키"라고 하는 소리를 발생하는 완전 수명점은 일반적으로 구멍의 입구가 아니라 드릴이 어느 정도의 깊이에 들어 가서 발생한다.

드릴의 날끝 코너부의 온도가 차차 높아져서 국부적으로 어느 온도(500℃ 이상으로 생각됨)에 달하면 코너부가 급격히 연화되고 일부 용착 상태를 따라 한층 발열을 촉진하여 완전 수명에 달하는 것으로 생각된다.

이 완전 수명점은 돌발적으로 생기기 때문에 예측하기 어렵고 "키"라고 하는 소리의 발생이 대용 특성으로 가장 잡기 쉬운 것으로 되어 있으나 특히 깊은 구멍 가공에 있어서 잘 볼 수 있고, 칩의 배출 불량이 방아쇠가 되는 것같은 기분은 들지 않는다.

인공적으로 칩 막힘을 발생시키면 실제 절삭과 아주 유사한 형상으로 완전 수명 상태를 얻을 수 있다.

**그림 4**는 깊은 구멍 가공에 있어서 스텝 횟수와 수명의 관계를 표시한 것이다. 깊은 구멍을 단숨에 뚫는 것보다는 이송을 스텝시켜 속에 괴인 칩을 배출시키는 동시에 절삭 유제를 구멍밑까지 공급하는 조작을 반복하는 횟수가 많아지는 데에 따라서 수명이 늘어난다.

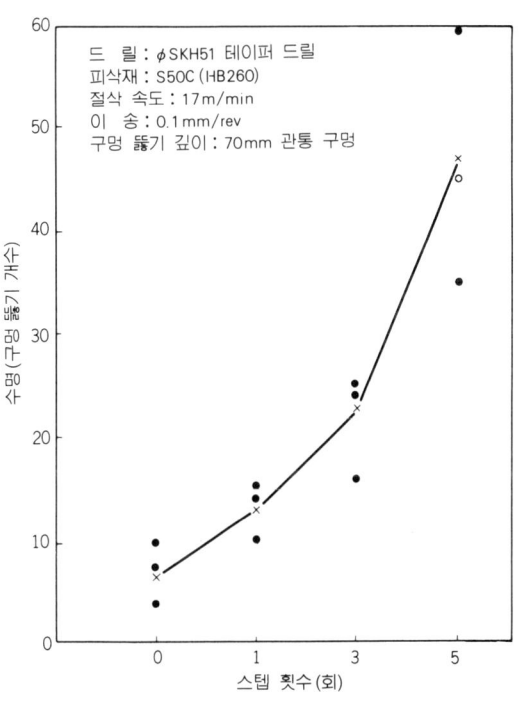

그림 4  스텝 횟수와 수명

얕은 구멍을 많이 뚫는다는 것은 수명이 다 할때까지의 총 구멍 뚫기 길이는 길게 된다라고 하는 말과도 일치되고 있다.

또 스텝 이송에 있어서 이송과 수명의 관계를 조사해 보면 롱 드릴의 사용에 의한 극히 깊은 구멍 뚫기 가공에서, 드릴의 구부러짐 및 비틀림 강성은 극히 낮은 값으로 되어 있기 때문에 표준 길이의 드릴과 비교해서 이송은 상당히 작게 하지 않으면 안된다.

$\phi 6$ mm 표준 드릴의 홈 길이는 약 70 mm, 이에 대해서 홈 길이 190 mm의 롱 드릴로는 약 3배로 되기 때문에 비틀림 변위각을 같게 한다고 하는 단순한 가정을 세우면 이송은 표준 홈 길이 드릴의 약 1/3로 하지 않으면 안된다.

이 가정에서 드릴의 단면 형상이 양쪽이 같고 홈 길이만 다르다고 하였으나 실제로는 깊은 구멍 가공 드릴에는 **그림 2**에 표시한 것같은 강성 향상의 연구가 이루어지고 있다. 그러나 그 한쪽에 있는 홈 공간이 좁아지게 되어 긴 거리를 더듬어서 칩이 배출되지 않으면 안되게 된다.

15페이지에 나타낸 기준 절삭 조건의 수정은 상당히 깊은 구멍 뚫기를 긴 비틀림각을 갖는 드릴로 가공하는 데에 있어서, 이송에 대해서 말하자면 30° 정도, 절삭 속도에 대해서도 열의 축적을 고려해서 60~70% 정도로 수정할 필요가 있다고 생각할 수 있다.

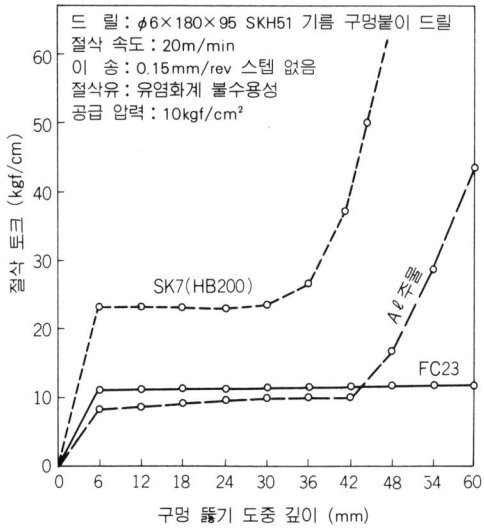

그림 5  기름 구멍붙이 드릴에 있어서 구멍 뚫기중의 절삭 토크 변화

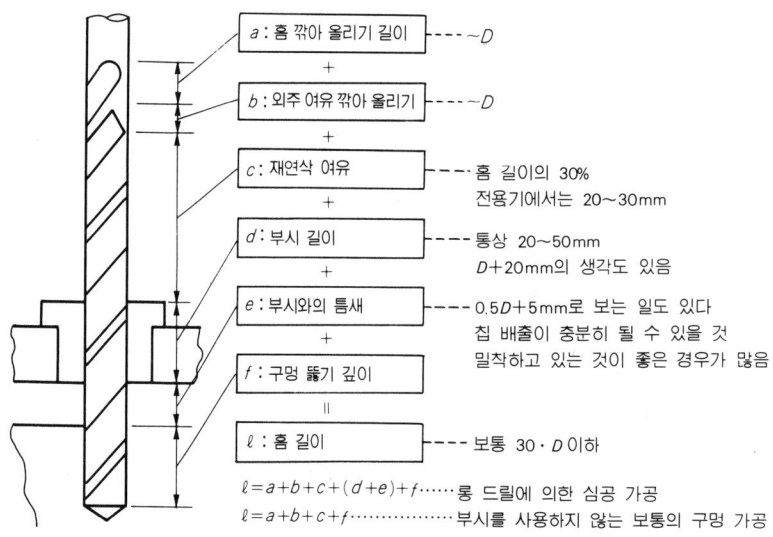

그림 6  드릴의 필요 홈 길이

그림 5는, 기름 구멍붙이 드릴로 가공했을 때의 절삭 토크의 변화를 나타내고 있다. 절삭유를 $10\,\text{kgf/cm}^2$로 공급하고 있기 때문에 스텝 이송을 하지 않아도 칩은 강제적으로 배출되지만 SK 7에서는 $6D$를 넘으면 칩 막힘에 의한 절삭 토크의 상승을 볼 수 있으나 FC 23에서는 $10D$라도 칩 막힘은 생기지 않는다.

이와 같은 절삭 토크의 상승은 어느 것이나 칩의 배출 불량에 의한 것이다. 이 대책으로서는 중심 두께 테이퍼가 없는 일정한 중심 두께의 것을 사용하고 드릴 단면에 있어서의 홈 형상을 연구하고 홈면 거칠기를 향상시키는 등의 개량이 실시되고 있다. 또 깊은 구멍 가공에 있어서도 홈 길이는 조금이라도 짧은 것이 수명에 있어서 유리하게 된다.

그림 6은 깊은 구멍 가공용 드릴의 필요 홈 길이를 결정하기 위한 한 예이다. 재연삭 여유를 필요 이상으로 보거나, 홈 절삭부를 너무 크게 잡으면 전체로서 대단히 긴 것으로 되어 버린다.

# PART

# 드릴을 선택하는 법, 사용하는 법

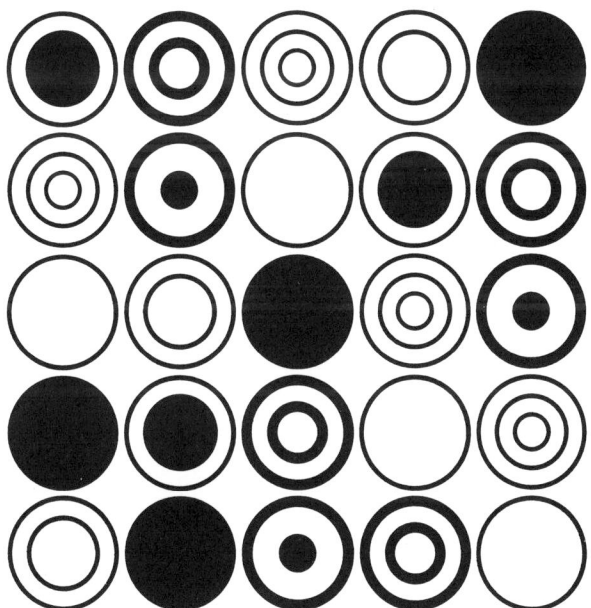

# 하이스 드릴의 선택 방법·사용 방법

트위스트 드릴에 의한 구멍 가공은 일반적인 구멍 가공 외에 볼트 구멍, 나사내기 구멍, 리머 나사내기 구멍 등 기계 가공이 점유하고 있는 비율도 크고, 사용되는 기계도 탁상 보링 기계에서 MC(머시닝 센터)에 이르기까지 폭넓게 되어 있다.

그리고 드릴의 절삭 성능에 대해서는 수명이 길 것, 가공 정밀도, 특히 구멍 확대량이 작고 위치가 어긋나지 않는 것, 칩이 분단되고 처리하기 쉬운 것 등을 요구할 수 있다. 더욱이 MC를 비롯해서 NC 기계의 보급이나 FMC 지향에 따라 장수명, 고정밀도, 고능률에 대한 요구는 점점 높아지고 있다.

이러한 가운데 그 사용법에 대해서는 피삭재, 사용 기계 등의 절삭 조건이 복잡하게 얽혀서 획일적인 사용법을 쓸 수 없다. 그 때문에 드릴의 선택 방법, 사용 방법이 더욱 어려운 것으로 여겨지게 된다.

여기서는 드릴의 선택 방법으로서 드릴의 재질, 표면 처리, 날끝 형상을, 또 사용 방법으로 절삭 저항 등에서 구한 절삭 조건의 계산식에 대해서 설명한다.

## 1 드릴의 선택 방법

드릴 메이커의 카탈로그를 보면 대단히 많은 종류의 드릴이 있다. 이것들을 대별하면 ① 재질에 의한 구분, ② 표면 처리에 의한 구분, ③ 형상에 의한 구분의 셋으로 나눌 수 있다.

더 나아가 형상에 대해서는 홈 길이, 날끝 형상 및 시닝 형상, 비틀림각, 홈 형상 등으로 나눌 수 있다.

이러한 것들의 구분을 조합함으로써 그 드릴의 대략의 성능을 평가, 측정하는 것이 가능하다. 예컨대, 홈 길이와 홈 형상은 표준 드릴에 준해서 재질은 내마모성이 우수한 코발트 하이스를, 게다가 표면 처리는 TiN 코팅으로 한 경우의 조합에서 이 드릴은 표준 드릴에 비해 4~6배의 성능을 발휘한다고 생각할 수 있다.

### (1) 드릴의 재질

피삭재의 경도, 혹은 절삭 속도 등에 의해서 드릴의 재질이 결정되나 일반적으로 잘 사용되고 있는 것은 하이스(고속도 공구강)의 SKH 51이다.

그러나 최근에는 수명, 가공 능률, 또 가공 구멍 깊이에 의해서 코발트 타입의 용해 하이스 그 위에 고바나듐, 고코발트 타입의 분말 하이스 등이 채택되는 경향이 있다. 바나듐(V)은 내마모성에, 코발트(CO)는 고온 경도를 높이는 데에 효과가 있기 때문이다.

일반적으로는 담금질 경도를 높게 하면 내마모성이 향상하고, 수명 향상에 유효하지만 사용 방법에 따라서는 날깨짐, 치핑 등의 트러블의 원인이 된다. 따라서 드릴의 재질과 담금질의 경도는 드릴의 성능을 좌우하는 중요한 인자이다.

### (2) 표면 처리

드릴의 표면 처리법은 대별하면 호모 처리, 질화 처리, TiN 코팅 처리의 3종류가 있다. 호모 처리는 수증기 처리라고도 하는데, 그 산화 피막이 다공질이기 때문에 절삭 유제를 유지해서 용착을 방지하는 효과가 있다.

질화 처리는 현재는 암모니아 가스($NHO_3$)에 의한 기체 처리가 주이고, 그 질화층은 HV 900~1200으로 딱딱하며 내마모성을 높이는 동시에 마모 저항이 작아 칩의 배출 등에도 효과적이다.

마지막인 TiN 코팅 처리는 수년 전부터 실용화된 처리법으로 그 황금색의 증착 피막은 HV 1800~2200으로 대단히 딱딱한 것이다. 하이스의 약점으로 되는 내마모성을 개선하는 동시에 인성(내치핑성)을 같이 갖게 할 수 있다. 하이스 드릴의 고속·고이송, 장수명화의 요구에 응한 처리법이라고 할 수 있을 것이다.

그림 1은 JIS에 규정된 ∅6mm의 표준 드릴(질화 드릴)과 코팅 드릴의 성능을 비교한 것이다. 일반적으로 사용되는 절삭 속도 19.4 m/min에서는 코팅 드릴이 표준 드릴의 4배의 수명을 나타내고 있으나 절삭 속도를 더 올려도 코팅 드릴에는 전연 영향이 나타나고 있지 않다.

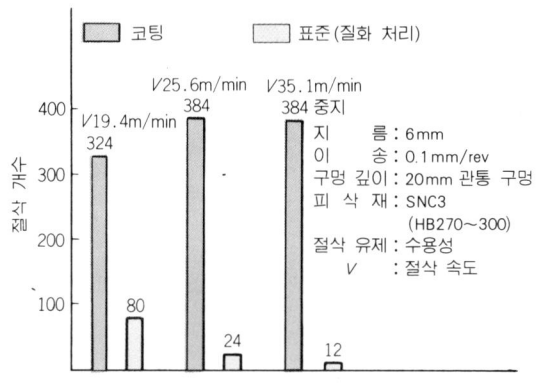

그림 1 코팅 드릴의 성능

따라서 표준 드릴에 비해서 절삭 속도를 1.5배 정도 크게 할 수 있어 가공 능률이 향상되는 것은 명확한 일이다.

### (3) 형 상

드릴의 형상과 절삭 성능에 대해서는 많은 기술 자료가 있으므로 여기서는 간단히 설명한다.

① **홈 길이**……드릴의 돌출량이 길면 본체 강성이 저하되고 수명도 저하된다. 이것은 드릴의 홈 길이에 대해서도 마찬가지로 말할 수 있고 가공되는 구멍 깊이에 맞는 홈 길이를 선정할 필요가 있다.

② **날끝 형상**……가공 정밀도나 가공 능률의 향상을 도모하는 데는 목적에 맞는 날끝 형상을 선택하지 않으면 안된다. 고능률, 고정밀도의 구멍 가공을 하는 데는 구심성이 우수하고 구멍 위치 정밀도가 좋으며, 확대 여유가 더 작게 되는 날끝 형상으로 스리레이크 형상(그림 2)이 좋을 것이다.

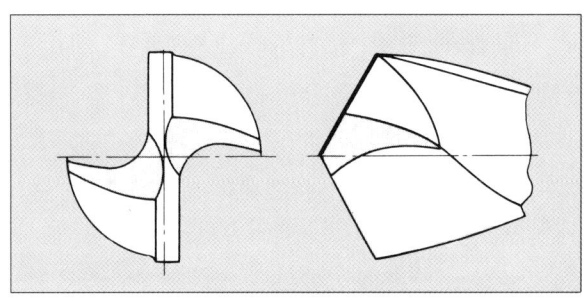

그림 2  스리레이크 형상

스리레이크 형상은 표준 드릴에 비해 구멍의 위치 결정 정밀도가 대단히 좋은 것으로 센터링 공정이 생략되고 가공 능률의 향상이 기대된다.

③ **비틀림각**……드릴의 비틀림각은 보통 약비틀림, 표준 비틀림, 강비틀림의 3종류로 구분되고 일반적으로는 비틀림각 25° 이하를 약비틀림, 25°~35°를 표준 비틀림, 35°~40°를 강비틀림으로 하고 있다.

이 비틀림각은 피삭재에 따라서 선정되는 바, 약비틀림각은 비철 금속이나 플라스틱, 표준 비틀림은 일반강, 강비틀림은 알루미늄이나 난삭재로 대충 구분할 수 있다.

④ **홈 형상**……드릴의 홈 형상에는 표준 홈 형상과 깊은 구멍용 드릴에 채택되고 있는 웜 패턴 형상의 논 스텝이 있다. 논 스텝 형상의 특징으로는 비틀림각을 크게 해서 절삭 저항의 저감을 생각하고 있으며, 중심 두께를 두껍게 해서 강성을 높이고 있고, 칩의 배출성과 절삭 유제의 침투성을 좋게 하기 위해서 홈폭의 비율을 크게 하고 있다는 것 등을 들 수 있다.

이 때문에 1스텝마다의 구멍 뚫기 깊이가 표준 홈 형상에서는 $4D~5D$ ($D$=지름)에 대해서, $7D~10D$ 라든가 하여 상당히 크게 되고 있다.

# 2 드릴의 사용 방법

드릴 가공의 절삭 조건은 피삭재 별로 카탈로그를 위시해서 각종의 기술 자료에 표시되어 있으나 실제의 작업에서는 그 선정에 있어서 망설이는 일이 많지는 않은 것일까. 여기에 표시하는 기준 절삭 조건은 드릴에 작용하는 절삭 저항, 드릴의 강도, 척의 파악력, 기계 강성, 더욱이, 드릴의 종류 등을 고려해서 수식으로 구할 수 있도록 한 것이다.

## (1) 기준 절삭 조건

이 계산식의 특징은 다음과 같다.

① 절삭 속도를 피삭재별로 나누어 하이스 드릴의 절삭 속도를 1로 해서 코팅 드릴을 1.5배, 초경 드릴을 2배 정도로 하고 있다.

② 이송 속도는 드릴 지름, 드릴의 종류, 처킹 방법에 대해서 계수로 설치한다(**표 1~표 5**). 이것들은 절삭중의 드릴의 비틀림 강도와 드릴에 작용하는 절삭 토크를 기본적인 사고 방식으로 하고 있다.

그러면 이 식에 의한 기준 절삭 조건을 구하는 방법을 설명한다.

① **표 3**에서 절삭 속도를 결정해서 사용 회전수 $N$을 산출하고 표 5에서 $J$를 구한다.

$$N = \frac{1000 \cdot V}{\pi \cdot D} \cdot J \text{ (rpm)}$$

② 다음에 사용하는 드릴의 종류, 처킹 방법에 의한 계수를 **표 1~표 4**에서 선택하고 이송량 $f$를 산출한다.

$$f = \frac{10}{M} \cdot \frac{D^{0.75}}{K} \cdot B \cdot C \cdot H$$

여기서, $B$ : 드릴 계수, 홈 길이에서 구해진 계수(**표 1**).

$C$ : 처킹 계수, 처킹 방법에 의해 정해진 계수(**표 2**).

$D$ : 드릴의 지름(mm).

$V$ : 절삭 속도(m/min). **표 3**에 표시함

$M$ : 피삭재 보정 계수. 피삭재에 의한 변동 토크비를 나타낸 것(**표 3**).

$K$ : 비절삭 저항(kg/mm)이고, 피삭재별의 값을 **표 3**에 표시함.

$H$ : 가공 상태에 의한 이송 속도 보정 계수(**표 4**). 구멍 뚫기 깊이나 가공물의 강성에 따라 보정하는 것.

$J$ : 가공 상태에 의한 절삭 속도 보정 계수(**표 5**). 역시 구멍 뚫기 깊이나 가공물의 강성에 따라 보정한다.

주 : 건식 절삭의 경우에는 $H$, $J$ 다같이 0.7~0.8을 곱한 것으로 할 필요가 있다. 그러면 실제로 수치를 사용해서 계산해 보자. $\phi$ 10 mm의 코팅 드릴을 SS 척으로 고정해서 S 50 C에 깊이 12 mm의 구멍을 가공하는 것으로 한다(수용성 절삭 유제를 사용).

① 절삭 속도를 27 m/min로 하면 **표 5**에서 $J = 1$이 되고,

$$N = \frac{1000 \times 27}{\pi \times 10} \times 1 \fallingdotseq 900 \text{ (rpm)}$$

② 이송량은 **표 1~표 4**에서 $B=1.8$, $C=1.3$, $M=1.5$, $K=250$, $H=1$로 선택해서 이것을 계산식에 대입하면

$$f = \frac{10}{1.5} \times \frac{10^{0.72}}{250} \times 1.8 \times 1.3 \times 1 \fallingdotseq 0.33 \text{ (mm/rev)}$$

이것으로 절삭 조건을 구한 셈이 되지만 지름이 큰 드릴을 사용한 경우는 기계의 주축 모터의 출력 $P_0$를 고려할 필요가 있다. 정미 절삭 동력 $P_m$은,

$$P_m = \frac{V \cdot D \cdot f \cdot K}{24490} \text{ (kW)}$$

로 구할 수 있으므로 $P_m < P_0$로 되는 것을 확인할 필요가 있다.

표 1 드릴 계수 $B$

| 드 릴 타 입 | | 계수 $B$ |
|---|---|---|
| 하이스(고속도 공구강) | 표준 스트레이트 드릴 | 1.2 |
| | 표준 테이퍼 드릴 | |
| | 논 스텝 드릴 | |
| | TC 드릴 | |
| | 롱 드릴 | 1.0 |
| | 논 스텝 롱 드릴 | |
| | SS 드릴 | 1.5 |
| | NC 드릴 | |
| | 사이드 로크 드릴 | |
| | 코발트 드릴 | 1.3 |
| | 스터브 드릴 | 2.0 |
| TiN 코팅 하이스 | 쇼트 드릴 | 1.8 |
| | 표준 드릴 | 1.3 |
| | 롱 드릴 | 1.1 |
| | 오일 홀 드릴 | 1.5 |
| 초 경 합 금 | EXCEL 드릴 | 1.5 |

표 2 처킹 계수 $C$

| 처 킹 형 태 | 계 수 $C$ |
|---|---|
| 3조 드릴 척 | 1.0 |
| 테이퍼 소켓(드릴 드라이버) | 1.2 |
| 콜릿 척 | 1.3 |
| 사이드 로크 | 1.2 |

이와 같은 계산에 의한 방법 이외에 칩의 형상으로도 절삭 조건을 선정할 수 있다.

**그림 3**은 ø6 mm의 표준 드릴의 SS 41에 대한 여러 절삭 조건에서의 칩의 신장과 드릴에 대한 칩의 휘감기에서 적정 조건을 구한 것이다.

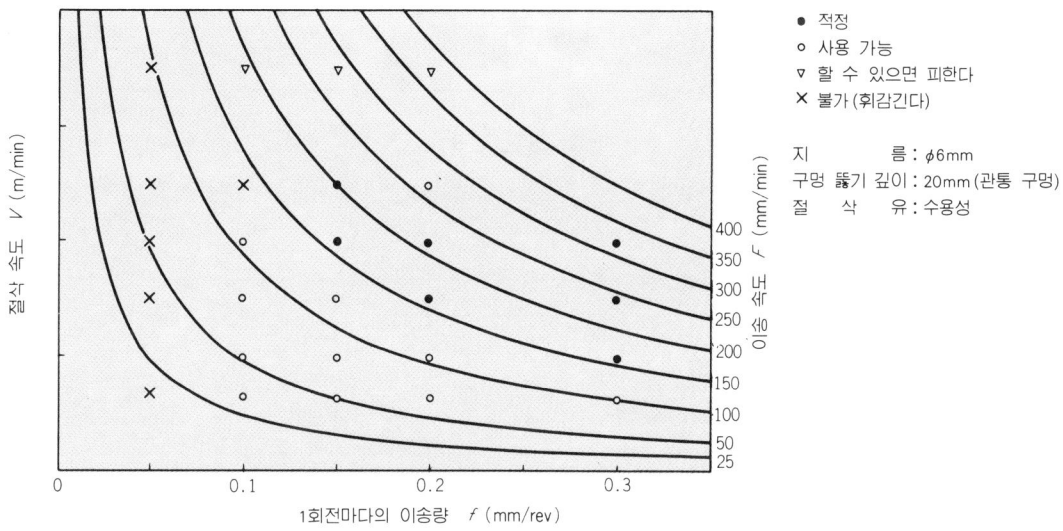

그림 3 SS 41에 있어서 칩 형상에서 본 절삭 조건

이 그림에 표시된 것같이 적정 조건에서 벗어나면 칩이 길게 늘어나거나 혹은 드릴에 휘감겨서 홈 속에서 막히거나 하는 상황이 된다.

칩에서 본 SS 41에 대한 절삭 조건은 절삭 속도 15~25 m/min, 이송량 0.15~0.2 mm/rev로 된다. SS 41에 대한 각 절삭 조건에서의 수명 분포를 보면 적정 조건은 절삭 속도 10~25 m/min, 이송량은 0.1~0.15 mm/rev 의 범위로 된다.

표 3 절삭 속도 $V$, 피삭재 계수 $M$, 비절삭 저항 $K$

| 피삭재 | 절삭 속도 $V$(m/min) | | | 피삭재 계수 $M$ | 비절삭 저항 $K$(kg/mm) |
|---|---|---|---|---|---|
| | 하이스 | TiN 코트 | 초경 | | |
| 구조용강 SS 41 | 15~25 | 20~35 | 30~60 | 2.0 | 250 |
| 탄 소 강 S 50 C | 15~25 | 20~35 | 30~60 | 1.5 | 250 |
| 합 금 강 SCM | 10~20 | 15~25 | 20~50 | 1.5 | 300 |
| 다이스강 SKD | 8~15 | 10~25 | 20~40 | 1.5 | 400 |
| 스테인리스강 | 5~12 | 10~20 | 10~25 | 2.0 | 400 |
| 내 열 강 | 3~10 | 5~15 | 10~20 | 1.5 | 450 |
| 고경도강 | ~5 | ~8 | ~8 | 1.5 | 500 |
| 주 철 FC 25 | 20~30 | 25~40 | 40~60 | 1.3 | 180 |
| 알루미늄 합금 | 30~50 | 35~70 | 50~100 | 3.0 | 100 |
| 황 동 | 20~40 | 30~50 | 40~70 | 2.0 | 50 |

표 4 이송 속도 보정 계수 H

| 구멍 뚫기 깊이 | 계수 H |
|---|---|
| 지름의 3배 | 0.9 |
| 지름의 4배 | 0.8 |
| 지름의 5배 | 0.7 |
| 지름의 6배 이상 | 0.7~0.5 |

표 5 절삭 속도 보정 계수 J

| 구멍 뚫기 깊이 | 계수 J |
|---|---|
| 지름의 3배 | 0.9 |
| 지름의 4배 | 0.9 |
| 지름의 5배 | 0.9 |
| 지름의 6배 이상 | 0.8 |

그러나 이것은 수명에 대해서만 본 것이고 칩의 처리성, 즉 칩이 드릴에 휘감기지 않고 수명이 긴 절삭 조건으로 되면, 극히 한정된 좁은 범위로 되는 것을 알아둘 필요가 있다.

### (2) 기름 구멍붙이 드릴의 효과

최근, NC 드릴링 머신이나 MC에 있어서 기름 구멍붙이 드릴의 사용이 증가하고 있다. 절삭점에 대한 직접 급유에 더해서 칩의 배출, 더욱이 외부 급유에서의 급유 노즐의 조정이 불필요하게 되는 것 등으로 그 장점이 크다는 것은 주지의 사실이다.

보통의 외부 급유에 대해서 내부 급유인 기름 구멍붙이 드릴은 절삭 속도, 이송량을 다 같이 높일 수 있다. 가공 능률의 향상은 1.5~2.0배 정도로 된다.

기름 구멍붙이 코팅 드릴은 하이스가 갖는 인성과 코팅으로 가능하게 되는 고속·고이송에 내부 급유가 더해져서, SS 41재와 같은 비교적 강성이 낮은 가공물에 대해서는 초경 날붙이 드릴에 필적하는 절삭 성능을 나타내고 있다.

이와 같이 급유 방법에 따라서도 구멍 뚫기 작업의 개선이 될 수 있는데 대해 충분히 고려할 필요가 있다.

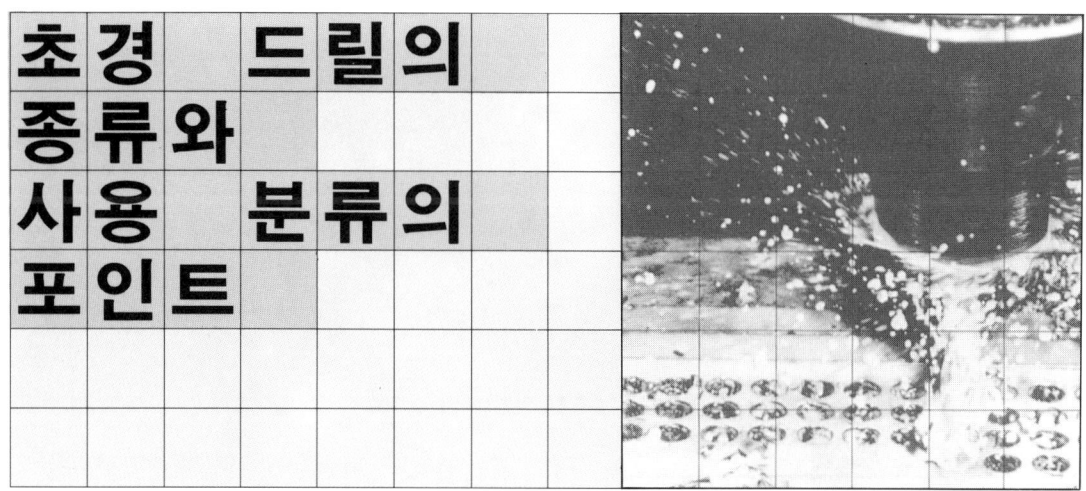

# 초경 드릴의 종류와 사용 분류의 포인트

드릴의 초경화는 가공의 고능률화, 공구의 장수명화, 구멍 정밀도 향상의 수단으로 되어 있다. 한편 하이스 트위스트 드릴과 비교할 경우, 초경 드릴은 사용면에서 떨어지기 때문에 밀링 커터나 바이트에 비해서도 충분히 보급되고 있다고는 단정할 수 없다.

그러나, 최근의 공작 기계나 주변 기기의 성능 향상이 현저하고 초경 드릴도 이전 만큼 사용하기 어려운 것으로 여겨지지는 않는다.

각 절삭 공구 메이커도 초경 드릴의 종류를 다양하게 증가시킴으로써 용도의 확대를 도모하고 있는 단계에 있고 이들 공구를 어떻게 가려서 사용하느냐가 생산 향상의 열쇠로도 되고 있다. 그리고 한 마디로 초경 드릴이라고 해도 초경 솔리드 타입의 것, 납땜 타입의 것, 끝으로 스로어웨이 타입의 3종류가 있고 각각에 적합한 사용 방법이 있다.

여기서는 용도에 맞춘 초경 드릴의 선택 방법과 일반적인 사용의 포인트에 대해서 말하고자 한다.

## 1 종류와 사용의 분류

### (1) 대상 피삭재에 의한 선택

주철이나 경합금 등에는 비교적 절삭하기 쉬운 것이 많고 이들에 대해서 초경 드릴은 오래 전부터 실용화되고 있다. 그러나 강의 일반 구멍 뚫기에 초경 드릴이 사용되기 시작한 것은 건 드릴 등 특수한 공구를 제외하면 극히 최근의 일이다.

따라서, 카탈로그 등에서 강 가공용이라는 용도 표시가 굳이 되어 있지 않은 경우에는 강 가공에는 적합하지 않다고 생각하여야 할 것이다.

강 가공용 드릴에는 **그림 1**에 표시한 것같이, 주철, 경합금용 드릴에 비해서 홈 단면의 강성을 높이는 동시에 파들기성을 좋게 하기 위해서 치즐부를 연구하거나 칩 처리법을 개선하기 위해서 날 형상이나 홈 형상의 연구 및 기름 구멍에 의한 냉각 방식의 연구 등 특수한 설계를 실시하고 있다.

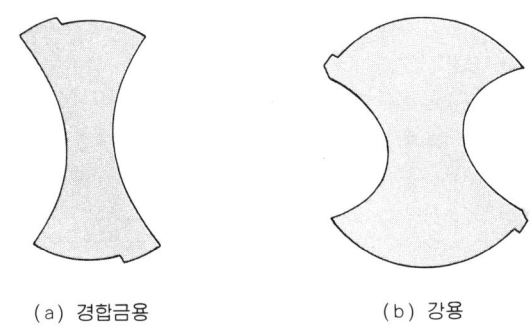

(a) 경합금용　　　(b) 강용

그림 1　드릴 단면의 비교

공구재 종류에 대해서 경합금용 드릴이 기계적 마찰을 고려해서 K계열의 재종(材種)을 사용하는 데 대해서 강용(鋼用)에는 열적 마찰을 고려해서 P계열의 재종을 사용하고 있다.

또, 공구와 피삭재 간의 용착에 의한 손상을 방지하기 위해서 트위스트 드릴에서는 PVD(물리적 증착(蒸着))법에 의해서 TiN 등을 코팅한 것도 많이 나돌고 있다. 이것은 코팅을 함으로 인해 내마모성의 향상 외에 경사면의 마찰을 작게 하여 칩 처리성 향상의 효과도 노리고 있다.

그래서 초경 드릴의 사용에 있어서는 공구 메이커에서 각종 초경 드릴의 피삭재별 적용 범위가 표시되고 있으므로 그것을 참고로 하면 좋을 것이다.

### (2) 구멍 지름과 가공 깊이에 의한 선택

초경 드릴의 구조는 어느 정도 지름에 따라 정해져 있다. $\phi 10\,mm$ 전후를 경계로 해서 그 이하의 지름은 초경 솔리드 타입, 그 이상의 지름에서 $\phi 20\,mm$ 전후까지는 납땜 타입, 그보다 큰 지름에서는 스로어웨이 타입이 일반적이다.

강의 구멍 가공의 경우는 주철 등과 비교해서 절삭날의 수명이 짧기 때문에 절삭날 교환이 쉬운 **사진 1, 사진 2**에 표시하는 스로어웨이 타입이 코스트 면에서 유리하다.

이 스로어웨이 드릴은 팁에 CVD(화학 증착)법의 코팅을 적용할 수 있기 때문에 납땜이나 솔리드 드릴에 비해서 고속 영역에서의 사용이 가능하고 재연삭에 의한 성능의 편차도 생기지 않기 때문에 항상 안정된 성능을 얻을 수 있다.

한편 스로어웨이 드릴의 문제점으로는 파일럿붙이 드릴 등 특수한 것을 제외하면 드릴 자체에 구심성이 없기 때문에 드릴 지름의 2배 정도의 얕은 구멍밖에 가공할 수 없다. 가공 구멍 지름의 편차를 ±0.3 mm 정도 예상하지 않으면 안되는 것 등을 들 수 있다.

이에 대해서 **사진 3**에 나타낸 납땜 드릴에서는 지름의 3배 정도, **사진 4**에 나타낸 기름 구멍붙이 솔리드 드릴에서는 5배 정도까지의 구멍 뚫기를 쉽게 할 수 있고, 구멍 정밀도도 양호하다.

또, 구멍 깊이가 지름의 5~20배 정도의 심공 가공에서는 MC에 의한 건 드릴 가공이 확대돼 가고 있다. **사진 5**에 MC용 건 드릴을 나타낸다.

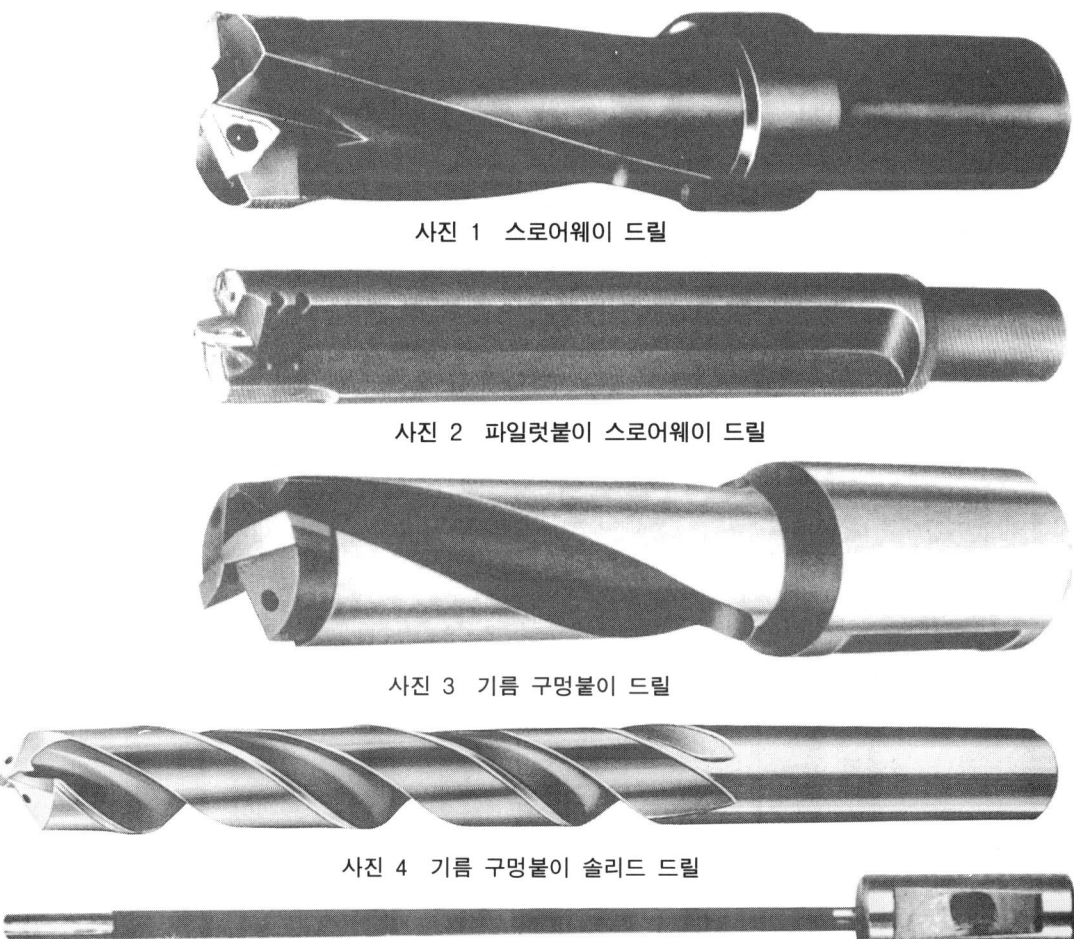

사진 1  스로어웨이 드릴

사진 2  파일럿붙이 스로어웨이 드릴

사진 3  기름 구멍붙이 드릴

사진 4  기름 구멍붙이 솔리드 드릴

사진 5  MC용 건 드릴

### (3) 기타 특수 용도의 드릴

기타의 특수한 초경 드릴로서 주철이나 경합금의 고정밀도 가공용으로 리머 가공 중간의 정밀도를 얻을 수 있는 밀링 드릴이나 내절손성이 우수한 주철이나 경합금의 고능률 가공이 가능한 FD 드릴, 담금질강이나 고Mn강의 가공용으로 난삭재용 드릴, 전용기에 의한 심공 가공을 목적으로 한 각종 건 드릴이나 BTA(Boring & Trepaning Association) 방식의 공구, 프린트 기판 등의 구멍 뚫기를 목적으로 한 미크론 드릴 등 용도에 따라서 여러 가지 드릴이 실용화되고 있다.

## 2 사용상의 포인트

### (1) 기계, 유지구 등

초경 드릴은 가공중의 가로 진동이나 회전이 고르지 못한 것, 스러스트 방향의 진동에 특히 약하고 탁상 드릴링 머신이나 다축 드릴링 머신 등 덜거덕 거림이 많은 기계에는 사용하지 말아야 한다.

그리고 드릴의 유지 방법도 일반적인 3조척으로는 미끄럼이 원인이 되어 부러지는 경우가 있다. 작은지름 드릴에는 엔드 밀을 꽉 쥐는 요령으로 스프링 콜릿 등에 의한 강력하면서 고정밀도인 유지 방법에 의하는 것이 바람직하고 그것을 설치할 때, 흔들림의 관리도 안정된 구멍 뚫기 성능을 얻기 위한 중요한 포인트이다.

그리고 중·대직경 드릴에서는 절삭력에 의한 기계 전체의 휨이 생기기 때문에 드릴 전체의 돌출을 짧게 하는 등 강성의 확보를 배려하는 동시에 기계 출력도 충분히 여유있는 상태에서 가공할 것을 권장한다.

기계 출력은 1분간 마다의 칩 배출량에서 다음과 같이 계산할 수 있다.

<드릴의 매분 칩 배출량 $\theta$의 계산 방법>

$$\theta = \frac{\phi D \times V \times f}{4} \text{ (cc/min)}$$

여기서, $\phi D$ : 드릴 지름(mm)
$V$ : 절삭 속도(m/min)
$f$ : 이송(mm/rev)

예컨대, $\phi$ 20 mm 드릴, $V$=50 m/min, $f$=0.2 min/rev이면 20×50×0.2×1/4=50 cc/min이 된다.

일반적으로 S 45 C(HB 200)의 경우, 10 cc/min마다 1 kW가 되므로, 5 kW의 소비 동력으로 된다.

## (2) 절삭유

일반적으로 저속 절삭에는 윤활유의 효과에 의해서 불수용성 절삭유가, 그리고 고속 절삭에는 냉각성 및 침입성에서 수용성 절삭유가 좋은 효과를 나타내고 있다.

예컨대, 기름 구멍붙이 납땜 드릴을 사용해서 절삭유를 비교한 예를 들어 살펴 보면, 불수용성 절삭유로는 절삭 속도가 60 m/min에 있어서 손상의 진행에 따라 지름이 서서히 축소해 가는데, 저속의 30 m/min에서는 확대측에서 안정되어 있다.

한편, 수용성 절삭유를 사용한 경우는 그 반대의 결과로 되어 있다.

절삭유의 효과로서 공구의 냉각이나 윤활 이외에 칩을 급냉함으로써 무르고 부러지기 쉽게 하는 것, 기름 구멍붙이 드릴로 칩을 강제 배출하는 것 등을 들 수 있다.

절삭유를 외부에서 공급하는 경우에는 절삭 속도 50 m/min 정도, 가공 깊이는 지름의 3배 정도가 사용하는 한도이다. 이 이상의 속도나 깊이, 또는 가로형의 기계에서 사용할 경우에는 절삭유가 절삭날 선단까지 닿지 않게 되기 때문에 가공 능률이 떨어질 수밖에 없다. 따라서 초경 드릴의 기름 구멍붙이화는 당연한 경향이라고 할 수 있다.

기름 구멍붙이 드릴을 공구 회전으로 사용하는 경우에는 내부에서 기름을 공급하기 위한 급유 수단이 필요하다.

예컨대, **사진 4**에 표시한 기름 구멍붙이 솔리드 드릴의 경우에는 전용의 툴링 시스템을 사용함으로써 드릴의 성능을 충분히 발휘할 수 있게 된다.

절삭유의 펌프 능력으로 중·대직경 드릴용에는 5기압 정도면 충분하지만, $\phi 10\,mm$ 이하의 기름 구멍붙이 솔리드 드릴이나 MC용 건 드릴 등을 사용할 경우에는 최저에서도 10기압은 바라는 것이다. 그리고 유량도 펌프의 능력으로 $10\,l/min$ 이상의 것이 필요하다. 유량이 불충분하면 칩이 타서 늘어나고 얽히는 등의 트러블이 생기는 원인으로도 된다.

예컨대, MC용 건 드릴을 사용해서 구멍 가공을 하는 경우에 유압을 변화시켜서 칩 막힘의 발생 상황을 본 결과에서도 $5\,kg/cm^2$ 이하의 유압으로는 불충분하다는 것이 분명하였다.

그 외에 드릴 가공의 절삭 유제의 효과에 대해서는 83페이지를 참조하기 바란다.

### (3) 가공 조건 설정

초경 드릴의 가공 조건 설정은 보통 칩의 색이나 형상, 동력, 구멍 지름이나 표면 거칠기, 소리 등을 보고 실시한다. 이들이 안정되고 있는가 어떤가가 판단의 기준이 된다.

칩의 배출에 문제가 있을 때는 토크의 상승이나 칩이 부서지거나 너무 작게 되는 등의 징조가 보이고 구멍 지름이나 표면의 거칠기도 안정되지 않는다. 그리고 코너부의 손상이 진행되면 구멍 지름이 서서히 작아지게 되기 때문에 구멍 지름 변화가 작은 조건을 찾는 것도 수명 연장에는 유효한 일이다.

어느 것이나 일정량의 구멍 뚫기 데이터의 겹쳐 쌓기가 없으면 올바른 조건 설정은 어렵고 경험을 필요로 하기도 한다.

**표 1**에 예로서 기름 구멍붙이 솔리드 드릴의 표준적인 절삭 조건을 나타내었으나 실제로는 위의 항목 외에 기계나 피삭재의 형상 등도 고려해서 가공 조건을 설정하여야 할 것이다.

표 1 기름 구멍붙이 솔리드 드릴의 표준 절삭 조건

| 피 삭 재 | | | 절삭속도 $V$(m/min) | | 이송 $f$(mm/rev) | |
|---|---|---|---|---|---|---|
| 종 류 | 재 질 | 경 도(HB) | $\phi 5 \sim \phi 8\,mm$ 의 경우 | $\phi 8 \sim \phi 16\,mm$ 의 경우 | $\phi 5 \sim \phi 8\,mm$ 의 경우 | $\phi 8 \sim \phi 16\,mm$ 의 경우 |
| 연 강 | SS 41 | — | 100~140 | 110~150 | 0.2~0.3 | 0.25~0.36 |
| 탄 소 강 | S 45 C | 150~200 | 80~120 | ← | 0.15~0.25 | 0.15~0.3 |
| | | 200~300 | 70~110 | ← | 0.13~0.22 | 0.13~0.26 |
| 합 금 강 | SCM 440 | 150~200 | 80~120 | ← | 0.15~0.25 | 0.15~0.3 |
| | | 200~300 | 70~110 | ← | 0.12~0.2 | 0.12~0.25 |
| 다 이 스 강 | SKD 11 | 230~260 | 40~60 | 45~70 | 0.1~0.2 | ← |
| 스 테 인 리 스 | SUS 304 | 120~180 | 40~70 | 45~80 | 0.1~0.2 | 0.12~0.25 |
| 구상 흑연 주철 | FCD 70 | 170~240 | 60~100 | ← | 0.2~0.35 | 0.22~0.4 |

### (4) 재절삭

하이스 트위스트 드릴에서 잘 사용되는 수동 연삭도 초경 드릴에서는 절손의 원인이 되고 원칙적으로 공구 연삭기에 의한 고정밀도의 연삭이 필요하다. 그러기 위해서는 드릴 선단 연삭기를 사용해야 하는 것이고 고정밀도의 재연삭을 솜씨 좋게 할 수도 있다.

그리고 구심성의 개선이나 스러스트의 감소를 위해서 작은 지름 드릴도 될 수 있으면 시닝을 할 필요가 있다. 재연삭후의 절삭날에는 피삭재에 맞춘 크기의 호닝 가공을 하는 것이 보통이고 호닝 가공에 따라 절삭날의 수명이 크게 바뀌는 경우도 있으니 주의해야 한다. 그 외에 재연삭에 대한 상세한 것은 각 드릴마다 다르다.

## 3 실용 예

표 2에 사진 3의 기름 구멍붙이 솔리드 드릴을 예로 들어 초경 드릴에 의한 생산성 향상의 실례를 나타내었다. 이 예에서도 분명한 것같이 하이스 트위스트 드릴의 10배 이상, 종래의 초경 드릴의 2배 이상의 고능률 가공이 가능하게 되었다.

표 2 기름 구멍붙이 솔리드 드릴의 실용 예

| 가공내용 | 가공 조건 | | 결 과 |
|---|---|---|---|
| | 종 래 | 기름 구멍붙이 솔리드 드릴 | |
| 세로형 MC 가공<br>재질 S 45 C<br>판 두께 25 mm<br>φ9.3 관통 구멍 | 강용 솔리드 드릴<br>$V=45$ m/min<br>$f=0.25$ mm/rev<br>($F=385$ mm/min) | $V=105$ m/min<br>$f=0.20$ mm/rev<br>($F=700$ mm/min) | 가공 길이 25 mm에서 정상 마모, 거듭 가공 가능.<br>종래의 약 2배의 가공 능률을 얻을 수 있었다. |
| NC 선반 가공<br>재질 SKD 61<br>전장 84.5 mm 환봉<br>① φ7.5×44.5 멈춤 구멍<br>② φ7.5×44.5 관통 구멍<br>(2회 절차) | 코발트 하이스 드릴<br>$V=14$ m/min<br>$f=0.05$ mm/rev<br>(5 mm 스텝 이송)<br>($F=30$ mm/min) | $V=52$ m/min<br>$f=0.15$ mm/rev<br>(논스텝)<br>($F=330$ mm/min) | 기름 구멍붙이이기 때문에 선반과 같은 가로형 기계에서의 심공 가공도 논스텝으로 가공이 가능하고, 이송 속도도 11배, 가공 시간은 약 15배로 비약적인 능률 향상이 되었다. |
| 가로형 MC<br>재질 SUS 304<br>판 두께 24 mm<br>φ7.8 관통 구멍<br>(5개소) | 기름 구멍붙이 드릴<br>$V=40$ m/min<br>$f=0.13$ mm/rev<br>($F=210$ mm/min)<br>센터 구멍 가공이 필요 | $V=60$ m/min<br>$f=0.13$ mm/rev<br>($F=316$ mm/rev)<br>센터 구멍 가공은 불필요 | 초경 솔리드 드릴은 강성이 높기 때문에 센터 구멍이 필요없게 되어, 1공정으로 삭제되고, 또 절삭 속도가 1.5배로 되고 생산성은 대폭적으로 향상되었다. 그리고 납땜 드릴은 가공후 재연삭이 불가능하였으나 솔리드 드릴은 재연삭 횟수가 10회 이상과, 공구 코스트도 대폭적으로 내렸다(재연삭마다의 수명도 1.5배). |
| 세로형 MC<br>재질 SS 41 P<br>판 두께 16 mm<br>φ8.5 관통 구멍<br>(여러 개) | 강용 솔리드 드릴<br>$V=47$ m/min<br>$f=0.27$ mm/rev<br>($F=475$ mm/min) | $V=110$ m/min<br>$f=0.25$ mm/rev<br>($F=1030$ mm/min) | 얇고 휘기 쉽기 때문에 이송을 높일 수 없었으나, 기름 구멍붙이 드릴로 함으로써 속도를 2배 이상으로 높이는 것이 가능하게 되었다. |
| 세로형 MC<br>재질 Ti 합금<br>(Ti-6Al-4V)<br>φ7.8×30 mm<br>관통 구멍 5개소 | 강용 솔리드 드릴<br>$V=20$ m/min<br>$f=0.15$ mm/rev<br>($F=122$ mm/min) | $V=30$ m/min<br>$f=0.14$ mm/rev<br>($F=171$ mm/min) | 기름 구멍이 없는 강용 솔리드 드릴은 3구멍에 칩이 막혀서 부러진다.<br>기름 구멍붙이 드릴로 함으로써 칩에 의한 트러블은 해소, 가공 깊이 23 m에서 거듭 가공이 가능하였다. |

(주) 절삭 유제는 전부 수용성 유제를 사용.

●치즐이 없는 특수날 형상의 초경 드릴●

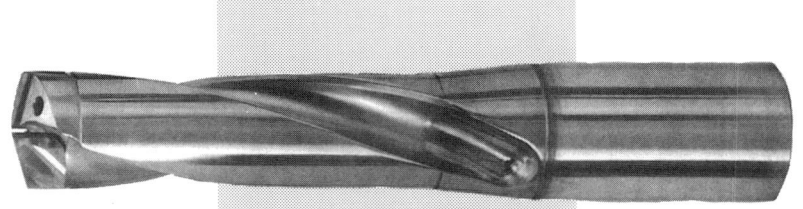

# 뉴 포인트 드릴의 절삭 성능

초경 드릴도 용도에 따라 여러 가지 종류가 있다. 가공 지름, 가공 정밀도, 사용 기계 등에 맞추어서 선택, 사용하는 일이 포인트이다.

여기서는 강의 고정밀도, 고능률 구멍 뚫기용 드릴로 개발된 특수날 형상의 초경 드릴 「뉴 포인트 드릴」(미쯔비시 금속제)을 소개한다.

## ● 어떤 형상인가

일반적으로, 드릴은 공작물의 내부에 진입해서 가공해 가는 관계상, 형상은 가늘고 길며 칩 배출의 홈을 갖고 있다.

그 때문에 강성이 낮은 반면 드릴 반지름에 해당하는 절삭폭에 의해서 대단히 큰 절삭 토크를 받는다.

그리고 치즐 에지에서는 대단히 곤란한 절삭을 하게 되고 큰 추력의 요인으로 되고 있다. 이런 곤란한 절삭과 강성의 부족이 구멍 뚫기 가공중에 불안정한 거동을 일으키고 무른 초경 드릴의 사용을 어렵게 하고 있었다.

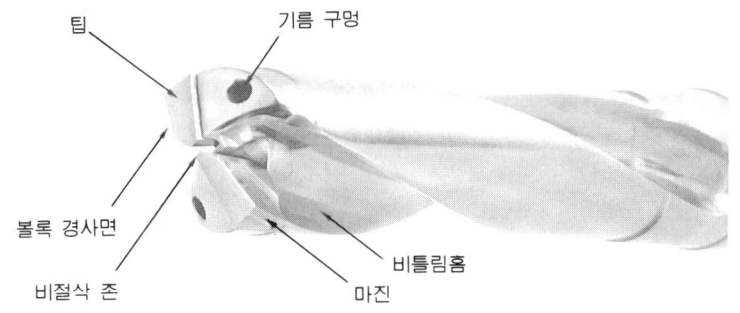

사진 1 뉴 포인트 드릴의 구조

이러한 문제를 극복하기 위해서 개발된 것이 초경 납땜 타입의 뉴 포인트 드릴이다. 이 드릴은 **사진 1**에 표시한 것같이 치즐을 없애고 될 수 있는 대로 전체의 강성을 높인 독특한 형상을 하고 있다.

주된 특징을 정리하면 다음과 같다.

① 중심에 절삭날이 없기 때문에 중심부의 여유각 부족에 의한 눌러 찌부러뜨리는 현상이 일어나지 않고 **그림 1**에 나타낸 것같은 추력이 종래의 드릴보다 30~50% 낮게 된다.

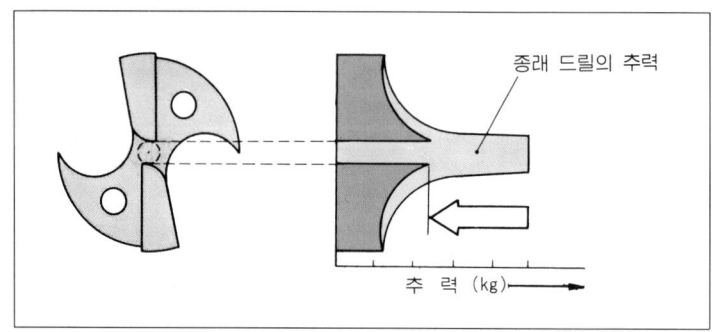

그림 1  뉴 포인트 드릴의 추력의 경감 작용

② 드릴 지름과 이송 속도 관계를 다른 하이스 드릴과 비교한 예를 **그림 2**에 나타낸다. 드릴 지름 ∅10 mm를 예로 들면, 하이스로의 이송 속도 100 mm/min에 대해서 뉴 포인트 드릴에서는 5배의 500 mm/min이 가능하다.

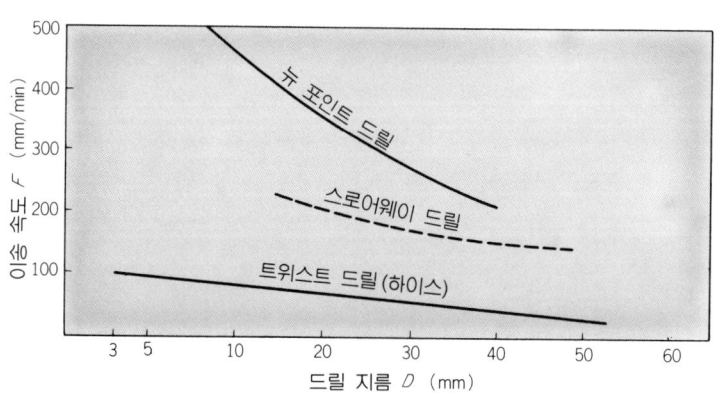

그림 2  각종 드릴의 이송 속도

③ 용착이 생기기 어려운 초경과 평행 마진을 갖고 고강성화를 도모한 것으로 인하여 하이스 드릴보다 한 자리 높은 깨끗한 다듬질면을 얻을 수 있다.

④ 독특한 비틀림홈 곡면이 칩을 무리없이 유도하고 컬지게 해서 분단하는 것같이 칩 처리성이 우수하다.

⑤ 중심이 공간으로 되어 있기 때문에 여유면만으로의 연삭으로 끝나고 시닝의 불필요 등 재연삭이 쉽고 특별한 연삭기나 장치도 불필요하다.

## ● 코팅화

최근에는 초경 드릴에 있어서도 장수명화, 실절삭 시간의 단축 때문에 고속화를 하고 싶다는 요구에서 코팅 드릴이 많이 사용되고 있다. 그래서 이 뉴 포인트 드릴에 대해서도 Ti 화합물을 코팅한 것이 개발되고 있다.

그러나 종래의 드릴에 단지 코팅하는 것이 아니라 다음에 들은 코팅 전용의 시방으로 변경해서 절삭 성능을 높이고 있다.

① 종래 114°였던 선단각을 150°로 변경하므로 인해서 절삭날 강도의 향상과 칩의 분단 성능을 향상시키고 있다.

② 여유각 7°를 10°로 변경하고 추력의 저감과 정면의 여유면(flank) 마모의 감소를 도모하고 있다.

③ 종래보다 홈폭의 비율을 조금만 크게 하는 동시에 플루트 홈밑 R를 크게 해서 칩의 원활한 배출을 가능하게 하고 있다.

④ 종래에는 마진부 0.7~1.2 S, 경사면과 여유면 1.1~1.4 S였던 절삭날의 표면 거칠기를 전체적으로 0.1~0.2 S로 향상시킨 것으로 인해서 코팅층의 내박리(耐剝離) 강도가 각별히 향상되고 있다.

⑤ 코팅 전의 물리적 방법에 의한 특수 클리닝 기술에 의해서 코팅 피막의 부착 강도가 한층 강화되고 있다.

이상의 코팅 전용 시방에 의해서, 종래의 뉴 포인트 드릴에 첨가하여 다음과 같은 특징을 들 수 있다.

① 종래의 초경 드릴과 비교해서, 절삭 속도를 10~20% 높일 수 있다. 그리고 공구 수명은 3~4배 늘어난다.

② 보통의 탄소강, 합금강은 물론이고, 스테인리스강, 고장력강, 혹은 연강 등에 대해서도 우수한 절삭 능력을 발휘한다.

③ 여유면안의 재연삭으로 사용할 수 있고, 경사면, 마진부의 코팅층은, 재연삭후에도 남아 있기 때문에, 재연삭후의 수명은 신품의 70~80%로 경제적이다.

드릴은, 전부 재연삭하면서 사용하는 것이기 때문에, 재연삭후의 수명 성능이 공구 코스트를 좌우한다.

## ● 절삭 조건

뉴 포인트 드릴은 초경으로 고속 구멍 뚫기를 하기 때문에 하이스 드릴에 비해서 그 몫만큼 절삭열도 높게 된다.

따라서, 절삭유제는 냉각성, 윤활성이 뛰어난 JIS W1종의 2호 해당의 극압 첨가제(염소, 유황)가 들은 것을 사용한다. 유량 2~5 $l$/min, 희석률 5배 정도가 기준이다.

표 1에 추천 절삭 조건을 나타낸다.

표 1 코팅 뉴 포인트 드릴의 추장 절삭 조건

| 피삭재 | 경 도 (HB) | 드 릴 지 름 | | | | | |
|---|---|---|---|---|---|---|---|
| | | ∅8~∅13mm | | ∅13~∅18mm | | ∅18mm 이상 | |
| | | 절삭 속도 (m/min) | 이 송 (mm/rev) | 절삭 속도 (m/min) | 이 송 (mm/rev) | 절삭 속도 (m/min) | 이 송 (mm/rev) |
| 주 철 | 80~160 | 60 | 0.30 | 70 | 0.35 | 80 | 0.40 |
| 구상 흑연 주철 | 100~180 | 55 | 0.27 | 60 | 0.30 | 70 | 0.30 |
| 구조용강(SS, SM재) | 80~160 | 55 | 0.25 | 65 | 0.30 | 75 | 0.30 |
| 탄 소 강 (S○○C) | 230 이하 | 50 | 0.25 | 60 | 0.30 | 70 | 0.30 |
| | 231~280 | 40 | 0.25 | 50 | 0.25 | 55 | 0.27 |
| 합 금 강 (SCM○○○) | 230 이하 | 50 | 0.25 | 60 | 0.30 | 70 | 0.30 |
| | 231~280 | 40 | 0.25 | 50 | 0.25 | 55 | 0.27 |
| 고경도강 | 281~350 | 30 | 0.20 | 35 | 0.23 | 40 | 0.25 |
| 스테인리스강 | – | 30 | 0.25 | 35 | 0.27 | 40 | 0.30 |
| 내열 합금 | – | 15 | 0.10 | 20 | 0.15 | 25 | 0.15 |

(주) 절삭 속도는, 상하 5 m/min, 이송은, 상하 0.05 mm/rev의 범위에서 최적 절삭 조건을 찾아내주기 바란다.

●칩을 분단할 수 있는 특수날 형상의 하이스 드릴●

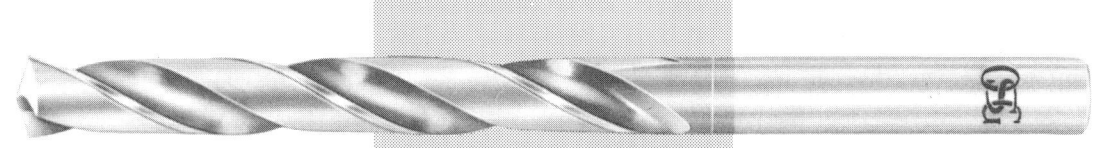

# EX 골드 드릴의 절삭 성능

드릴은 아직도 하이스 드릴이 주류이지만, 최근에는 고정밀도, 고능률도화를 지향해서 초경 드릴도 늘게 되었다. 일반적으로 초경 드릴은, 다른 초경 공구와 마찬가지로 그 성능을 충분히 발휘하는데 기계, 절삭 조건 등을 충분히 음미할 필요가 있다.

이에 대해서 하이스 드릴은, 초경 드릴에 비해 절삭날의 내결손성이 뛰어나고, 사용 기계, 절삭 조건의 한정 범위는 넓지만, 공구 수명, 가공 구멍 정밀도, 가공 능률면에서 떨어지고 있다. 이 간격을 메우기 위해서 하이스측으로 부터의 접근으로 개발된 것이, 여기에 소개하는 「EX 골드 드릴」(OSG제)이다.

이 드릴은, 내결손성에 대한 하이스의 안정성에 더해서 공구 수명의 향상 때문에 고코발트계의 하이스의 채택 및 TiN 코팅을 한 것이다.

더욱이, 세정(細井) 이론의 응용과 종합적인 공구 설계상의 검토를 더해서 구멍 가공의 고능률화, 고정밀도화를 실현한 드릴이다.

## ● 독특한 칩 형상

EX 골드 드릴의 최대 특징은, 천이(遷移) 절단형이라고 불리는 작게 분단된 칩을 생성하는 것으로, 칩 처리가 극히 좋다는 것이다.

보통 드릴에서는 원추 나선형의 연속된 칩이 생성되기 때문에 드릴에 감기거나, 절삭유제가 발산하거나 해서 작업 능률을 나쁘게 하고 있다.

이 드릴의 절삭 과정에서의 칩 배출 형태를 보면, 파들기할 때는 **사진 1**과 같이 휘감김의 걱정이 없을 정도로 컬이 생기며, 연속된 칩이 나온다. 그리고 어느 정도 들어가서 가공이 진행되는 중앙부에서는, **사진 2**와 같은 천이(遷移) 절단형의 분단된 칩이 되고, 드릴 선단부가 빠져 나올 때는, 가늘고 조금 긴 칩이 나오며 마지막으로 드릴 선단각에 맞는 원뿔형의 공기 형상의 칩이 나온다.

이 공기 형상의 칩은, 가공이 완전히 끝날 때까지 절삭유를 고이게 해 놓는 작용을 하는 동시에 추력 방향에 균형을 유지시켜서 안정된 절삭을 가능하게 한다.

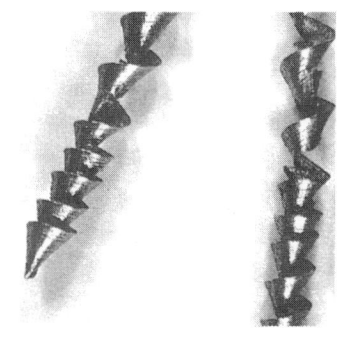

사진 1  파들기할 때의 연속된 칩

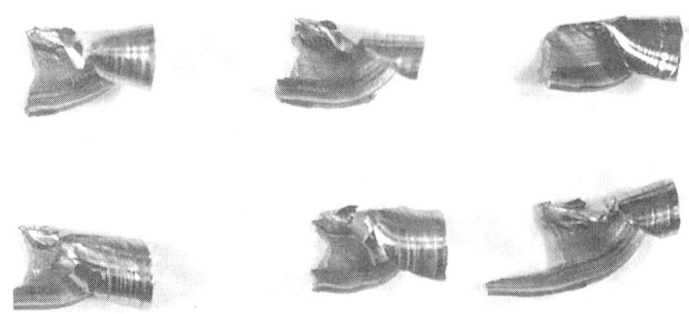

사진 2  중앙부에서의 천이 절단형 칩

## ● 칩 분단의 비밀

드릴 선단 중심부는 **사진 3**에 나타낸 것같이 세정(細井) 이론을 응용한 특수 R날형으로 되어 있고, 이 특수한 시닝이 칩을 분단하는 중요한 작용을 한다.

칩의 생성은 **그림** 1(b)의 A부가 (a)의 절삭날부에서 삭출되고, 컬이 생기며 화살표 방향의 홈 밑면을 향해 흘러 나간다.

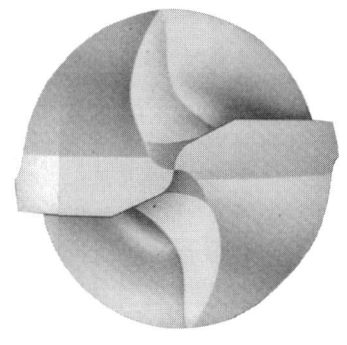

사진 3  드릴의 선단 형상

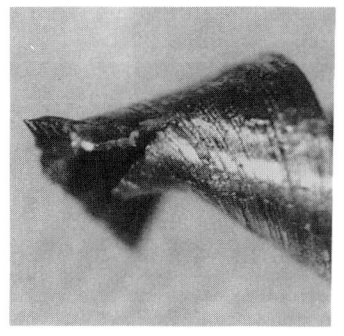

사진 4  금 가기 시작한 균열

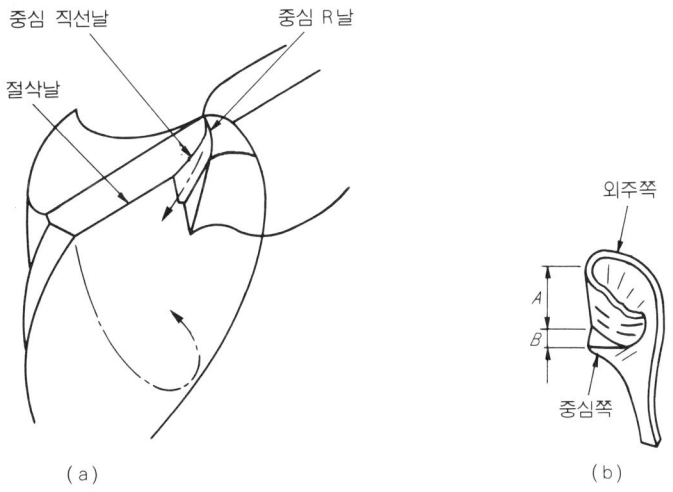

그림 1 칩 분단의 비밀

한편, B부는 **그림** 1(a) 중심 R날 및 중심 직선날로 깎아내고, 드릴의 회전에 의해서 각각의 경사면에 따라 외주 방향으로 밀어 내게 된다. 그 때문에, A부와 B부에는 서로 다른 방향으로 힘이 작용하고 칩의 중심부에 **사진 4**에 나타난 칩의 생성과 같이 순차적으로 외주쪽으로 성장해서 분단된다.

그리고 이 특수한 R 시닝에 의해서 중심부까지 절삭날과 칩 룸을 형성하고 있기 때문에 피삭재에 대한 파들기가 좋고, 그리고 일반적인 드릴의 치즐부와 같이 눌러 찌부러뜨려서 절단하는 일이 없기 때문에 추력을 낮게 할 수 있다.

## ● 왜 고강성인가

우선 **그림** 2의 모델에 대해서 생각해 보도록 하자. 상단을 고정한 2종류의 막대기를 같은 양 $a$ 만큼 휘게 하기 위해서, 각각 $F_1$, $F$ 의 힘을 가한다.

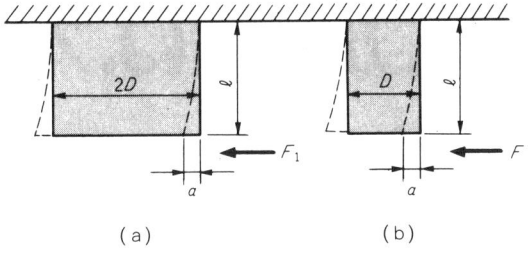

그림 2 강성 비교 모델

이것은 복잡한 계산을 할 것도 없이, 감각적으로 $F_1 > F$ 인 것을 알 수 있다. 실제로는 얼마 만큼의 차이가 있는가 하면, $F_1 = 16F$ 가 되고, (a)는 (b)의 16배의 힘이 가해지지 않으면 같은 양의 $a$ 만큼 휘지 않는다.

일반적인 드릴에서는, 원뿔 나선형의 연속된 칩을 원활하게 배출하기 때문에 넓은 칩 룸이 필요하다. 그로 인해 드릴의 단면적은 작게 되고 공구 강성은 칩 룸의 희생이 되지 않을 수 없었다.

그런데 EX 골드 드릴의 칩은 콤팩트에 컬이 생겨서 작게 분단되기 때문에, 그와 같이 큰 칩 룸을 필요로 하지 않고 R시닝에 의한 추력 저감의 효과와 서로 어울려서, **그림 3**에 표시한 것같이 중심 두께를 일반의 트위스트 드릴보다 두껍게 할 수 있고, 단면적을 35% 향상, 그 결과 강성은 80%도 높게 하고 있다.

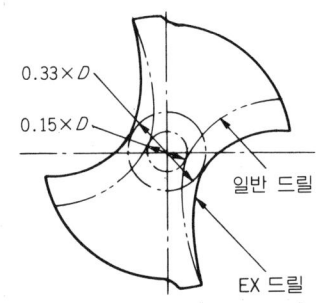

그림 3  고강성을 만들어내는 홈 형상

## ● 장수명, 고능률, 고정밀도

일반 드릴로는 이송 속도를 올리면 공구 수명이 대폭적으로 짧게 되지만 EX 골드 드릴로는 이송 속도를 올려도 수명의 저하는 완만하고 고코발트계 하이스+TiN 코팅에 의해서 절삭 속도의 향상이 가능하다.

더욱이, 구멍의 확대 여유가 작고 상당히 안정되어 있기 때문에 리머 가공을 할 수 있고 리머 여유를 적게 할 수 있다.

그 외에, 구멍의 위치 정밀도가 엄격한 경우에도 일반 드릴과 같은 펀치나 센터 드릴에 의한 중심내기가 불필요하다. 이렇게 말하는 것은, 앞에서 말한바와 같이 R 시닝에 의해서 중심까지 날붙이가 되어서 치즐 에지가 없고 피삭재에 대한 파들기의 양호함과 공구 강성의 높이에 의하기 때문이다.

이와 같은 여러 가지 특징에 의해서 EX 골드 드릴은 장수명이고 고능률, 고정밀도의 드릴로 되고 있다.

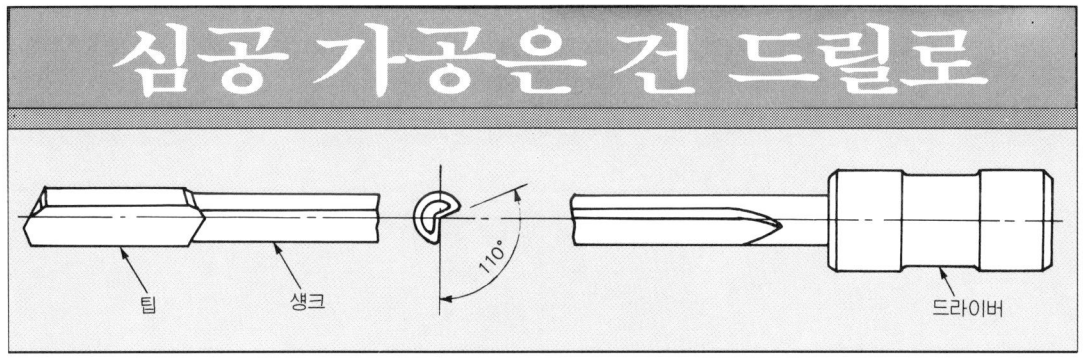

NC 기기가 진보하고 있는 반면, 심공 가공에 관해서는 구태의연한 트위스트 드릴에 의존하고 있기 때문에 가공 능률이나 정밀도에 큰 제약이 있고 기계 공장에 남겨진 최대의 합리화 목표로 되고 있다.

여기서는, 그 고충을 해결하기 위해 건 드릴 가공에 대해서 말하고자 한다.

## ● 건 드릴의 특징

### (1) 트위스트 드릴과의 차이

트위스트 드릴로 심공 가공을 할 때는, 드릴 지름의 3~5배의 깊이마다 칩을 배출하기 때문에 스텝 피드를 할 필요가 있으나 건 드릴 가공에서는 이것을 할 필요가 없다.

우선, 이것이 근본적인 차이이다. 칩이 길게 되지 않기 때문에 드릴에 휘감기지 않고 절삭유의 압력에 의해서 연속적으로 배출할 수 있기 때문에 스텝 피드가 필요 없게 된다.

한마디로 말하면, 건 드릴은 칩을 짧게 하기 위한 공구이고 그 날 형상등은 이를 위해서 결정된 것이라고 하여도 좋다고 생각한다.

### (2) 왜 칩은 짧게 되는가

건 드릴의 날끝 형상은 **그림 1**의 것이 표준이지만, 칩은 외절삭날(A면)과 내절삭날(B면)의 두 곳에서 나오게 되는 것이 된다.

그리고 날의 선단에는 외각 30°, 내각 20°의 2개의 각도가 붙어 있기 때문에, AB 양면에서 나온 2개의 칩은 서로 부딪치는 방향으로 배출된다.

이 부딪쳐서 간섭된 칩은 그 간섭의 힘으로 어떤 길이에서 분단되고 팁 및 샹크의 V홈을 지나서 절삭유에 의해 배출된다.

날 형상에 대해서는, 보통 내각 20°는 바꾸지 않고 분단하기 어려운 재료에 대해서는 외각을 30°보다 크게 해서 칩의 간섭력을 강하게 하여 분단되기 쉽게 한다.

그리고 딱딱하고 부서지기 쉬운 재료에 대해서는 외각을 30°보다 작게 해서 날 자체의 강도를 확보하게 하지만 더 이상의 난삭재가 아닌 범위에서는 표준 날형으로 분단할 수 있으므로 날형을 바꿀 필요는 없다.

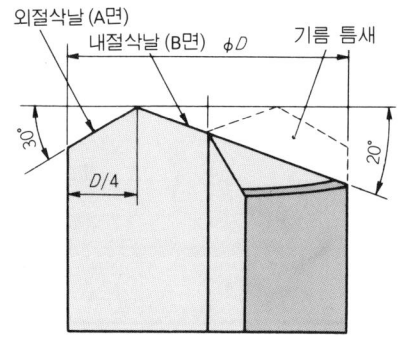

그림 1 건 드릴의 날끝 형상

### (3) 건 드릴 가공의 정밀도

구멍 뚫기 정밀도에 대해서는 건 드릴이 트위스트 드릴에 비해서 압도적으로 우수하다.

① **지름 정밀도**······피삭재에 따라서 차이가 있으나 보통 H7~H9 정도의 가공이 가능하다. 진원도, 원통도 이 공차 이내이다.

② **표면 거칠기**······강에 대해서는 6S~25S, 주철에서는 3S~8S, 그리고 알루미늄에서는 0.6S~6S가 가능하다.

③ **직진성**······건 드릴의 날형의 단면은 **그림 2**와 같이 되어 있으나 패드 부분을 가이드로 한 셀프 파일럿 방식으로, 자기가 뚫은 구멍을 부시로 해서 가공해 가기 때문에 직진성은 대단히 좋다.

보통, 직진도로서는 1/1000(1 m에서 1 mm의 구부림)을 정밀도의 기준으로 하고 있다.

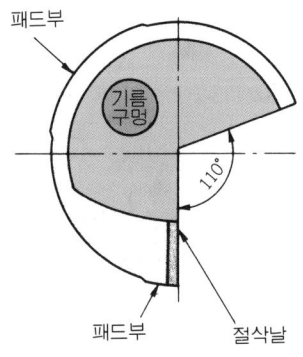

그림 2 날형 단면

### (4) 건 드릴의 가공 속도

날끝 부분은 초경이므로 회전수는 재료와 경도에 대한 초경의 주속(周速)에 의해서 결정된다. 1회전마다의 이송은, 드릴 지름에 대해 경험값으로 대체적인 것은 정해져 있기 때문에 이송 속도는 회전수에 거의 비례하게 된다.

보통, 강에서 50~80 mm/min, 주철에서 150~220 mm/min의 이송이 가능하다. 스텝 피드를 하지 않으므로 심공이 되면 될수록 그 장점을 발휘한다.

### (5) 건 드릴의 가공 능력

지름에 대해서는, $\phi 4 \sim \phi 25$ mm가 경제적인 범위이다. 최소 지름은 $\phi 2$ mm까지이고, 그 이하는 제작할 수 없기 때문에 불가능하다.

최대 지름에 대해서는, $\phi 50$ mm 정도까지 있으나 이와 같은 큰지름이 되면 BTA 방식 쪽이 보다 가공 능력이 크기 때문에 $\phi 25$ mm 이상의 가공에 대해서는 가공 정밀도, 능률, 기계의 가격, 날붙이의 가격 및 재연삭·관리 등을 검토해서 건 드릴 방식인지, BTA 방식인지를 결정해야 할 것이다.

길이에 대해서는, 경제적인 가공 깊이는 구멍 지름의 100배 정도까지지만, 최대 가공 깊이로서는 200배 정도까지 가능하다.

## ◐ 건 드릴 가공의 요점

건 드릴로서의 심공 가공의 장점을 전적으로 발휘하기 위해서는 어떤 순서로 가공해야 하는지 그 요점을 말한다.

표 1에 표준 절삭 조건을 나타낸다.

표 1 건 드릴의 절삭 조건

| 드릴 지름 (mm) | 절삭 유압 (kg/cm²) | 탄소강 HB 200 이하 | | 합금강 HB 250 이하 | | 알루미늄 | | 주철 HB 180 이하 | |
|---|---|---|---|---|---|---|---|---|---|
| | | 회전수 (rpm) | 이 송 (mm/min) | 회전수 (rpm) | 이 송 (mm/min) | 회전수 (rpm) | 이 송 (mm/min) | 회전수 (rpm) | 이 송 (mm/min) |
| 4 | 80 | 8000 | 64 | 6400 | 52 | 10000 | 160 | 8000 | 185 |
| 6 | 70 | 5300 | 60 | 4200 | 50 | 10000 | 240 | 5300 | 170 |
| 8 | 55 | 4000 | 60 | 3200 | 50 | 9000 | 250 | 4000 | 170 |
| 10 | 45 | 3200 | 60 | 2500 | 50 | 7000 | 230 | 3200 | 160 |
| 12 | 40 | 2600 | 60 | 2100 | 50 | 6000 | 220 | 2600 | 150 |
| 15 | 30 | 2100 | 55 | 1700 | 45 | 5000 | 200 | 2100 | 140 |
| 20 | 25 | 1600 | 50 | 1300 | 40 | 3500 | 180 | 1600 | 130 |
| 25 | 20 | 1300 | 45 | 1000 | 35 | 2800 | 160 | 1300 | 120 |

### (1) 드릴의 회전수

피삭재에 대해서 드릴의 회전수(주속)를 결정하는 것이 이 가공에서는 가장 중요한 것이다.

건 드릴 가공의 경우, 각종의 피삭재를 최적의 조건으로 절삭하는데 날끝의 재종은 바꾸지 않고 절삭 조건의 선정에만 의해서 하기 때문에 우선 피삭재의 종류와 경도에서 주속을 결정한다. 초경의 재종은 K 10 해당품으로 한개 날의 연속 절삭이므로, 바깥 지름과 안지름의 차가 있어도 초경 팁에 의한 선삭 가공의 최적 주속과 동일하다.

### (2) 드릴의 이송 속도

이송 속도에 대해서는, 드릴의 지름에 따라 경험값으로서의 1회전마다의 이송량이 거의 결정되어 있기 때문에 회전수가 결정되면 자동적으로 이송량도 결정된다.

여기서 주의해야 할 것은, 보다 높은 정밀도의 구멍을 가공하기 위해서 또는 드릴의 파손을 방지하기 위한 안전을 생각해서 이송량을 필요 이상으로 늦추지 않도록 한다.

건 드릴의 섕크는 V홈의 파이프이고, 백 링에 대해서는 약한 구조로 되어 있다. 따라서 이송을 떨어 뜨려도 그것을 모은 다음에 절삭하고 그 다음, 날끝 부분은 절삭하지 않고 잠시 동안 비빈 다음 또 파들기해서 절삭하는 것을 반복하기 때문에 오히려 날끝을 마모시키고 수명을 짧게 하는 것으로 되고 만다. 특히 고경도재의 가공에서 주의하여야 한다.

건 드릴의 경우, 이송을 늦게 해도 그것에 비례한 칩 두께에는 되지 않기 때문에 이송을 늦게 하면 표면 거칠기나 정밀도 등이 향상되고 공구 수명도 늘어난다고 할 수는 없다.

### (3) 절삭 유압의 설정

칩을 원활하게 배출하기 위해서 또는 날끝에 대해서 충분한 냉각 효과, 윤활 효과를 주기 위해서 절삭 유압이 적절한지 어떤지를 가공을 할 때마다 확인할 필요가 있다.

칩이 순조롭게 배출되고 정밀도도 소직정 범위내에 들어 있다면, 펌프의 수명을 생각해서 절삭 유압은 낮은쪽이 좋은 것 같다.

보통, 정해져 있는 구멍 지름에 대해서 절삭 유압은 지금까지의 경험값이기 때문에 드릴 길이나 메이커별에 의한 유압 크기의 차등도 고려해서 어디까지나 참고값으로 생각해야 할 것이다.

### (4) 정밀도 관리

드릴의 섕크부에 강성이 있는 공구이고, 셀프 파일럿 방식의 가공이기 때문에 기계 정밀도(주축의 흔들림, 슬라이드면의 마모 등)의 열화에 의해서 구멍 뚫기 정밀도가 그에 비례해서 나쁘게 된다고 할 수는 없다.

정밀도 유지의 기본은 부시 관리에 있다. 부시의 구멍 지름 정밀도, 안지름에 대한 끝면의 직각도 등의 확인을 하고 있으면 최초로 설정한 정밀도를 유지할 수 있다.

# 절삭 유제의 효과

주물 절삭에서 볼 수 있는 것처럼 분말 형상의 칩이 생기는 것같은 구멍 뚫기 가공에서는, 노즐에 의한 보통의 급유 방법으로 절삭 유제를 주면, 드릴의 수명이 오히려 저하되는 경우가 있다. 이것은 절삭 유제가 직접 악영향을 준 것이 아니라, 분말 형상의 칩에 절삭 유제가 뿌려져서 점토와 같은 상태가 되고 칩의 배출이 방해되어 날끝이 찰과되므로 마모가 촉진되었다고 생각해야 할 것이다.

이에 대해서, 기름 구멍붙이 드릴에 의해 주철에 구멍 뚫기 가공을 할 때는 날끝이 충분히 냉각, 윤활되고 더욱이, 절삭 유제의 공급 압력에 의해서 칩 배출이 촉진되기 때문에 주철의 구멍 뚫기라고 해도 대단히 좋은 가공을 할 수 있다.

그런데 여기서 절삭 유제를 사용하는가, 안 하는가, 사용하게 되면 가령 어떤 타입의 절삭 유제를 사용하면 좋은가 라고 하는 것을 생각하지 않으면 안된다.

드릴링에 있어서 절삭 유제의 작용이 냉각과 윤활에 있는 것은 말할 것도 없다. 그러나 절삭 유제가 그 효과를 발휘하는 데는 구멍밑에 있는 드릴의 날끝에 침투하는 것이 첫째 조건이다.

중력 방향의 구멍 뚫기 가공에서, 노즐에 의한 보통 급유를 하고 칩의 배출 방향에 거역해서 절삭 유제를 날끝까지 도달시킬 수 있는가, 어떤가가 문제가 되는 것이다. 이 경우는, 가공 구멍이 깊은 경우, 드릴의 비틀림각이 큰 경우, 드릴의 회전수가 높은 경우, 또는 드릴의 지름이 작은 경우, 절삭 유제의 점도가 높은 경우 등에서 절삭 유제는 날끝에 도달하기 어렵게 된다.

절삭 유제의 사용 목적이 냉각을 주체로 하는 경우는, 드릴의 날끝 부근에 될 수 있는 대로 많은 양이 공급되지 않으면 안된다. 그리고 윤활을 주체로 할 때는, 소량이라도 확실하게 날끝에 도달되게 하는 것이 필요하다. 이 양자의 특성은, 일반적으로 유동성(날끝에 대한 침투성)이라고 하는 점에서 상반되는 것이라고 할 수 있다.

## ㅁㅁ 절삭 유제의 침투성 ㅁㅁ

드릴링에 있어서 넓은 의미로서의 절삭 유제의 침투성에 대해서, 흥미있는 모형 실험 데이터가 있다.

실험 장치를 **그림 1**에 나타낸다. 피삭재의 가공 구멍에 해당되는 부시 구멍은, 각 사이즈의 실험용 드릴(표준 드릴 SKH 51)로 구멍을 뚫는 것으로, 드릴 바깥 지름에 대해서 0.1~0.2 mm의 구멍 지름 확대가 있다.

이 부시 위에 절삭 유제 탱크를 설치하고, 일정량의 절삭 유제를 채워서 구멍 뚫기 깊이에 해당하는 곳까지 드릴을 삽입하고 회전시킨다. 이 때, 밑의 받침 접시에 1분간에 몇 cc의 절삭 유제가 침투(적하)해 오는가를 보는 것이다. 절삭 유제의 침투성을 대충 보기에는 좋은 방법이다.

실험 조건 및 특성값의 기호는, $Q$ : 침투량(cc/min), $D$ : 드릴 바깥 지름(mm), $N$ : 회전수(rpm), $nD$ : 가공 깊이(mm), 사용 절삭 유제 : **표 1**(실험 온도 범위 30~40℃)이다.

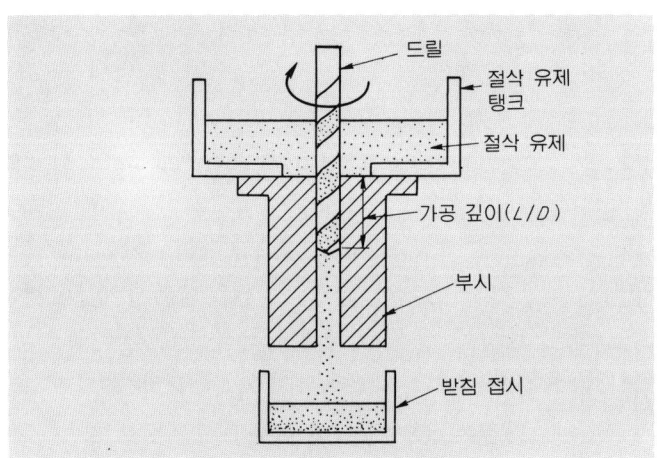

그림 1 실험 장치 약도

표 1 시료 절삭 유제

| 절 삭 유 제 | 점 도 (Rw/sec) | | | 표면 장력 20℃ (dyne/cm) |
|---|---|---|---|---|
| | 15℃ | 30℃ | 50℃ | |
| 수돗물 No.1 | 27.6 | 26.0 | 25.3 | 75.0 |
| 수용성 절삭제 No.2(20%) | 30.1 | 27.6 | 26.4 | 38~40 |
| 불수용성 절삭유 No.3 | 164.5 | 80.4 | 51.5 | 35.0 |

그림 2는 ⌀6 mm, 표준 비틀림각을 갖는 드릴로, 그림 1의 실험 장치를 사용해서 회전수, 가공 깊이, 절삭 유제를 바꾸어서 받침 접시에 떨어진 절삭 유제의 양을 비교한 것이다. 어떤 절삭 유제도 회전수 $N$이 높게 되면 침투량은 저하된다.

특히 불수용성 No.3는 약간 점도가 낮은 윤활유에 속하는데도 불구하고 회전수의 영향을 강하게 받아 약 1060 rpm(20 m/min)을 넘으면 급격히 침투량이 저하된다.

그리고 가공 깊이가 $2D$, $4D$, $6D$로 깊게 되는 데에 따라서, 거의 직선적으로 침투량이 감소하는 것도 알 수 있다.

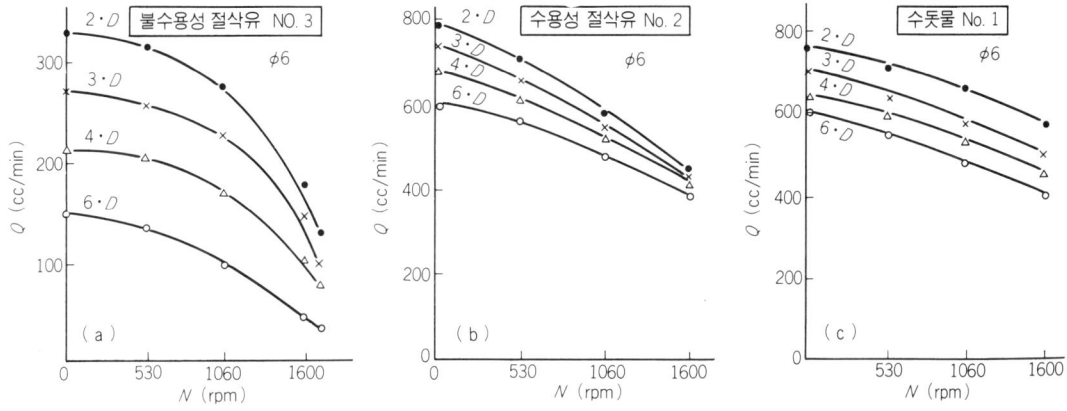

그림 2  드릴 회전수 $N$, 가공 깊이 $nD$와 침투량 $Q$의 관계

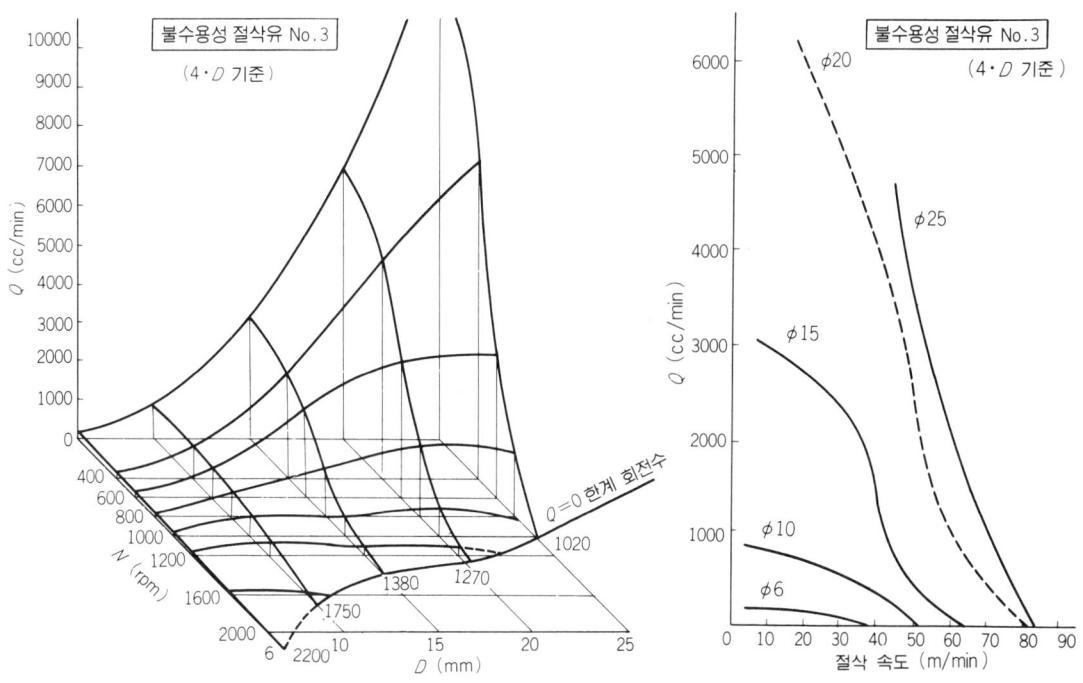

그림 3  드릴 지름, 회전수와 침투량의 관계    그림 4  절삭 속도, 드릴 지름과 침투량

그림 3은, 드릴 지름 $D$, 회전수 $N$과 침투량 $Q$의 관계를 표시한 것이다. 그림에서 알 수 있듯이, 회전수를 차차로 올려 가면 침투량이 0이 되는 한계 회전수가 있는 것을 알 수 있다.

이 한계 회전수는, 하이스 드릴에 의한 강류의 구멍 뚫기 상용 회전수에서 보면 상당히 높지만 알루미늄 등의 비철 금속을 고속으로 구멍 뚫기하는 경우에는, 사용 회전수의 영역에 들어가게 되어 그 침투성이 문제가 된다. 그리고 초경 드릴에서는 이 한계 회전수에 가까운 곳에서 사용되는 것으로 부터 절삭 유제의 보통 급유에 있어서는 충분히 고려하지 않으면 안된다. 더욱이, 이 관계를 절삭 속도와의 대비로 보면 **그림 4**와 같이 된다.

**그림 3**, **그림 4**는 어느 것이나 가공 구멍의 깊이를 $4D$로 한 경우의 값으로 불수용성 절삭 유제 속에서도 점도가 낮은 것을 사용하고 있다.

가공 구멍 깊이가 깊게 된 경우의 침투량의 비교를 **그림 5**에 나타낸다. 이 그림은 여러 가지 조건에 의한 실험 결과를 총정리하고 가공 깊이와 침투량의 비를 본 것이다. 각각의 드릴 지름의 2배의 가공 깊이에 있어서의 침투량을 100%로 하고 있다.

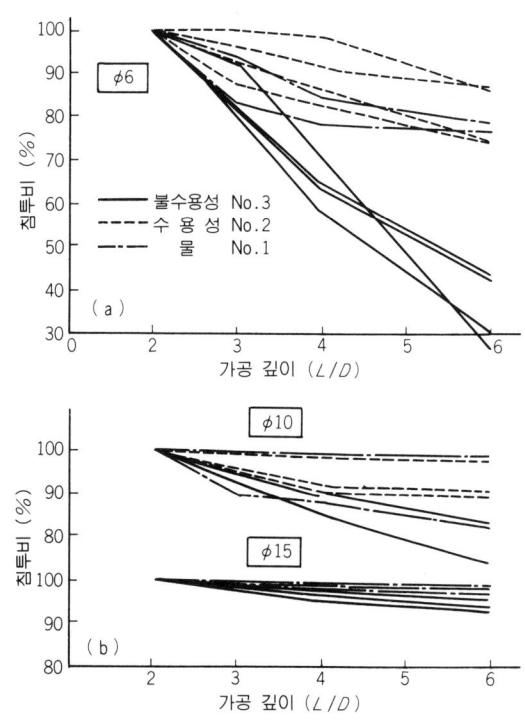

그림 5  가공 깊이와 침투량의 비

드릴의 지름이 작게 되는 데에 따라서, 혹은 절삭 유제의 점도가 높을수록 구멍 뚫기 깊이의 영향을 강하게 받는 것을 알 수 있다.

이상에서 말한 절삭 유제의 침투성에 대한 데이터는, 어디까지나 모형 실험의 결과이다. 실제의 가공에서는 칩이 배출되고 그에 거역해서 절삭 유제가 침투하게 되는 것이다.

그리고 절삭중은 멈춤 구멍이기 때문에, 게다가 실험만큼 충분히 공급할 수 없는 것 등을 고려한다. 실제로는 여기에 표시한 침투량보다도 상당히 적은 것으로 생각된다.

## 양초를 절삭유 대신에

탁상 드릴링 머신으로 스테인리스강이나 동합금에, $\phi 1.0\,mm$ 이하로 $3D\sim 4D$ 의 구멍 뚫기 가공을 하고 있는 메이커가 트러블로 고민하고 있었다. 수용성 절삭 유제를 사용해서, 수동 이송으로 구멍 뚫기 가공(5000~8000 rpm)을 하고 있으나 드릴의 수명이 짧다든가, 칩이 드릴에 휘감기는 정도는 아니지만 절삭유를 튀어나가게 해서 작업 환경이 나쁜 것이 고민거리이고 될 수 있으면 건식 절삭으로 드릴의 수명을 연장하는 방법은 없는가 라고 상담하는 것이다.

나는, 가끔 그 공장의 선반 위에 양초가 놓여 있는 것을 발견하였다. 그래서 건식 절삭으로 조금 구멍을 뚫고 드릴의 온도가 올라갔을 때, 그 양초를 드릴에 살짝 눌러 붙여서 녹였다. 녹은 양초는 작은지름 드릴의 홈이나 외주의 전표면을 적시고 얇은막이 되어서 굳게 되었다.

이 드릴을 사용해서 가공하였더니 작업은 거의 건식 절삭과 같은 상태였고 드릴의 수명은 2배 가까이 늘어났다. 물론, 때때로 양초를 드릴에 눌러 붙여서, 절삭 유제로서의 양초를 보급할 필요가 있다. 양초가 절삭열이나 뜨거운 칩에 의해서 재용융, 액화해서 훌륭한 윤활 효과를 발휘한 것이라고 생각한다.

건식 절삭이 아니면 안되는 경우에, 절삭 유제를 공급해서 가공하는 것이 곤란할 때 양초를 절삭 유제 대신에 사용해 보면 어떨까.

## 절삭 유제의 종류, 공급량의 영향

**표 2**에 나타낸 각종의 절삭 유제를 사용해서, 절삭 토크에 대해 조사한 결과를 **그림 6** 에 나타낸다.

그림에 나타나 있는 최대 절삭 토크와 평균 절삭 토크는 절삭 조건으로 볼 때, 칩 막힘을 일으킬 정도는 아니므로 정상적인 절삭시에 있어서 토크 변동의 최대값과 평균값, 바꿔 말하면 절삭 토크의 반드러움이라고 봐도 된다고 생각한다. 불수용성 절삭 유제의 절삭 토크는 수용성의 것에 비해서 대단히 작은값을 나타내고 있다. 그리고 절삭 유제의 효율도 높은값을 나타내고 있다.

그러나 이 그림에서는, 칩의 막힘에 대해서 절삭유가 어떤 효과가 있는가를 읽어 낼 수는 없다. 그것은 구멍 뚫기 깊이가 $3D\sim 4D$ 로 비교적 얕기 때문이다. 그리고 구멍 뚫기 깊이가 더 깊게 되면, 불수용성 절삭 유제는 침투가 불가능하게 되고, 절삭유 효율은 수용성 그룹과 역전하는 일도 있을 수 있는 것이다. 또, 구멍 뚫기 수명에 대한 효과를 비교해 보면, 불수용성 절삭 유제는 수용성의 것에 대해서 냉각 효과는 떨어지지만 수명은 현저하게 길어지게 된다. 앞에서 말한 양초도 지금 말한 것과 공통점이 있다고 생각한다.

표 2 시료 절삭 유제

| 절삭 유제 | | 4구식 유막 강도 (kg/cm²) | 점 도 50℃(Rw/sec) | 표면 장력 (dyne/cm) | 성 상 | 절삭 토크 (kg-cm) | 절삭 온도 (℃) |
|---|---|---|---|---|---|---|---|
| 수용성 | A₁ | 5.0 | 25.5 | 43.0 | 에멀션 타입 | 13.2 | 215 |
| | A₂ | 6.5 | 26.8 | 34.8 | 솔류블 타입 | 14.0 | 215 |
| | A₃ | 6.5 | 25.0 | 42.0 | 에멀션 타입 | 13.8 | 215 |
| 불수용성 | B₁ | 12.5 | 57.4 | 24.2 | 활성 황화유 | 10.4 | 215 |
| | B₂ | 20.0 | 161.9 | 36.1 | 염화 황화유 | 10.8 | 222 |
| | B₃ | 5.5 | 39.4 | 33.5 | 염화유 | 11.2 | 215 |
| | B₄ | 5.5 | 90.3 | 35.1 | 불활성 황화유 | 11.2 | 222 |
| 물 | | | | 73.0 | 수돗물 | 14.0 | 215 |
| 건 식 | | | | | | 15.2 | 285 |

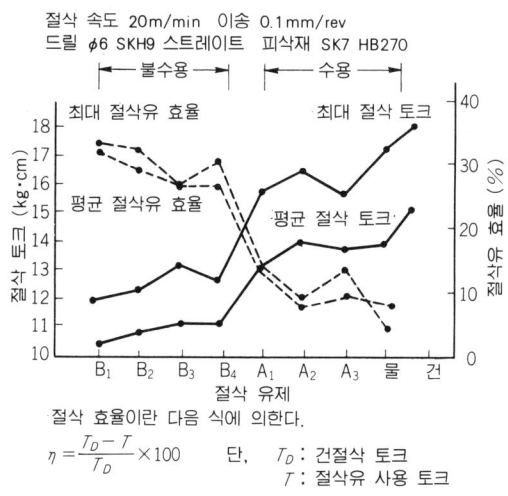

그림 6 절삭 유제의 종류와 절삭 토크의 관계

다음으로, 기름 구멍붙이 드릴을 사용해서 수용성 및 불수용성 절삭 유제에 있어서의 열기전력(여기서는 절삭 온도의 비율로 생각하기 바란다)과 드릴 수명(구멍 뚫기 시간의 합계)에 대해서 검토하고자 한다.

드릴링의 경우, 절삭 유제의 침투성이 대단히 중요하기 때문에 점도가 낮고, 표면장력이 작으며, 유동성이 풍부한 것이 좋다는 것이다. 이점에서는, 불수용성인 것보다 수용성인 것쪽이 훨씬 우수하고 절삭 온도도 낮게 될 것이다. 그러나 기름 구멍붙이 드릴과 같이 완전히 절삭점에 절삭 유제를 공급할 수 있는 경우에는, 불수용성쪽이 수용성보다 훨씬 드릴 수명을 길게 한다.

이것은, 드릴의 수명이 냉각, 혹은 윤활이라고 하는 단독의 효과에 의해서 지배되는 것이 아니라, 양자의 상승 효과에 따라서도 결정되기 때문이다. 불수용성인 것은, 유막 강도나 첨가제 때문에 절삭점에 있어서 윤활 작용이 높고, 그리고 전단 저항을 작게 하는 작용이 있는 것이라고 생각할 수 있다.

　같은 기름 구멍붙이 드릴을 사용해서, 기름 구멍 급유를 한 경우와 다른 노즐에서 보통 급유한 경우의 수명 비교에서는, 절삭 속도가 높고 다시 말해서 절삭 속도가 높은 영역이 될수록, 기름 구멍/보통 급유의 수명 비율이 크게 되는 것을 알 수 있다.

　그리고 같은 상태에서 절삭 유제의 공급량과 수명을 비교해 보면, 보통 급유에서는 어느 정도 공급량을 증가해도 피삭재의 표면을 흐르기만 할 뿐이고, 다소의 냉각 효과가 있기는 하나 효율은 낮아진다. 이에 대해서, 기름 구멍 급유에는 절삭점으로의 급유량이 늘어나는 것만이 아니고 공급 압력에 의해서 칩의 강제 배출이 되기 때문에 그 효과는 현저하게 증폭된다.

　초경 드릴을 사용해서, 보통 급유에서 절삭 유제를 비교한 결과는 절삭 저항 및 드릴의 마모와 같이 불수용성 절삭 유제가 좋은 결과를 나타내었다.

# 트위스트 드릴의 재연삭

트위스트 드릴을 구입해서 폐기할 때까지 몇 번정도 재연삭하는가 하는 것은, 작업 내용에 따라서 상당히 다르지만 재연삭 작업의 대부분이 사용자 측에서 실시되고 있다. 따라서, 재연삭에 의한 드릴 형상이 적당한가 어떤가에 따라 드릴 수명, 구멍 뚫기 정밀도, 위치 결정 정밀도, 절삭 저항 등에 현저한 영향이 주어지게 된다.

그리고 사용자에 있어서의 재연삭은, 다음 두 가지로 나누어 생각하지 않으면 안된다. 첫째는, 마모된 공구를 충실하게 원래의 형상으로 복원시키는 것, 둘째는 작업의 목적, 내용에 맞추어서 그 때까지의 형상을 다른 형상으로 수정, 변경하기 위한 재연삭이다.

전자는, 생산 라인중에서 반복하게 되는 것으로 칩 처리, 공구 수명, 가공 정밀도 등의 유지를 목적으로 하게 된다.

후자는, 예컨대 고탄소 고망간강의 구멍 뚫기와 같이 고강성 드릴을 사용해서 저속, 고이송 절삭을 필요로 하는 것 같은 경우에는, 신품 드릴의 홈 길이를 1/2~1/3로 절단하고 선단각을 크게 잡아, 니크를 설정하는 등의 재연삭 작업이다. 이것은 새로운 형상을 만들어 내는 것으로, 복원 재연삭과는 다르다.

어떤 재연삭의 경우에도, 이것을 실행하는 사람은 절삭 조건이나 작업 내용, 공구 재질이나 형상 및 재연삭 조건, 연삭 유제, 재연삭의 방법에 대해서 풍부한 지식, 경험, 숙련을 필요로 한다.

## ✻✻ 재연삭 시기의 판단의 표준화 ✻✻

사용 공구가 "수명에 달했다", "재연삭이 필요하다"는 등의 판단은 작업 내용에 따라서 일반적으로는 다음과 같은 기준에 의해 결정된다.

① 절삭날 및 코너 또는 치즐의 마모
② 가공 구멍의 치수, 정밀도
③ 절삭 저항
④ 칩의 색깔, 형상 또는 피삭재의 발열에 의한 색깔
⑤ 절삭음
⑥ 가공 수량(①~⑤항에 따라서 결정된다)

이와 같은 일들은 어느 것이나 드릴의 마모, 치핑 등의 손상 정도에 따라서 절삭 시간의 경과와 같이 변화, 증대한다. 절삭 공구를 이 이상 전연 절삭할 수 없는 상태, 또는 그에 가까운 상태까지 사용해 버리는 것은, 재연삭 작업 및 재연삭후에 공구에 주는 악영향으로 부터 절대적으로 피하지 않으면 안된다.

식칼은 요리사의 생명이라고 말하고 있지만, 뛰어난 요리사는 몸 가까이 숫돌을 놓고 요리 도중에도 식칼을 간다. 우리들이 판단하는 한, 요리사의 재연삭 시점까지의 식칼이, 너무 잘 드는지는 모르지만 그러나 그들이 판단하는 시점에서 재연삭하면 요리가 아름답고 능률 좋게 만들어지며 재연삭량도 적어 재연삭 시간을 최소로 할 수 있기 때문일 것이다.

우리들이 사용하고 있는 각종의 절삭 공구도 "아직 절삭할 수 있는 동안에 간다"는 것이 필요하다. 그래서 앞에서 말한 재연삭의 각 수명 판정 기준을 어떻게든 정량화하고, 또는 정량화할 수 있는 것을 기준으로 수명 판정 기준을 표준화하는 것이 필요하다.

더욱이, 작업 내용별로 드릴의 선단각, 여유각, 시닝의 타입, 치즐 편심, 립 하이트차 등의 허용값, 재연삭 1회 마다의 재연삭량을 어느 정도로 하는가 등에 대해서도 표준화해 놓을 필요가 있다.

## ** 트위스트 드릴의 여유면 연삭법 **

그림 1~그림 4에 트위스트 드릴의 여유면의 연삭법을 나타낸다.

평면 절삭법(그림 1)은, 작은지름의 것에 적용되어 왔으나 2단 평면 연삭, 3면 연삭법 등에 따라서, 큰지름의 것까지 적용하게 되었다. 특히 3면 연삭법은 치즐 중심을 첨점으로 할 수 있고, 구심성도 향상시킬 수 있다.

(a) 평면 연삭

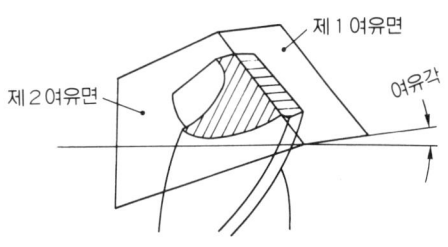

(b) 2단 평면 연삭

그림 1 평면 연삭

원통 연삭법(**그림 2**)은, 원통면에서의 변위량을 바꿈으로써 여유각을 자유롭게 조정할 수 있으나 외주부에서 치즐부에 걸쳐 똑같은 여유각으로 되고 치즐부의 절삭성이 떨어지는 것을 피할 수 없다. 현재는 그렇게 사용하지 않게 되었다.

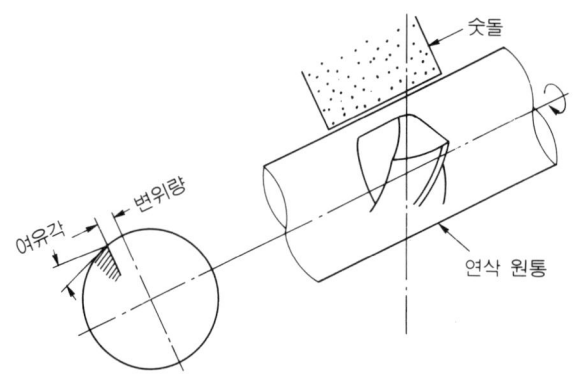

그림 2 원통 연삭

원추 연삭법(**그림 3**)은 가장 널리 사용되고 있는 방법으로, 드릴 외주부와 중심 부근의 여유각이 다르고 드릴 중심부에서의 절삭성이 향상된다.

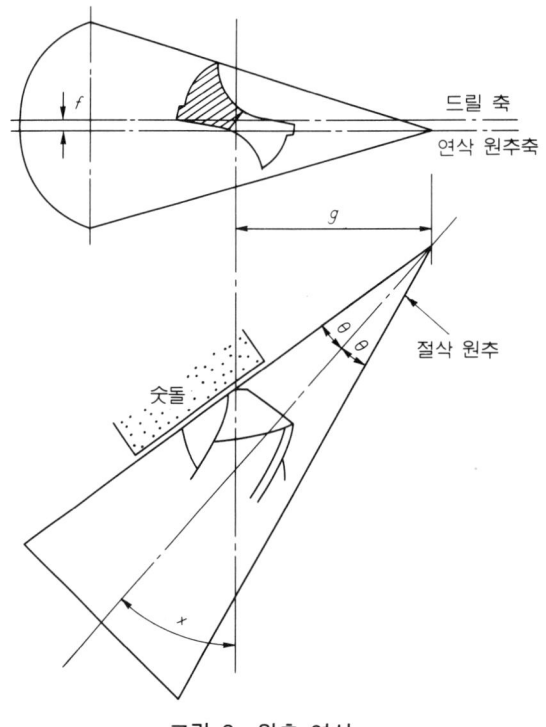

그림 3 원추 연삭

캠에 의한 특수 연삭(스파이럴 포인트, **그림 4**)은, 숫돌축이 캠에 의해서 전후로 왕복 운동하고 드릴 고정에서 숫돌은 자전·공전하면서 왕복 운동을 하며 드릴의 여유면을 비틀림 형상으로 한다.
　드릴 절삭날 형상을 자유롭게 수정할 수 있고, 특히 치즐을 S형상으로 반드러운 요철로 할 수 있기 때문에 파들기성, 구심성이 좋고 정밀도가 높은 구멍을 가공할 수 있다.

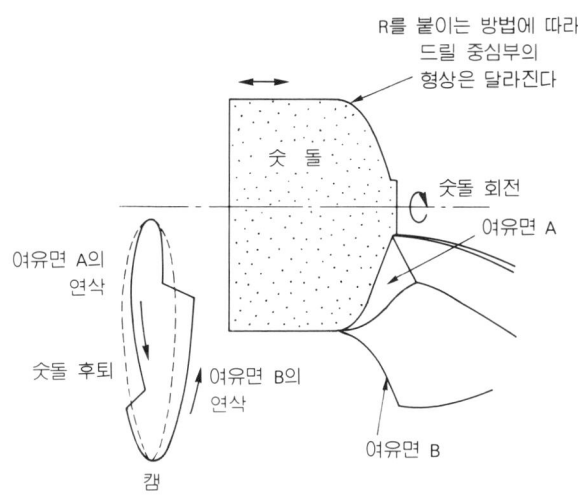

그림 4 캠에 의한 연삭

## ** 시닝에 대해서 **

　시닝은, 선단 중심 두께를 작게 해서 치즐을 짧게 하고 중심부에서의 칩 배출을 좋게 하는 것을 말하며, 다음과 같은 효과를 얻을 수 있다.
① 절삭 추력의 감소
② 파들기가 잘 되고, 위치 결정 정밀도가 향상
③ 구심성의 향상
④ 가공 구멍 정밀도의 향상
⑤ 드릴 수명의 향상
　시닝의 형태에 대해서는 그 형상이 입체적이고, 평면도로는 아무리 해도 납득하기 어려운 곳이 있으나 각종 시닝에 대해서는, 40페이지의 해설을 한번 더 봐주기 바란다.

## ** 재연삭시에 생기는 편심 **

　보통의 트위스트 드릴은 2개의 절삭날을 갖고 있기 때문에, 좌우의 날을 대칭으로 재연삭할 필요가 있다. 재연삭할 때 생기는 날끝의 비대칭은, 그림 5에 표시한 것같이 치즐 편심 $e$, 반각차 $|a_1 - a_2|$, 립 하이트차 $d$ 등이 단독 혹은 복합해서 생긴다.
　실제 드릴에서는, 이외에 메이커에서 생긴 2개의 절삭날의 분할 오차, 중심 두께 편심 등도 포함되고 있다. 이와 같은 재연삭시에 생기는 드릴 날끝의 비대칭에 의해서 드릴의 구멍 뚫기 특성에도 큰 영향을 준다.

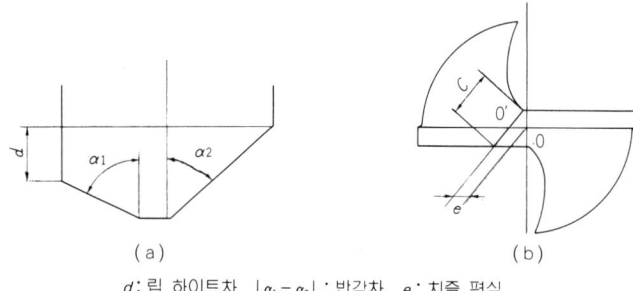

$d$: 립 하이트차, $|\alpha_1 - \alpha_2|$: 반각차, $e$: 치즐 편심

그림 5 치즐 편심 및 반각차와 립 하이트차

그림 6에 립 하이트차와 수명의 관계를 표시한다. 립 하이트차가 크게 되고 한쪽날 절삭을 할수록 보통은 수명이 저하된다. 그러나 특수한 구멍 뚫기 조건밑에서는, 한쪽날을 절삭한 것이 수명이 길었다는 데이터도 있다.

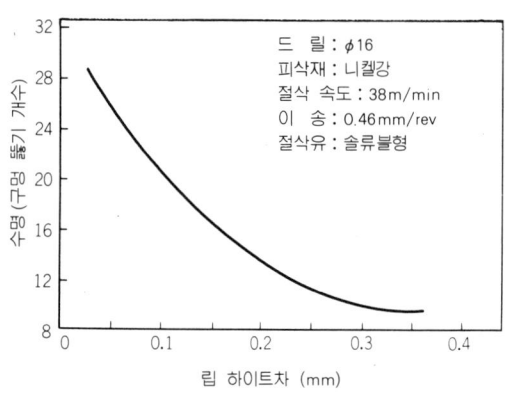

그림 6 립 하이트차와 수명

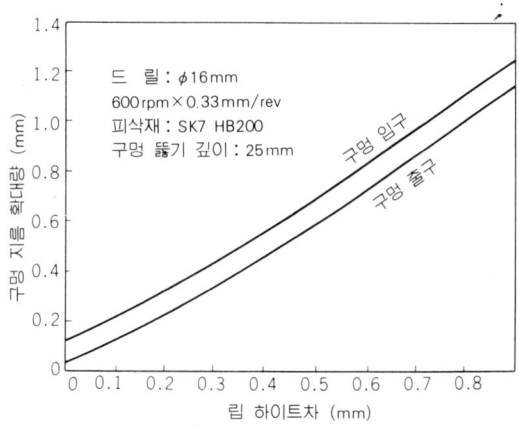

그림 8 립 하이트차와 구멍 지름 확대량

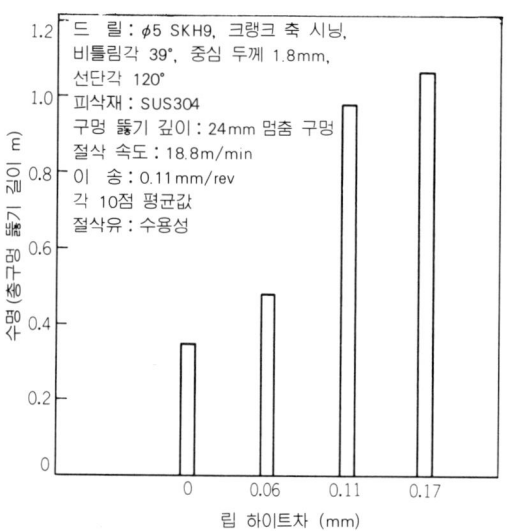

그림 7 립 하이트차와 수명

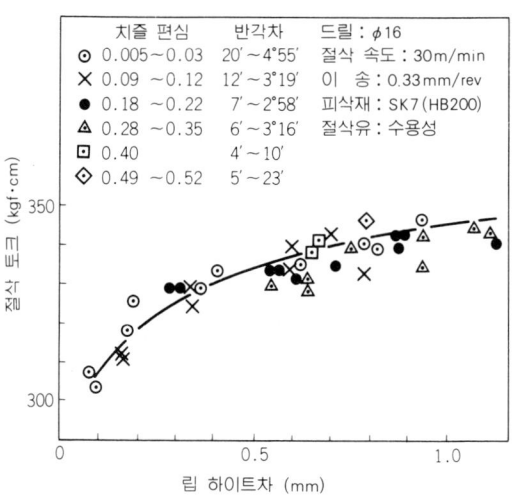

그림 9 립 하이트차와 절삭 토크

그림 7은, 립 하이트차를 만든 것이 수명이 길게 되었다는 데이터이다. 이와 같은 결과를 얻을 수 있는 이유로서, 가공 경화층의 깊이와 절삭 깊이의 관계가 있는 것으로 생각된다.

그리고 박육관 등의 특수한 형상의 것이나 그들의 클램프 방법에 따라, 가공 구멍이 축소되는 경향이 생기게 되는 경우에는, 가공 구멍의 지름을 한쪽날 절삭으로 확대시키므로서 마진의 배니싱이 방지되고, 수명이 길게 되는 것으로 생각된다.

더욱이, 드릴 외주 마진이 정(正)테이퍼 형상으로 마모되는 경향이 강한 경우에는 한쪽날 절삭에 의한 가공 구멍 지름 확대가 수명 연장에 효과적으로 작용하는 것도 생각할 수 있다.

그림 8은, 립 하이트차와 구멍 지름 확대량의 관계를 나타낸 것이다. 립 하이트차에 의해서 가공 구멍 지름이 대단히 크게 영향을 받게 되는 것을 알 수 있다.

반대로 말하면, 탭의 나사내기 구멍 지름을 조금 크게 하고 싶을 경우에는, 조금만 립 하이트차를 줌으로서, 0.1~0.3 mm 정도의 구멍 지름 확대를 할 수 있다고 말하는 것과 같다. 그러나 어디까지나 편의적 수단이며, 일상적으로 사용하는 것은 아니다.

그림 9는, 립 하이트차와 절삭 토크의 관계를 나타낸 것이다. 이 절삭 토크에 대한 관계만을 보면, 치즐 편심이나 반각차는, 최종적으로는 립 하이트차라는 형상으로 드릴의 구멍 뚫기 특성에 영향을 주고 있는 것 같다.

## ** 재연삭 제거량 **

재연삭 수명이 다 된 드릴의 손상 정도에 따라, 어느 정도의 양을 재연삭 제거하느냐가 결정된다. 기본적으로는 손상 부분을 완전히 연삭 제거해서, 새롭게 절삭날을 만드는 것이다.

우리가 드릴의 손상을 볼 때, 선단 여유면에 있어서 절삭날, 치즐, 절삭날과 마진의 코너 등을 관찰한다. 이들 부분의 마모나 깨짐 등에 주목하지만 잠깐 보기만 해서는 알 수 없는 마진부(바깥 지름)도 상당히 마모되고 있다.

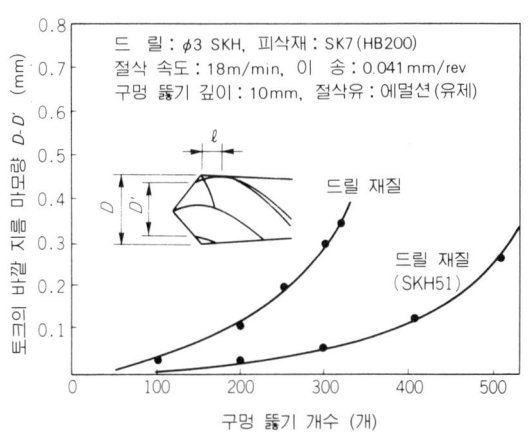

그림 10 구멍 뚫기 개수와 드릴의 바깥 지름 마모량

그림 10은 구멍 뚫기 개수와 드릴의 날끝 바깥 지름의 감소량(마모량)의 관계를 본 것이다.

드릴의 마진 위에서, 마모로 인한 지름의 감소량을 측정하는 데는 용착물이나 칩 등이 부착되어 있어서 측정하기 어려우나 예상 이상으로 크게 마모되고 있다. 그림 10과 같이 바깥 지름의 마모($D-D'$)가 생기면 드릴 날끝에서 축 방향에도 마모의 영향 범위($l$)가 생긴다. 이 축 방향 마모의 영향 범위는 피삭재의 재질, 절삭 조건, 구멍 뚫기 개수 등에 따라 상당히 변화한다.

드릴의 재연삭이란, 이 마진 위의 축 방향 마모의 영향 범위를 연삭 제거하는 것으로 이상적으로는 완전 제거될 때까지 연삭하는 것이다.

그림 11은 앞에 기술한 재연삭 길이($l$)와 수명의 관계를 나타낸 것이다. 실험에는 $\phi 6$ mm의 드릴을 사용하였으나, 재연삭 길이를 4 mm 정도 연삭 제거하지 않으면 드릴의 수명은 재연삭 전의 평균 수명까지 회복되지 않는다는 것을 나타내고 있다.

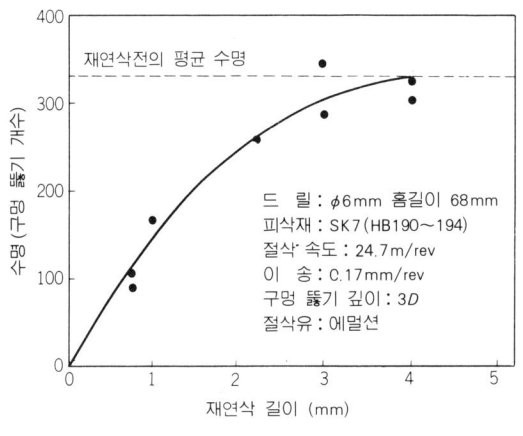

그림 11 재연삭 길이와 수명

재연삭에 의한 드릴의 소모가 아깝다라고 하는 감각을 갖고 절삭날과 코너의 마모만을 제거한다는 생각으로 재연삭을 하면 드릴의 수명을 100% 끌어내지 못한 채, 빈번하게 재연삭이 필요하게 되고 오히려 구멍 뚫기 코스트를 높게 하고 만다.

***************************************************************************

8~55과 83~96페이지까지에 사용한 각종의 실험 데이터의 대부분은 필자가 후지고시 재적중에 후지고시 기보 혹은 기계 학회, 강연회, 기타 기술 잡지 등에서 발표한 것을 사용하였다. 인용한 주된 참고 문헌은 다음과 같다.

- 不二越技報, 切削油技術研究會報, 日本機械學會論文集, 精機學會講演論文集, 機械技術研究所報, AIR FORCE MACHINABILLITY DATA CENTER REPORT, 등.

# 드릴링의 트러블과 그 대책

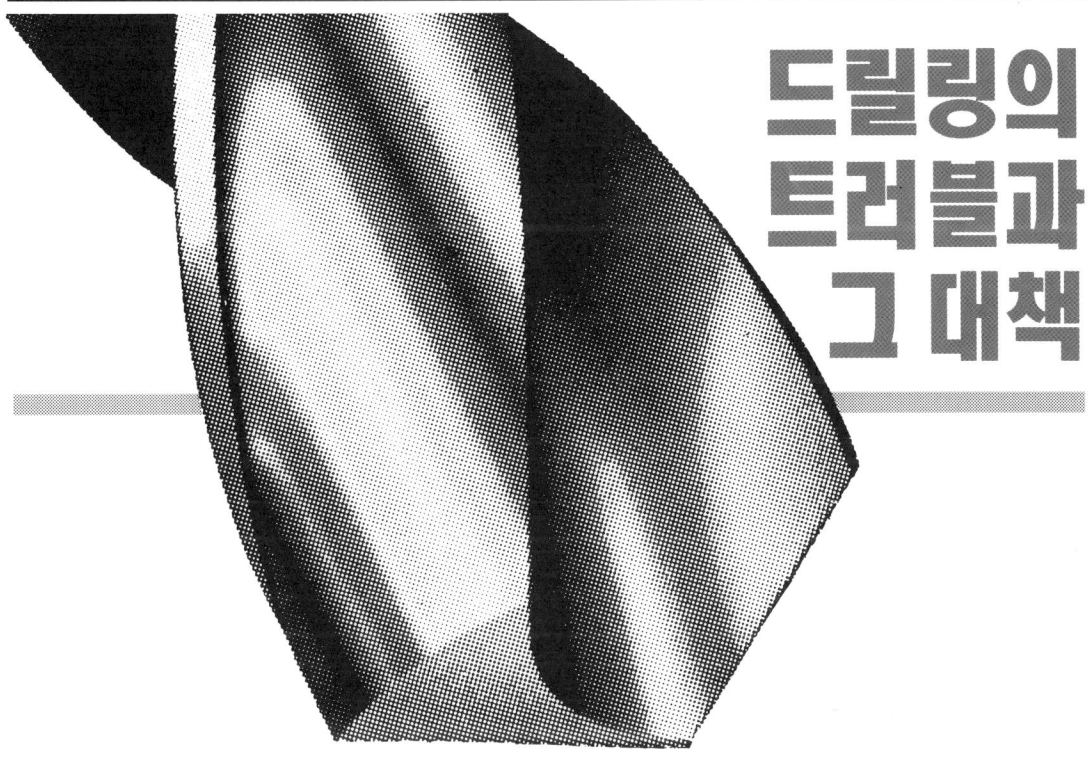

드릴 가공을 능률 좋고, 고정밀도로 실시하는 데는 피삭재, 절삭 조건, 사용 기계, 사용 환경 등, 여러 가시 조건을 고려해서 진행하지 않으면 안된다. 또 가공을 진행해 가는 과정에서는, 여러 가지 트러블이 발생한다. 이들의 트러블을 어떻게 빨리 대처하느냐, 어떻게 미연에 방지하느냐 하는 것이 드릴 가공을 잘 진행하는 포인트가 된다.

여기서는, 특히 절삭 공구인 드릴 측면에서, 가공상의 트러블이 되는 경우를 몇 개 들어서 그 대책에 대해 검토해 본다.

## •• 가공 정밀도에 관한 트러블 ••

드릴에 의한 구멍의 가공 정밀도의 평가 항목으로는 ① 구멍의 확대 여유, ② 구멍의 표면 거칠기, ③ 구멍의 피치 정밀도, ④ 구멍의 구부림 등을 들 수 있다.

### (1) 구멍의 확대 여유

드릴로 강의 구멍 가공을 한 경우, 일반적으로는 구멍이 확대된다. 이 경우, 드릴의 선단 형상이 구멍 지름에 크게 영향을 준다.

예컨대, 웨이브의 편심, 치즐의 편심, 립 하이트차, 선단 반각차 등 2개의 절삭날의 불균일, 절삭날과 샌크의 중심 어긋남이나 사용 기계 주축의 흔들림 등은, 구멍 지름을 확대시키는 요인으로 되고 있다.

립 하이트차가 있으면 가공 구멍은 확대되고, 어느 정도의 차까지는 드릴 수명이 늘어나는 경향이 있다.

이것은 확대 여유가 크게 되는 데에 따라서, 구멍의 벽면과 마진과의 마찰이 감소되고 그리고 절삭 유제의 침투성도 다소 좋아지게 되기 때문인 것으로 생각할 수 있다(94페이지 참조).

구멍의 확대 여유가 크게 되는 트러블에 대해서는, 우선 드릴의 정밀도(특히 립 하이트차)를 체크할 필요가 있다.

### (2) 구멍의 표면 거칠기

드릴 가공에서, 구멍의 표면이 뜯기거나, 홈집이 생기는 가공면의 거칠기에 관한 트러블이 있다. 이러한 트러블들이 발생했을 때 주의하지 않으면 안되는 것은 날끝 정밀도, 칩의 배출 상태, 마진의 용착 상태 등이다.

드릴이 피삭재에 파들기하는 경우, 보행 형상을 일으키면 가공 구멍의 벽면에 라이플링이라고 불리는 나선 형상의 흔적이 생겨서, 표면 거칠기가 나빠진다.

이 드릴의 보행 형상을 억제하는 데는, 앞의 구멍의 확대 여유에 관한 트러블과 마찬가지로, 날끝의 정밀도(특히 립 하이트차, 치즐의 편심)를 좋게 해서, 고정밀도의 시닝이 효과적인 것은 잘 알려져 있다. 시닝은 될 수 있는 대로 좌우 대칭으로 실시하는 것이 포인트이고, 좌우 비대칭은 역효과로 되는 일도 있다.

그리고 구멍의 표면 거칠기는 칩의 배출 상태가 나쁜 경우에도 저하되는데, 특히 심공에서는 그 경향이 현저하다.

칩의 배출성은 드릴 형상에 의한 영향이 크지만, 같은 형상이면 이송을 작게 하는 것이 칩의 배출은 양호하다. 심공에서는 스텝 피드하면서 하는 가공이 칩을 배출하는 점에서 효과적이다.

### (3) 구멍의 피치 정밀도

구멍의 피치 정밀도에 관한 트러블은 드릴의 파들기성에 원인이 있는 것으로, 겨눈 위치에 구멍이 뚫어지기 때문에 일어나는 것이다. 소정의 위치에 구멍을 가공할 때는, 보통 센터 구멍 드릴을 사용한 다음 구멍 뚫기를 하게 되지만 그 드릴이 없는 경우에는, 홈 길이가 짧은 스텝 드릴에 X형의 시닝을 해서 사용하면, 이와 같은 트러블을 방지할 수 있다. 이것은 드릴의 파들기성질을 좋게 해서 보행 현상이 발생하지 않도록 하고 있기 때문이다.

지금까지 기술한 바와 같이 드릴의 보행 현상은 구멍의 표면 거칠기나, 피치 정밀도를 나쁘게 하는 요인으로 된다. 보행 현상의 확인은, 구멍면의 라이플링(rifling)의 유무를 관찰하는 것으로 간단히 할 수 있다.

보행 현상 메커니즘에 대해서는 여러 가지로 연구되어 있고 보행하는 경우, 드릴의 선단에 작용하는 불균형력에 기인하는 운동과 치즐 에지의 대칭적인 2점을 번갈아 회전 중심으로 하는 운동과의 2개가 고려되고 있다. 그래서 보행 현상에 의한 트러블의 발생을 극력 억제하는 설계의 드릴도 개발되고 있다.

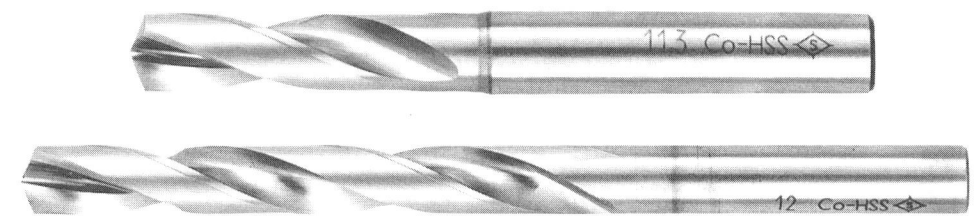

사진 1 부홈붙이 TiN 코팅 드릴(GP 골드 드릴)

**사진** 1은 그 예로, 고베 제강소가 개발한 상품명 "GP 골드 드릴"이라고 하는데 치즐 부근의 형상, 절삭날의 비대칭성을 작게 함으로서, 구멍 가공시의 보행 현상을 극력 억제 하고 있다. 특징적인 것은 홈부가 주홈과 부홈으로 분리된 독특한 형상으로 TiN 코팅이 되어 있고 주홈의 길이는 ISO 235 스텝 또는 조버스와 같다.

**그림** 1에 그 단면 형상을 표준 드릴과 비교해서 표시하고 있으나 독자적인 홈 형상에서 재연삭시에는 시닝의 필요는 없고 드릴 정밀도도 표준 드릴의 1/3~1/4로 제작되고 있다.

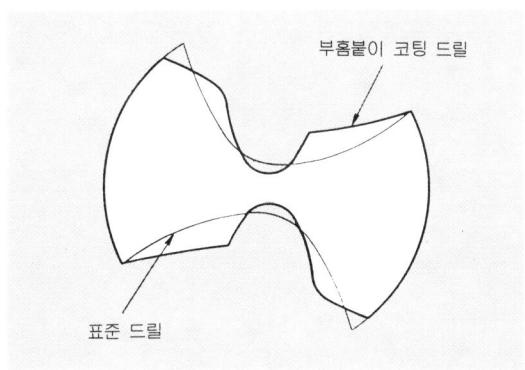

그림 1 부홈붙이 드릴과 표준 드릴의 비교

이 부홈붙이 코팅 드릴에 의한 실제의 구멍 뚫기에서는, 외주부와 내주부의 절삭 속도 차에 의해서 휘감기 시작한 칩이 중심 부근에 인장력(引張力)을 주어서, 칩을 파괴하며 가 공을 진행해 나간다. 칩의 배출성이 좋고, 강성도 높으며 특수한 선단 형상 때문에 센터 구멍 드릴이 없어도 정밀도가 좋은 구멍 가공이 가능하다.

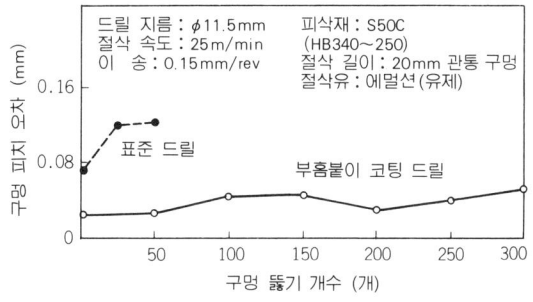

그림 2 부홈붙이와 표준 드릴의 구멍 피치 정밀도 비교

이 드릴에 의한 구멍 피치 정밀도의 측정 예를 **그림 2**에, 구멍의 확대 여유의 시험 결과를 **그림 3**에 나타낸다. 확대 여유 및 확대 여유의 편차는, 표준 드릴의 1/2로 되어 있다.

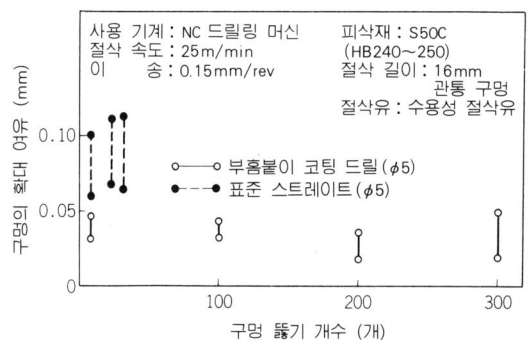

그림 3  부흠붙이와 표준 드릴의 구멍 확대 여유의 비교

또, 부흠붙이 코팅 드릴에 있어서의 절삭 속도와 구멍면 거칠기의 관계를 보면, 절삭 속도가 10~40 m/min에서는 표면 거칠기의 변화는 볼 수 없으나, 40~60 m/min로 되면 조금 나쁘게 된다. 한편, 이송과 구멍면 거칠기의 관계에서는, 이송을 높여 가면 표면 거칠기도 그에 따라서 나쁘게 된다.

### (4) 구멍의 구부림

구멍의 구부림은, 특히 심공 가공에서 문제가 된다. 이 트러블의 해결책을 검토하기 위해서, 피삭재 SUS 403에 ∅6.5×1260 mm의 심공을 3개조의 드릴로 가공했을 때의 구멍의 구부림을 조사하였다.

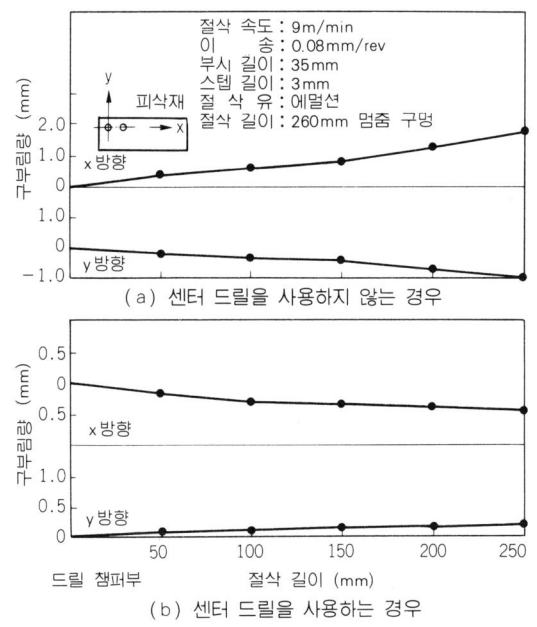

그림 4  심공 드릴로 뚫은 구멍의 구부림량(피삭재 SUS 403)

우선, 심공용 드릴만으로 가공했을 때의 구멍의 구부림량을 **그림** 4(a)에 표시한다. 다음에, 센터 구멍 드릴로 구멍을 뚫은 다음 φ6.5mm의 JIS품으로 30mm까지 절삭하고 그 후, 심공용 드릴을 사용한 경우의 구멍의 구부림량을 **그림** 4(b)에 표시한다.

이 결과, 구멍의 구부림을 미연에 방지하기 위해서는 절삭 초기의 깊이 20~30mm를 정밀도가 좋게 똑바르게 가공하는 것이 포인트가 된다는 것을 알 수 있다.

## ●● 드릴 수명에 관한 트러블 ●●

드릴의 수명에 관한 트러블의 요인에는 사용 기계, 절삭 속도, 이송, 절삭 유제, 드릴 재질, 피삭재 등 여러 가지가 있다. 그들의 인과 관계에 대해서는 22페이지에서 자세하게 기술하였으나 절삭 조건, 절삭 유제 등을 잘 선택하면 딱딱한 재료의 구멍 뚫기, 구멍 뚫기 능률, 수명 등도 현저하게 개선할 수 있다는 것을 알 수 있다.

예컨대 드릴 형상에 관해서이지만, 특히 작은지름 드릴에서 주의를 요하는 것은 날끝의 2번각이다.

**그림** 5에 표시한 것같이 힐 부분이 올라가는 상태가 되어, 접선 2번각 $\alpha$는 충분하지만, 직선 2번각 $\beta$는 불충분한 경우가 있다. 이와 같은 상태의 드릴로 구멍을 뚫으면, 드릴 수명은 크게 차이가 생기게 되고 만다. **사진** 2에 φ0.6mm 작은지름 드릴이 여유면과 접촉해서 여유면이 용착된 상태를 나타낸다.

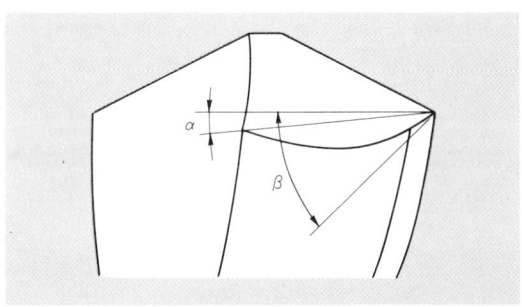

그림 5  직선 2번각 $\alpha$와 접선 2번각 $\beta$

사진 2  여유면이 용착된 드릴(φ0.6)

그리고 심공 가공에서는, 스텝 피드량을 적정하게 하지 않으면 칩이 막히게 되고 드릴의 절손에 연결되는 트러블이 되는 일도 있다.

더욱이 드릴 재질도 영향이 된다. 예컨대, 코팅 하이스 드릴에 의한 S 50 C(HB 200)의 구멍 뚫기에서는, 일반적으로 절삭 속도가 30 m/min에서 40 m/min로 되면, 수명이 극히 저하된다. 더욱이, 절삭 속도가 50~60 m/min로 되면, 드릴 외주부의 마모는 현저하게 된다. 그 때의 드릴 내주부의 절삭날은, 거의 손상되지 않는 상태이다. 이송에 관해서는, 0.3 mm/rev 정도까지는 수명의 저하가 적게 되는 경향이 있다.

따라서, 같은 가공 능률이라면 절삭 속도를 떨어뜨리고 이송을 높이는 쪽이 드릴 수명이 길게 된다.

한편, 장수명화, 고속 절삭화, 고능률화, 고정밀도화를 표적으로 해서, 최근에는 초경 드릴의 사용도 서서히 증가하고 있지만, 그 성능을 충분히 발휘시키는 데는 사용 기계의 선택, 절삭 조건의 음미 등이 필요하다. 그리고 초경 드릴에는 초경의 독자적인 트러블도 있고, 효과적인 구멍 뚫기를 해나가는 데 있어서는 그 트러블을 미연에 방지하는 동시에, 트러블이 발생하면 빨리 대책을 강구하지 않으면 안된다.

초경 드릴의 수명에 관한 트러블로서는, 초경이라는 재질의 특성상, 치핑에 관한 것이 많다고 한다. 치핑의 원인은 날끝이 너무 예리하다(여유각이 크다, 시닝의 날이 예리하다), 절삭 속도가 너무 높다, 압착 분리에 의한 채터링, 진동에 의한 것 등을 생각할 수 있다.

날끝이 지나치게 예리한 경우에는 호닝 가공을 한다, 여유각을 작게 한다, 시닝각을 둔각으로 한다는 등의 대책이 강구될 수 있다. 스로어웨이형의 드릴이라면, 팁 재종을 인성이 큰 것으로 바꾸는 것도 한 방법이다.

절삭 속도가 너무 높은 경우에는 절삭열의 영향이 생기기 쉽기 때문에, 우선 절삭 속도를 내리는 절삭유를 사용하게 된다.

압착 분리에 의한 치핑에서는 여유각을 작게 하고 둔각 시닝등 날끝 강도를 높이는 외에, 절삭유를 사용하거나, 이송을 낮추는 등의 대책을 생각할 수 있다.

또 채터링, 진동이 원인이 되는 경우는, 강성이 큰 기계나 드릴을 사용한다. 공작물의 클램프 방법을 바꾸거나, 절삭 속도를 낮게 하는 등의 대책을 강구하도록 한다.

이와 같이 하이스로 하여도 초경으로 하여도, 드릴 수명이라는 것은 사용 기계, 절삭 조건 등으로 상당히 변화하는 것이다. 그리고 칩의 배출 상태도 변화하게 된다. 결국 가공 능률은 같아도, 드릴 수명이 크게 변하게 되는 것이다. 따라서 드릴 수명이 짧다고 하는 드릴에서는 우선 절삭 조건의 재검토가 필요하다.

\* \* \*

드릴링과 그의 트러블 대책에 대해서 검토하였다. 주로 드릴 측에서 생각해 보았으나, 트러블의 요인은 대단히 많고, 충분한 검토가 되지 않으면 재발 방지에는 이어질 수 없다. 그 때문에, 절삭 현상을 잘 관찰할 필요가 있다.

또 관찰이나 조사는, 트러블이 발생하였으면 빨리 실시하는 것이 무엇보다도 중요하다. 그래서 트러블을 미연에 방지하는 것도 유의하여야 할 것이다.

마지막으로, 드릴 가공에 있어서의 트러블 원인, 그 대책을 정리해서 **표 1**에 나타낸다.

표1 드릴 가공에 있어서의 트러블, 그 원인과 대책

| 트러블 | 원인 | 대책 |
|---|---|---|
| 외주 코너의 마모가 심하다 | 절삭 속도가 너무 빠르다 | 절삭 속도를 느리게 한다 |
| 치즐부의 마모가 심하고 치즐부가 떨어진다 | 이송 속도가 너무 크다 | 이송 속도를 느리게 한다 |
| 절삭중 채터링이 발생한다. | 여유각이 너무 크다 | 여유각을 작게 한다 |
| | 드릴의 허리가 약하다 | 강성이 있는 드릴을 사용한다 |
| 테이퍼 드릴의 탱크가 비틀어지거나 부러지거나 한다 | 테이퍼 섕크의 테이퍼부의 흠 | 테이퍼 섕크의 흠을 제거한다 |
| | 슬리브의 마멸, 흠 | 슬리브를 재연삭하거나 신품과 교환한다 |
| 다듬질 구멍이 크게 된다 | 선단각이 대칭이 되지 않는다. 립 하이트가 크다. 치즐 포인트가 편심이다. | 선단 형상을 바르게 연사한다 |
| 마진부에 용착을 일으킨다 | 절삭날의 마모에 의해서 발열이 크다 | 조기에 재연삭을 한다 |
| | 절삭유의 공급량이 부족하다 | 충분하게 절삭유를 공급한다 |
| | 절삭유가 부적당하다 | 적정한 절삭유로 바꾼다 |
| | 칩의 배출이 나쁘다 | 드릴의 설계를 바꾼다 |
| | 바깥 지름 백 테이퍼가 부족하다 | 드릴의 설계를 바꾼다 |
| | 피삭재가 연하다 | 피삭재의 경도의 편차를 관리한다 |
| 다듬질 구멍의 표면 거칠기가 나쁘다 | 절삭날의 마모가 크다 | 조기에 재연삭을 한다 |
| | 이송이 너무 크다 | 이송을 조정한다 |
| | 절삭유의 공급량이 부족하다 | 충분하게 절삭유를 공급한다 |
| | 마진부에 용착을 일으키고 있다. | 충분하게 절삭유를 공급한다 |
| 절삭중에 절손이 많다 | 이송 속도가 크다 | 이송 속도를 느리게 한다 |
| | 칩 막힘을 일으키고 있다 | 스텝 피드의 횟수를 많이 한다 |
| | 드릴 형상이 적당하지 않다. | 드릴의 설계를 바꾼다 |
| 똑바른 정도가 좋지 않다 | 절삭면이 수평이 아니다 | 가이드 부시를 사용한다 |
| | 가로 구멍 뚫기의 경우 | 가이드 부시를 사용한다 |

# 난삭재의 구멍 뚫기

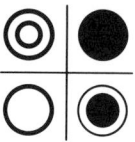

 난삭재를 제대로 구멍 뚫기 하기 위해서, 적절한 절삭 조건이나 가공상의 유의점에 대해서 하이스 드릴에 의한 가공 예를 소개한다.
 난삭재에는 여러 가지가 있으나 여기에서는 그 중에서 고강도·강인한 것의 대표로서 다이스강, 가공 경화성이 높은 것으로 스테인리스강과 고망간강, 열전도율이 낮아서 응착(凝着)하기 쉬운 것으로 초내열 합금(인코넬)을 예로 들어, 절삭 조건과 수명에 관해서 해설한다.

## 다이스강

 최근에는, 플라스틱 금형에 고경도의 프리하든강이 사용되고 있으나, 이것은 HRC 40 정도의 강도가 있는 것으로, 쾌삭성(快削性)이 있기 때문에 그다지 난삭이라고는 할 수 없다.

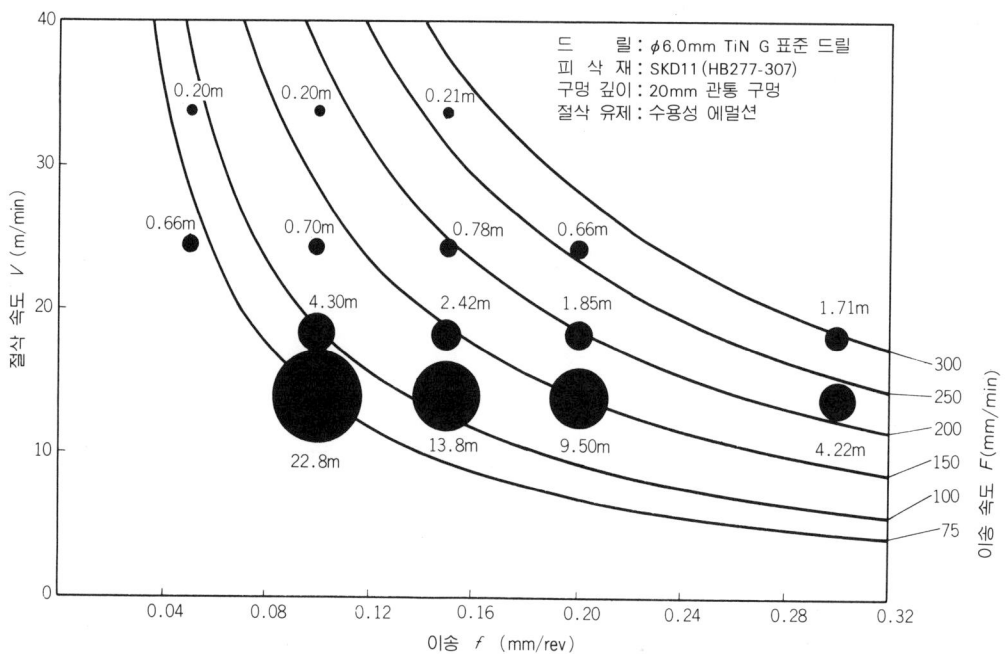

그림 1 다이스강의 구멍 가공

다이스강 중에서 난삭의 대표적인 것은, 냉간 금형용의 SKD 11이라고 불리는 것으로, 그 구멍 가공 예를 **그림** 1에 나타낸다.

이 그래프는, 가로축에 1회전마다의 이송량 $f$를, 세로축에 절삭 속도 $V$를 잡았으며, 경사진 곡선은 이송 속도 $F$를, 그 선상에 있는 어느 원 마크의 크기는 수명의 대소를 표시한 것이다. 따라서, 이 그래프에서 이송 속도를 나타내는 곡선에 따라 1회전마다의 이송량과 절삭 속도의 조합을 여러 종류 잡을 수 있다.

**그림** 1의 $\phi$6.0 mm TiN 코팅 드릴을 사용한 경우, 절삭 속도 25 m/min 이송량 0.06 mm/rev의 조합과, 14 m/min, 0.10 mm/rev의 조합에서는, 1분간의 이송 속도는 같은 75 mm/min이라도, 절삭 길이는 전자가 0.7 m이고, 후자는 22.8 m로 되어, 그 차는 32배로 된다.

절삭 속도와 이송 속도의 적정한 조합이 얼마나 공구 수명에 영향을 주는가를 이해할 것으로 생각한다. 그리고 건식 절삭보다 습식 절삭(수용성, 불수용성)인 것이 좋을 것이다.

## 스테인리스강

스테인리스강에는, 마텐자이트계, 페라이트계, 오스테나이트계, 석출 경화계가 있으나, 여기서는 난삭재로 불리는 오스테나이트계와 담금질 경화된 마텐자이트계에 대해서 설명한다.

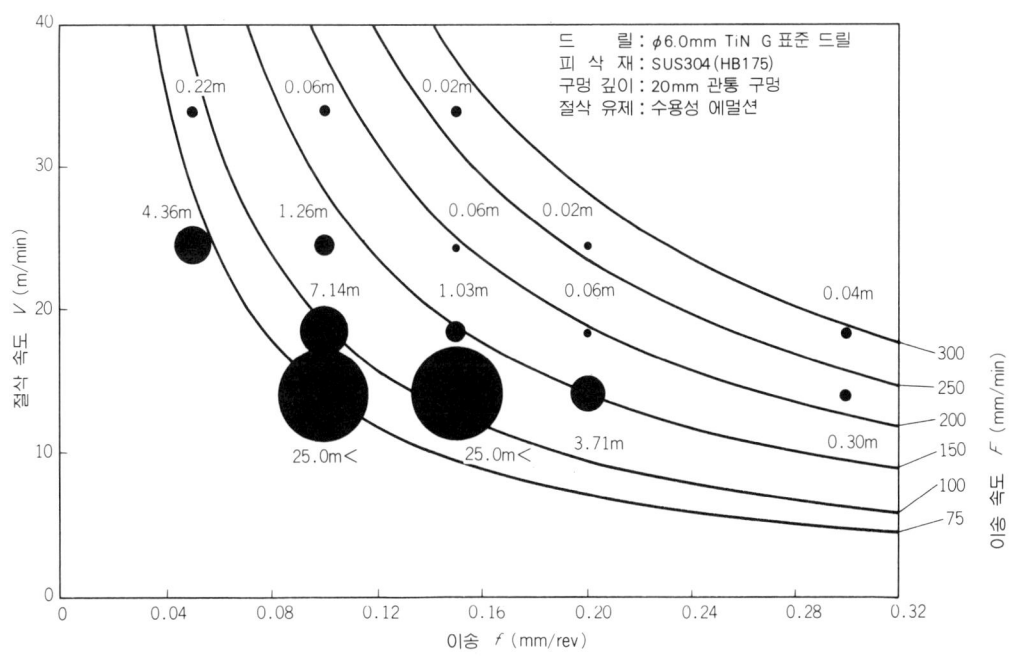

그림 2 스테인리스강의 구멍 가공

### (1) 오스테나이트계 스테인리스강

오스테나이트계 스테인리스강은 Cr(크롬)과 Ni(니켈)을 주요 성분으로 하고, 내식 재료로 가장 넓게 사용되고 있으나, 피삭성이 나쁜 것이 난점이다. 그 원인은, 가공 경화성이 높은 것과 칩 생성시의 전단 응력이 높고, 열전도율이 낮아서 절삭날의 치핑과 발열에 의해서 마모가 촉진되기 때문이다.

**그림 2**는 오스테나이트계 SUS 304를 ⌀6.0 mm TiN 코팅 드릴로 구멍 뚫기한 예로, 절삭 속도가 약 20 m/min 이상, 이송량이 0.20 mm/rev 이상에서는 수명이 극단적으로 짧게 되어 있다. 그런데 이송 속도를 100 mm/min로 잡고, 절삭 속도를 14 m/min까지 내리면, 급격히 수명이 증대한다.

예컨대, 이송량을 0.15mm/rev로 일정하게 하고 절삭 속도를 18.8m/min와 14.0m/min로 비교하면 25배 이상이나 후자의 수명이 길게 된다.

스테인리스강만이 아니라 난삭재라고 하는 재료의 일부에는 이와 같이 공구 수명이 비약적으로 변화하는 변곡점이나 임계 조건이 있는 것 같다.

### (2) 마텐자이트계 스테인리스강

마텐자이트계 스테인리스강은, Cr를 주요 성분으로 해서 담금질 경화하여, 일반 구조용 혹은 내열·내식성을 필요로 하는 고응력 부품에 사용되고 있다. 냉간(冷間) 가공된 상태에서는 피삭성은 양호하지만, 담금질 처리한 것은 피삭성이 악화된다.

**그림 3**은 담금질 경화된 마텐자이트계 SUS 420 J2(HRC 36)를 ⌀29.1 mm의 코발트 테이퍼 섕크 드릴로 가공한 예이다.

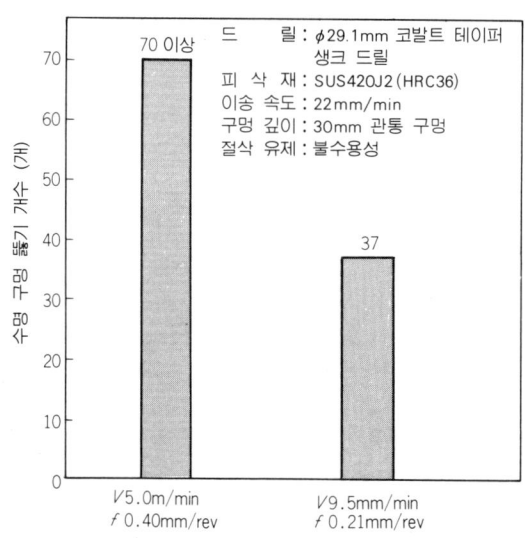

그림 3 스테인리스강의 구멍 가공

이송 속도는 어느 것이나 22 mm/min이지만 절삭 속도를 낮게, 이송량을 높게 취한 것이 수명이 늘고 있다. 스테인리스강에서, 특히 확대량이나 라이플링이 작은 고정밀도의 구멍 가공을 할 때는 시닝을 스리 레이크형으로 하면 좋을 것이다. 그리고 경도가 높을 때는 절삭 유제는 불수용성이 적합하다.

표 1 딱딱하고 강한 재료의 구멍 뚫기 대책

| | 요 점 | 내 용 | 비 고 |
|---|---|---|---|
| 드 릴 | 강성을 높게 한다 | • 전장·홈 길이를 짧게 한다<br>• 중심 두께를 두껍게 한다<br>• 홈폭의 비(比)를 작게 한다<br>• 생크를 굵게 한다 | |
| | 날이 깨지기 어려운 형상 | • 선단각을 크게 한다<br>• 여유각을 작게 한다<br>• 코너부의 절삭날각을 크게 한다 | 140° 정도<br>6~8° |
| | 치즐 마모를 방지한다 | • 시닝을 한다<br>• 치즐 길이를 작게 한다 | X, MN형 |
| | 강한 절삭 공구 재료 | • TiN 코팅을 한다<br>• 코발트 하이스를 사용한다 | |
| | 마진과 구멍면의 마찰을 피한다 | • 백 테이퍼를 크게 한다 | |
| | 견고한 툴링 | • 파악력이 높은 것을 사용한다<br>• 돌출 길이를 짧게 한다 | SS 척 |
| 피삭재의<br>고정 방법 | 휘기 어렵고 채터링이 발생하기 어려운 고정 방법 | • 드릴의 축심 방향으로 죄어 댄다<br>• 구멍 위치 가까이를 죈다 | |
| | 떨어진쪽의 흠집(버)이 생기지 않게 하는 고정 방법 | • 피삭재밑에 받침대(FC)를 깔고, 다같이 가공한다 | |
| | MC의 강성을 높게 유지하는 사용 방법을 이용한다 | • 오버행을 짧게 해서 사용한다<br>• 클램프 개소를 전부 죈다 | |
| 절삭 조건 | $V, f$의 선정 | • 절삭 속도를 내린다<br>• 이송을 적당히 취한다 | |
| | 절삭 유제 | • 불수용성 절삭 유제를 사용한다 | 충분하게 준다 |
| | 절삭 상황을 관찰해서 재빨리 대응할 것 | • 절삭음이 발생하지 않는 상태가 바람직하지만, 고망간강에서는 작은 "지" 소리가 발생하기 쉽다. 이와 같은 소리중에는 구멍 뚫기가 가능하지만, 때때로 "빠치 빠치"라는 소리가 섞이기 시작하면 주의를 요한다. 드릴을 교환할 것. | |

## 고망간강

고망간강은, 내마모성이 요구되는 레일이나 토목 광산 기계에 사용되고 있으나, 최근에는 비자성체의 성질을 이용해서, 리니어모터카의 궤도재나 강자장(強磁場)을 발생하는 장치의 구조재, 또는 오스테나이트계 스테인리스강 대신으로 고망간 비자성 강판이 사용되고 있다.

이 재료는 강도가 높고, 가공 경화성이 크며, 인성이 풍부하기 때문에, 절삭날에 가해지는 전단 응력이 높게 된다.

**표 1**에, 딱딱하고 강한 재료의 구멍 가공 대책의 요점을 나타낸다. 고망간강만이 아니라, 일반의 난삭재에 대해서도 말할 수 있는 것으로 공구와 기계계의 강성을 높게 유지하는 것이 중요하다. 그래서 드릴의 홈 길이를 짧게 하고 선단각을 크게 하며, 시닝을 시행한다.

3조(jaw)의 드릴 척은 미끄러지기 쉽기 때문에, 고정력이 강한 것으로 교환한다. 피삭재의 가공점 부근을 단단히 고정하는 등의 배려가 필요하다.

**그림 4**는 ∅10.0 mm 코발트 스텝 드릴로 고탄소 고망간강(C 0.7%, Mn 16%)을 가공한 예이다. 적정 조건으로는, 절삭 속도를 약 1~1.5 m/min, 이송량을 0.12~0.22 mm/rev라고 하는 극단적인 저속으로 하지 않으면 실용적인 절삭 길이는 얻을 수 없다. 절삭 유제는 불수용성을 사용한다.

여기서도, 조건을 조금만 변화시킨 것만으로도 수명이 완전히 바뀌어지는 것을 알 수 있다.

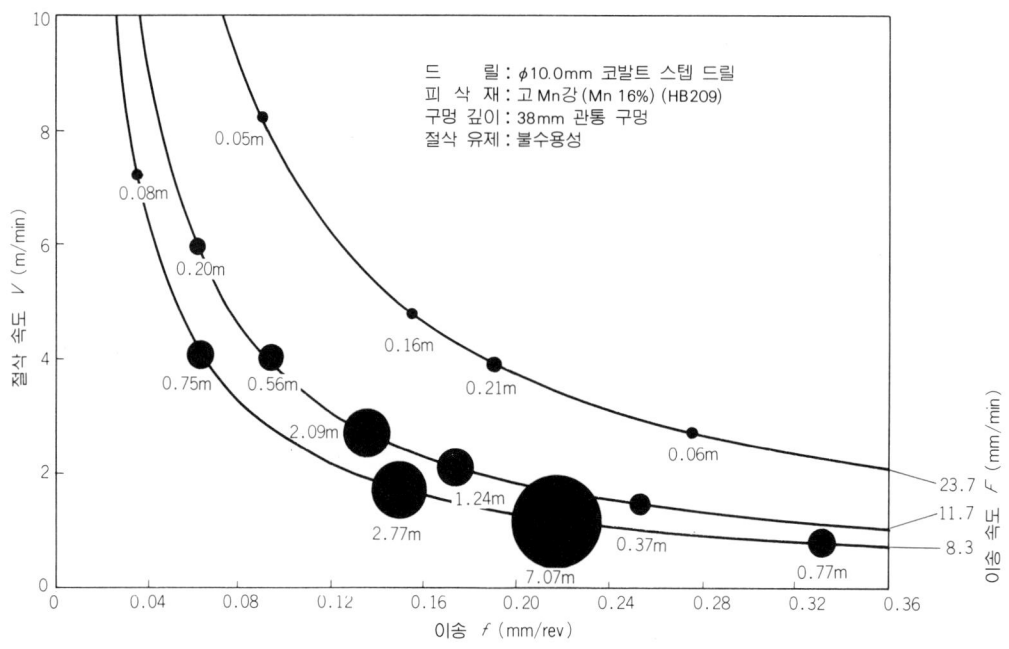

그림 4  고망간강의 구멍 가공

## 인코넬

초내열 합금은, 니켈기(基), 코발트기, 철기 합금의 3종으로 대별된다. 그 중에서도 니켈기의 인코넬, 와스파로이 등은 피삭성이 가장 나쁜 합금이다.

**그림 5**는 인코넬 600을 ∅1.6 mm의 TiN 코팅 드릴로 가공한 것으로, 적정 조건은 절삭 속도 6 m/min 이하, 이송량은 0.02~0.04 mm/rev의 범위로 볼 수 있다.

그리고 **그림 6**은 인코넬 625를 ∅2.5 mm의 코발트 스텝 드릴로 가공한 예이다. 건식 절삭에 대해서, 수용성 절삭 유제를 사용하면 구멍 뚫기 개수는 2배 이상으로 된다.

인코넬은 가공 경화가 현저하기 때문에 이송량이 너무 작으면 제대로 가공할 수 없다. 그러나 드릴의 지름이 작은 것은 강성이 낮고, 이송량을 크게 하면 비틀림 진동을 발생하기 때문에, 미리 예비 시험을 실시해서 적정 이송량을 결정할 필요가 있다.

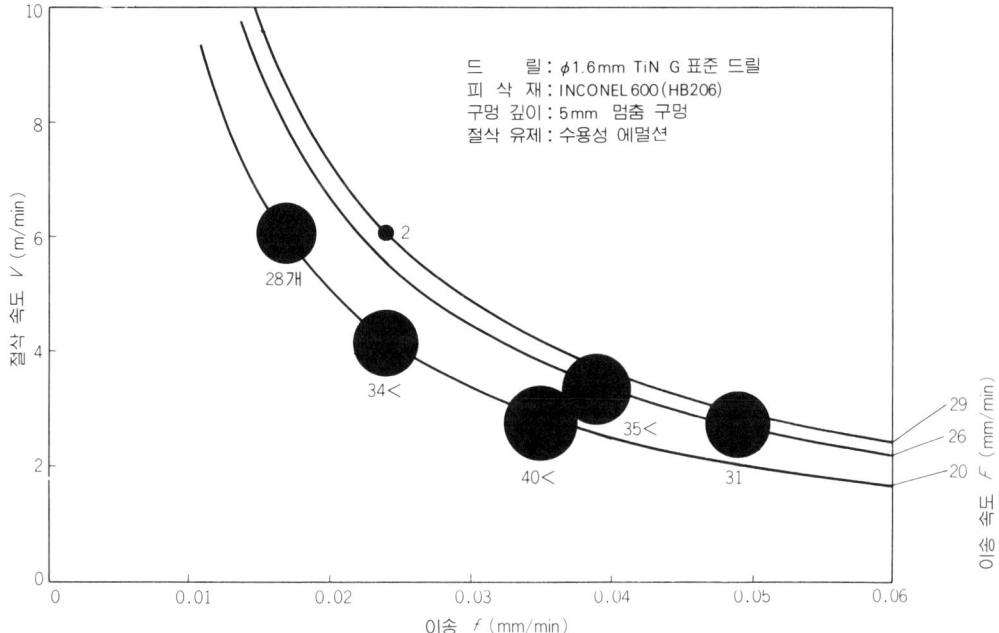

그림 5 인코넬의 구멍 가공

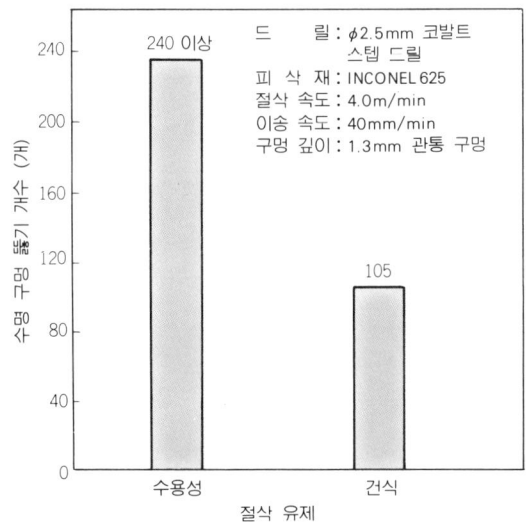

그림 6 인코넬의 구멍 가공

# 칩 브레이커

칩 브레이커는, 주로 코일 형상의 칩을 발생하는 강재의 심공 가공에 사용된다.

칩 브레이커의 형식을 아래 그림에 나타낸다.

①은 칩 브레이커에서 가장 간단한 것으로, 절삭날에 호닝을 한 것이다. 그림과 같이 날끝 가까이를 연삭해서 절삭날을 평평하게 하여 경사각을 감소시킨다.

칩이 휘감겨서 곤란한 경우에도, 이 방법을 사용하면 효과가 있다.

그러나 호닝을 마진부까지 하지 않도록 주의할 필요가 있다.

②는 바이트와 같은 칩 브레이커로, 브레이커의 높이와 폭은 피삭재와 절삭조건에 따라서 결정하게 된다.

이 형식은, 심공 가공에는 특히 유효하고 스페이스 드릴, BTA 방식의 초경팁에도 이것과 같은 형식의 것이 있다. 그러나 실제로 드릴을 이와 같이 연삭하는 데는, 상당한 숙련을 필요로 한다.

③과 ④는 어느 것이나 니크붙이 드릴을 나타낸 것이다.

③은 선단 여유면에, ④는 홈면에 양 절삭날의 비대칭 위치에 벤 자리(노치)를 만들고 있다. 이와 같은 드릴로 가공하면 칩은 벤 자리부에서 분리되어 긴 띠 형상으로 된다.

그림에는 벤 자리의 긴홈이 만들어져 있으나 현장에서 간단히 하는 데는, 절삭날부에만 비대칭으로 1개소 씩 만들어도 효과가 있다. 단지, 이 경우에도 여유면이 닿지 않게 하는 것은 말할 것도 없다.

18-8 스테인리스강과 같은 가공 경화성 합금에 대해서, 니크식 칩 브레이커는 특히 유효하고, 칩의 배출성이 좋아지나 드릴에 휘감긴다는 결점이 있다.

이것을 방지하는 데는, ① 혹은 ②의 형식을 병용하면 좋으나 이것도 서투르게 하면 제대로 잘 되지 않는다.

보통 드릴에 칩 브레이커를 붙이는 것은, 숙련을 요하고 의외로 번잡하고 귀찮은 일이다. 그래서 여러 가지 메이커에서 칩 브레이커붙이 드릴이 시판되고 있다.

⑤의 칩 브레이커는, 드릴의 절삭날과 반대측의 홈면이 돌기(突起)를 붙인 이중 홈으로 되어 있다. 이와 같이 하면 홈의 곡률 반지름이 작게 되기 때문에, 절삭날에서 생성되는 코일 형상의 칩은 짧게 절단된다.

⑥도 시판된 칩 브레이커 드릴의 것이다. 절삭날측의 홈이 그림과 같은 볼록(凸)형으로 되어 있고, 사용할 때는 절삭날 근처만을 연삭하고 경사면을 붙인다.

이와 같이 하면, 단붙이 칩 브레이커와 마찬가지로, 팁 컬의 곡률이 작게 되기 때문에, 칩은 즉시 절단된다.

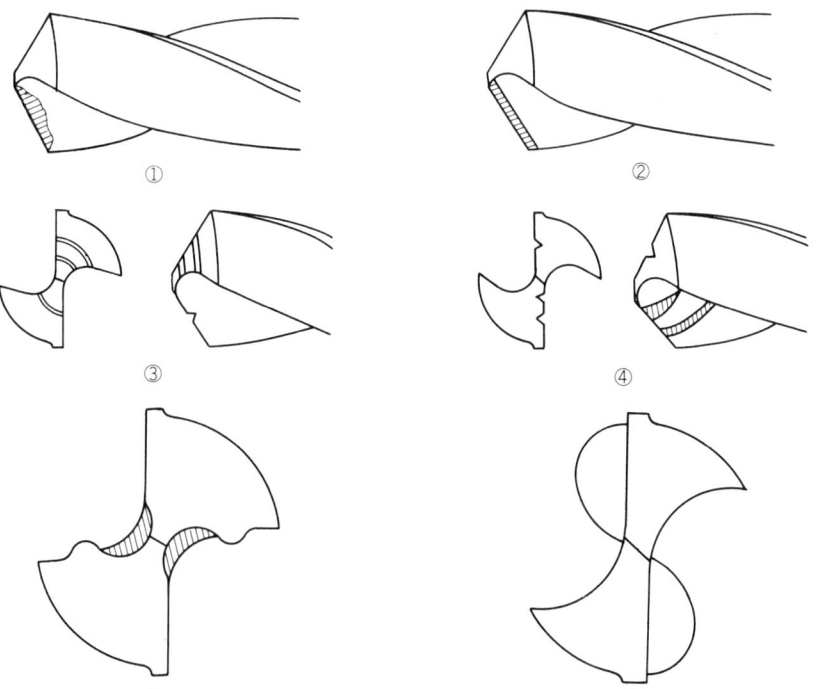

각종 칩 브레이커

# PART 3

# 리머와 그 활용

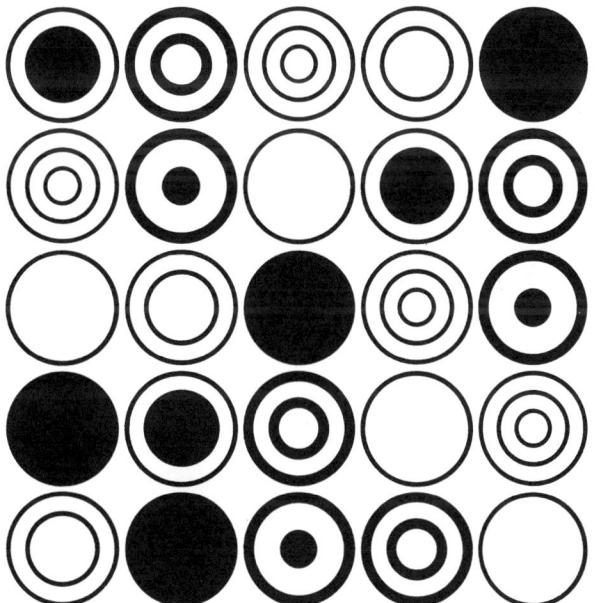

# 리머의 종류

드릴 등으로 가공된 구멍은, 일반적으로 그다지 정밀도나 다듬질면이 좋은 것은 아니다. 이와 같은, 소위 나사내기 구멍을 소정의 치수나 정밀도, 표면 거칠기로 가공하는 것을 구멍 다듬질이라고 한다.

구멍을 다듬질하는 데는, 여러 가지 방법이 있으나 기계 가공 중에서 제일 손 쉽게 할 수 있고 제일 널리 활용되고 있는 방법으로, 리머 가공이 있다. 다듬질된 구멍은 정확환 지름과 진원도, 매끄러운 다듬질이 보장되고, 그리고 원통도나 진원도도 좋은 것이 필요하기 때문에, 리머 가공은 이것들을 목적으로 실시되는 것이다.

리머의 분류는 JIS B 0173에 규정되어 있고, (a) 날부의 재료에 의한 분류, (b) 구조에 의한 분류, (c) 날홈의 비틀림에 의한 분류, (d) 섕크의 형태에 의한 분류, (e) 기능 또는 용도에 의한 분류로 되어 있다. 또 JIS 이외의 리머도 여러 가지 시판되고 있고, 날부 재료면에서도 하이스, 초경 이외에 다이아몬드 등도 많이 이용되게 되었다.

기계 가공에 사용되는 리머는, 기계용과 수동 작업용의 2종류로 크게 분류되고, 각각에 비틀림날과 곧은날이 있다. 그리고 기계용과 수동 작업용은 섕크의 형상이 다른데, 기계용에는 모스 테이퍼 섕크, 스트레이트 섕크가 있는 것은 드릴과 같다.

수동 작업용은 손으로 리머를 돌려서 가공하는 것으로, 섕크 끝부분에 손 돌림용의 핸들을 부착하기 위해서 4각의 코터가 만들어져 있다.

수동 작업용 리머의 대표적인 것은 핸드 리머이다. 구멍을 정확하게 다듬질하기 위해서, 가이드의 의미도 포함한 약 1°의 작은 챔퍼각과 긴 챔퍼부가 설정된다. 챔퍼부의 길이는 날 길이의 1/5로 되어 있기 때문에, 멈춤 구멍에서는 구멍 밑 부근에 챔퍼부의 테이퍼 형상이 남아 있게 되어서, 정확하게 다듬질할 수 없다. 따라서 관통 구멍 전용으로 생각해도 될 것이다.

수동 작업용에는, 이외에 1/50의 테이퍼 구멍을 가공하는 테이퍼 핀 리머, 모스 테이퍼 (거친 다듬질용) ①, (다듬질용) ②나 브라운-샤프 테이퍼를 다듬질하고, 파이프 나사내기 구멍을 다듬질하는 파이프 리머 등이 있다. 거친 다듬질용 절삭날에는 칩을 세분하기 위해서 니크가 붙여져 있다.

기계용으로는, 척 리머 ③, ④와 머신 리머 ⑤, ⑥의 2종류가 주로 사용된다. 이외에, 핸드 리머와 거의 같은 날 형상의 조버스 리머가 있으나 관통 구멍용으로서, 그다지 일반적인 것은 아니다. 기계용 리머는, 기계에 고착하기 위해서 보통 테이퍼 섕크가 붙어 있으나 스트레이트 섕크의 것도 사용된다.

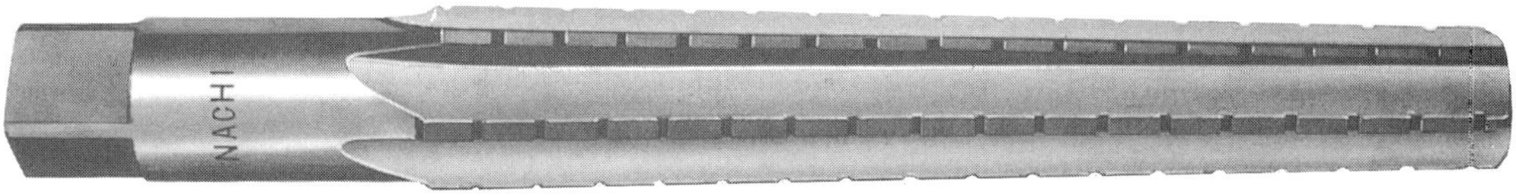

## 리머의 종류

① 모스 테이퍼 리머(거친 다듬질용)

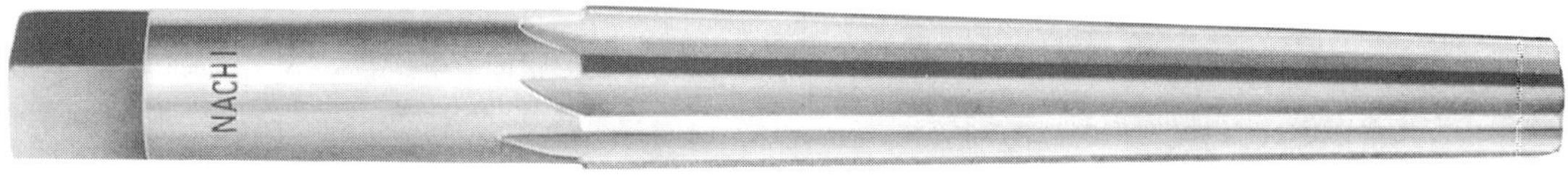

② 모스 테이퍼 리머(다듬질용)

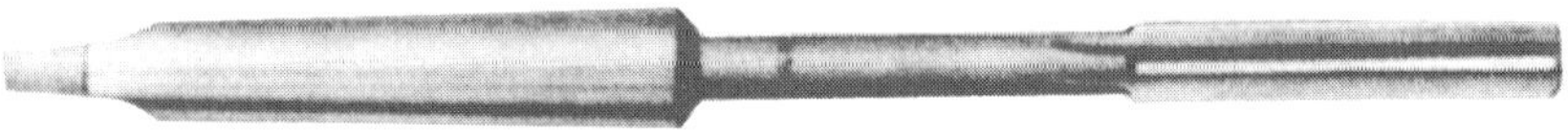

③ 처킹 리머(테이퍼 섕크)

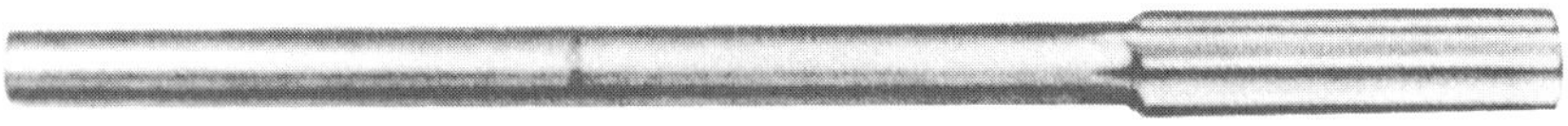

④ 처킹 리머(스트레이트 섕크)

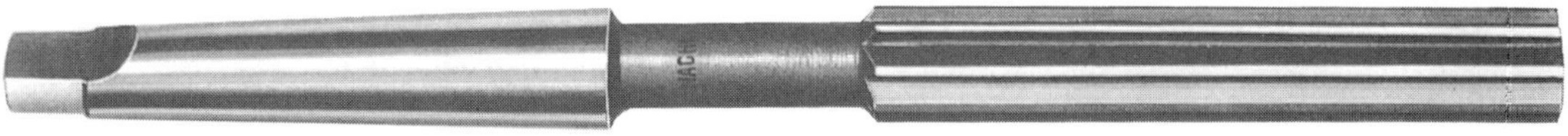

⑤ 머신 리머(곧은날)

⑥ 머신 리머(비틀림날)

⑦ 브리지 리머(비틀림날)

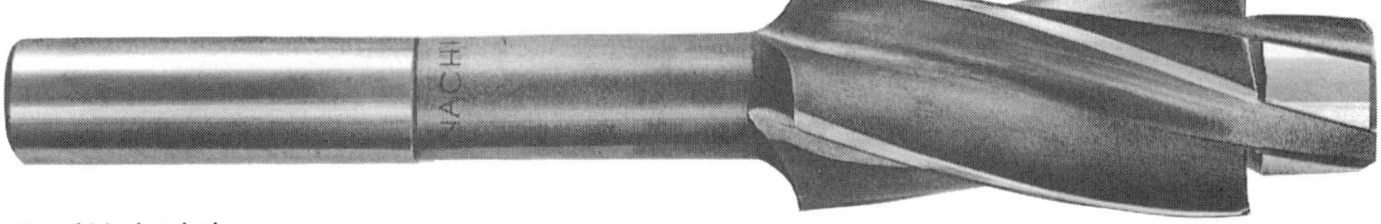

⑧ 단붙이 리머

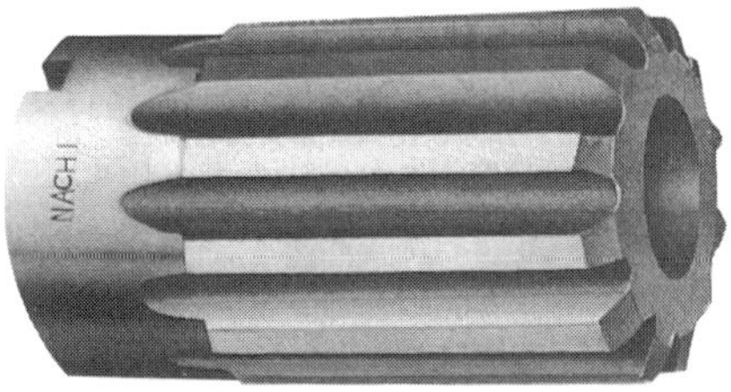

⑨ 셸 리머

⑩ 안내붙이 리머

머신 리머는, 기계용으로 가장 많이 사용되는 리머이고 챔퍼각은 45°의 1단 또는 2단 챔퍼각이 만들어지고, 백 테이퍼도 일반적인 날 길이 100 mm에 대해서 0.015~0.03 mm 정도가 설정되어 있다. 단지, 리머라고 하면 이 머신 리머로 생각해도 틀림이 없을 것이다.

⑥은 비틀림날의 머신 리머이고, 이와 같은 왼 비틀림·오른날 리머는 다듬질면도 양호하고 구멍의 확대도 작은 경향이며 절삭 저항도 안정되어 있다. 이때문에 알루미늄 합금이나 동합금 등에서 강이나 주철에도 사용할 수 있으며, 범용성이 높은 리머라고 할 수 있다.

이에 대해서 오른 비틀림 리머는 흐름 형상의 칩이 배출되고, 다듬질면은 비교적 양호하지만 구멍의 확대가 크고 파들기 상태로 되기 때문에 연질재의 가공에는 적당하지 않다. 그러나 합금강이나 스테인리스강에 대해서는, 절삭 저항이 적으므로, 안정된 절삭이 기대된다.

곧은날의 리머는, 이들의 중간적인 것으로 생각할 수 있으며, 주철 절삭에 적합하고 확대 여유도 그다지 크지 않아 안정된 절삭을 할 수 있다.

이외에, 기계용에도 테이퍼 핀을 비롯해서 각종의 테이퍼 구멍 가공용 리머 외에, 센터 구멍을 가공하는 센터 리머, 강판의 볼트 구멍 등을 수정하는 브리지 리머 ⑦ 등이 있다.

그리고 단붙이 리머 ⑧, 큰지름 구멍을 다듬질 하는 셸 리머 ⑨, 지름을 조정할 수 있는 팽창 리머, 조정 리머, 그 외에 다른 공구를 조합한 드릴 리머, 탭 리머 등도 있다. ⑩은 긴 안내가 붙은 특수 리머이다.

# 리머의 선택 방법·사용 방법

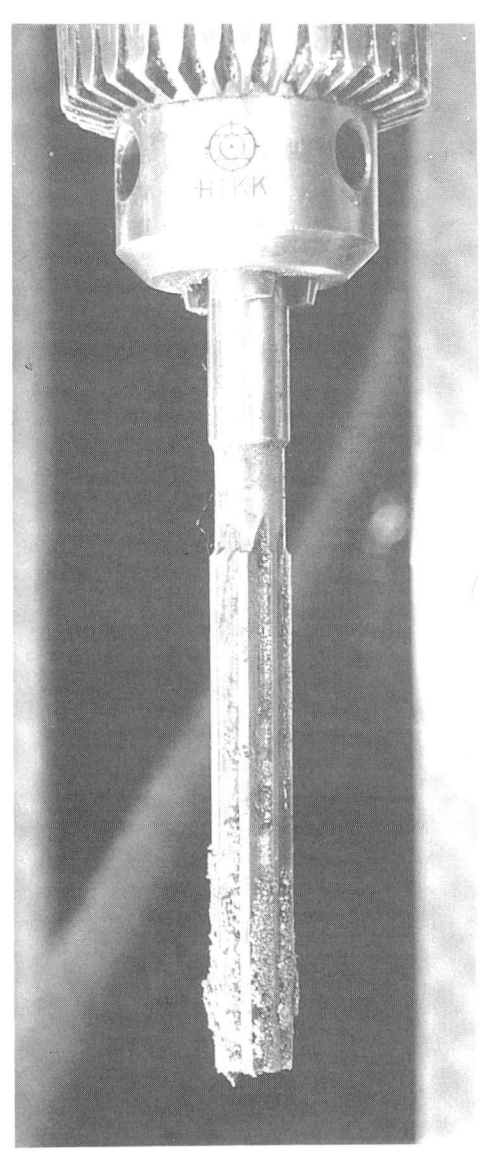

일반적인 리머 가공은 미리 가공된 나사내기 구멍을 요구된 구멍 정밀도, 표면 거칠기로 가공하는 것을 목적으로 하고 있다. 리머 및 그 사용 방법도 포함해서 가공 정밀도에 영향을 주는 요인이 많고, 옳바른 리머의 선정과 적정한 조건을 설정하는 것이 중요하다.

강에 대한 표준적인 구멍 가공 정밀도는 H7~H9, 다듬질면 거칠기는 3.2S~12.5S이고, 구멍 지름 치수와 다듬질면 거칠기의 요구가 주된 것이지만, 그것들에 영향을 주는 항목으로서, 날의 형상, 절삭 유제, 리머 여유, 절삭 조건 등을 들 수 있다.

가공 구멍의 정밀도를 중시하거나 다듬질면을 중시하는 데 따라서 이들 항목을 검토한다.

## 1 다듬질면 거칠기와 그 요인

리머 가공으로 다듬질면의 거칠기를 확보할 수 있는 것은 절삭 가공후에 버니시 작용이 이루어지기 때문이다. 버니싱은 리머의 파들기날로 절삭한 이송 마크를 외주날로 없애는 작용을 한다.

버니시 효과는 피삭재 종류에 따라서 다르고, 강계에는 효과가 있으나, 구성 날끝의 생성이 적은 주철등에서는 그다지 기대할 수 없다. 주철은 다공질이기 때문에, 다듬질면 거칠기는 좋게 되지 않는다.

다듬질면 거칠기가 기대하는 대로 되지 않는 경우에는, 아래에 기술하는 리머의 형상, 절삭 유제, 리머 여유, 절삭 조건 등의 대책으로 버니시 효과를 향상시키는 것이 득책(得策)이다.

### (1) 리머의 형상에 의한 영향

① **챔퍼각**······강 관계에서는 버니시 효과를 기대할 수 있기 때문에, 챔퍼각을 작게 한다. 그리고 2단 파들기나 R 형상으로 함으로써, 다듬질면 거칠기를 더욱 좋게 할 수 있다. 주철 및 동계의 재료에서는 그다지 변화는 기대할 수 없다.

② **경사각**······강계 재료에서는, (+)방향으로 크게 하면 다듬질면 거칠기가 향상된 데이터도 있으나 일반적으로는 경사각 0°를 겨냥한 것이 안정된 가공을 할 수 있는 것 같다. 이것은 경사각이 (+)방향으로 크게 되면 절삭 작용이 강하고 버니시 작용이 작게 되는 것으로 생각된다.

그러나 구멍 지름이 확대되는 경우가 있으므로 주의가 필요하다.

③ **비틀림**······비틀림에는 곧은날, 오른 비틀림 및 왼 비틀림의 것이 있으나 일반적으로는 곧은날이 압도적으로 많고, 강의 다듬질면 거칠기 3.2 S ~ 12.5 S로 많이 이용되고 있다.

버니시 작용이 강한 가공물(강계)에 대해서는, 오른 비틀림 물건이 적합하다. 이것은 절삭성을 좋게 하고, 절삭날의 마모 대책으로 되기 때문이다. 또 왼 비틀림품은 연한 비철 금속등에 사용되나 이것은 절삭성에는 떨어지는 등의 절삭 저항이 작기 때문에 버니시 효과로서 작용시키기 위한 것이다.

곧은날이 많이 사용되는 것은 리머의 제작도 포함해서 형상이 안정되어 있기 때문이다 (그림 1).

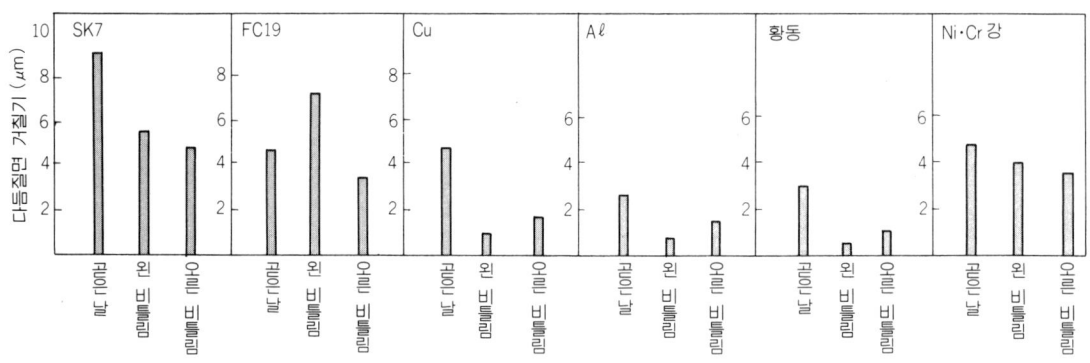

그림 1 공구 형상(비틀림)과 다듬질면 거칠기

### (2) 절삭 조건에 의한 영향

① **절삭 속도와 다듬질면 거칠기**······일반적으로 절삭 속도는 느리고 하이스 리머에서는 3 ~ 10 m/min, 초경 리머에서도 10 ~ 30 m/min이 채택되고 있다.

다듬질면 거칠기는, 버니시 작용에 의한 영향이 크고 그로 인해서는 절삭 속도를 느리게 하는 것이 좋고 또 기계와 가공물의 진동도 적게 해서 가공할 수 있기 때문이다. 권장할 만한 절삭 조건을 표 1, 표 2에 나타낸다.

표 1 하이스 리머의 권장 절삭 조건

| 피삭재 | | 절삭 속도 (m/min) | 이송량 (mm/rev) | | | | 절삭 유제 |
|---|---|---|---|---|---|---|---|
| | | | φ5 이하 | φ5~20 | φ21~50 | φ50 이상 | |
| 특수강·주강 | 연 | 3~6 | 0.2~0.3 | 0.3~0.5 | 0.5~0.6 | 0.6~1.2 | 수용성 (극압 첨가제) |
| | 경 | 2~4 | | | | | |
| 특수합금강 | 연 | 3~4 | 0.1~0.2 | 0.2~0.5 | 0.4~0.5 | 0.5~0.8 | |
| | 경 | 2~3 | | | | | |
| 주철 | 연 | 4~6 | 0.3~0.5 | 0.5~1 | 1 ~1.5 | 1.5~3 | 건식 절삭 |
| | 경 | 3~4 | | | | | |
| 가단주철 청동 | 연 | 4~6 | 0.2~0.3 | 0.3~0.5 | 0.5~0.6 | 0.6~1.2 | 경유 또는 등유 |
| | 경 | 3~4 | | | | | |
| 황동 | | 8~14 | 0.3~0.5 | 0.5~1 | 1 ~1.5 | 1.5~3 | |
| 알루미늄 알루미늄 합금 | 연 | 12~20 | 0.3~0.5 | 0.5~1 | 1 ~1.5 | 1.5~3 | |
| | 경 | 6~12 | | | | | |

표 2 초경 리머의 권장 절삭 조건

| 피삭재 | 항장력(kg/mm$^2$) 또는 경도 | 절삭 속도 (m/min) | 이송량 (mm/rev) | | | | |
|---|---|---|---|---|---|---|---|
| | | | φ5 이하 | φ5~10 | φ10~20 | φ20~30 | φ30~40 |
| 강 | 77 이하 | 12~20 | 0.07 | 0.09 | 0.16 | 0.25 | 0.35 |
| | 70~100 | 10~15 | 0.05 | 0.08 | 0.15 | 0.26 | 0.30 |
| 조질강 | 100~ | 6~12 | 0.05 | 0.08 | 0.15 | 0.26 | 0.30 |
| 주철 | HB 220 이하 | 8~15 | 0.10 | 0.12 | 0.20 | 0.40 | 0.50 |
| | HB 220 이상 | 6~10 | 0.07 | 0.10 | 0.18 | 0.32 | 0.40 |
| 가단주철 | HB 220 이하 | 6~12 | 0.07 | 0.10 | 0.18 | 0.32 | 0.40 |
| 동 | HB 60~80 | 15~20 | 0.12 | 0.15 | 0.22 | 0.35 | 0.40 |
| 황동 | HB 50~120 | 10~15 | 0.12 | 0.15 | 0.22 | 0.35 | 0.40 |
| 청동주물 | HB 60~100 | 8~15 | 0.12 | 0.15 | 0.22 | 0.35 | 0.40 |
| 알루미늄 합금 | HB 90~120 | 20~30 | 0.15 | 0.18 | 0.28 | 0.45 | 0.55 |
| 합성수지 | | 15~40 | 0.15 | 0.18 | 0.28 | 0.40 | 0.45 |

② **이송에 의한 영향**……일반적으로, 이송이 느리면 다듬질면의 거칠기는 좋게 되고 이송을 빨리 하면 이송 마크가 거칠게 된다.

이송을 빨리 하는데 따라서 절삭 저항은 크게 되고, 구성 날끝등의 부착도 많으며, 기계 강성, 날구(刃具) 강성, 및 지그(治具) 강성 등이 가미되어서, 다듬질면 거칠기를 나쁘게 한다. 또 절삭 유제의 침투가 악화되어 날끝의 마모가 크게 되는 것도 문제이다.

그러나 비절삭 저항이 큰 것이나 열전도율이 작은 피삭재(스테인리스강, 내열강 등)에서는, 이송을 작게 하면 가공 경화를 일으켜서 버니시 효과가 지나치게 돼, 다듬질면을 나쁘게 할 가능성이 있다. 사용에 있어서는, 가공 상태를 봐서 이송량을 선택하는 것이 중요하다.

### (3) 절삭 유제와 다듬질면 거칠기

일반적으로는, 절삭 유제를 사용함으로써 다듬질면 거칠기는 향상된다. 리머 가공의 절삭 유제라고 하면, 종래는 구멍 정밀도, 다듬질면 거칠기나 수명과 같이 불수용성이 좋은 것으로 되어 있었으나, 화재 문제나 다음 공정에서 유제 제거에 있어서 문제가 있기 때문에, 특히 양산(量産) 가공에서는 수용성 유제의 사용이 증가하는 경향이 있다.

절삭 유제의 효과로는, 윤활과 냉각이 있으나 윤활이 다듬질면 거칠기에 효과가 있는 것은 구성 날끝의 생성을 억제하기 때문이다. 그리고 냉각은 구멍의 확대를 방지하고 버니시 효과를 크게 작용시키는 효과가 있다.

리머의 절삭 조건은, 일반적으로 느린 절삭 속도가 선택되고 있으므로 기본적으로 열에 의한 팽창도 적고 구멍의 치수 정밀도 확보에는 수용성의 절삭 유제라도 효과가 있다. 단지, 절삭 속도가 빠르고 가공수가 많아지면 마모의 발생이 크게 되고 윤활성이 떨어져서 다듬질면 거칠기가 악화된다.

불수용성의 절삭 유제는 윤활성, 극압성이 우수하나, 버니시 효과는 수용성과 비교해서 떨어진다. 그러나 다수의 구멍 가공에는 안정되고 양호하다. 극압성의 향상에는 일반적으로 유황(S)이 첨가 된다.

### (4) 리머 여유와 다듬질면 거칠기

리머 여유는 리머의 절삭 여유를 말하고 리머 여유=리머의 지름-나사내기 구멍 지름 이다. 리머 여유의 표준을 **표 3**에 나타내었으나 특수 용도 및 특수 형상의 리머를 사용하는 경우에는, 리머 여유를 증감하는 경우가 있다. 이것은 날 형상, 유지구, 기계, 가공물 형상에 의한 클램프의 난이도에 의해서 좌우되고 있다.

표 3 구멍 지름과 리머 여유

| 구멍 지름 mm | 리머 여유 mm |
|---|---|
| ~φ5 이하 | 0.1~0.2 |
| φ5를 넘어~20 이하 | 0.2~0.3 |
| 20을 넘어~50 이하 | 0.3~0.5 |
| 50 이상 | 0.5~1.0 |

리머 여유가 크면 구멍은 확대되는 경향이 있고, 다듬질면 거칠기도 나빠지나 다듬질면 거칠기보다 확대 여유에 대한 영향쪽이 크게 된다. 그러나 증감량이 크게 변화된 경우, 칩의 배출성, 구성 날끝의 부착에 주의할 필요가 있다.

## 2 구멍의 확대와 그 요인

리머 가공에 있어서 중요시 되는 항목은, 구멍 지름의 확대이다. 이 확대의 요인은 대단히 많으나 아래에 기술하는 대책을 이행함으로써, 요구를 만족시킬 수 있는 경우가 많은 것 같다.

리머 가공후의 날의 손상 상태, 가공 구멍의 상태 및 칩의 상태 등을 보고 판단하는 것이 중요하다.

### (1) 리머의 형상에 의한 영향

① **챔퍼각**……일반적으로, 챔퍼각이 확대 여유에 미치는 효과로서, 챔퍼각을 작게 하면 확대 여유는 적게 되는 경향이 있다. 이것은 버니시 효과에 의한 것이 크고, 따라서 마모가 촉진되기 쉽게 된다. 동시에 파들기 길이가 길게 되므로 작업성도 고려해서 선택할 필요가 있다.

다듬질면 거칠기의 항에서 기술한 바와 같이, 챔퍼각을 작게 하거나 2단 가공 혹은 챔퍼부의 경사면을 왼 비틀림 방향에 연삭으로 추가(펠러 리머 형)해서 파들기를 매끄럽게 하면 좋은 결과를 얻을 수 있다.

② **경사각**……경사각을 크게 하면 확대 여유는 크게 되는 경향이 있고, 그 경향값은 피삭재의 종류에 따라서 크게 다르다. 비절삭 저항이 큰 것일수록 변화는 적게 된다.

이것은, 열팽창과 냉각에 의한 구멍 지름의 축소와 관계 되어 있고 절삭성이 좋으면 절삭이 선행되어서 버니시 효과가 작고 구멍 지름이 확대되는 경향으로 되기 때문이다.

③ **비틀림**……리머의 비틀림각은 너무 크면 버니시 효과가 지나치게 되기 때문에 강하게 취하지 않는 것이 일반적이다. 그러나 왼 비틀림 리머에 대해서는 비틀림각을 크게 하는 경우가 있다. 이 경우에는, 큰 버니시 효과를 기대하는 것으로 강한 왼 비틀림의 채택이 내마모성에 강한 초경 리머에 사용되는 경우가 있다.

왼 비틀림품은 구멍 지름이 축소되는 경향이 있으나, 강계 재료의 가공은 칩의 용착이나 구성 날끝에 주의할 필요가 있다.

### (2) 절삭 속도와 확대 여유

이송을 일정하게 하고 절삭 속도만을 빨리 하면, 다듬질면 거칠기가 거칠어지는 동시에, 구멍 지름도 확대되는 경향으로 된다. 이것은, 날의 마모가 빨라지기 때문이고 또 버니시 효과가 나타나지 않는 상태에서 가공이 진행되어 가기 때문이다.

일반적인 사용 조건으로는, 절삭 조건에서 말한 바와 같이 하이스제의 리머로는 10

m/min 이하이고, 스테인리스강 등의 피삭재에 대해서는 5 m/min 정도로 가공하고 있다 (**표 1**).

초경 리머에서는 20 m/min 이하가 일반적으로 사용되는 절삭 조건이다(**표 2**).

### (3) 이송 속도와 확대 여유

이송을 크게 하면 절삭 저항이 증대하고, 리머에 진동, 채터링이 발생하기 때문에 버니시 효과를 기대할 수 없고, 다듬질면 거칠기가 나빠지는 동시에 구멍 지름도 확대된다.

### (4) 절삭 유제와 확대 여유

절삭 속도나 피삭재의 종류에 따라서, 용착이나 구성 날끝이 발생하기 쉬운 것이 있다. 용착이나 구성 날끝은 구멍 지름의 변화에 영향을 받고 구멍 지름을 확대시키거나, 구멍의 다듬질면 거칠기를 나쁘게 한다.

용착이나 구성 날끝의 발생을 방지하기 위해서는 절삭 유제의 선택이 중요하다. 발생하기 어려운 유제로는, 유황이 첨가된 극압계 절삭 유제가 좋으며, 이것이 일반적으로 사용되고 있다. 그리고 주철의 가공에서는 구성 날끝이 발생하지 않기 때문에 절삭 유제의 종류에 의한 확대의 변화는 적다고 말할 수 있다.

### (5) 리머 여유와 확대 여유

리머 여유가 크게 되면, 당연히 토크값은 증대하고 날끝의 마모는 점점 심해진다. 그 때문에 용착이 커지고 다듬질면 거칠기가 악화돼서 구멍 지름은 플러스 경향으로 되어간다. 따라서 적량의 리머 여유(**표 3**)보다 크게 되면 리머의 손상을 재촉하는 결과가 되고, 요구하는 구멍 지름도 얻지 못하게 된다.

### (6) 표면 처리와 확대 여유

종래부터, 특별한 경우를 제외하고 리머는 표면 처리를 하지 않고 사용되어 왔다. 그 이유로서는, 바깥 지름부에 표면 처리를 하면 리머가 변형돼서, 바깥 지름의 변화 및 휨이 발생하기 때문이다. 그러나 최근에는 티탄 코팅 처리 기술이 진보하고, 정밀도에 있어서도 변화량이 적은 고정밀도의 것을 만들 수 있게 되었다.

티탄 코팅을 한 리머로 절삭을 하였더니, 대단히 좋은 결과를 얻고 있다. 이것은 티탄 코팅이 내용착성 및 내마모성의 향상에 기여하고 있는 것이라 생각된다.

## 3 공구 수명과 그 요인

### (1) 형상과 공구 수명

① **챔퍼각**……다듬질면 거칠기, 확대 여유, 축소 여유, 채터링 마크 등이 발생한 시점에서 수명으로 판단할 수 있지만, 그 전제로서 리머의 마모나 용착이 발생하고 있다. 그래서 수

명은 토크값을 보는 것으로도 판단할 수 있다.

챔퍼각을 작게 하면 확대 여유는 작아 지지만, 버니시 효과에 따라서 마모가 크게 된다. 역으로, 챔퍼각을 크게 하면 안정성이 나쁘고 유동 형상이 크게 되며 구멍 지름이 확대되는 경향으로 된다.

따라서, 챔퍼각은 머신 리머와 같이 45°가 임계값으로 된다. 그 이상의 챔퍼각을 채택하는 경우는, 구멍의 정밀도나 다듬질면 거칠기가 나빠지기 때문에, 절삭후에 버니시 부분을 만들도록 할 필요가 있다.

② **경사각**……경사각을 바꿔 가공해서 리머를 볼 때, 경사각을 크게 하면 외주 코너 마모가 작게 된다. 이것은, 버니싱이 작게 되기 때문이지만 피삭재에 의한 확대 여유의 증감에 대해서는 주의가 필요하다.

③ **비틀림**……절삭성이 좋은 오른 비틀림품은 수명이 길고, 또 절삭 저항도 작게 된다. 그러나 구멍의 확대에는 주의가 필요하다.

### (2) 절삭 조건과 공구 수명

수명의 향상을 위해서는, 절삭 조건을 낮게 택하는 것이 첫째이지만 가공 능률, 용착 및 구성 날끝에 주의 해서, 조건을 선택해야 한다. 특수한 경우를 제외하고 절삭 조건 추천값으로 충분히 대응할 수 있다고 생각한다.

절삭 유제에 대해서는, 일반적으로 불수용성이 사용되나 구성 날끝의 발생이 심한 것에는 유황이 첨가된 활성 극압 유제를 사용하는 것이 좋을 것이다. 그러나 화재나 다음 공정 관계에서, 수용성이 많이 사용되고 있는 것은 전술한 바와 같다.

### (3) 리머 여유와 공구 수명

수명상으로는, 리머 여유가 적은 것이 유리하다. 일반적인 리머 여유(**표 3**)는 다듬질면 거칠기의 값을 표준으로 하고 있다.

### (4) 유지·구동법에 의한 영향

리머 가공은 앞에서 가공된 나사내기 구멍을 가이드로 해서 소정의 구멍 지름 정밀도로 가공하게 되는 것이므로, 그 구동은 밖으로부터의 진동을 방지할 필요가 있다. 그리고 나사내기 구멍을 가이드하고 있기 때문에 리머의 축심과 구멍의 확대나 진원도 등에 나쁜 영향을 줄 가능성이 있다.

일반적으로는, 절삭시에 축심을 부동시킬 수 있는 유지·구동법이 채택되는 경향이 있고 리머가 부동하는 플로팅 척이 개발되고 있다. 드릴링 머신등에서 리머와 가공물이 고정되어 있는 경우에는, 절삭 조건을 낮게 설정하고 외부에서의 진동을 극력 억제하는 것이 득책이다.

# CBN 리머의 절삭 성능

## ● 내면 연삭과 CBN 리머 가공

고경도재, 특히 담금질강 등에 고정밀도로 고능률적인 구멍 가공을 하려고 하는 경우, 우선 절삭재에 드릴 등으로 나사내기 구멍을 뚫고, 담금질한 다음에 내면 연삭기나 지그 연삭기 등으로 축붙이 숫돌을 사용해서 연삭으로 마무리하는 것이 일반적이다. 그러나 이 방법에는 여러 가지 문제가 있다. 예컨대,

① 내면 연삭기가 필요할 것
② 사용하는 축붙이 숫돌의 트루잉과 드레싱을 자주하지 않으면 안된다.
③ 축붙이 숫돌의 강성등에 의해서, 심공 가공을 할 수 없다.
④ 축붙이 숫돌로는, 1회전마다의 절삭 깊이를 크게 할 수 없기 때문에 가공 시간이 소요된다.

등을 들 수 있다.

이에 대해서, 다이아몬드 다음가는 경도를 갖는 CBN(입방정(立方晶) 질화 불소)는 근래, 담금질강, 고경도 주철이나 소결(燒結) 금속의 선삭 가공이나 밀링 가공에 사용되고, 가공의 효율화에 도움이 되고 있다.

이 CBN 소결체를 날부로 갖는 리머가 CBN 리머이다.

CBN 리머는, 위에서 들은 종래의 구멍 연삭에 의한 가공 방법과 비교해서 손색이 없을 뿐 아니라 몇 개의 이점이 더 있다. 아래에 그 특징과 더불어 가공 사례를 소개한다.

## ● CBN 리머 가공의 특징

일반적으로, 리머 가공이란 나사내기 구멍을 넓히면서 소정의 치수로 가공하고, 동시에 매끄러운 다듬질면을 얻는 가공 방법이다. 따라서 가공물이 일단 담금질되고, 그 경도가 HRC 55~65 정도까지 경화되면, 생재(生材)의 구멍 가공과 같이 하이스 리머나 초경 리머로는, 쉽게 다듬질할 수 없게 된다.

그 때문에, 앞에서 말한 연삭 작업에 의뢰할 수 없는 것이지만 CBN 리머는 이들의 고경도재에 대한 구멍 다듬질 가공에 유효하며, 다음과 같은 특징을 갖고 있다.

우선, 밀링 머신, 레이디얼 드릴링 머신, 선반 등의 기존의 공작 기계를 사용할 수 있고 공구의 주속이 80~100 m/min으로 연삭에 필요한 스피드의 수분의 1로 된다. 이 때문에, 고속 스핀들 등의 특별한 장치는 전연 필요없다. 그래서 CBN 특유의 고경도나 절삭날이

장시간 유지되기 때문에 공구 관리도 용이하다.

그리고 CBN 리머의 본체는 보통, 초경제로 고강성화를 도모하고, 또 보링 가공과 달라서 2개날 이상의 절삭날이 동시에 작용하는 균형 절삭이 되므로 심공 가공이 돼도 비교적 안정된 가공이 가능하다.

실제로 CBN 리머의 가공 예 중에는, 구멍 깊이가 지름의 10배, 결국 10D 이상의 가공도 있다. 내면 연삭 가공의 경우는, 보통 절삭 깊이량은 가공하는 구멍 지름, 연삭 여유, 기계의 성능이나 사용되는 숫돌 등에 따라서 다르다. $\phi 30 \sim \phi 40$ mm 정도의 구멍 가공에는 거친 연삭에서 0.06~0.1 mm, 다듬질 연삭에서 약 0.02 mm 정도의 절삭 깊이로 숫돌을 여러 번 회전시킬 필요가 있다.

이에 대해서 CBN 리머의 경우는, 지름에서 0.3~0.5 mm의 리머 여유를 1회전에서 제거하고 다듬질할 수 있다.

CBN 리머의 가공 정밀도에 대해서는, 일률적으로 연삭 가공과의 비교는 할 수 없으나, 예컨대 표면 거칠기에 대해서는 $R_{max}$ 0.3 $\mu$m가 달성된 예도 있다. 그리고 이것은 반드시 특징이라고는 할 수 없으나 **그림** 1과 같이 가공되어 구멍의 표면층이 0.05~0.1 mm의 깊이에서 경도가 상승하는 경향이 있다.

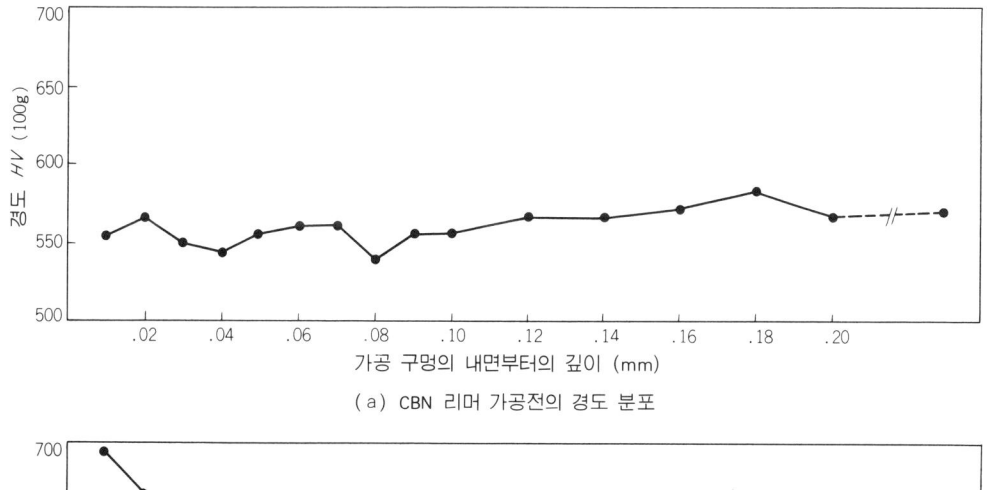

(a) CBN 리머 가공전의 경도 분포

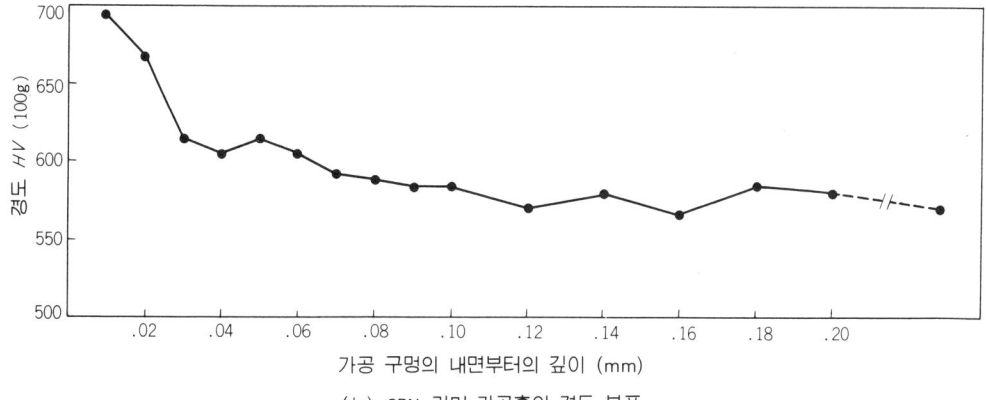

(b) CBN 리머 가공후의 경도 분포

그림 1 CBN 리머에 의한 가공 경화

다음에 CBN 리머로 가공한 사례를 소개한다. 어느 것이나 열처리후의 구멍 다듬질 가공이다.

### [가공 예·1] 기어 슬리브의 가이드 핀 구멍의 변형 수정
- 가공 형상 : $\phi 15.5^{+0.08}_{-0} \times 20$ mm 관통 구멍
- 가공 재질 : SCM 420 (HRC 60~64)
- 공　　구 : 2개 날 CBN 리머 ($\phi 15.5 \times l\, 60$)
- 절삭 속도 : 94 m/min
- 절삭 깊이 : 0.2 mm
- 이　　송 : 0.012 mm/rev
- 절삭 유제 : 건식
- 사용 결과 : 넓히기 가공이나 열처리를 하면, 가이드 핀 구멍이 변형돼서 타원으로 된다.

이 변형을 제거하고 정밀한 구멍으로 함으로써 기어축의 조작성의 향상을 계획하기 위해서 종래는 지그 그라인더등으로 구멍 연삭을 하고 있었다. 이 공정을 CBN 리머 가공으로 하게 되어 가공 시간이 크게 단축되었다.

### [가공 예·2] 플랩 트럭·베어링 플레이트의 가공
- 가공 형상 : $\phi 27^{+0.018}_{-0} \times 18.0$ mm 관통 구멍
- 가공 재질 : SNCM 439 (HRC 52~55)
- 공　　구 : 4개 날 CBN 리머 ($\phi 27 \times l\, 130$)
- 절삭 속도 : 70 m/min
- 절삭 깊이 : 0.2 mm
- 이　　송 : 0.08 mm/rev
- 절삭 유제 : 건식
- 사용 결과 : 종전에는 초경 4개 날 리머에 의해서 다듬질 가공을 해왔으나, 공구 수명은 가공 구멍이 1~4개로 짧았다. 이것을 CBN 리머 가공을 함으로서 20 구멍 이상도 안정된 상태에서 가공할 수 있게 되었다.

## ● CBN 리머 사용 방법의 정리

CBN 리머는 기계 구조용 탄소(S-C재)나 합금강등의 담금질후의 구멍 다듬질 가공에 큰 효과가 있다는 것을 설명해 왔으나, 이 사용 조건에 대해서 정리해 놓았다.

① **피삭재**……S-C재나 합금강 등에서, 담금질 경도가 HRC 55~65인 것.
② **절삭 조건**……절삭 속도 : 70~120 m/min
　　　　　　　　　이 송 량 : 0.01~0.05 mm/날

리머 여유 : 0.2~0.5 mm

절삭 유제 : 건식도 좋으나 될 수 있으면 수용성 절삭 유제를 충분히 사용하는 것이 바람직하다.

③ **사용 기계**……레이디얼 드릴링 머신, 머시닝 센터, 범용 밀링 머신 또는 NC 밀링 머신 등.

④ **리머와 가공물의 유지**……리머 또는 가공물의 플로팅 유지가 구멍의 확대를 방지하고, 다듬질면 거칠기의 향상에 효과적이다.

＊　　　　＊　　　　＊

CBN 리머의 장점을 중심으로 설명하였으나 CBN과 같은 신소재의 공구에는 아직 해결해야 할 문제가 남아 있다.

예컨대, 리머 가공 할 때 가공 구멍의 출입구가 해이해지는 경향이 있는 것과 또 되돌아오는 공정에서 리머를 빼낼 때 칩을 뜯어서 다듬질면에 홈을 내는 등 특히 칩 처리 문제에는 주의가 필요하다.

# 다이아몬드 리머의 절삭 성능과 사용 예

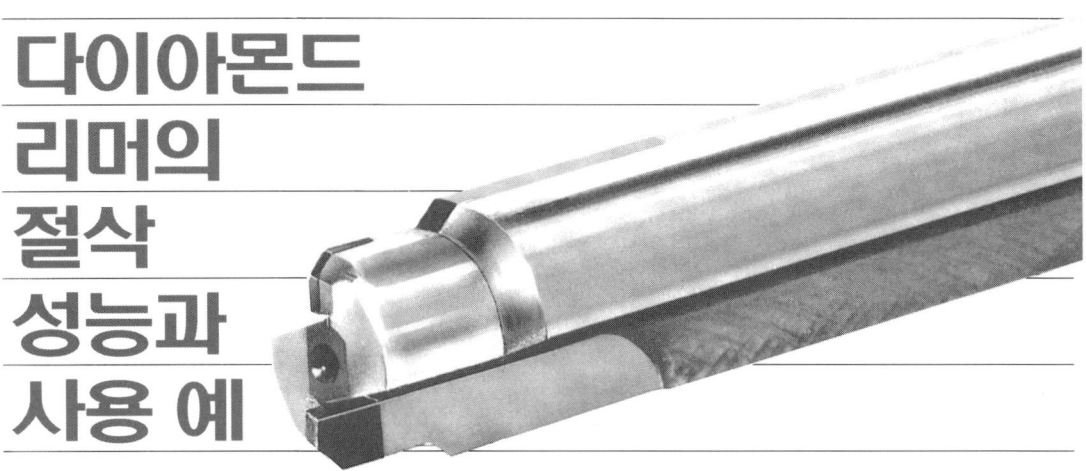

　다이아몬드 소결체의 출현으로, 비철 금속 및 비금속(각종 합성 수지, 탄소 등)의 절삭 가공에 있어서의 고성능화가 주목되고 있다.

　그리고 시멘트계 외벽재등의 건재 가공용 다인(多刃) 공구로서도, 그 내마모성이 라인 가동 효율의 향상에 크게 공헌하고 있다.

　이외에, 내마(耐摩) 공구로서 연삭, 절삭용의 센터, 레스트, 슈, 측정자 등 그 용도는 점차적으로 확대해 가고 있다.

　절삭 공구로서의 소결 다이아몬드의 최대의 이점은, 기존의 하이스, 초경 공구와 같은 조건으로 사용하면 수십배의 수명이 확보되고, 또 고속도로 사용할 수 있다는 것이다. 일반 절삭에서 높은 생산 효율을 얻을 수 있는 것도 포인트라고 할 수 있다.

　공구 형태는, 단일 절삭날 및 그의 총형(總形) 바이트부터, 정면 밀링 커터, 엔드 밀, 리머, 드릴, 기어 커터로 실용화가 진행되고 절삭 가공 전체를 차지하는 전환율의 증대는 큰 장점을 낳고 있다.

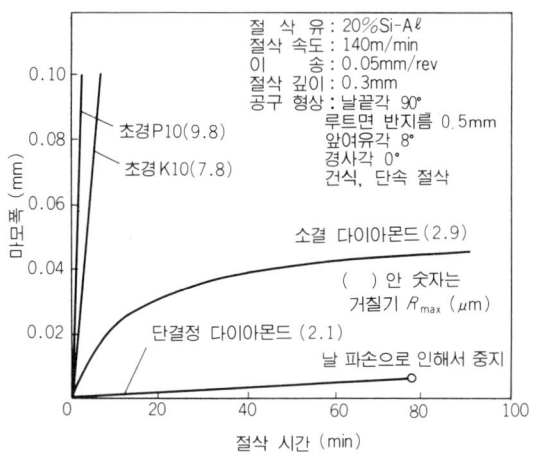

그림 1　4종 바이트의 마모와 표면 거칠기

## 1 내마모성

소결 다이아몬드의 우수한 내마모성은 다이아몬드의 고경도와, 개개의 다이아몬드 결정을 연결하고 있는 고착제와의 결합 강도 및 이 다이아몬드 소결체를 받는 초경 합금층의 항절력(抗折力)을 합친 혼성적인 성능이 만들어낸 특성이다.

고경도 특성은, 그의 예리한 날끝 유지 강도로 되고 연질 금속에 대한 높은 절삭 성능과 장수명을 낳고, 한편, Si 등에 대해서는 다이아몬드의 고경도와 전술한 혼성적인 특성이 강도를 발휘하고, 단속 절삭에도 우수한 절삭 성능을 발휘하고 있다.

그 결과, **그림 1**의 20% Si-Al 합금의 단속 바깥 지름 절삭 테스트에서 보는 바와 같이, 좋은 내마모성이 발휘되고 다인(多刃) 공구에도 충분한 효과를 기대할 수 있다.

## 2 가공 능률과 표면 거칠기

**그림 2**에 나타난 것같이, 고속 절삭에 있어서도 날끝의 마모량에 큰 차가 없다는 점에서는 안심해서 절삭 속도를 올려서 능률이 좋은 가공을 할 수 있다는 것을 나타내고 있다. 더욱이, 칩의 압착에 의한 구성 날끝의 발생이 적은 점에서도 안정된 가공 정밀도와 날끝 수명을 얻을 수 있다.

그리고 **그림 1**의 괄호 안의 수치는 다듬질면 거칠기를 $\mu m$ 단위로 나타내고 있으며 날끝의 내마모성이 좋은 거칠기를 장시간 유지할 수 있다는 것을 나타내고 있다.

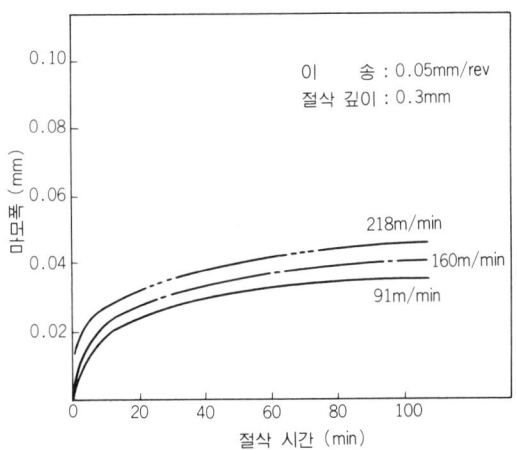

그림 2 절삭 속도의 차이가 마모폭에 미치는 영향

## 3 특성과 성능

알루미늄 합금의 드릴 나사내기 구멍 가공후의 다듬질 가공은 물론, 주물 구멍에서 부분적으로 두꺼운 곳의 최대 2.0 mm의 가공 여유의 다듬질 가공도 가능하다. 그리고 초경 리머와 비교한 경우, 특히 Si 함유량이 많은 알루미늄 합금에 대한 효과가 크다.

고속화, 자동화 속에서의 공구 수명이 가공 정밀도의 유지와 향상, 생산 효율의 향상에 중요한 의미를 갖는다는 것은 명백하다.

그래서 다음에 그것의 특성과 성능을 말하고자 한다.

### (1) 절삭성과 수명

**그림 3**에 나타나는 가공 예는, 알루미늄 다이캐스트 부품 가공에 있어서 가공 구멍 안지름 정밀도의 추이(推移)를 표시하는 것이다.

2개 날, $\phi 9.2^{+0.015}_{+0.012}$의 소결 다이아몬드 리머를 사용해서, 드릴 나사내기 구멍에서부터 가공 여유 $\phi 0.5$ mm의 가공에서, 절삭날 바깥 지름 마모는 15만의 구멍 가공후에 불과 3.6 $\mu$m였다. 그 사이에, 가공 구멍 치수 정밀도, 진원도, 다듬질면 거칠기 등도 상당히 안정된 가공 성능을 나타내고 있다.

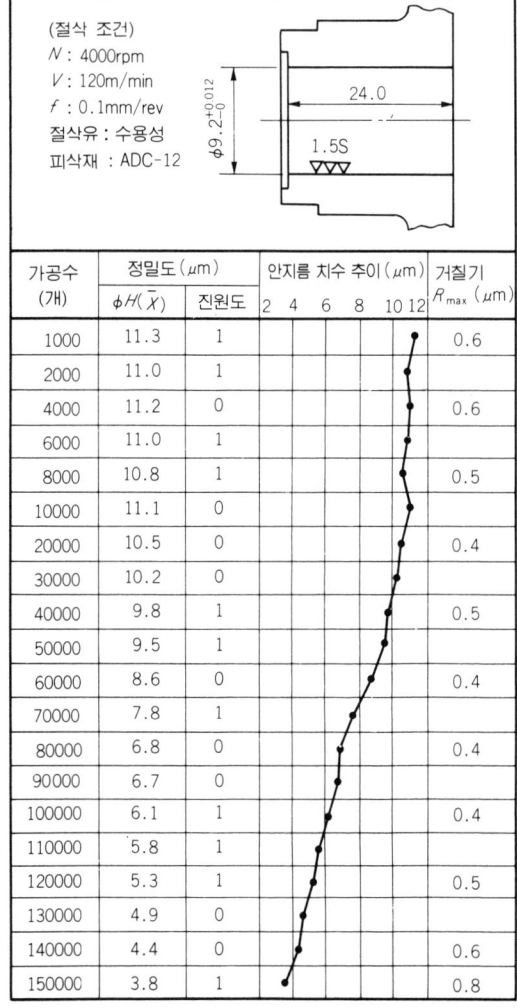

그림 3 피삭물 구멍 안지름 치수의 변화

### (2) 다듬질면 거칠기

초경 리머로 좋은 표면 거칠기를 얻으려고 할 경우에는, 버니싱 효과에 중점을 둔 버니싱 리머가 사용되지만, 가공중의 다량의 발열에 의해서 가공물에 변형이 생기는 경우가 있다.

소결 다이아몬드 리머는, 절삭 잔류가 거의 없는 우수한 절삭성과 바깥 지름의 절삭날 길이가 짧으므로 인해서 발열이 적고 가공면이 조성 변화하거나 표면 경화층을 만드는 일도 없어서 좋은 다듬질면을 얻을 수 있다.

기계 조건에도 영향을 받지만 적정 형상에서 제작하면 $0.5\sim3\,\mathrm{S}\,(R_{max})$ 정도의 표면 거칠기를 얻는 것이 가능하다. 그리고 리머 가공되는 안지름 벽면에 가로 구멍이나 홈 등이 있는 경우는, 초경 리머로는 그 주변에 홈집이나 뜯김이 발생하는 일이 있으나 이 점에서도 소결 다이아몬드 리머의 절삭성이 좋은 점이 발휘되고 매끄럽게 다듬질할 수 있다.

### (3) 절삭 조건

기존 공구 재질 리머의 절삭 조건과 기본적으로는 동일해서 충분히 효과를 발휘한다.

일반적으로 사용되는 $10\sim40\,\mathrm{m/min}$의 절삭 속도 범위는 물론 트랜스퍼 머신, 머시닝 센터 등으로 $70\sim300\,\mathrm{m/min}$의 고속 절삭을 해도 수명, 다듬질면에서도 좋은 결과를 얻을 수 있다.

절삭 유제는 수용성이 바람직하고 주로 날끝의 냉각과 칩 배출 효과에 중점을 두고 공급법과 공급량을 충분히 고려하는 것이 중요하다. 액의 종류에 의한 영향은 크지 않다.

### (4) 공구 설계

소결 다이아몬드 리머와 기존 공구 재료 리머와의 설계상의 큰 차이는, 소결 다이아몬드 소재의 구조, 형상이 특수하여 한정된 형태인 것에 의한다.

즉, 초경 베이스 플레이트 위에 동시 소결된 $0.5\sim0.8\,\mathrm{mm}$ 정도의 얇은 다이아몬드층을 섕크에 납땜할 필요가 있다. 이 때문에 작은지름 리머에는 필연적으로 치수에 한도가 있으며 또 비틀림홈에 의한 경사면이 3차원 곡면의 형성에도 자연스럽게 한계가 나오게 된다.

따라서, 보통은 곧은날, 스트레이트홈이 설계의 기본이 된다.

① **날수**……보통 2~4개 날이지만 큰지름 리머에서는 6개 날의 제작도 가능하다. 일반적으로 전체 절삭날이 동시에 절삭을 하는 리머 등에서는 날수가 늘어서 한 날마다의 절삭량이 작게 돼도 절삭 저항은 감소되지 않으며 오히려 전체의 절삭 저항은 증대하는 경향이 있다.

소결 다이아몬드 리머에서는, 절삭성이 좋기 때문에 날수를 초경의 1/2~1/4로 줄여도 고정밀도로 다듬질 되는 것이 실증되고 있다. 그리고 고가인 소재이기 때문에, 코스트면에 있어서도 날수는 최소한으로 억제하는 것이 유리하다.

② **형상**……다이아몬드 소재의 평면 형상에 의해서, 원칙적으로는 곧은 날 리머가 기준이다. 날수가 초경 리머보다 작기 때문에, 토털 디자인은 단순한 형상이 되고, 그 만큼 칩

의 배출도 원활하게 된다. 심공 가공등에서 칩 배출에 문제가 있을 때는, 스파이럴 홈붙이 섕크 형상으로 한다. 날끝 형상(챔퍼각, 마진, 경사각, 여유각)에는 고유의 형상이 있고, 초경 리머와는 다른 설계로 되어 있다.

그림 4(a)~(d)는 대표적 섕크의 다이아몬드 리머의 형상 예이다.

그림 4(a)는 비교적 경절삭에서, 기계의 중심 흔들림이나 가공물 고정 방법에 문제가 없는 경우에 사용되는 것이다. (b)는 가이드 부시의 사용을 필요로 하는 경우에 섕크에 파일럿부(스파이럴 홈붙이)를 설치한 형, (c)는 심공 밀링에 있어서 가이드 패드(초경)를 붙여, 작은팁(절삭날)의 불리한 것을 패드에 의해서 커버하는 형이다. 그리고 (d)는 모떼기날붙이 리머이다.

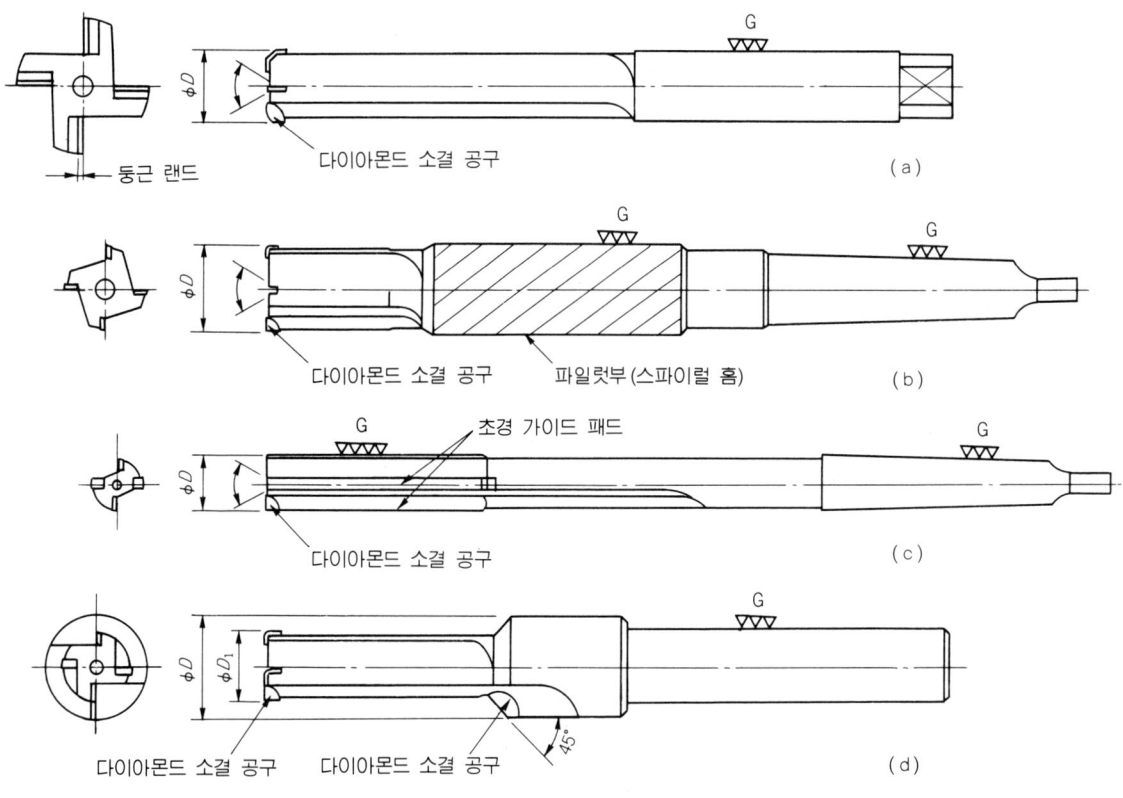

그림 4 소결 다이아몬드 리머의 형상 예

③ **치수**……소결 다이아몬드 리머의 지름 치수의 설정은, 초경 리머와는 다르게 되어 있다. 초경 리머에서는, 보통 마무리 구멍 지름보다 3 $\mu$m 전후 마이너스 치수로 설정되지만 소결 다이아몬드에서는, 구성날이 전연 발생하지 않는다. 스프링백이 발생하는 이유에서, 반대로 한계 상한 플러스 알파 치수로 설정한다.

이것은, 가공물의 재질, 구멍의 형상, 절삭 여유, 기계 정밀도, 절삭유 등의 여러 조건을 고려해서 결정하고 있다.

표 1에 소결 다이아몬드 리머의 사용 실례를 나타낸다.

표 1 소결 다이아몬드 리머의 사용 실례

| 사용예 ① | 재 질 | AC 8 B-T 6 |
|---|---|---|
| | 가공 치수 | $\phi 16^{+0.015}_{0} - \ell 18$, $\phi 15^{+0.010}_{0} - \ell 42$, $\phi 12^{+0.010}_{0} - \ell 15$, 3단 구멍 동시 가공<br>절삭 길이 76 mm |
| | 공구 시방 | 4개날, $\phi 16$, $\phi 15$, $\phi 12$<br>3단 스텝 리머 |
| | 기계 조건 | 트랜스퍼 머신 2000 rpm(74~100 m/min)<br>이  송 : 70 m/min<br>절삭 여유 : 0.3 mm/$\phi$ |
| | 결 과 | 소결 다이아몬드 : 32000 보어(0.6 S)<br>  재연삭 : 2회<br>  96000 보어/토털<br>초  경 : 1500 보어(1.0 S)<br>  재연삭 : 6회<br>  10500 보어/토털 |
| 사용예 ② | 재 질 | AC 4 A |
| | 가공 치수 | $\phi 12$ H7×14(깊이) 코어 구멍 |
| | 공구 시방 | $\phi 12^{+0.023}_{+0.017}$×2개날<br>$\phi 13.5$×45°(모떼기)×2개날 |
| | 기계 조건 | 트랜스퍼 머신 1200 rpm(40 m/min)<br>이  송 : 0.1 mm/rev(습식)<br>절삭 여유 : 0.5 mm/$\phi$ |
| | 결 과 | 소결 다이아몬드 : 16만 보어(H7 다듬질)(3 S)<br>초  경 : 3000 보어(H7 다듬질) |

# 4 사용상의 주의점

표 2에 정밀도 불량(진원도, 원통도, 표면 거칠기, 구멍의 축소·확대)의 요인을 들었다.

이 중에서, 중심 흔들림이나 강성 불량에 의한 진동은, 절삭성이 좋은 날끝이 그들의 거동을 충실히 이행해서 구멍 안벽에 전사해 버린다. 그리고 툴 홀더의 정밀도와 강성 및 리머의 고정 정밀도에도 충분히 주의할 필요가 있다.

## (1) 취급상의 주의

적절한 조건밑에서 고성능을 발휘하는 반면, 조심성 없이 취급하는 데는 의외로 부서지기 쉬운 약점도 같이 갖고 있다.

표 2 다듬질 구멍 정밀도의 불량 요인

| | | 진원도 | 원통도 | 표면거칠기 | 구멍의 축소 | 구멍의 확대 |
|---|---|---|---|---|---|---|
| 피삭재 | 외곽 형상 | ○ | ○ | | ○ | |
| | 고정 방법 | ○ | ○ | | | |
| | 재질 | | ○ | | ○ | |
| | 단속 절삭 | ○ | ○ | ○ | | |
| | 나사내기 구멍의 구부러짐 | | ○ | | | |
| | 나사내기 구멍 편차 | ○ | | | | |
| | 절삭 여유 | | ○ | | ○ | |
| 기 계 | 가공 조건 | ○ | | | | |
| | 회전수 | | | | | |
| | 이송 속도 | ○ | | ○ | | |
| | 절삭유량 | | ○ | ○ | ○ | |
| | 절삭유 주유법 | | ○ | ○ | | |
| | 부시 편차 | ○ | | | | |
| | 공구 고정 정밀도 | ○ | | | | |
| | 회전 정밀도 | ○ | | | | ○ |
| | 강성 | ○ | | | ○ | |
| 공 구 | 구성 날끝 | | | | ○ | ○ |
| | 칩의 배출 | | | | ○ | ○ |
| | 섕크 강성 | ○ | | | | ○ |
| | 절삭날 여유각 | | | ○ | | |
| | 절삭날 절삭성 | | ○ | | | ○ |
| | 절삭날 각도 | | ○ | ○ | ○ | |
| | 절삭날이 안 갖추어지다 | ○ | | | | |
| | 둥근 랜드 폭 | | | | ○ | |
| | 바깥 지름의 흔들림 | ○ | | | | ○ |
| | 백 테이퍼 | | | ○ | ○ | |
| | 불 량 요 인 | 진원도 | 원통도 | 표면거칠기 | 구멍의 축소 | 구멍의 확대 |

① **공구 정지 상태에서 날끝에 충격을 주지 말 것**……예컨대, 기계에 착탈할 때는 날끝에 비닐 튜브를 씌운다. 혹은 측정자 등을 조심성 없이 대지 않는다는 등의 주의도 필요하다.

② **진동에 대한 처치**……기계의 진동은 다듬질 정밀도 뿐만 아니라, 날끝 보호 측면에서도 방지할 필요가 있다. 또 가공물의 파들기, 빼낼 때의 치핑 방지를 위해서 조정과 조작을 하여야 할 것이다.

### (2) 제작에 있어서 필요한 정보

마지막으로, 요구를 채우기 위한 설계에 있어서 필요한 사항을 들어 놓았다.

① **현용(現用) 리머도(圖)**……처킹부 등의 형상

② **다듬질 공차**……현용 리머 지름과 다듬질 공차에 의한 경향의 파악(리머 바깥 지름 다듬질 치수의 설정)

③ **나사내기 구멍 형상과 치수**……절삭 여유에 대한 챔퍼각, 여유각 등의 설정

④ **가공 형상**……가공 구멍 중간의 가로 구멍, 홈 등의 불균일한 절삭부의 유무, 관통 구멍, 멈춤 구멍 등의 상황 확인(사용 팁의 형상, 수, 섕크 형상의 설계)

⑤ **부시의 유무와 위치**……섕크의 형상 결정

⑥ **현용 리머의 문제점과 개선 목적**……수명, 정밀도(진원도, 원통도, 치수 정밀도, 거칠기 등)

●고정밀도 · 고품질의 테이퍼 구멍 가공이란 이것이다●

# 초경 팁붙이 한개 날 테이퍼 리머

테이퍼는 기계 공업, 자동차 공업 그리고 밸브류에 있어서 중요한 결합의 요소이다. 따라서, 그것의 가공 기술에 있어서도 자주 문제가 되는 과제이다.

테이퍼에 의한 결합을 사용해서, 단속(斷續)이 아닌 큰힘의 전달을 하지 않으면 안 되는 경우에는, 테이퍼 구멍에 대해서 다음과 같은 것이 요구된다.

① **최고의 테이퍼(경사각) 정밀도**······자동차 공업에 있어서의 테이퍼(서스펜션 및 스티어링)로 1:8에서 1:10까지는 편차 3~5 $\mu$m가 허용되고 있다.

이것은, 예컨대 테이퍼의 길이 20 mm에서 지름에 있어서의 편차는 H5의 범위가 된다.

② **표면 거칠기와 진원도**······이것은 가장 중요한 점이다. 그리고 그의 요구는 서스펜션의 테이퍼 부분에서는, 표면 거칠기 $R_t \leq 6.3 \mu$m 진원도는 $T_k \leq 5 \mu$m이다.

현재의 테이퍼 구멍 가공, 더욱이 고품질의 요구에 관해서는 이제까지 사용되어 온 하이스제 테이퍼 리머로 달성하는 것이 고작이었다.

## ▼ 하이스 테이퍼 리머의 문제점

종래의 다듬질용 리머는, 거친 가공용 리머와 같이 심한 비틀림(스파이럴 홈) 4개 날 테이퍼 리머, 또는 곧은날(홈) 2개 날로, 테이퍼 각도에 맞추어서 연삭 다듬질 되고 있다. 그래서 거친 연삭의 마진부의 폭은 0.2~0.4 mm(이 폭이 공구 수명에 관계가 있다). 2번 연삭의 모떼기폭은 약 0.5~1.0 mm이다.

이와 같은 리머를 사용해서 다듬질 가공하는 예를 다음과 같이 설정한다.

절삭 속도 : 4~5 m/min, 이송 : 0.4~0.5 mm/rev, 절삭 깊이 : 0.1 mm, 절삭 유제 : 에멀션(1 : 20)

다듬질 리머 가공의 특징은, 절삭 속도가 낮고, 1회전마다의 이송이 비교적 큰것이다. 그래서 테이퍼는 평탄하기 때문에 보통 두께의 칩이 생기고, 폭이 넓은 칩이 생긴다.

이와 같이 큰칩의 폭과 절삭 속도에서는 균열의 조기 발생이 많은데, 이렇게 되어서는 좋은 표면 거칠기를 얻을 수 없다.

테이퍼 구멍의 전술한 가공으로는, 1회의 재연삭마다 약 300~350개의 구멍이 가공되었으나 그 편차는 수명 개수로 50~500 구멍이었다. 이와 같은 것은, 예컨대 트랜스퍼 머신으로 자동차 부품을 가공하는 다량 생산에서는 특히 약점으로 된다.

이러한 문제점은 종래의 형상, 결국 다수의 절삭날을 갖는 테이퍼 리머의 특수한 구조에 관계가 있다.

리머는, 보링 바이트와 달라서 그 자체가 구멍 속에 안내되고 거기서 절삭날은 2개의 문제를 맡게 된다. 그 하나는 절삭하는 것, 또 하나는 구멍 속에 리머를 안내하는 것이다.

최량의 절삭날에는 어느 크기의 여유각이 필요하고 그리고 최량의 안내에는, 가급적 폭이 넓은 둥근 연삭의 마진부를 바란다는 것을 알 수 있다. 이 2개를 동시에 만족시키는 데는 마진폭의 타협점을 찾을 필요가 있다.

실제의 현장에서, 테이퍼 리머의 사용에 있어서 이와 같은 문제점을 뒤쫓는 데는 표면 거칠기나 구멍 형상이라고 하는 어려운 문제가 있기 때문에, 우선 마진폭을 여러 가지로 변경해 보는 방법을 취하는 일이 있다. 그러나 이 마진폭은, 가공 품질의 편차에 더해서 공구 수명의 편차에도 큰 영향력을 갖고 있다.

이와 같은 것으로 해서 작업을 개선하기 위해서는 다음과 같은 것을 생각할 수 있다.

① 될 수 있는 한 수명의 편차가 없는 것을 사용하고, 빈번한 공구 교환에 의해서 발생하는 기계 정지 시간을 적게 할 것.
② 수명 기간중에 표면 거칠기의 허용값을 넘지 않는 것. 가령 이와 같은 트러블이 있어도 하나 하나의 구멍을 검사하는 것은 불가능하다.
③ 절삭날은 될 수 있는 대로 스로어웨이화해서 재연삭을 필요없게 할 것.
④ 덕트 타임(가공 시간)의 단축은 절삭 속도의 상승, 또는 1회전마다의 이송의 증가에 따라 실시한다.

## ▼ 초경 한개 날 테이퍼 리머

테이퍼 리머의 성능을 향상시키기 위한 생각으로 구멍 속에 있어서의 리머의 안내와 절삭은, 2개의 다른 부품에 분담시키는 것이 좋다고 생각한다. 이렇게 함으로써 절삭은 절삭, 안내는 안내대로 개개의 문제를 가장 좋게 조정할 수 있다.

여기에, 이런 생각에서 개발된 한개 날의 테이퍼 리머를 소개한다(**사진 1**).

그 특징은 다음과 같다.

① 절삭날은 2개의 날끝을 갖는 초경 스로어웨이 팁으로, 정밀 조정 기구를 갖는 부품 위에서 틈새에 끼워 넣어져 있다. 그리고 체결조로 쥔다.
② 본체의 외주에는 2개의 안내편(슈)이 있는데 하나는 절삭날의 반대쪽에, 또 하나는 절삭날의 약 40° 쪽에 있다.
③ 팁 포켓은 다인 리머에 비해서 넓기 때문에, 칩 막힘을 해소할 수 있다.

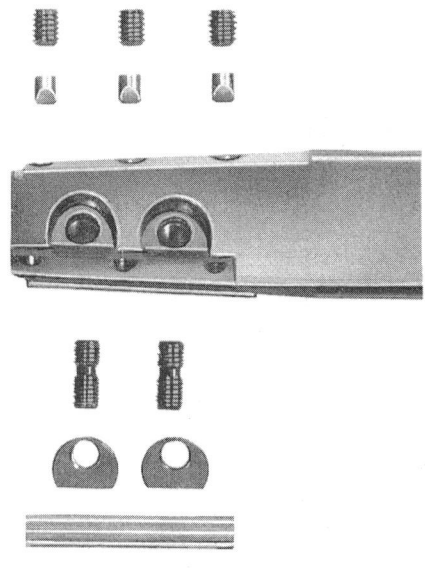

사진 1  초경 테이퍼 리머의 구성 부품

잠시 보면, 이 테이퍼 리머는 원통 구멍 가공용의 한개 날 리머와 아주 유사하다. 실제에도 조정과 체결용 부품은 아주 같은 것으로, 다른 것은 치수 조정이 3개소 있는 것과, 체결조가 2개 있는 것이 있다(**사진 2**).

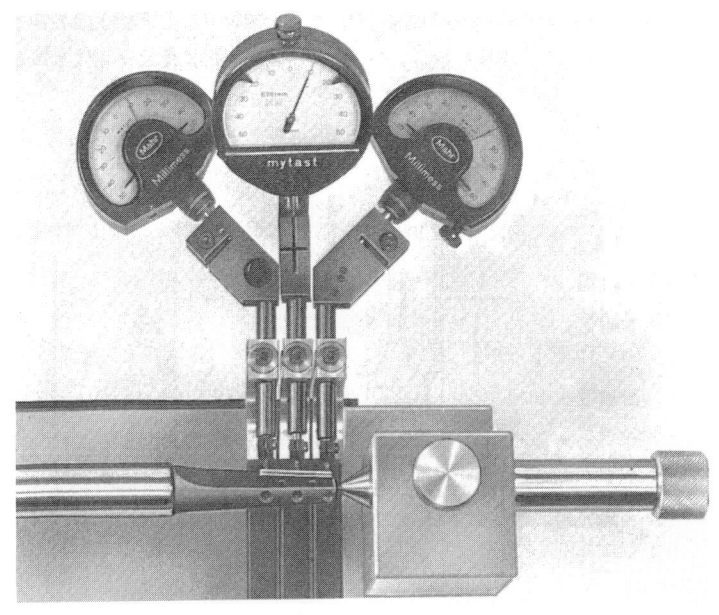

사진 2  테이퍼 리머의 조정

이와 같은 차이는, 테이퍼 리머에서는 절삭날의 물림이 긴것과, 반지름 방향의 작용력이 큰것에 의한다.

실험의 결과로는, 이 반지름 방향의 힘은 대단히 크고, 조정 부품이 절삭날의 양단에 1개씩(합계 2개)으로는 팁이 약 0.05 mm 구부러져서 구멍 형상의 흐트러짐의 원인이 되고 만다.

그리고 2개의 체결용 조는 팁의 가장 안정된 자세를 보증하고, 가공중의 절삭날의 기울기, 어긋나기 등이 발생하지 않도록 하고 있다. 더욱이, 강한 체결력에 의해서 조정 쐐기와 조정 나사 사이에 있는 헐거움이나 나사의 틈새도 없어진다.

이 리머와 종래의 다인 리머에 의한 가공을 비교한 경우, 코스트 면에서는 한 구멍마다 50%의 절약이 되고 구멍 뚫기 개수도 350가 800개로 된 예도 있다.

여기서 특히 중요한 것은, 절삭날 수명의 편차가 없어서 일정하게 800개의 가공을 할 수 있다는 것이다. 따라서 공구 교환으로 인한 기계 정지없이 1교대 시간을 가동할 수 있게 되었다.

그리고 가공 시간의 감소도 장점이 되는데, 이 경우에는 이송 속도를 2배 이상(절삭 속도 5 m/min, 이송 1.2 mm/rev)으로 하고 있다.

# 리머의 수정

리머의 종류는, 가공 구멍의 형상·치수, 리머의 형태, 용도 등에 따라 다종 다양하지만, 이것들 중에서 범용적인 것은 JIS 또는 TAS(일본 공구 공업회 규격)에 규정되어 있고, 표준 리머로서 시판되고 있다.

물론, 이들의 표준 리머는 그대로 사용되지만 리머의 경사각, 챔퍼부의 형상·치수 등을 수정함으로써 보다 효과적인 리머 가공을 할 수 있다.

## ◀◀ 챔퍼부의 수정 ▶▶

### (1) 챔퍼각

리머의 절삭 과정은, 회전하는 동시에 가공 구멍의 축방향으로 직선 이송이 주어지므로서 절삭을 하는 것은 드릴과 같으나 날수가 많고, 이것들의 요소가 가공 정밀도를 좋게 하는 데도 도움이 되고 있다.

리머의 절삭 작용은 챔퍼부에서 실시하기 때문에 그 형상과 챔퍼각의 크기는 중요하다. **그림 1**에 표시 된 것같이 절삭 여유 및 한개 날마다의 이송이 일정해도, 챔퍼각 $\psi$이 다르면 절삭 두께 $h$, 폭 $b$가 변화된다. 즉, 챔퍼각이 큰 경우는 칩의 두께가 두껍게 되고, 작게 되면 칩의 두께는 얇게 된다.

일반적으로, 챔퍼각이 작은 경우에는 리머의 직진성이 좋게 되고, 확대 여유가 감소하며, 마진부의 버니시 작용이 증대해서 구멍의 정밀도가 향상된다.

그러나 결점으로서, 칩의 폭이 넓게 돼서 연성재의 경우는 칩 처리가 어렵게 된다.

그리고 절삭 두께가 얇게 될수록 절삭 저항에서 차지하는 배분력의 비율이 크게 되기 때문에, 절삭면의 탄성 변형도 크게 되고 더욱이 피삭성이 나쁜 재료에서는, 절삭 저항이 과대하게 되어 채터링등을 유발하게 되는데, 이로 인해 오히려 가공 정밀도를 악화시키는 원인이 된다.

# 리머의 수정

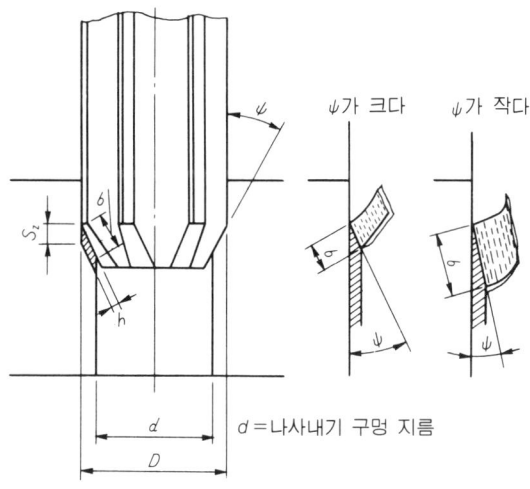

그림 1 챔퍼각 $\psi$과 칩 형태

| | | |
|---|---|---|
| (a) | 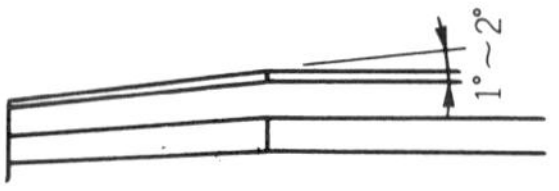 | 핸드 리머, 조버스 리머(머신 리머)에 적용되고 있는 것으로 다듬질용에 사용하는 형상 |
| (b) | 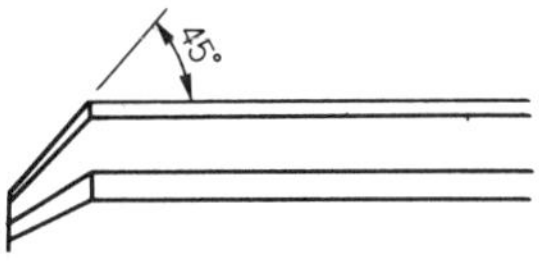 | 머신 리머, 처킹 리머 셸 리머 등의 기계용 리머에 사용하는 형상 |
| (c) | 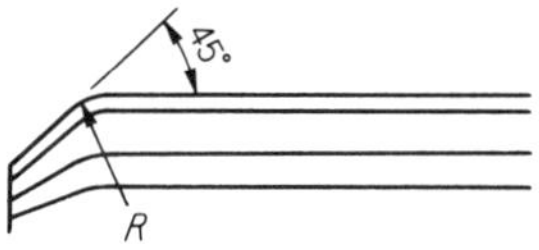 | (b)의 단소인 코너 마모나 다듬질면에 대한 줄음을 방지하기 위해서 절삭날에 $R$를 붙인 형상 |
| (d) | 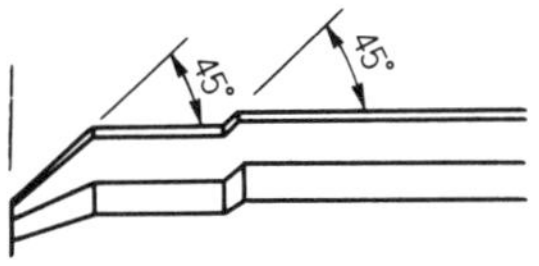 | 리머 여유를 2단으로 분할한 것으로, 절삭 성능이 좋고 다듬질용에 사용하는 형상 |
| (e) | 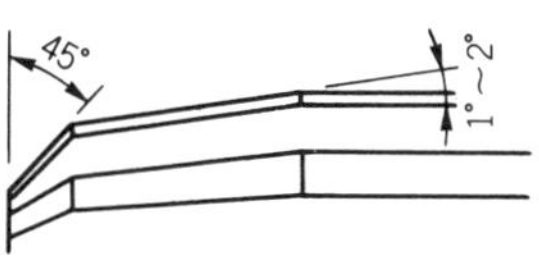 | 챔퍼각 45°부에 거친 가공을, 1~2°부에 다듬질 가공을 한다. 다듬질용에 사용하는 형상 |
| (f) | 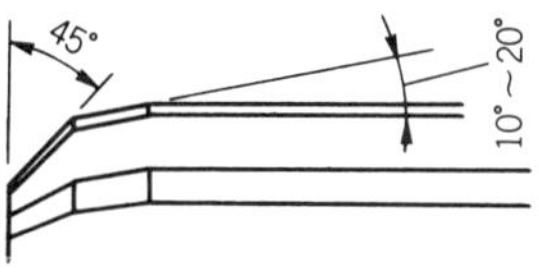 | (c)와 같은 목적으로, $R$ 대신에 모떼기를 한 형상의 것. 재연삭도 용이하고, 다듬질용에도 적합하며, 응용 범위가 넓은 형상 |

그림 2 챔퍼부의 형상

챔퍼각이 클 경우는, 작은 경우의 반대 현상을 나타내는 것 외에 챔퍼각 부분의 코너 마모가 빠르게 되고 파손을 일으키기 쉽게 된다.

이들의 결점을 보충하는 수단으로 다음과 같은 챔퍼부의 수정이 실시된다.

### (2) 챔퍼부의 형상

**그림 2**는 챔퍼부의 형상 예로서, (a)와 (b)는 표준 리머를 나타내고, (b)의 기계용 리머는 사용 목적에 따라 (c)~(f)에 수정이 실시된다.

(c)는 처킹 리머의 코너를 원호 $R$에 수정하는 것으로, 코너 $R$를 붙이므로서 다듬질면의 거칠기가 향상되고, 더욱이 경사각을 붙이면 한층 다듬질면이 좋게 된다.

(d)는 챔퍼부를 2단으로 나누어서, 선단의 제1 주절삭날로 거친 가공을 하고, 리머 여유가 작은 제2 주절삭날로 다듬질 가공을 하는 것으로, 칩 분단 효과는 크나 제2 주절삭날의 재연삭이 곤란하다.

(e)와 (f)는 (b)에 제2 주절삭날을 추가한 것이고, 특히 초경 리머는 치핑, 날 파손이 일어나기 쉽기 때문에 (f)가 바람직하다고 할 수 있다.

**그림 3**은 처킹 리머의 챔퍼부의 액셜 레이크각(축방향 경사각)을 약 $-20°$로 하고, 이것과 여유면에 의해서 제2 주절삭날을 형성한 것으로, **그림 2**의 (e)와 같은 효과를 겨냥한 것이라고 생각된다.

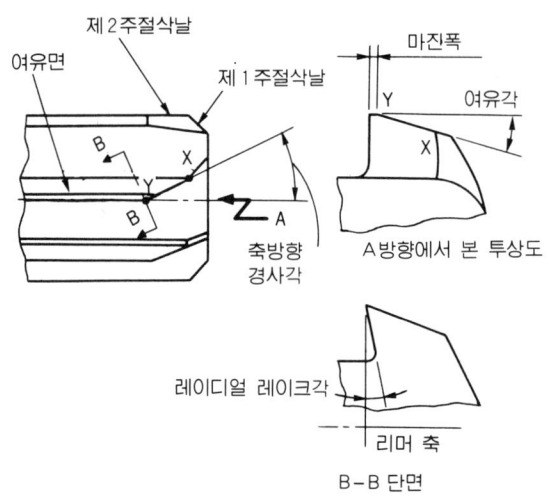

그림 3 펠러 리머의 형상

이 리머는 펠러 리머라고 불리고, 표준 리머보다 날수를 적게 해서, 높은 이송에 의해 증대하는 절삭 저항에도 견딜 수 있도록 충분한 강성을 갖고 있다. 그러나 축방향 경사각이 마이너스이기 때문에 칩은 리머의 선단 방향으로 배출되어, 관통 구멍에만 적용된다.

**표 1**은 펠러 리머의 실험 결과를 나타낸 것이다. 강의 가공에서는 대부분 같은 다듬질면 거칠기에 대해서, 펠러 리머는 표준 리머의 약 10배의 높은 이송이 가능하게 되어 있다.

표 1 펠러 리머의 가공 구멍 정밀도

| 사용 기계 | 피삭재 | 리 머 | 리머 회전수 (rpm) | 이 송 량 (mm/rev) | 이송 속도 (mm/min) | 다듬질면 거칠기 (Ra μm) | 확대 여유 (μm) |
|---|---|---|---|---|---|---|---|
| 레이디얼 드릴링 머신 | En 3A | 펠러 리머 | 109 | 1.80 | 196 | 15~25 | − 2.5 |
| | En 3A | 표준 리머 | 223 | 0.18 | 41 | 20~40 | + 2.5 |
| | En 3A | 표준 리머 | 109 | 1.80 | 196 | 200~250 | +17.8 |
| | 링 청 동 | 펠러 리머 | 1060 | 1.80 | 1905 | 10> | − 2.5 |
| 선 반 | B.D.M.S | 표준 리머 | 80 | 수동 이송 약 3.1 | 254 | 100~150 | +15.2 |
| | B.D.M.S | 펠러 리머 | 80 | 수동 이송 약 3.1 | 254 | 20~25 | − 5.1 |
| | 황 동 | 표준 리머 | 356 | 수동 이송 약 1.4 | 508 | 30~50 | +10.2 |
| | 황 동 | 펠러 리머 | 356 | 수동 이송 약 1.4 | 508 | 20~40 | − 2.5 |

그러나 표준 리머를 이 형식으로 수정하는 경우는, 될 수 있는 대로 챔퍼부의 홈을 깊게 해서 칩 막힘을 일으키지 않도록 한다.

### (3) 특수한 챔퍼부 형상

표준 리머의 챔퍼부의 형상을 그저 잠깐 수정 연삭함으로서, 특수한 형상을 가공하는데 사용할 수 있다.

그것들의 예를 다음에 나타낸다.

① **가공물의 단붙이 구멍을 동시에 가공하는 경우**……그림 4와 같이 큰지름과 작은지름의 차이가 너무 크지 않은 경우에, 리머의 외주를 단붙이 수정 연삭한다.

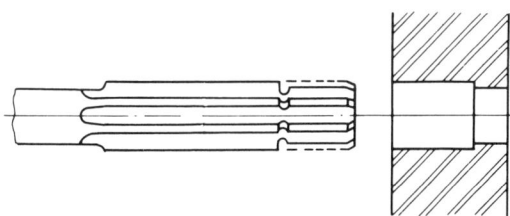

그림 4 단붙이 구멍의 가공

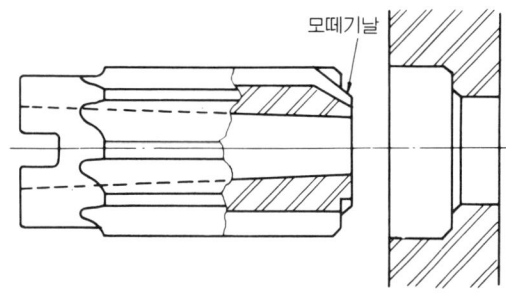

그림 5 작은지름 모떼기 가공

② **큰지름 다듬질과 작은지름 구멍의 모떼기를 동시에 하는 경우**……그림 5와 같이 챔퍼부를 개량해서 모떼기날을 설치한다. 이 경우, 모떼기날은 2개 있으면 충분하다.

③ **멈춤 구멍의 밑면도 동시에 다듬질하는 경우**……그림 6과 같이 리머의 센터 구멍을 제거하고, 단면과 상대되는 2개 날에 절삭날을 설치한다.

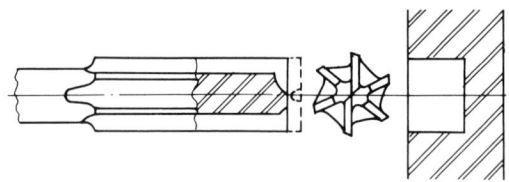

그림 6  스폿 페이싱 가공

④ **원통 구멍과 연속된 테이퍼 구멍을 가공하는 경우**……그림 7과 같이 챔퍼각을 테이퍼의 경사각에 맞춘다. 이 경우, 경사각이 크면 날홈이 얕아지고 칩 막힘을 일으키기 때문에 리머의 홈밑에도 경사각을 붙인다.

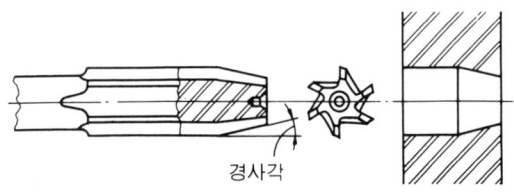

그림 7  테이퍼붙이의 가공

## ◀◀ 경사각의 수정 ▶▶

리머의 경사각이 크게 되면 확대 여유가 크게 되고 다듬질면 거칠기도 좋게 되는 경향이 있다. 피삭재별의 표준 경사각은 주철 : 3~5°, 연강 : 10~15°, 경강 : 5~10°, 청동 : -5~0°, 황동 : -5~0°이다.

표준 리머의 경사각은 보통 0°지만 경사각의 수정은, 홈 연삭의 요령으로 하며 그렇게 곤란하지는 않으므로 피삭재에 맞추어서 최적한 각도로 연삭해서 사용하면 좋을 것이다.

특히, 거친 가공용 리머는 경사각을 조금 크게 잡아서, 절삭성이 좋은 것을 사용하도록 하자(150페이지 "경사면의 재연삭" 참조).

## ◀◀ 마진폭의 수정 ▶▶

리머 가공에서는, 절삭 작용은 대부분 챔퍼부의 절삭날로 하고, 마진부에서 버니시 작용이 행해져서 가공면 거칠기가 향상된다. 이것들의 작용 상태는 **그림 8**과 같이 절삭 토크의 크기에 따라서도 분명하고 절삭 토크에 비해서 버니시 토크의 크기는 무시할 수 없다.

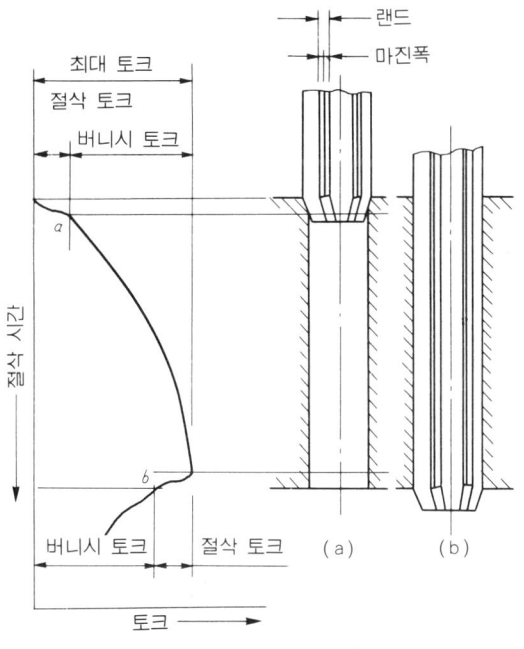

그림 8  절삭 토크 선도

(a)는, 리머의 챔퍼부 전체가 나사내기 구멍 속에 파들어간 상태를 표시한다. 그 후, 리머의 이송에 따라 버니시 작용이 행해지기 때문에 버니시 토크가 발생하고, 최대 토크까지 증대한다.

(b)는, 리머의 코너가 가공면의 아랫면을 빠지는 상태를 표시하고 있다. 이 때는, 절삭 토크는 없어져 있으나, 버니시 토크가 아직 남아 있다.

마진폭이 너무 크면, 마찰력에 의한 용착이나 버니시 토크의 증대에 의해서 오히려 다듬질면 거칠기를 나쁘게 할 뿐만 아니라 리머의 날 파손이나 절손의 원인으로도 된다.

일반적으로, 피삭재의 연성이 큰 스테인리스강, 알루미늄 합금 등의 리머 가공에서는 **표 2**의 표준 리머의 마진폭보다도 작게 되도록 수정해서 사용한다.

표 2  표준 마진폭

| 지름의 범위 (mm) | 마진폭 (mm) |
|---|---|
| 1.6 이하 | ~0.10 |
| 1.6을 넘어  4  이하 | 0.10~0.12 |
| 4를 넘어  10  이하 | 0.12~0.16 |
| 10을 넘어  16  이하 | 0.16~0.20 |
| 16을 넘어  40  이하 | 0.20~0.25 |
| 40을 넘어  100  이하 | 0.25~0.32 |

## ◀◀ 수정 연삭 조건 ▶▶

연삭 조건은 리머의 연삭 개소, 리머의 재료, 연삭기 등에 따라 가장 적당한 것을 선택해야 한다. **표 3**은 하이스 리머, **표 4**는 초경 리머를 연삭할 때 사용하는 숫돌의 선택 표준이다.

표 3 하이스 리머 연삭의 숫돌 선택 기준

| 연삭 개소 | 숫돌 형상 | 연삭 숫돌 | | |
|---|---|---|---|---|
| | | 숫돌 입자 | 입도(粒度) | 결 합 도 |
| 여 유 면 | 평형·컵형 | WA | 60~80 | K |
| 경 사 면 | 접 시 형 | WA | 60~80 | K |
| 외 주 면 | 평 형 | WA | 60 | J-K |

표 4 초경 리머 연삭의 숫돌 선택 기준

| 다듬질 정밀도 | 연삭 숫돌 | | 주 속 도 m/min | 절삭 깊이 mm | 이송 속도 m/min |
|---|---|---|---|---|---|
| | 숫돌 입자 | 입 도 | | | |
| 거 친 연 삭 | D | 120 | 1300 ~1800 | 0.020 이하 | 10~15 |
| 다 듬 질 연 삭 | D | 160~250 | | 0.005 이하 | 3~10 |

연삭 숫돌의 주속도는 일반적으로 1400~2000 m/min, 절삭 깊이는 거친 연삭으로 0.015~0.040 mm, 다듬질 연삭으로 0.005~0.010 mm 정도이다.

# 리머의 재연삭

## ▶ 리머의 손상 형태

리머 가공은, 구멍 정밀도와 다듬질면 거칠기를 좋게 하기 위해서 실시되는 최종 다듬질 가공이며 비교적 경절삭 가공이라 할 수 있다. 따라서, 리머의 손상 형태도 코너의 여유면 마모가 가장 크고 크레이터 마모나 마진부의 마모는 거의 문제가 되지 않는 정도이다. 그리고 치핑이나 날 파손이 생기는 일도 드물다.

## ▶ 리머의 재연삭 시기

리머의 절삭날의 마모량이 크게 되면, 리머 가공의 목적인 구멍의 정밀도를 얻지 못할 뿐만 아니라, 치핑이나 날 파손을 일으키게 하거나 파손되어 사용하지 못하게 되므로 적절한 시점에서 재연삭을 하는 것이 품질 관리면에서 봐도 중요한 일이다.

일반적으로 재연삭 시점을 정하는 것은 가공 구멍의 정밀도에 의할 것이고, 다음에 리머의 절삭날의 손상 정도에 의한다.

① **구멍의 치수 정밀도에 의한 판정**……구멍의 치수가 허용 범위내에 있는가 어떤가를 리밋 게이지, 실린더 게이지, 에어 마이크로미터 등의 측정기로 잰다. 가공 구멍의 치수는, 보통 가공초에는 조금 크게 가공이 되나, 리머의 절삭날이 마모되는 데에 따라서 확대 여유는 작게 되고, 다듬질 치수도 작게 되어서 허용 영역을 벗어난다.

② **구멍의 다듬질면 거칠기에 의한 판정**……구멍면 거칠기는, 측정 기기로 재기 어렵기 때문에, 비교용 표면 거칠기 표준편(JIS B 0659), 또는 거칠기 견본품과 눈으로 봐서 비교 판정을 한다.

리머 절삭날의 마모가 진행되면 구성 날끝의 성장 탈락도 성해지고 다듬질면에 스커핑 현상이 발생하기 시작하기 때문에 이 상태가 생기기 전에 재연삭할 필요가 있다.

③ **절삭날 마모량에 의한 판정**……절삭날의 마모량으로는, 전술한 바와 같이 코너의 여유면 마모량 $V_B$가 0.2 @ 0.4 mm 이내에서 재연삭하는 것이 바람직하다.

재연삭량이 너무 많아지면 연삭 시간도 길어지고, 또 리머의 총수명도 짧게 되기 때문에 경제적이라고 할 수 없다.

④ **기타의 판정 방법**……절삭날이 마모하면 절삭성이 나빠지고 절삭 토크가 증대한다. 또, 확대 여유가 작게 되어서 버니시 작용이 늘고 마진부에 강한 체결력이 작용해서 기음(奇音)을 발생하며 채터링을 일으키기도 한다. 칩의 형상도, 보통 흐름형이었던 것이 전단형, 혹은 잡아 뜯는 형으로 변해서 다듬질면 거칠기가 악화된다.

이와 같은 현상이 발생하였을 때, 재연삭 시점을 정하는 기준이 된다.

## ▶ 리머의 재연삭 방법

마모된 리머는 대부분의 경우, 공구 연삭기를 사용해서 여유면만을 재연삭 한다. 원통 리머의 외주 마진부는, 재연삭하면 지름이 작게 되어버리기 때문에 심은날 조정식의 리머 이외는 재연삭을 하지 않고 용착이 있는 경우에도 기름 숫돌로 가볍게 제거하도록 한다.

그리고 경사면을 재연삭하면 마진폭이 좁아 지고, 리머의 기능을 손상하며 가공 구멍의 정밀도를 유지할 수 없게 된다.

① **여유면의 재연삭**……여유면의 재연삭은, 리머를 양 센터에 지지하고 리머의 회전 방향은 날받침 장치, 또는 분할판에 의해서 고정한다.

날받침 장치로 고정하는 경우에는, **그림 1**과 같이 날받침판을 연삭하는 절삭날에 직접 댄다. 이것을 다른 절삭날에 대면 작업은 쉽게 되지만 홈 분할 오차가 생겼을 때, 연삭된 절삭날이 고르지 못하게 되어 각 절삭날이 균일한 절삭을 하지 못하게 된다.

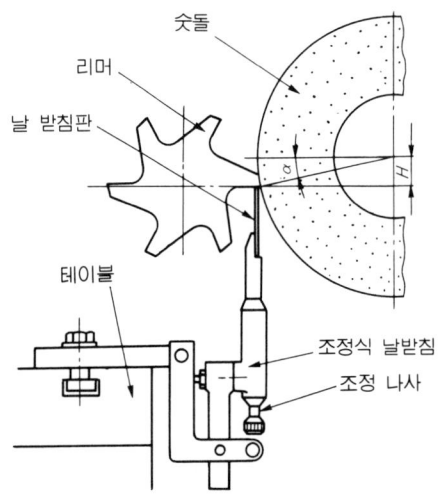

그림 1 조정식 날받침의 사용 상태

여유면의 연삭에는, 평형 숫돌 또는 컵 숫돌이 사용되지만 어느 경우에도 숫돌의 회전 방향과 절삭날과는 **그림 2**, **그림 3**과 같은 상관 관계가 있다. (a)나 (a′)는 숫돌이 힐측에서 깎아 들어가서 절삭날측에서 나오기 때문에 연삭압에 의해 리머가 날받침판에 짓눌려서 안정되지만, 절삭날에 연삭 번(grinding burn)이나 버(홈집)가 생길 염려가 있다.

(b)와 (b')에서는 반대로 절삭날이 날받침판에서 떨어 지려고 하기 때문에 항상 리머를 날받침판에 짓누르면서 절삭하지 않으면 안된다.

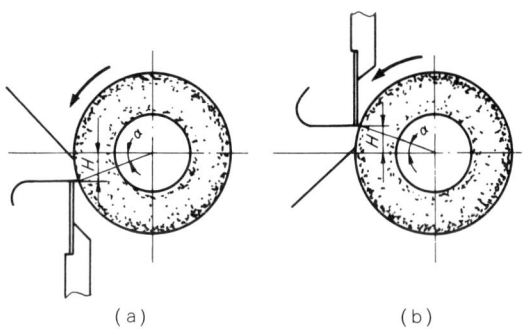

그림 2 평형 숫돌에 의한 연삭

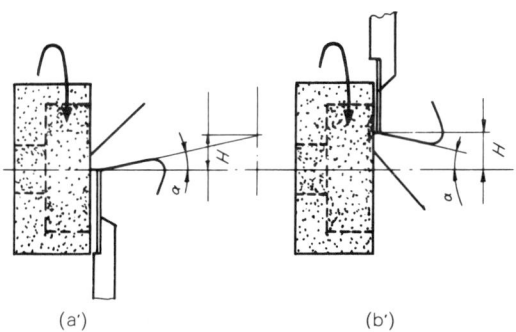

그림 3 컵형 숫돌에 의한 연삭

이로 인해, 짓누르는 힘이 같지 않기 때문에 과잉 절삭 깊이를 일으킬 염려가 있다. 그러나 연삭 번에 의한 절삭날의 성능 저하나 버(burr)의 발생은 없다.

여유각의 설정은, 다음 식으로 오프셋량 $H$를 구하고 그 오프셋량에 의해서 숫돌과 리머와의 상대 위치를 잡는다.

$$H = (D/2) \sin \alpha$$

여기서, $H$ : 오프셋량(mm)

$D$ : **그림 2**의 경우는 숫돌의 바깥 지름(mm), **그림 3**의 경우는 리머의 지름(mm)

$\alpha$ : 리머의 여유각

평형 숫돌에 의한 연삭에서는, **그림 1**과 같이 조정 나사에 의해서 날받침판의 높이를 리머의 중심 높이에 조정해서 오프셋량만큼 숫돌의 중심 높이보다 내려(또는 올려)서 설치한다.

② **경사면의 재연삭**······경사면의 재연삭은, 접시형 숫돌의 외주를 리머 홈밑의 둥글기에 성형한 것을 사용해서 한다. 그리고 반드시 규정의 경사각이 되도록 **그림 4**와 같이 오프셋량 $H$ 만큼 리머를 회전시킨 위치에 고정한다.

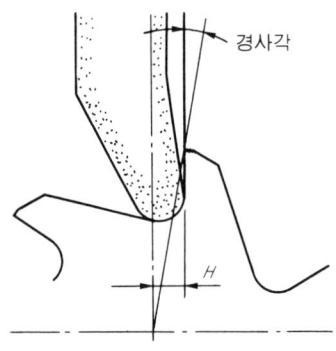

그림 4  경사면의 연삭

비틀림날 리머의 경우는, 숫돌의 간섭을 피하기 위해서 숫돌의 원뿔면을 사용하고, 또 될 수 있는 대로 바깥 지름이 작은 숫돌로 확실히 오프셋해서 연삭한다.

그리고 연삭 조건은, 46페이지를 참조하기 바란다.

## ▶ 리머 재연삭후의 검사

재연삭한 리머는, 소정의 형상 치수 및 정밀도로 다듬질되어 있는가를 측정한다.
① 지름은, 절삭날 선단부의 외주에서 측정하지 않으면 안된다. 그것은 리머의 날부 외주에는 보통 백 테이퍼가 붙어 있기 때문이다. 그리고 그 경우에도 리머축 직각 단면상에서 가장 큰 개소, 즉 상대되는 절삭날로 측정하지 않으면 안된다.

지시 마이크로미터를 사용하는 경우에는, 블록 게이지 또는 원통 게이지 등으로 제로 세트하고 다음에 측정면 사이에 낀 리머를 돌리면서 그때 지침의 최대값을 읽어내어 제로점과의 차를 구한다.
② 섕크부에 결점이 있으면, 리머의 유지가 불충분하게 되고 또 흔들림의 원인으로도 된다. 테이퍼 섕크는 테이퍼 게이지로 촉감을 측정한다.
③ 각부의 각도의 허용차는 그다지 작게 할 필요는 없으나 각도의 편차가 있으면 절삭날의 흔들림, 또는 절삭날이 고르지 못한 원인이 된다.
④ 한개 날마다의 절삭량은 대단히 작기 때문에 챔퍼부의 흔들림은 될 수 있는 대로 작게 한다.

# 리머 가공의 트러블 대책

| 트러블 | 대책 및 검토 사항 |
|---|---|
| 구멍이 크게 된다 | ① 리머 지름을 작게 한다<br>② 리머의 숨심과 가공물이 숨심이 맞고 있는가 특히 플로팅 척을 사용하지 않는 경우나 선반등의 가로형으로 가공하는 경우 주의할 것<br>③ 리머의 외주 흔들림이나 챔퍼부의 흔들림이 없는가, 리머의 재연삭후에는 반드시 체크할 것<br>　　외주 흔들림　　0.010 mm 이하<br>　　챔퍼부 흔들림　0.020 mm 이하<br>④ 리머의 생크면에 큰 접촉 흠이 없는가<br>⑤ 슬리브나 소켓을 사용한 경우 테이퍼부에 흠이나 먼지가 없는가<br>⑥ 절삭유는 적당한다<br>⑦ 절삭 조건, 재연삭시의 복귀 |
| 구멍이 작게 된다 | ① 리머 지름을 크게 한다<br>② 회전수를 낮게 한다<br>③ 마진폭을 좁게 한다<br>④ 날끝 시어 드루프가 없는가, 경사면을 옳바르게 재연삭해 본다.<br>⑤ 가공물의 열팽창률이 크지 않은가<br>　　절삭열에 의해서 크게 되고 냉각후 작게 되는 케이스<br>⑥ 다듬질면 뜯김에 의해서 구멍이 작게 되어 있는가 |
| 구멍의 진원도 진직도가 나오지 않는다 | ① 리머의 챔퍼부의 절삭날 외주의 진원도가 크지 않은가<br>　　진원도 0.005 mm 이하<br>② 리머의 목 부분 지름의 강성이 있는가<br>③ 기계 주축에 덜거덕거림이 없는가<br>　　척이나 슬리브에 흔들림이 없는가<br>④ 가공물의 직각도는<br>⑤ 리머 여유는 균일한가<br>⑥ 리머를 플로팅해서 해 본다 |
| 구멍의 다듬질면 거칠기가 나쁘다 | ① 리머 챔퍼부의 표면 거칠기와 관리가 없는가<br>② 회전수를 낮게 한다<br>③ 다듬질 여유가 적절한가<br>　　너무 많거나 적어도 원인이 된다<br>④ 리머의 날홈 깊이, 팁 포켓은 충분한가<br>　　칩 막힘에 의해서 표면 거칠기가 나쁘게 된다<br>⑤ 리머 챔퍼부의 여유각이 작지 않거나 작으면 뜯기거나 다듬질면이 빛나거나 한다.<br>⑥ 챔퍼부 및 마진부에 용착물이 없는가<br>⑦ 가공물의 유지는<br>⑧ 리머 및 주축의 강성은<br>⑨ 경사각이 마이너스로 되어 있지 않은가<br>⑩ 백 테이퍼는 적절한가<br>⑪ 경사각을 연삭해서 마진, 랜드폭이 너무 좁아지지 않고 있는가 |

| 트러블 | 대책 및 검토 사항 |
|---|---|
| 구멍의 다듬질면을 더 좋게 하고 싶다 | ① 리머를 빼낼 때 같은 방향으로 회전하면서 빼고 절대로 역전하지 말 것<br>② 회전수를 낮게 한다<br>③ 날수를 많게 한다<br>④ 버니싱 효과를 강하게 한다<br>⑤ 특수 표면 처리에 의해서 윤활성을 향상시킨다<br>⑥ 단붙이 리머로 해서 적절한 가공 여유를 2단으로 절삭한다<br>　 (다듬질날 지름-거친 절삭 지름=0.05 mm)<br>⑦ 절삭유를 다시 본다<br>⑧ 비틀림날 각도를 다시 본다<br>⑨ 챔퍼부를 연구한다 |
| 리머의 절손 눌어붙기가 생긴다 | ① 나사내기 구멍이 똑바로 나 있는가<br>② 다듬질 여유가 너무 크지 않은가<br>③ 리머의 날홈이 얕으나 예각이고 칩 막힘으로 배출이 나쁜 것이 아닌가<br><br>④ 절삭유가 충분히 미치고 있는가<br>⑤ 회전수, 이송 속도가 빠르지 않은가<br>⑥ 가공물 경도가 높지 않은가<br>⑦ 리머의 목 지름. 경도, 강성이 있는가<br>⑧ 경사각이 마이너스로 되어 있지 않는가<br>⑨ 날끝 마모가 진행되고 수명이 달하고 있는데 무리하게 절삭하고 있는 것이 아닌가<br>⑩ 마진폭이 너무 넓어지고 있는 것이 아닌가 |
| 리머의 탱부가 파손된다 | ① 탱부의 경도는 충분한가<br>　 너무 낮을 때는 처져서 크게 변형한다<br>　 너무 높을 때는 파손한다<br>　 최적 경도 HRC 40 전후<br>② 생크와 슬리브의 맞춤이 나쁠 때는 절삭 동력을 탱으로 전달하기 때문에 주의를 요한다.<br>③ 빼내기 지그가 딱딱해 지고 있는가 |
| 리머의 수명이 짧다(보통 절삭에 있어서) | ① 리머의 날부 경도를 높인다<br>② 리머의 날부 재질을 고급화 한다<br>　 SKH 51　XM 7　SKH 55　SKH 56　SKH 57<br>③ 절삭유를 다시 본다<br>④ 특수 표면 처리를 한다<br>⑤ 곧은날이면 헬리컬날로 바꾸어 본다<br>⑥ 리머 작업의 정밀도에 미치는 여러 인자의 총점검 |
| 구멍면에 이송표가 남는다 | ① 리머 절삭날끝에 구성 날끝이 붙어 있지 않는가<br>② 마진면에 용착물이 붙어 있지 않는가<br>③ 가공물의 덜거덕거림이 없는가 |
| 구멍의 입구 지름이 나팔형이 된다 | ① 리머의 중심과 가공물의 나사내기 구멍의 중심이 맞고 있는가<br>② 외주 흔들림이 크지 않는가<br>③ 가공물의 덜거덕거림이 없는가 |
| 구멍의 입구와 출구의 지름이 넓어 진다 | ① 리머의 중심과 가공물의 나사내기 구멍의 중심이 맞고 있는가<br>② 가공물의 덜거덕거림이 없는가 |

리머 가공은 구멍 가공의 다듬질이기 때문에, 가공된 구멍은 필요에 따라서 지름, 진원도, 진직도, 다듬질면 등을 만족시키지 않으면 안된다. 그 중에서도 많은 경우에 문제가 되는 것은, 가공된 구멍의 지름이 너무 크게 되거나 반대로 너무 작게 되거나, 또는 다각형으로 된다는 것일 것이다.

## ∽ 확대 여유와 축소 ∽

리머의 절삭날은 보통, 파들기라고 불리고 있는 부분이므로 기계에 설치했을 때 리머의 외주와 챔퍼부가 처져 있으면 아마도 좋은 구멍으로는 다듬질이 되지 않는다.

절삭 조건에도 의하지만 이송을 0.40 mm/rev로 하면 날수 8개의 리머에서도 한개 날마다의 이송은 0.05 mm로 되기 때문에 챔퍼부의 흔들림이 0.05 mm 있으면 가공중에는 거의 절삭하지 않는 날과 약 0.1 mm 만큼이나 절삭하는 날이 생기게 되는 것이다. 이 때문에 각 날의 절삭력에 차이가 생겨서 절삭력이 큰날이 작은날의 방향으로 미는 것같이 되어 리머의 선단에 흔들림이 있게 돼서 구멍이 확대된다.

그리고 가공중의 리머가 흔들림을 일으키면서 진행하기 때문에 절삭날이나 외주에 용착이 발생하기 쉽고 이것도 구멍을 확대시키는 원인이 된다.

금속의 절삭에서는 절삭날에 큰 절삭력이 가해지기 때문에 리머가 탄성 변형하고 지름이 큰 리머를 사용하고 있는 것이 되며 확대되는 경우도 있다. 경사각이 정(正)에서 클수록 지름이 크게 되기 쉽고 부(負)의 경사각에서는 작게 되는 경향이 있다.

절삭 조건면에서는, 절삭 속도를 높이면 확대 여유가 크게 되는 경향이 있다. 그리고 이송을 바꾸어도 확대 여유가 바꿔지지만 이송의 대소에는 반드시 비례하지는 않는다.

절삭 속도가 확대 여유에 어느 정도의 영향이 있는가를 조사한 예가 **그림** 1이다.

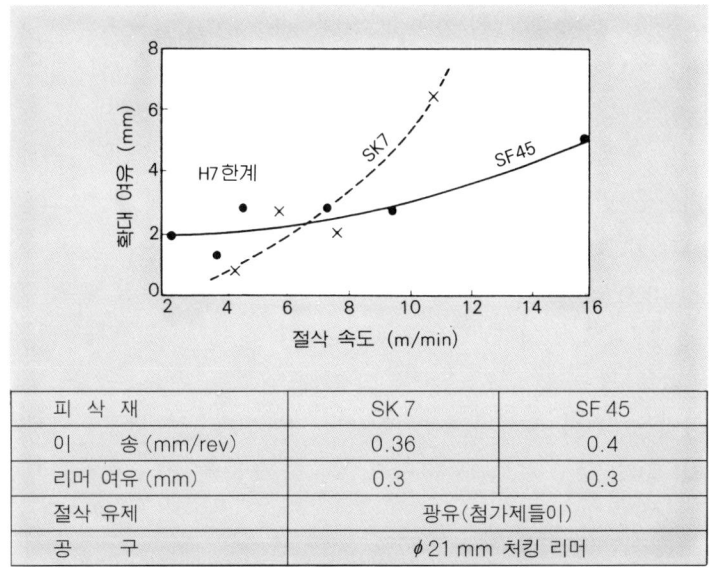

| 피 삭 재 | SK 7 | SF 45 |
|---|---|---|
| 이 송 (mm/rev) | 0.36 | 0.4 |
| 리머 여유 (mm) | 0.3 | 0.3 |
| 절삭 유제 | 광유(첨가제들이) | |
| 공 구 | ⌀21 mm 처킹 리머 | |

**그림 1 강가공의 절삭 속도와 확대 여유**

사용한 리머의 바깥 지름보다도 가공된 구멍의 지름이 크게 된 양을 확대 여유로 표현하고 있다. 연한 재료인 SF 45에서는, 절삭 속도에 그다지 크게 영향을 주지 않지만 SK 7에서는 영향을 주는 것 같다.

리머의 바깥 지름 공차는, 일반적으로 m 5를 취하고 있기 때문에 **그림** 1의 $\phi 21$ mm의 리머에서는 $+8 \sim +17 \mu$m이다. 가공되는 구멍의 공차가 H 7이라면 $0 \sim 21 \mu$m이므로 리머가 최대의 $+17 \mu$m의 경우에는 확대 여유는 $4 \mu$m 밖에 허용되지 않는다.

따라서, **그림** 1의 SK 7의 가공에서는 절삭 속도를 약 8 m/min 이하, SF 45에서는 12 m/min 이하로 가공할 필요가 있다.

일반적으로 확대 여유는 $10 \mu$m 전후의 경우가 많기 때문에 리머의 바깥 지름이 m 5의 최대로 되어 있으므로 H 7의 구멍을 가공하는 것은 어렵지 않고, m 5의 중앙값 정도의 리머를 사용하는 것이 좋은 것 같다. 주철의 경우에도, 절삭 속도를 높이면 확대 여유가 크게 되는 경향이 있다.

절삭 속도가 크게 되면 확대 여유도 크게 되는 것은, 고속으로 될수록 절삭날을 휘두르면서 강인하게 절삭해버리는 것과, 기계, 척, 리머를 포함한 전체의 진동이 크게 되기 때문인 것으로 생각된다.

강의 리머 가공에서는, 주철보다 확대 여유가 작게 되어 반 정도로 되는 것으로 볼 수 있으나 리머 선단의 챔퍼각에 따라서도 여러 가지로 변화된다.

보통, 챔퍼각은 핸드 리머나 조버스 리머에서 $1 \sim 7°$, 머신 리머나 처킹 리머에서 $45°$로 되어 있다.

챔퍼각이 크게 되면 확대 여유도 크게 되나 그 이유는, 각도가 작은 "쐐기"는 곧바로 진행하기 쉬운 것과, 챔퍼각이 작으면 얇은 칩이 나오는 것같은 작용이 있기 때문이라고 생각할 수 있다.

그러나 황동에서 챔퍼각을 $30°$ 이하로 하면, 확대는 생기지 않고 축소해 버린다. 이것은, 챔퍼각이 작으면 전술한 바와 같이 천천히 조금씩 변형된 상태에서 절삭되고 가공이 끝나면 변형이 되돌아가버리기 때문에 축소 구멍이 다듬질되는 것 같다.

이것을 이용해서, 파들기를 2단으로 할 때가 있다. 각도가 작은 파들기를 1단 더 붙인 것으로 첫째 챔퍼각을 $45°$로 해서 절삭하여 확대 여유를 작게 하고 그 위에 안정된 가공이 될 수 있도록 한 것이다.

이와 같이, 구멍의 확대 원인에는 여러 가지의 것을 생각할 수 있다. 그래서 이 확대 여유를 될 수 있는 대로 작게 하는 방법으로 리머의 선단각, 경사각, 챔퍼부의 여유각이나 흔들림 등을 가공물에 맞는 형상으로 하는 것이 포인트로 된다.

구멍의 축소 원인은 우선, 절삭날의 마모를 들 수 있다. 절삭날이 마모하면 절삭력이 크게 되어서 구멍이 눌려 펼쳐진 상태에서 절삭되기 때문에 가공후에 그 변형이 되돌아 와서 구멍 지름이 축소하기 때문이다.

그리고 구멍의 주위가 박육(薄肉)인 가공물에서는, 절삭날이 마모되어 있지 않아도, 절삭력에 의한 변형으로 구멍이 축소하는 경우가 있다.

이 경우에는, 경사각을 붙이거나 절삭날의 여유각을 크게 해서 절삭성을 좋게 하는 것이 한 가지 사용 방법으로도 된다.

## ∽ 다각형 오차 ∽

리머 가공된 구멍은, 슬쩍 봐서 곱게 보여도 정밀하게 측정해 보면 다각형으로 되어 있다. **그림 2**는 그 다각형 오차의 이유를 모형적으로 그린 것이다.

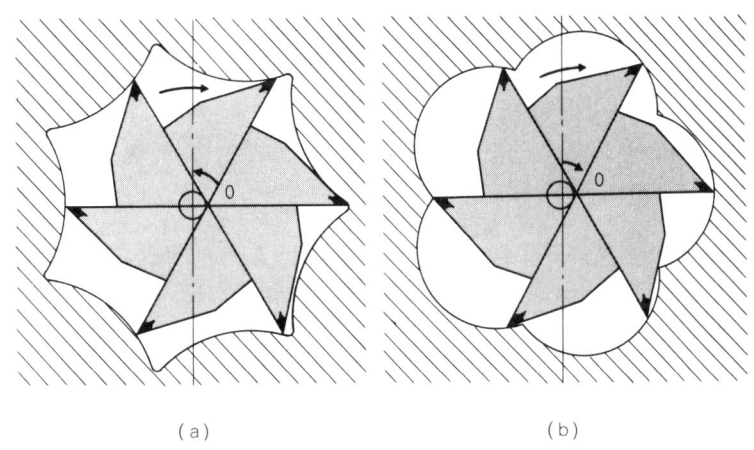

그림 2  리머 가공 구멍의 다각형 오차(리머 날수 : 6개의 경우)

리머 가공중에는 기계의 스핀들, 척, 리머 등, 모든 요소에 휨이나 흔들림이 발생하기 때문에, 당연히 리머의 날끝은 흔들리면서 가공물에 파들어가서 구멍을 가공하게 된다. 결국, 리머의 중심 0은 1점에 고정되어 있지 않고 리머의 회전에 따라서 움직인다.

**그림 2**(a)는, 날수 6개인 경우의 어느 순간, 리머가 오른쪽에 치우치고 있는 상태를 나타내고 있다. 이 다음에 리머가 자전하면서 중심 0은 왼쪽 위로 이동하고 오른쪽으로 이동하고……와, 자전의 방향과 중심이 이동하는 방향이 반대가 되어서 다각형의 구멍이 가공된다.

한 편, **그림 2**(b)에 나타낸 것같이 리머 중심의 이동 방향이 리머의 자전과 같은 방향이 되면 다각형은 매화나무의 꽃과 같이 5개의 꽃잎이 된다.

각수는 리머 날수의 ±1 각이 된다.

따라서, 리머의 날수를 많게 하면 각수가 많은 다각형으로 되기 때문에 리머의 흔들림 회전이 작게 되고 진원도도 좋게 되어야 할 것이지만 리머의 날의 강도나 칩 처리 관계로 날수를 늘이는 데는 한계가 있다.

그래서 생각할 수 있는 것이, 날수를 홀수로 해서 凹凸을 줄이는 방법이다. 그러나 유감스럽게도 가공해서 측정해 봐도 크게 개선되지 않는 것이 보통이다.

그 때문에, 다른 방법으로 날수를 늘이는 것과 같은 효과를 얻을 수 없는가를 생각한 것이 날을 부등 분할로 하는 것이다.

6개 날의 리머에서, 분할을 등분할의 60°가 아니라 75°, 45°, 60°를 조합한 극단적인 부등 분할로 했을 때의 구멍을 측정한 결과 진원도는 3 $\mu$m였다. 등분할 60°, 6개 날에서는 9 $\mu$m였으므로, 대폭적으로 정밀도가 향상되었다.

이것은 6개 날인데도 불구하고 25각형으로 되었기 때문이고 부등 분할의 효과가 확실히 나타나고 있다.

그러나 이와 같은 부등 분할의 리머는 제작이나 재연삭을 하기 어렵기 때문에, 쉽게 채택할 수 없는 결점이 있다.

일반적으로, 리머 관리의 편리상에서 짝수 날이 많이 사용되고 있다. 이 경우에는, 홀수의 다각형 구멍이 되기 때문에, 구멍의 측정에 실린더 게이지를 사용하면 다각형 오차를 못 보고 빠뜨리는 일이 많은 것이다.

측정값은 확실하게 규정내에 들어 있는데 플러그 게이지가 들어가지 않는 경우도 있기 때문에 구멍의 용도에 맞는 리머나 절삭 조건, 측정법 등을 선택하는 것이 중요하다.

# PART

# 보링 공구와 그 활용

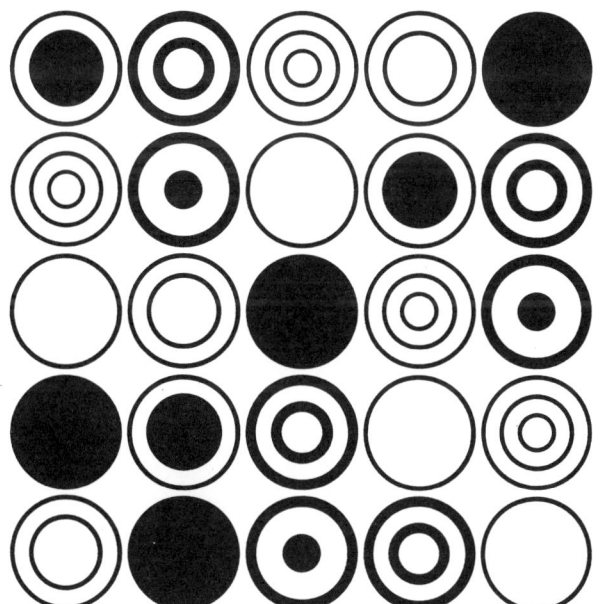

# 보링 가공의 여러 가지

보링(boring)은, 공작물에 이미 뚫려진 구멍을 보링 공구를 사용해서 목적하는 치수, 형상으로 넓히는 가공을 말한다. 따라서 드릴 등으로는 뚫을 수 없는 큰지름의 구멍, 단붙이 구멍, 깊은 구멍, 테이퍼 구멍, 구멍 내면의 홈 파기 등의 가공이 주로 되어 있다.

가공 방법으로는, 공작물을 회전시켜서 가공하는 경우와, 공구쪽을 회전시켜서 가공하는 경우 등이 있다. 공작 기계도 보링 머신은 물론 MC, 밀링 머신, 드릴링 머신, 선반 등 다양하다. 절삭 공구는 주로 바이트가 사용되지만, 공구 회전에 의한 보링용에는 전용의 보링 헤드가 여러 가지 시판되고 있다.

그리고 최근에는 NC 기술의 진전도 있고, MC나 NC 밀링 머신에서 엔드 밀을 사용해서 원호 보간 기능에 의한 고정밀도의 보링을 진행해 나가는 케이스도 자주 볼 수 있다.

보링 작업은, 가공된 구멍에 축이나 핀 등의 부품이 조립되어서 사용되는 경우도 많고 해서 진직도, 동심도 등 고정밀도가 요구되고, 보이지 않는 구멍 속에서의 가공인 것이거나, 멈춤 구멍, 깊은 구멍에서는 칩의 배출 문제 등도 있어서 대단히 신경을 쓰는 작업이라고 할 수 있다.

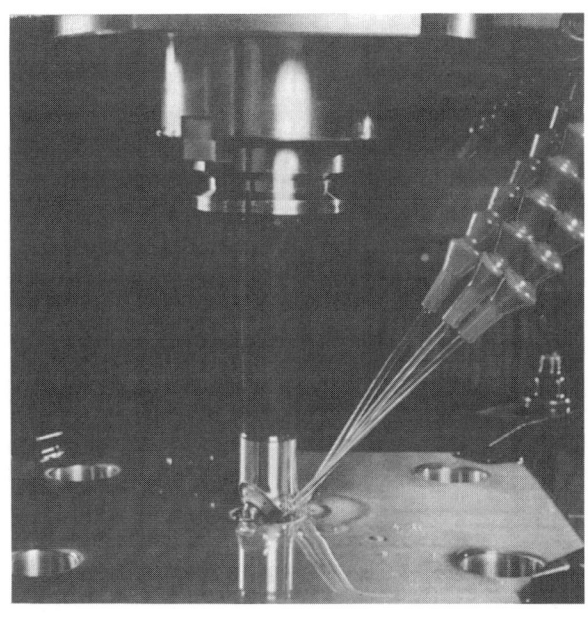

↑ **정밀 보링**……MC에 의한 구멍 공차 H 7의 정밀 보링이다. 공구는 초경 팁붙이의 보링 헤드이고, 0.01 mm 단위의 날끝 조정을 할 수 있다.

↑ **초경 바이트에 의한 구멍 보링**······초경 팁의 보링 바이트를 보링 헤드에 고정해서 보링. 보링 헤드가 구멍 지름보다 크면, 바이트를 돌출해서 가공을 하나, 사진과 같이 보링 헤드가 구멍 지름보다 작으면 구멍 속까지 헤드가 들어가게 된다. 이 때의 바이트는 짧게 설치할 수 있고 강성면에서도 유리하다.

↑ **초경 바이트에 의한 단붙이 구멍 보링**······초경 바이트를 보링 헤드에 경사지게 고정해서, 단붙이 구멍의 보링을 하였다. 단붙이 구멍과 같은 가공에 리세싱(내면 홈 가공)이 있다. 어느 폭에서 구멍 지름을 넓히는 가공인데, 최근에는 절삭 이송, 반환을 자동적으로 하는 MC용 리세싱 헤드 등도 시판되고 있다.

↑ **플라이 밀링 커터에 의한 구멍 보링**……한개의 날을 아버에 낀 간단한 구조로 된 밀링 커터를 플라이 밀링 커터(플라이 커터라고도 부른다)라고 하지만 그것을 응용한 밀링 머신에 의한 보링이다.

평삭용 바이트 홀더에 하이스의 각 바이트 2개를 비녀형으로 부착한 것으로, 보링이라고 하기보다는 구멍을 빼내는 것같은 가공이다.

↑ **엔드 밀로 보링**……절삭 공구로 엔드 밀을 사용한 MC의 원호 보간 기능에 의한 보링이다. 구멍 지름을 차례 차례로 넓히는 가공이거나, 또는 드릴의 나사내기 구멍에서 소정의 구멍 지름으로 단번에 가공해 나갈 수 있다는 것이다.

## 보링 가공의 여러 가지 **161**

↑ NC 선반에 의한 보링……NC 선반에 의한 큰지름 보링을 하기 위해서 왕복 공구대에 고정된 보링 바이다. 보링 바는 ⌀180 mm, 전길이 190 mm, 중량이 300 kg이 된다. 그리고 회전 공구를 적제한 NC 선반, 소위 터닝 센터가 있으나 이 기계에는 MC와 같은 정밀 보링 유닛을 적재하고 있다.

# 보링 바의 종류와 활용

　어느 조사에 의하면, 절삭 가공 전체에서 점유하는 보링 가공의 비율은 기껏해야 10~20% 정도로 되어 있으나, 반면 MC의 공구 잡지를 보면 그 비율로 볼 때, 종류나 개수가 비교적 많은 것이라고 생각하고 있다.

　냉정하게 생각하면 보링 구멍의 종류만큼 보링 바(헤드)는 필요하고 거칠음·중·다듬질 혹은 모떼기의 공정을 생각하면 납득되지 않는 것도 아니지만 그만큼 보링 가공은 복잡하고 미묘한 것이라는 것의 결과라고 생각한다.

　보링 공차는 8급이나 7급이라는 엄격한 경우가 많고 다듬질용의 보링 바를 사용하면 바로 그 공차에 들어 간다고 하는 성격의 것은 아니다.

보링 가공을 정밀도도 좋게 하고, 또 효율적으로 하는 것은 기계 가공에 종사하는 우리들에게 있어서 중요한 테마라고 할 수 있다. 여기서는 보링 바의 종류나 특징과 마찬가지로 용도도 포함해서 보링에 대해서 기술한다.

## ▼ 사용 절삭 공구

당연한 일이지만, 보링 가공은 보링 바에 적절한 절삭 공구를 장치하고 지름을 조절함으로써 처음으로 가공이 가능하게 된다. 보링 바의 기능 등은 절삭 공구와 맞추어서 실현되기 때문에, 우선 많이 사용되는 절삭 공구에 대해서 설명한다.

**그림** 1에 여러 가지 보링용 절삭 공구의 예를 표시한다.

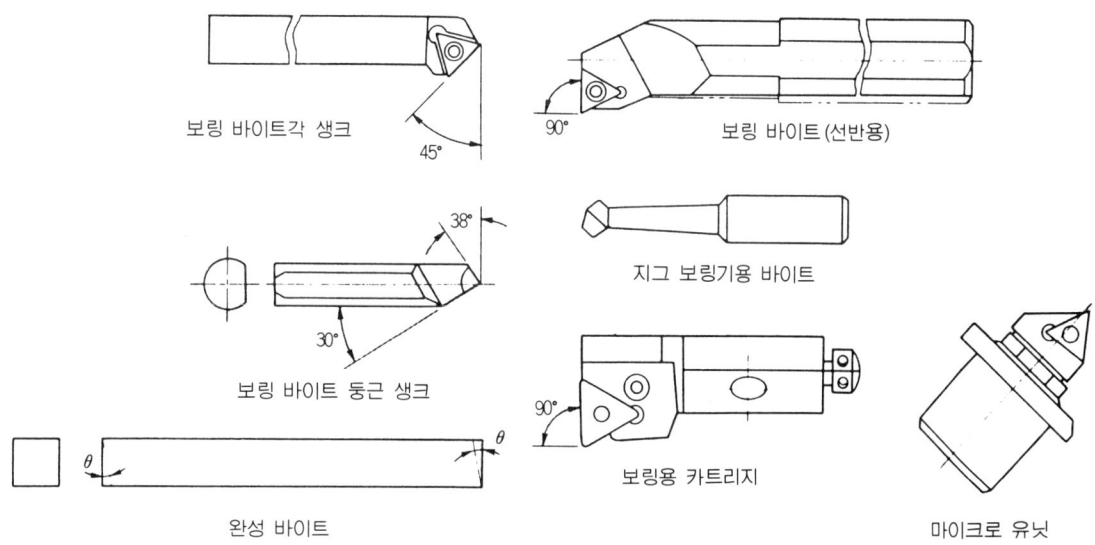

그림 1 여러 가지 보링용 절삭 공구

### (1) 보링 바이트(각 섕크)

보링 머신용 바이트로 시판되고 있는 것으로 입수하기 쉽고, 또 널리 사용되고 있다. 공작물 형상이나 바이트 설치 각도라는 용도에 맞추어서, 여러 가지 날형의 것이 있다. 보링용이므로, 외관상의 경사각을 크게 잡고 있는 점이 선반에 사용되는 경사각이 네거티브인 각바이트와는 다르다.

이것들은 초경 팁을 납땜한 것이지만, 최근에는 스로어웨이 팁 형식의 것도 나와 있다.

그리고 전술한 선반용 바이트가 사용되는 경우도 있다. 선반용 바이트는 머리가 크고 또 절삭 저항도 크게 되지만 바이트 강도, 팁 강도가 있기 때문에 고출력의 기계에서 주철의 큰지름 거친 가공에 효과적이다. 선반용 바이트의 섕크는 플러스 마이너스의 공차로 만들어져 있기 때문에, 보링 바의 구멍에 들어 가지 않을 경우에는 추가 가공이 필요하다.

### (2) 보링 바이트(둥근 섕크)

전술한 각 섕크의 것을 둥굴게 한 것 같은 것으로, 바이트 설치 구멍의 가공이 각 구멍이면 가는 구멍의 경우는 가공이 힘들기 때문에 비교적 작은지름 구멍을 보링할 때는 둥근 섕크의 것이 사용된다.

구체적으로는, 자동차 부품의 작은지름 구멍을 보링할 때 등에 잘 사용된다. 날끝에 납땜되는 팁의 재종도 보통의 초경만이 많이라, CBN(입방정 질화 붕소)이나 다이아몬드인 것도 시판되고 있다.

### (3) 보링 바이트(선반용 보링 바이트)

선반에서 보링을 할 때 사용하는 바이트이지만, 보링 헤드등에 장치해서 사용하는 경우가 있다. 그러나 그대로의 길이로는 일반적으로 돌출해서 길이가 너무 길어져 채터링이 발생하거나 정밀도가 좋지 않거나 해서, 적당한 길이로 절단해서 사용한다.

### (4) 지그 보링기용 바이트

역시 보링 헤드등에 설치해서 사용하는 것으로, 주로 작은지름 가공용이다. 지그 보링기 등에서 사람이 있는 경우는 어쨌든, MC 적재 보링 헤드용으로는 그다지 이용되지 않는다.

### (5) 완성 바이트

하이스(고속도강)의 4각형 단면의 막대기형 바이트로, 사용할 때 날부를 성형함으로써 비로소 사용할 수 있다. 그러나 날부를 성형하는 작업은 숙련을 요하고 번거롭기 때문에 그다지 사용되지 않는다.

### (6) 보링용 카트리지

절삭날 각도나 사용 팁의 여러 가지 것이 각 메이커에서 규격화 되고 있다. 보링이나 모떼기 등 다인화(多刃化) 설계가 쉽기 때문에, 공정의 합리화를 목적으로 잘 사용된다. 지름 방향 조정 나사가 붙어 있으나 미세한 조정을 하는 작업은 어려운 것으로 생각된다.

### (7) 마이크로 유닛

보링 바에 심어 넣어서 사용하는 것으로, 미세한 조정 다이얼을 돌림으로써 1 눈금 $\phi$ 0.02(부척이 있는 것은 $\phi$ 0.002)mm의 조정을 할 수 있는 것이 대부분이다. 크게 나누어서 보링 바에 직접 장치하는 조정량이 큰 범용형과 부시 장치의 조정량이 작은 전용형이 있다.

## ▼ 보링 바의 종류와 용도

### (1) 각 바이트식 보링 바

사진 1과 같이 각 바이트를 45° 경사지게 해서 장치하는 것(BSA형)과 **사진 2**와 같이

직각으로 장치하는 것(BSB형)이 있고, 바이트의 돌출 길이를 바꿈으로서, 넓은 범위의 지름에 세트할 수 있기 때문에 범용적으로 사용된다.

사진 1 보링 바 BSA형

사진 2 보링 바 BSB형

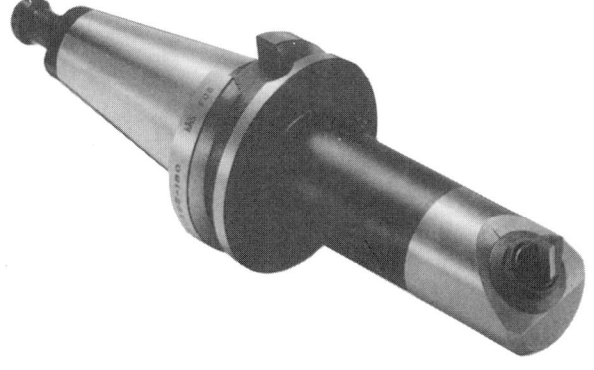

사진 3 보링 바 BCA형

돌출할 수 있는 양은, 바이트 섕크각의 2배까지 안정된 절삭을 할 수 있는 것이 한도라는 점에서 가공 범위가 정해지고 있다.

주로 거칠음~중 가공용이고, 미세한 조정 기구를 갖고 있지 않으므로, 다듬질용으로는 보링 지름이 거친 경우 이외는 그다지 사용하지 않는다. BSA형은 멈춤 구멍에도 사용할 수 있다. 그리고 BSB형은 모떼기나 백 보링에도 사용할 수 있다.

### (2) 마이크로 유닛식 보링 바

다듬질용의 보링 바의 프리 세트 지름은, 보통 ±0.01 mm 혹은 더 엄밀하게 세트할 필요가 있다. 이를 위해서는 미세한 조정 기능을 갖고, 효율적인 프리 세트가 쉬운 마이크로 유닛식 보링 바가 편리하다. 또 이것은 시행 절삭후의 계속 시행도 다이얼에 의해서 정확하게 할 수 있다.

마이크로 유닛의 조정량이 작은 것은 바 설계시의 가공 지름 전용 공구로서 사용되고, 조정량이 큰 것은 지름의 세트를 바꿈으로써 여러 가지 지름의 보링을 할 수 있다. **사진 3**은 조정량이 큰 형(BCA형)이다. 참고로 표준적인 절삭 제원을 **표 1**에 나타낸다.

**표 1 보링의 표준 절삭 조건(초경 납땜)**

| 피 삭 재 | | 절삭 속도 (m/min) | 이 송 (mm/rev) | 절삭 깊이 (mm) |
|---|---|---|---|---|
| 거 친 가 공 | 주 철 | 60~80 | 0.1~0.35 | 0.5~3.0 |
| | 강 | 80~100 | 0.88~0.3 | 0.5~3.0 |
| | 알루미늄 | 150~250 | 0.1~0.2 | 1.0~3.0 |
| 다듬질 가공 | 주 철 | 100~110 | 0.1~0.2 | 0.1~0.5 |
| | 강 | 150~180 | 0.08~0.18 | 0.1~0.5 |
| | 알루미늄 | 280~1500 | 0.05~1.15 | 0.15~0.5 |

① 거친 가공은 BSA, BSB 상당, 다듬질 가공은 BCA 상당이다.
② 거친 가공의 경우는 날폭의 ⅓~½ 정도의 절삭 깊이를 최대 절삭 깊이로 한다(가공 지름이 크고 바이트 돌출량이 작은 경우에는 칼날에 의해서는 절삭 깊이를 크게 할 수 있다).

### (3) 보링 헤드

미세한 조정을 할 수 있는 것은 전술한 것과 같으나, 이것은 여러 가지 시판되는 공구를 사용해서 광범위한 지름을 커버할 수 있다는 것과, 기계 위에서의 조작이 하기 쉽다고 하는 것으로서, 밀링 머신이나 보링 머신에서 널리 사용된다.

대소 다양한 치수의 것이 여러 메이커에서 판매되고 있으나 여기서는 예로 BHK형 헤드를 **사진 4**에 나타낸다.

BHK형은 조정하기 쉽고, 부척에 의해서 ∅0.005 mm의 조정을 정확하게 할 수 있다는 것 이외에, 강성이 높기 때문에 거친 가공에서 다듬질 가공까지 1개의 헤드로 효율 좋게 할 수 있다.

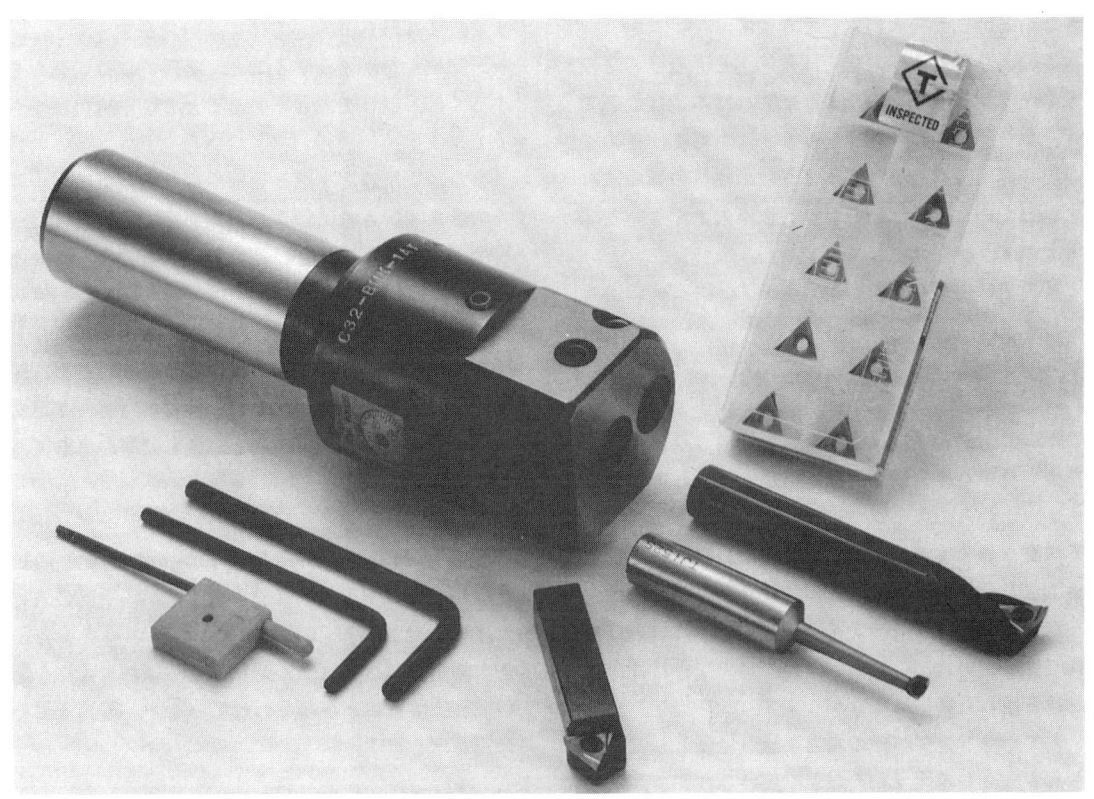

사진 4  보링 헤드 BHK형

### (4) 보링 링

그다지 많지는 않지만, 공작물에 따라서는 큰지름의 보링이 포함되는 경우가 있다. 이와 같은 경우에는 툴 섕크부와 헤드부가 분할형으로 되어 있는 것이라면, 다음 공작물에서 지름이 달라도 헤드부만을 입수하면 되고 공구비도 적게 할 수 있다.

사진 5  보링 링 BRA형

그리고 헤드와 섕크부는 90° 또는 45° 마다에 헤드 장치 각도를 설정할 수 있기 때문에, MC 공구 매거진내에서의 간섭 방지에 유효하다. **사진 5**에 보링 링(BRA형)을 나타낸다.

### (5) 균형 절삭 보링 바

거친 가공에서 가공 여유가 큰 경우, 1개 날 1패스로 확대할 수 있는 양에는 한도가 있다. **사진 6**은 균형 절삭 보링 바(BBT형)의 예인데, 이것은 팁 강도가 큰 팁 2개 날로 하고, 또 스텝(날끝의 길이 방향의 단차)을 설정하고 있다. 이 때문에, 팁 1개에 걸리는 부담을 2분 하고 또 절삭 저항에 의한 바의 휨을 쌍방에서 캔슬하는 작용을 하기 때문에, 안정되고 효율이 좋은 가공을 할 수 있다.

사진 6 균형 절삭 보링 바 BBT형

BBT형에 의한 절삭 예를 **표 2**에 나타낸다.

표2 균형 절삭 보링 바 BBT의 절삭 시험

| 형 식 번 호 | 공작물 재질 | 절삭 깊이 (mm) | 절삭 속도 (m/min) | 회 전 수 (rpm) | 이 송 (mm/rev) |
|---|---|---|---|---|---|
| BT 50-BBT 20-120 | S 55 C | 3 | 86 | 1100 | 0.2 |
| BT 50-BBT 25-150 | S 55 C | 3 | 89 | 885 | 0.25 |
| BT 50-BBT 32-150 | SNCM 439 | 4 | 89 | 730 | 0.3 |
| BT 50-BBT 41-180 | SNCM 439 | 5 | 89 | 580 | 0.3 |
| BT 50-BBT 53-180 | SNCM 439 | 6 | 90 | 470 | 0.3 |
| BT 50-BBT 68-180 | SNCM 439 | 8 | 100 | 580 | 0.3 |
| BT 50-BBT 88-180 | SNCM 439 | 8 | 93 | 251 | 0.3 |
| BT 50-BBT 116-210 | SNCM 439 | 10 | 92 | 251 | 0.3 |

① 이 절삭 시험은 절삭 깊이량에 중점을 두었다. 이 이상의 절삭 깊이로 실시하였을 때는 채터링이 발생하였다.
② 이 표를 참고로 절삭 조건을 설정할 것. 다만 절삭 깊이량은 필요 이상으로 크게 하지 말고 표중의 절삭 깊이 이하로 할 것.

그리고 다른 예에서는, 주철 가공의 경우 스텝을 설치하지 않고, 1회전마다의 이송량을 2개의 팁으로 2분해서 높은 이송을 가능하게 하고 있는 것도 있다.

### (6) 다인(多刃) 보링 바

MC에서는 적재할 수 있는 툴링 개수에 제한이 있기 때문에, 복잡한 공작물인 경우에는 1개 날 툴링만으로는 가공에 필요한 툴링이 많아지고, 적재할 수 없다는 케이스가 생기게 된다.

이와 같은 경우에, 가령 거친 가공과 모떼기의 2개 날 보링 바라고 하면 개수는 줄일 수 있고 또 가공 효율도 좋게 된다. 그러나 그 공작물의 전용 공구로 돼버리기 때문에 다른 것에 대한 전용은 어렵고 또 공작물의 로드 수가 많지 않으면 경제적인 장점은 나타나지 않고 있다.

사진 7에 보링 머신용의 다인 보링 바의 예를 나타낸다.

사진 7 다인 보링 바의 예

## ▼ 보링 바의 강성

보링 바는 보통 외팔로 사용되고 또 공구 길이도 길기 때문에 자중과 절삭 저항에 의한 휨이 생긴다. 휨의 대소는 바의 강성과 절삭 저항에 의해서 결정되지만 어쨌든 항상 휨이 발생한 채로 가공을 하고 있는 데는 변함이 없다.

보링 바이트나 마이크로 유닛에 대해서도 같은 것을 말할 수 있고, 이들의 휨이 적으면 그만큼 안정된 절삭으로 이어진다.

그리고 보링 바의 강성을 보는 기준으로, 길이 $L$과 굵기 $D$의 비 $L/D$가 잘 이용되고 있다. 보링 가공중의 채터링 현상의 원인에는 여러 가지가 있으나, 일반적으로는 이 보링 바의 강성 부족에 의한 것이 대부분이다.

이 $L/D$의 최대값은, 표준적인 절삭 조건밑에서는 4~5가 된다.

앞에서 말한 BSA, BSB, BCA형 보링 바는 TMT(일본 공작 기계·동경 그룹) 규격에 규정되어 있는 것으로, 이들 보링 바의 길이는 이 $L/D$를 기본으로 하여 결정되어 있다.

채터링을 방지하는 다른 방법으로, 절삭 저항을 될 수 있는 대로 줄이는 날 형상이나 절삭 조건으로 하는 것도 실시하고 있다. 즉, 날 형상에서는 경사각을 크게 하고, 노즈 아르(nose R)를 작게 하며 조건적으로는 절삭 깊이의 양을 작게, 이송을 크게 함으로써 절삭 저항을 작게 할 수 있다.

그리고 절삭 속도를 떨어뜨려도 역시 절삭 저항을 작게 할 수 있다. 더욱이 강보다 영률이 높은 초경 바를 사용함으로써, 채터링을 방지하는 것도 실시되고 있다.

그러나 이들의 채터링 방지책의 효과는 반드시 현저한 것은 아니고 잘 되지 않는 경우가 많기 때문에, 결론으로는 $L/D$를 크게 하지 않는 것(보링 바의 강성을 확보한다)이 가장 효과적인 방법이라고 할 수 있다.

공작물의 구조상 아무래도 긴 보링 바가 필요하게 되는 경우가 있으나 이럴 때는 ATC(자동 공구 교환)는 할 수 없기 때문에, 바로 앞 구멍으로 가이드해서 외관상의 돌출 길이를 작게 하는 방법이나, 양쪽 지지 바(라인 바라고 한다)를 사용해서 가공하는 일이 실시되고 있다. **사진 8**에 그 예를 나타낸다.

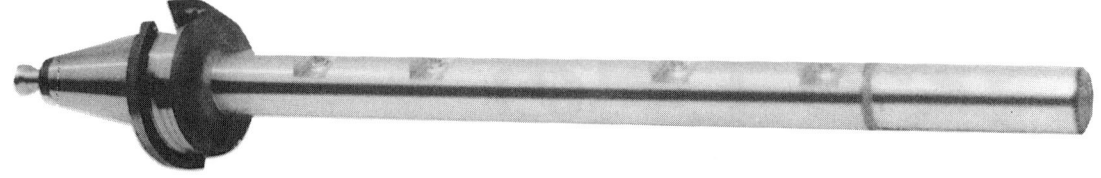

사진 8 라인 바의 예

## ▼ 프리세트 지름과 실제의 구멍 지름

툴 프리세터에 의해서 다듬질용 보링 바를 프리세트한 값과 실제의 구멍 지름이 반드시 같지는 않다.

예컨대 공작물의 절삭 여유(절삭 깊이)의 대소에 의해서 실제의 구멍 지름은 달라지게 된다. 8급 공차나 7급 공차를 목표로 하는 데는, 무시할 수 없을 정도의 큰 오차가 생기는 경우도 있다.

그리고 같은 절삭 깊이라도 보링 지름이 다르거나, 틀린 보링 바를 사용하면 역시 확대되는 양도 달라지게 된다. 그러나 절삭 깊이가 같고 같은 보링 바를 사용하면 구멍 지름은 거의 같게 된다.

이 원인은 앞에서 말한 보링 바의 휨이나 마이크로 유닛의 휨에 의한 것으로, 피할 수 없는 것이다. 이 때문에 정밀 보링을 하는 데는 그 보링 바의 특성(어느 정도의 조건에서 어느 정도의 오차가 생기는가)을 파악해서 할 필요가 있다. 보링 가공은, 경험이 필요하다고 하는 것은 이런 일도 생길 수 있어서 하는 말일 것이다.

## ▼ 날끝 마모와 자동 보정 보링 바

MC로 무인 운전을 해서 어떤 원인으로 보링 지름이 변화할 경우에 이것을 계측해서, MC가 날끝을 자동 보정하고 목적한 공차에 넣을 수 있는 것을 간단하게 할 수 있으면 편리하다.

날끝의 자동 보정 방법으로는 주축의 매 1회전을 날끝의 1스텝량 보정으로 변환하는 것이나 액추에이터의 한 공정과 같이 1스텝 보정으로 보정하는 것 등, 여러 가지가 고안되고 있다.

그러나 인터페이스의 접속이나 MC와의 설치나 조작, 또는 가공 소프트웨어등을 포함해서 여러 가지 장해도 많아 아직도 이제부터라고 하는 현상이다.

그리고 가공 지름이 변화해 가는 원인에는 발열에 의한 것이나 절삭날의 마모·이상, 공작물이나 클램프의 이상 등 여러 가지의 것을 생각할 수 있으나, 이들의 원인에 대한 대책도 같이 시행해 나가지 않으면 안되므로 자동 보정 보링 바는, 아직도 어려운 문제를 갖고 있다.

\*      \*      \*

대략 보링 바에 대해서 진행해 왔으나, 우리들과 보링 가공과의 관계는 이제부터라도 계속해 나갈 것이다. 이 글이 기계나 공작물에 맞는, 사용하기 쉬운 보링 바를 찾아 내는 데 참고가 되면 다행이라고 생각한다.

# 보링 공구의 기본적인 사고 방식과 사용 방법의 힌트

보링 가공은, 각종의 가공 작업 중에서 그것이 점유하고 있는 분야는 대단히 크며 특히 보링 머신에 있어서는, 그 대부분이 보링 가공 작업이라고 하여도 좋을 것이다. 그 보링 가공에 사용되는 각종 공구류의 특성이나 용도, 또는 보전 등에 대해서 무관심하게 취급하고 있는 것을 볼 수 있다.

그래서 주의 사항도 포함해서 가공용 공구의 기본적인 사고 방식을 말하고자 한다.

## 보전상 주의할 것

우선, 보전상 가장 중요한 것은, 모든 공구에 대해서 말 할 수 있는 것이지만 기준이 되는 부분에는 절대로 상처를 내서는 안된다는 것이다. 주축 구멍과 밀착되는 보링 공구류의 테이퍼 섕크부는 특히 중요하다.

이 부분에 두드린 홈이나 줄 자국을 낸 채로, 또는 칩이나 먼지를 붙인 채로, 더욱이 더러운 천이나 손바닥으로 문지른 상태에서 주축 구멍에 공구를 끼워 넣으면 주축의 테이퍼에 홈을 내게 된다.

이 부분에 홈을 내게 되면, 공구의 테이퍼 섕크부의 주축 구멍 테이퍼부와의 밀착이 나쁘게 되고, 가공 정밀도가 저하될 뿐만 아니라 절삭중에 테이퍼 부분이 서로 물리거나 홈이 깊게 되거나 해서 공구가 주축 구멍에서 안 빠지게 되는 경우도 있다.

그래서 발생된 홈의 제거가 불완전한 경우에는, 그 홈이 다음에 삽입한 공구의 테이퍼 섕크부에 홈집을 내게 하고 차례로 반복함으로써 모든 공구에 홈집을 내게 하는 결과가 된다.

따라서, 공구를 주축 구멍에 장치하거나 빼내거나 할 때는, 주축 구멍의 모서리에 부딪치지 않도록 주의해야 하고 부딪쳐서 생긴 작은홈이나 줄 자국을 내지 않도록 해야 한다.

그리고 탱붙이 공구에서는 이들 두드린 홈이나 줄 자국 이외에, 박아 넣은 공구를 드리프트로 빼낼 때, 잘못해서 섕크를 쳐서 홈을 내기 쉬우므로 주의해야 한다.

만약에 홈이 났으면, 그대로 놓아 둘 것이 아니라 홈을 정성껏 제거하고, 항상 정확하고 매끄러운 테이퍼로 되어 있는 지를 확인한 뒤에 사용하도록 힘써야 한다.

## 구멍 가공 용구의 선정

구멍 가공 용구의 선정에서 중요한 것은, 우선 균형의 문제이다. 선반 이외의 공작 기계에서 구멍 가공을 하는 경우는, 공구가 회전 운동을 하게 되므로 **그림 1**에 나타낸 것같은 균형이 나쁜 공구를 고속으로 회전시키면 원심력의 작용으로 공구 자신이 휘휘 돌려져서 절삭중에 채터링이 생기거나 가공 구멍의 진원도가 나빠지거나 한다.

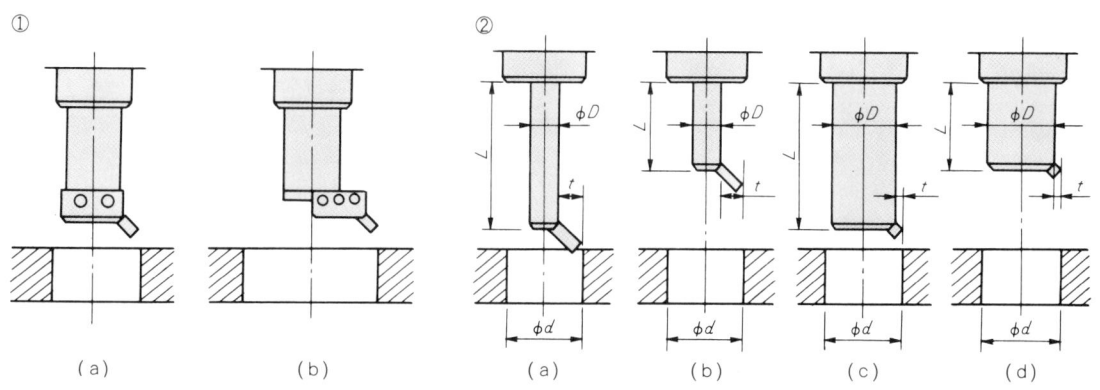

그림 1 공구 균열을 생각하는 기초

이것은, 회전 방향만이 아니라 축 방향에 대해서도 말 할 수 있다. 너무 가늘고 긴 공구는 가공중에 채터링을 일으키기 쉬운 것이다. 그리고 공구의 형상, 길이, 굵기, 재질, 바이트의 돌출량과 절삭 속도와는 밀접한 관계가 있으므로, 그 때마다 적절한 절삭 속도를 선택하지 않으면 안된다.

예컨대, 곧은 구멍으로 같은 구멍 지름의 가공을 하는 경우에, **그림 1**의 ②-(a)는 채터링되기 쉽고, 그에 비해서 (b)는 강력 절삭이 가능하며 절삭 속도도 빨리 할 수 있다.

그리고 (a)와 (b)를 비교하면 (b)쪽이 안정된 절삭 능력을 유지할 수 있다.

또, 공구의 길이와 지름과의 비율을 생각해 보면, 공구의 길이는 지름의 3~3.5배 정도가 거의 이상적인 길이라고 할 수 있다.

그러나 실제 작업중에는 이상적인 공구의 길이보다 아무리 해도 길게 하지 않으면 가공할 수 없는 형상의 물건도 많이 있기 때문에, 가공물에 맞추어서 공구를 선택하거나 제작하는 것으로 되기 쉽다.

이와 같은 경우에는, 될 수 있으면 **그림 2**와 같이 곧은 것보다 끝을 조금 가늘게 한 것이 가공중의 진동이 채터링에 대해서 효과적이다. 이 끝을 가늘게 하는 기준으로는 일반적으로 필요 부분의 1/3 정도의 부분부터 테이퍼로 하면 좋다고 보고 있다.

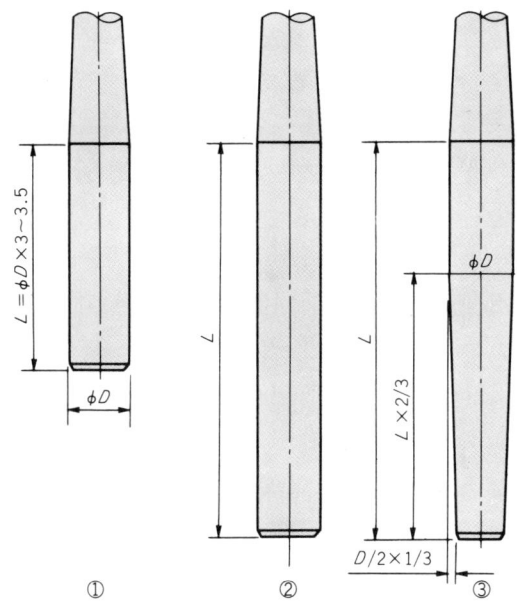

그림 2 공구 길이와 바이트 중심선

더욱이, 공구에 사용되는 재질에 따라서도 강성이 달라지게 된다. 생재(生材)보다는 조질재(調質材)쪽이 강성이 높게 되고, 경우에 따라서는 하이스나 초경을 사용하는 일도 있으나 이것은 강성의 점에서는 우수하지만 공구의 중량이 크게 되어 버린다.

그리고 특수 형상의 공구나 큰지름의 구멍을 가공하는 공구를 주축에 설치할 때는, 주축 구멍에 직접 설치하는 방법과 상관없이 주축의 외주부를 이용해서 설치하는 쪽이 유지력은 강하게 된다. 어느 것이나 주축의 강성에 좌우되는 것을 잊어서는 안된다.

## 바이트 설치부

다음으로 바이트를 설치하는 부분에 대해서 생각해 보자. 일반적으로는 **그림 3** ①과 같은 공구를 만들기 쉬우나 이 경우에는, 설치된 바이트의 절삭날 선단이 아무래도 가공원 중심선에서 어긋나기 쉽게 된다. 이 때문에 보통의 날붙임을 한 바이트로는, 바이트의 절삭날 선단이 가공원 중심선의 윗쪽으로 가서 경사각이 부(-)로 되기 쉽고, 절삭 저항이 크게 되어 가공 능력이 저하되는 경향이 있다.

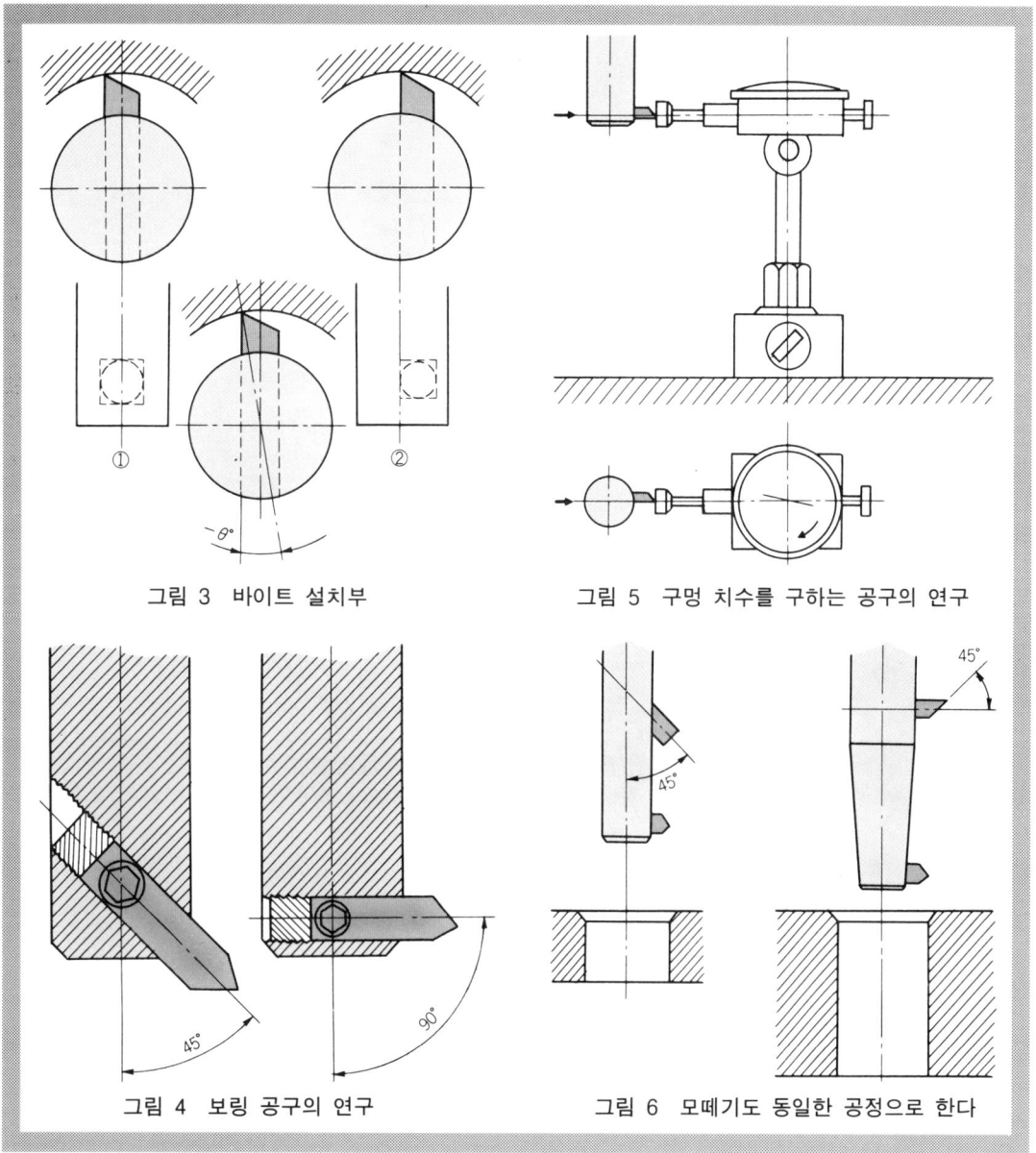

그림 3 바이트 설치부

그림 5 구멍 치수를 구하는 공구의 연구

그림 4 보링 공구의 연구

그림 6 모떼기도 동일한 공정으로 한다

이에 대해서, 절삭날의 중심과 공구의 중심선이 미리 일치하는 방향으로 바이트의 설치 구멍을 가공해 놓으면 바이트의 경사각을 크게 하지 않아도 되고(**그림 3** ②), 바이트 날끝의 강성과 내마모성을 높일 수 있다.

바이트의 고정은 일반적으로는 나사 멈춤의 간단한 방법이 채택되고 있다. 그러나 이 방법으로는 구멍 지름의 치수 결정에 상당히 신경과 노력을 소비하게 되고 결과적으로 가공 시간이 길어지기 때문에, 바이트를 이송하는 방향으로 미세하게 이송할 수 있도록 누름 나사를 설치해 놓으면 편리하다(**그림 4**).

그리고 다이얼 인디케이터의 단자면을 평평하게 개종하여 이것을 간단한 스탠드에 고정한 기구를 사용해서 구멍 지름의 치수 결정에 이용하는 것도 한 방법이다(**그림 5**).

그리고 보링 공구의 응용 예로서는, 구멍 가공뿐만 아니라 모떼기 가공도 동일 공정으로 할 수 있는 방법을 취하면 능률적인 가공을 할 수 있다(**그림 6**).

## 바이트의 날끝

보통은, 스폿 페이싱 바이트 이외는 대부분이 절삭날각이 붙어 있으나 절삭날각이 붙어 있는 것과 없는 것을 비교하면 공구 지름이 작은 것이나 강성이 낮은 것은, 절삭날각 $\theta$가 너무 크면 **그림 7** ①과 같이 절삭 저항 a에 대해서 b와 같은 힘이 작용하고 c 방향으로 피하게 되어 가공 구멍에 테이퍼가 붙기 쉽게 되거나 구멍 지름 치수가 제대로 잘 정해지지 않는 현상이 발생한다.

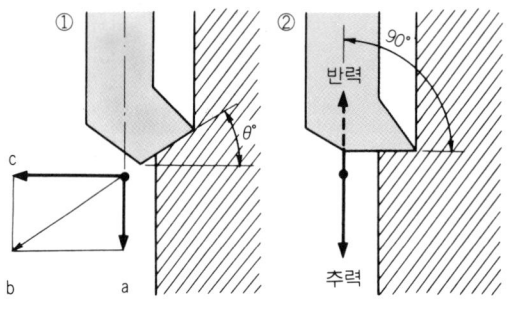

그림 7  바이트 날끝의 연구

이와 같은 경우에는 절삭날각을 스폿 페이싱 바이트와 마찬가지로 축 방향에 대해서 직각으로 하면 좋은 결과를 얻을 수 있다.

이것은, 바이트의 날끝 R에 대해서도 생각할 수 있다. 절삭면을 깨끗하게 하려는 나머지 날끝 R를 크게 하면 표면 거칠기는 틀림없이 깨끗하게 다듬질할 수 있으나, 그 반면 바이트의 절삭폭이 넓게 되기 때문에 절삭 저항이 크게 되어서 절삭성이 비교적 빨리 나빠지고 절삭중에 채터링을 유발하거나 미끄럼이 생기기 쉽게 된다.

따라서, 날끝 R에 대해서는 주축 1회전마다의 이송량과 절삭량(절삭 깊이)에 밀접한 관계가 있으므로, 바이트에 대해서는 거친 절삭용과 다듬질 절삭용으로 구분해 두고 각각의 날끝 각도, 날끝 R를 바꾸는 것이 능률이 좋은 작업을 할 수 있다.

정밀 보링 작업의 최종 다듬질 여유는, 일반적으로 지름이 0.1~0.2 mm 정도라고 말하고 있으므로, 주축 1회전마다의 이송 속도는 0.03~0.08 mm 정도의 범위가 타당할 것이다.

그래서 다듬 절삭용 바이트의 날끝 R는, 0.2~0.5 mm 정도가 적당하다.

또, 바이트의 경사면은 다른 여러 면과 같은 정도이거나 그 이상으로 매끄럽고, 또 직선적으로 다듬질해 놓지 않으면 절삭중에 구성 날끝이 빨리 발생해서 절삭 성능이 저하하고, 절삭성이 악화하거나, 구멍 지름이 고르지 않는 일이 생기거나 하는 등의 원인이 된다.

보링 가공에서는, 직선적인 관통 구멍만이 아니라, 베어링을 끼거나 부시를 넣기 위해서 단붙이나 멈춤 구멍도 많이 있다.

이들 구멍의 밑가공을 하는 작업에서는, 실링용의 2개날 엔드 밀이나 드릴의 선단을 평평하게 개조한 공구가 사용되거나 하지만, 피삭재의 재질이나 공구의 형상에 따라서 절삭중에 날끝이 뛰거나, 반대로 파들기하거나 하는 일이 자주 있다.

이런 경우에는, 날끝을 조금 연구해서 선단을 약간 튀어나오게(凸) 하거나(**그림 8**), 또는 센터 드릴의 양식을 병용해 보면, 쉽게 가공할 수 있는 경우가 있다.

그리고 구멍 도중에 홈을 넣은 경우에는, 특수한 보링 공구를 사용한다. 이 공구는, 주축 1회전마다 자동적으로 절삭 방향으로 공구를 이송하는 기구도 있으므로 비교적 큰 면 절삭도 할 수 있고, 홈 넣기 가공도 물론 가능하다.

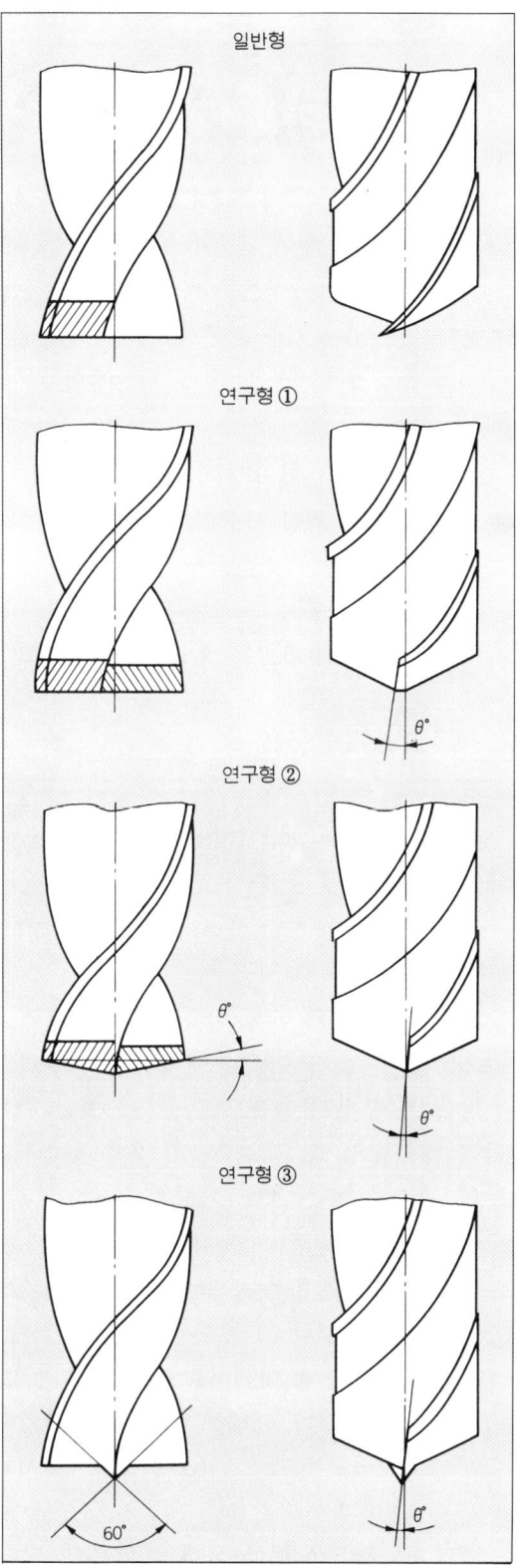

그림 8 스폿 페이싱의 연구

# 보링 가공의 공작물 설치

가공물을 설치하는 데는 일반적으로 죄는 기구와 볼트를 사용해서, 테이블에 고정하는 방법이 취해진다. 이 때, 사용되는 가공물의 지지 블록(정직대)은 문자 그대로 정직하지 않으면 안된다.

보링 가공 후에, 가공 구멍을 측정해 보면, 구멍과 구멍의 피치가 틀려 있거나, 가공된 구멍에 경사진 구멍이 나오게 된다는 말을 듣는다. 이것을 조사해 보면, 기계의 정밀도는 별도로 그 대부분이 가공물의 휘어짐·변형과 지지 블록의 평행 오차나 두께에 영향을 받고 있는 것이다.

지지 블록은 소형의 기계는 소형으로, 대형의 기계는 대형으로 만들어지는 것이 당연하지만 문제는 그것의 정밀도와 형상에 있다. 보통 두께, 평행은 평면 연삭기로 정성껏 다듬질되고 있으나, 길이와 단면 형상에 대해서는 그다지 주의를 기울이지 않는 것같이 볼 수 있다.

너무 긴 것은, 사용하는 지지 블록의 개개에 대한 각각의 상대측과의 평면도, 평행도, 두께의 치수 차 등이 "0"은 아니기 때문에("0"이 되는 연삭은 실제로는 불가능하기 때문에), 절삭 하중을 받는 부분이 가공물의 끝 부분에 치우치고 만다.

이것을 보충하려고 다른 블록을 추가해서 지지하려고 해도 가공 구멍부와 간섭하게 되는 일도 있게 된다(**그림 1 ②**).

이와 같은 상태에서 가공물을 설치하면, 가공물의 휘어짐이나 변형도 충분히 확인할 수 없으므로, 가공 정밀도가 저하하는 결과가 되어 버린다.

따라서, 지지 블록은 짧은 것이 여러 가지 점에서 편리하고, 두께나 평행에 만약 오차가 있는 경우에도 짧은 것은 긴 것에 비해서 비교적 간단하게 수정할 수 있다. 그리고 가공물의 중간에 놓는 것도 가능하게 되고, 휘어짐이나 변형의 확인도 할 수 있으며, 절삭 하중의 치우침에 의한 휨도 방지할 수 있다.

크기는 소형기용에서 $70 \times 25 \times 40$ mm 정도, 대형기용에서는 $100 \times 60 \times 80$ mm 정도가 표준이지만 가공물의 크기에 따라 임기 응변으로 생각하기 바란다.

또, 단면 형상에 대해서는 정방형의 것보다 장방형의 것이 좋다고 생각한다. 정방형으로 정확하게 만들었다고 해도 4개이거나 6개이거나 많이 사용하면 그 중에는 두께 방향의 치수에 오차가 있는 것이 나오게 되는 것이다. 이것이 장방형이면 눈으로 봐서 확실하게 사용하는 면이 확인되기 때문에, 옳게 만들어 놓으면 두께 방향의 오차를 막을 수 있다.

형상은 각상(角狀)이 아니라 환봉을 적당한 길이로 절단한 것을 갖추어도 결과적으로는 같다.

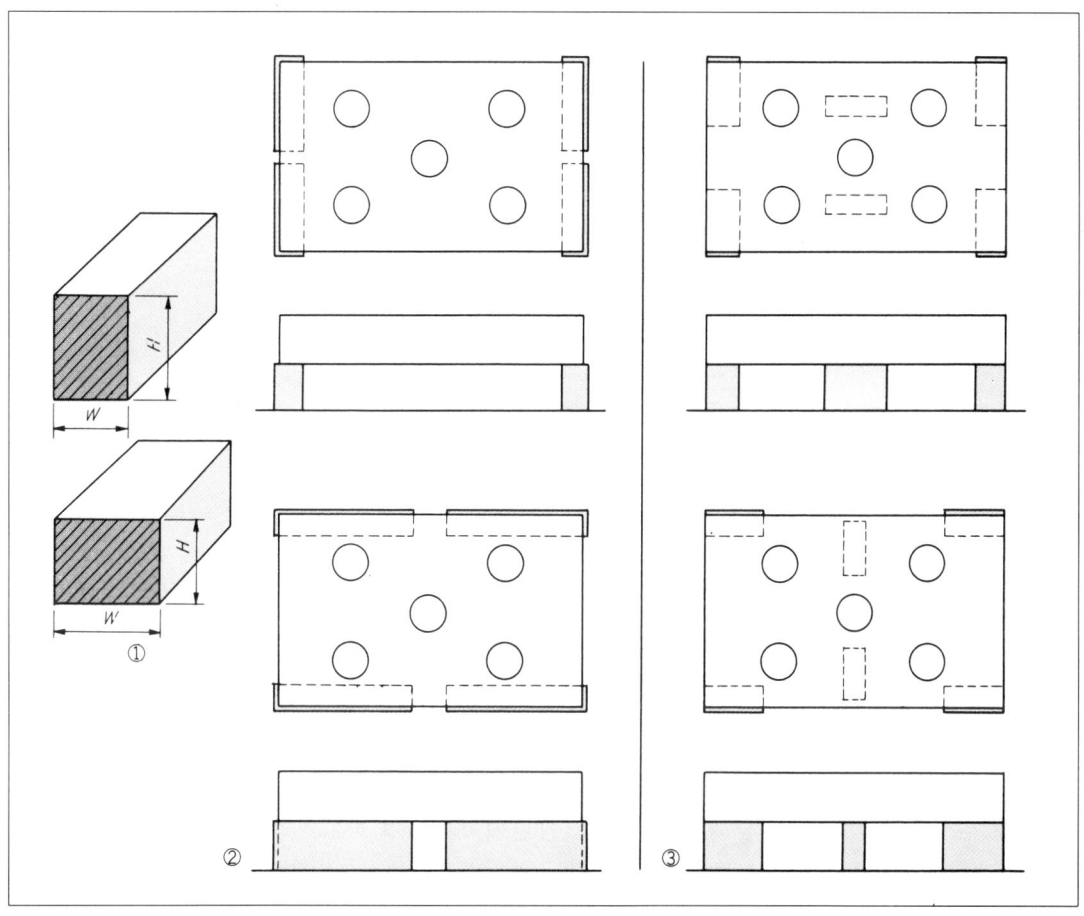

그림 1 정직대는 단면이 장방형이고 짧은 것이 좋다

이 지지 블록에 대해서는 사용하는 것 전부의 두께 방향 오차가 "0"이라는 것이 이상적이긴 하나, 적어도 0.003 mm 이내에는 들어 있도록 갖추어 두고 싶은 것이다. 그리고 열처리에 의해서 경시 변화나 마모에 대한 배려도 잊어서는 안된다.

그리고 주철제의 블록을 만들어 놓으면 박판(薄板)을 가공할 때는 효과적이다. 박판을 일반적인 방법으로 설치해서 가공하면 가공시에 판재가 휘거나 밀리거나 해서, 좋은 가공 정밀도를 얻을 수 없다.

이 때, 주철제의 블록을 다같이 설치해서 동시 가공을 하면 휘거나 젖혀지는 것을 막을 수 있어, 확실한 가공을 할 수 있다(그림 2).

조임 기구를 사용해서 볼트로 죄서 가공물을 테이블 위에 고정할 때, 조임판의 유지로서 가까이 있는 각재나 판재의 나머지를 적당히 쌓아올려서 사용하면 안정성이 좋지 못하고 위험하다. 단붙이 블록을 사용하는 경우는, 높이의 조정이 그리 간단하게 되지 않는 경우도 있다.

그리고 조임판의 높이보다 돌출돼 있는 부분이 있으면 위치 결정 때문에 기계를 가동시킬 때, 공구가 부딪치는 경우도 있다.

이 높이의 조정이 잘 되지 않으면, 죄는 힘이 어느 방향으로 치우쳐버려서 가공물에 변형을 일으키는 힘이 가해짐으로써 가공 정밀도에 나쁜 영향이 생기게 된다. 그래서 높이를 자유롭게 조정할 수 있는 스몰 잭을 사용하면 좋을 것이다.

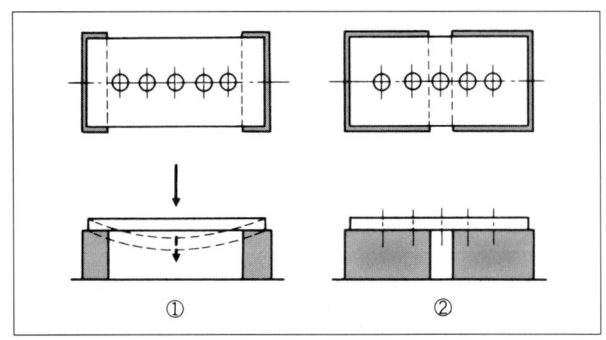

그림 2  박판 가공과 주철제 정직대

이 스몰 잭의 저면에 안내용의 릴리프를 넣어 두고, 같은 지름으로 길이가 다른 것에도 상하면에 안내용의 요철(凹凸)을 설치해 놓으면, 쌓아올렸을 때의 안정도 좋고 스몰 잭을 많이 만들 필요도 없게 된다.

그리고 조임판의 일부에 볼트를 비틀어 넣어서 높이 조정을 하는 방법도 있다. 큰 가공물은, 비교적 설치하기가 쉬우나 작은 가공물에서는, 조임판으로 죄는 것이 대단히 어렵고 조여도 조임판이 거추장스러워서 가공하기 어렵게 되는 경우도 있다. 이런 경우에는, 정밀 바이스를 이용하면 좋을 것이다.

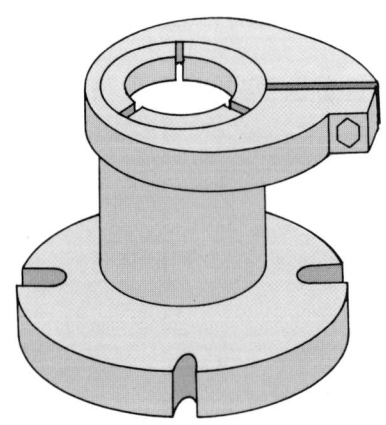

그림 3  콜릿 척 형식에서 밴드로 죄는 공구

이 정밀 바이스의 마우스 피스와 기계의 작동 방향과의 평행을 내어서 바이스를 테이블에 고정하면, 다음은 그대로 가공물을 바이스에 끼우기만 하면 되기 때문에 작업을 쉽게 할 수 있다.

원판상의 것이거나 원통상, 혹은 구상으로 비교적 작은 가공물에는 간단한 설치 기구로써 3조척이 있다. 다만, 3조척에 설치할 때는 가공물의 바깥 지름에 홈을 내거나, 조임부에서 변형시키거나 하지 않도록 주의할 필요가 있다.

이런 상처나 변형을 막기 위해서, 콜릿 척 형식으로 한 것을 사용하는 일도 있으나, 너무 강하게 죄면 콜릿 척 전체가 어긋날 우려도 생기기 때문에 이것도 어느 정도의 주의는 필요하다.

이와 같은 생각으로, 너트 대신에 밴드로 죄는 방법도 있다(**그림 3**). 이 방법으로 하면, 가공물을 죄는데 큰 스패너를 사용할 것도 없고 제작도 콜릿 척 방식보다 용이하다. 안지름보다 작은 가공물을 설치할 때는 별도로 분할 부시를 만들면 언제나 이 설치 기구를 사용하는 것이 가능하다.

긴 물건 전용의 BTA 방식
깊은 구멍 뚫기 드릴링 머신에 의한 구멍 뚫기

# BTA 방식에 의한 심공 가공

## ● BTA 방식 심공 뚫기란

BTA란 Boring and Trepanning Association의 머리 문자를 딴 것이다. 트리패닝이라고 하는 것은 가공물의 중심에 중심재를 남기고 일부만을 절삭하는 경제적인 구멍 뚫기 방법의 하나이다.

BTA 공구는 제2차 세계 대전 직전에 독일의 F. 뮐러씨가 건 드릴에 대신하는 고속 구멍 뚫기 방법으로, 칩을 공기압에 의해서 연속적으로 배출하려고 생각한 것이 시초가 된 것이다. 이 대전중에, 같은 독일의 바이스너씨가 공기압 대신에 고압 절삭유를 선반형의 구멍 뚫기 기계에 사용해서 성공하고, 이 구멍 뚫기 방법의 기초를 확립하였다. 따라서 당초에는 바이스너 방식이라 불렀다.

전후, 이 방식을 이어 받은 서독의 헤라 회사는 스웨덴의 칼슈텟 회사와 협력해서 기술 개발에 노력하였다.

그 후, 서독, 프랑스, 영국, 미국, 스웨덴의 5개국이 이 기술을 보급, 발전시키기 위한 조직을 만들고 바이스너 방식을 BTA 방식으로 개칭한 것이다.

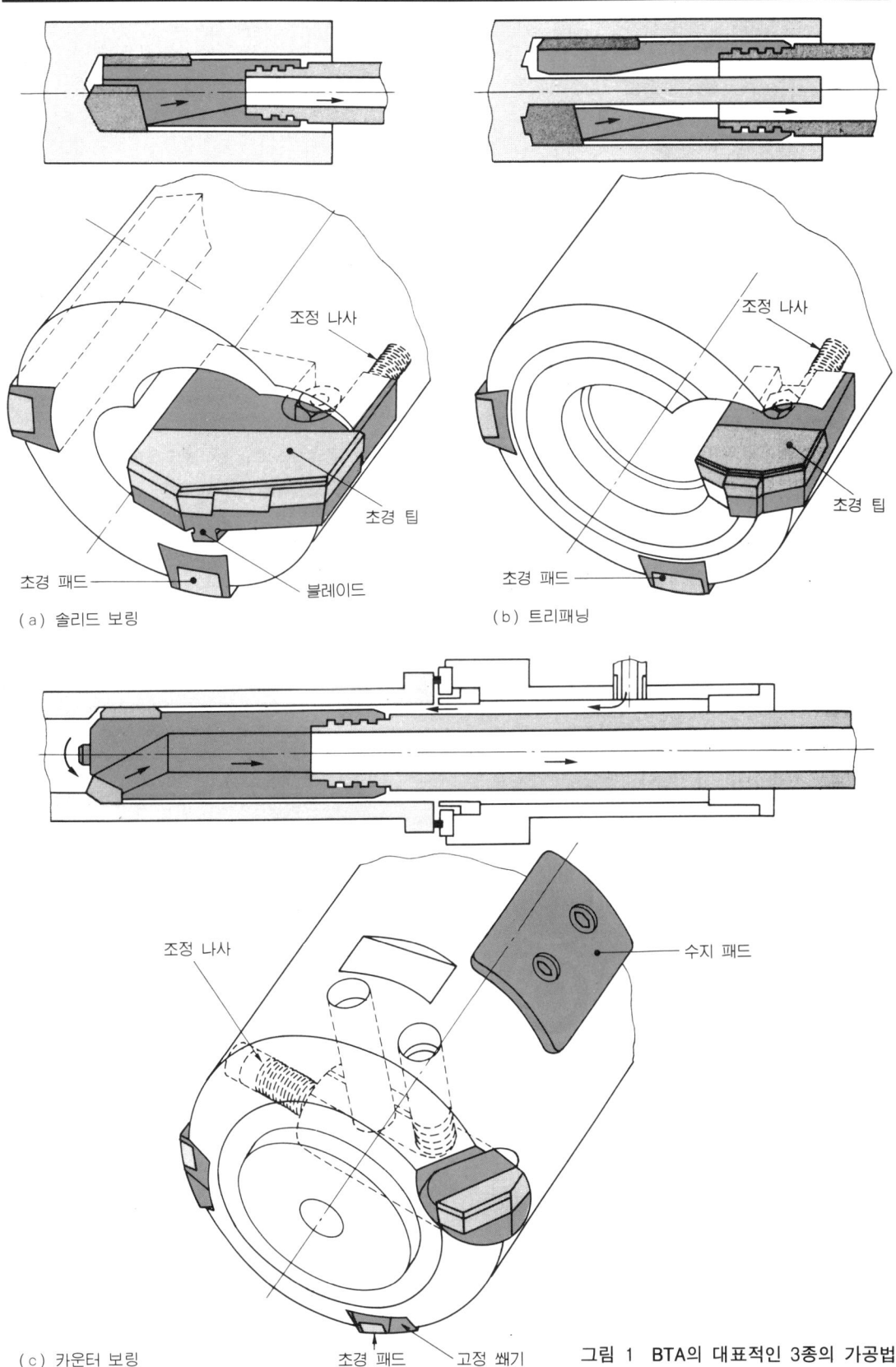

(a) 솔리드 보링
(b) 트리패닝
(c) 카운터 보링

그림 1 BTA의 대표적인 3종의 가공법

일본이 이 조직에 참가한 것은 1956년의 일이었다. 그러나 외국 메이커로부터의 수입에는 막대한 비용이 드는 경우도 있고 해서, 때로는 선반을 개조한 전용기나, 선반과 겸용할 수 있는 개조기가 가동하는 상태였다.

1960년대 부터의 고도 경제 성장기가 되어서, BTA의 일본내 수요가 확대됨으로써 차차로 일본의 자국내 생산화가 이루어지게 되었다. 현재로는 공작 기계의 주축, 제강 및 인쇄기의 롤, 압출기나 사출 성형기용 실린더, 열교환기의 관판, 자동차 부품은 말할 것도 없고 티탄, 순알루미늄, 인코넬, 하스텔로이, 분말 원심 주조 파이프, 그 위에 은이나 순동의 구멍 가공까지 적용 범위가 넓어지고 있다.

## ● 가공의 구조

이 방식에서는 대량의 절삭유를 사용해서 이것으로 냉각, 윤활, 칩 배출의 3 작용을 한다. 절삭유는 가공물에 접한 BTA 방식 특유의 압력두(壓力頭)에 들어가서, 가공물과 보링 바의 틈새를 지나서 날끝에 보내지고, 칩과 함께 보링 바 속을 통해서 탱크에 되돌려진다.

따라서, 공구 가이드에 의해서 배니싱된 다듬질면을 칩으로 흠집을 내는 일은 없다. 그리고 생크에는 합금강을 열처리한 보링 바를 사용하고 있기 때문에, 고속 이송을 할 수 있다. 이 두 가지 점은, 건 드릴에 의한 구멍 뚫기나 다른 가공법에 비해서 장점이라고 할 수 있다.

**그림 1**에, 대표적인 3종류의 BTA 가공법을 나타낸다.

(a)는 솔리드 보링이고, 공구의 지름이 그대로 칩으로 되어 버리게 되므로, 큰지름의 것일수록 대출력의 기계가 필요하다. 현재까지 당 회사에서의 실적은 $\phi 8 \sim \phi 115\,mm$이다. 가공 구멍 지름의 변경은, 보링 바에 공구를 나사 이음으로 한다.

이 가공법은 공구 지름을 모조리 칩으로 해버리기 때문에, 큰지름 구멍이 될수록 비경제적이다.

그와 같은 경우에는, **그림** 1(b)와 같이 중심재 잔류 가공을 하는 트리패닝 방식이 이용된다. 중앙부를 남기기 때문에 솔리드 보링에 비해서 같은 구멍 지름이면 작은 출력의 기계로 된다. 당사의 실적에서 말하면, $\phi 35 \sim \phi 500\,mm$이다.

**사진1**은 $\phi 500\,mm$의 트리패닝 가공의 모양이다. 절삭폭은 44 mm이고 중심재는 $\phi 412$ mm의 것을 빼낼 수 있었다.

**그림** 1(c)는 카운터 보링 방식이고, 압력두와의 관계를 나타내고 있다. (a), (b)의 경우는 순수한 재료에 구멍 뚫기 가공을 하기 때문에, 정밀도에는 그다지 좋지 않으나 (c)의 카운터 보링 방식에는 나사내기 구멍이 있는 것을 확대해 나가는 방식으로, 공구에 수지 가이드가 있어서 안정된 절삭이 가능하고 가장 좋은 다듬질 정밀도를 얻을 수 있다.

트리패닝 방식은, 칩을 배출하는 진로가 좁고 칩이 막히기 쉬우나, 카운터 보링은 가공 여유가 적고 기술적으로도 가장 쉬운 방식이라고 할 수 있다.

이 카운터 보링의 응용 기술로 **그림** 2(a)에 나타낸 뽑아 내기 카운터 방식이 있다.

그림 1에 나타낸 3종의 가공법은 어느 것이나 누름 공구이지만, 이것은 반대로 공구를 끌어 당기기 때문에 보링 바의 휨에 의한 영향을 받기 어렵다.

사진 1  φ500mm의 트리패닝 가공

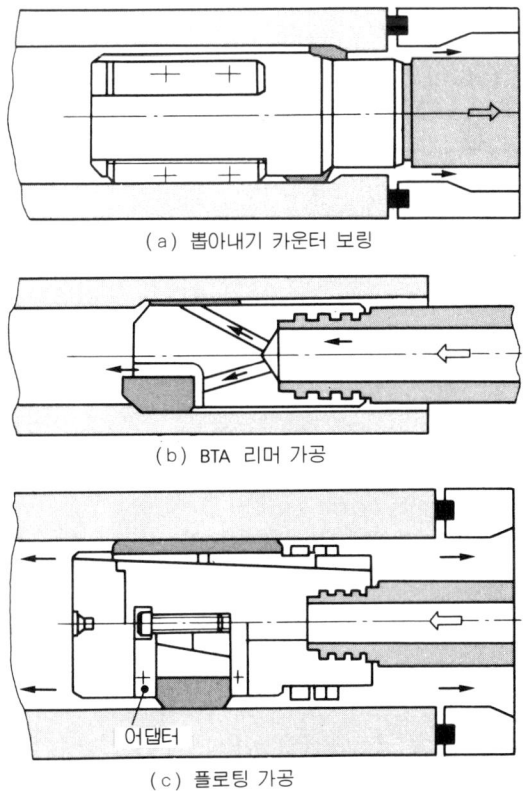

(a) 뽑아내기 카운터 보링

(b) BTA 리머 가공

(c) 플로팅 가공

그림 2  BTA의 응용 공구

따라서, $L/D$가 크고 진직도가 높은 가공물에 적합하다. 다만, 가공시의 절차가 귀찮다는 결점이 있다. **그림 2**(b)는 BTA 리머의 가공 상황이다. 하이스 리머는 다날(多刃)이지만 이것은 가이드붙이의 한개 날 리머이기 때문에 절삭은 안정되어 있고 H 7~H 9, 표면거칠기는 재료에도 의하지만, 6 S 전후로 다듬질된다.

**그림 2**(c)는 플로팅 가공이다. 헤드 속에서 좌우 대칭으로 2개의 절삭날을 갖는 어댑터가 부유하면서 절삭하기 때문에 붙은 이름이다. 2개 날이기 때문에 나사내기 구멍이 나쁘면 채터링이 생겨서 홈집을 내고 만다.

그리고 2개의 절삭날이 동시에 동량을 절삭하는 것이 안정 절삭의 기본이므로, 절삭날의 세트도 중요한 포인트로 된다. 누름과 뽑아 내기의 양쪽 가공이 가능하다.

플로팅 가공에는 초경 가이드가 없으며, 수지 가이드만이 있기 때문에 배니싱 작용은 없다. 따라서, 다음 공정의 호닝은 쉽다. 이 헤드는 다른 공구와 달라서 나사내기 구멍에 따르기 때문에 나사내기 구멍의 구부림을 교정할 수 없다.

**사진 2**는 플로팅에 의한 주조 롤의 냉각 구멍의 가공이다. $\phi 25$ mm의 구멍이고 길이는 약 2 m가 되어 구멍의 수도 30개가 된다.

사진 2 플로팅에 의한 주조 롤 냉각 구멍 가공

## ● 가공상의 문제점

컷 사진은 긴 물체 전용의 BTA 방식 심공 뚫기 기계로, 선박용의 프로펠러축에 $\phi 150$ mm의 관통 구멍을 가공하고 있는 것이다. 가공물의 재질은 SF 60 해당, 바깥 지름은 $\phi$ 500 mm, 길이는 약 17 m가 된다.

이와 같이 긴 가공물은 1 공정으로 완성되는 것이 아니라, 여러 공정으로 나누어서 실시한다. 그 때문에 공기(工期)도 길고, 가공물은 기계 위에 여러 날 놓인 채로 된다. 관통후의 부분적으로 두꺼운 곳도, 지금은 전장에 걸쳐서 1 mm 이내로 끝낼 수 있도록 되었다.

구멍 가공에서 어느 정도 구멍이 구부러져 있는가 하는 것은, 가공이 끝나기 전에는 알 수 없는 큰 결점이 있다. 특히 사진과 같은 큰 물건인 경우에는 전장에 걸쳐서 부분적으로 두꺼운 곳을 작게 억제 하는 것은 쉬운 일이 아니며, 상당한 기술 지식이 필요하다. 예컨대,

① 자중에 의한 휨을 보정한 중심 내기를 한다.
② 가공 조건의 최적값을 선택한다.
③ 조립형 공구이기 때문에 절삭날이나 가이드의 마모를 고려한 치수 세트를 한다.
④ 초경 절삭날에는 좋은 재종을 선정한다.
⑤ 칩 브레이커의 최적 치수를 적용한다.

등 이러한 일들을 전부 만족할 수 있는 상태로 해서, 비로소 양질의 구멍 가공이 가능하게 되는 것이다. 그리고 바깥 지름과 구멍 지름의 차를 외부에서 측정할 수 있는 초음파 후도계(厚度計)의 활용도 도움이 된다. 보링 머신에서의 구멍 구부림을 초음파 후도계로 측정한 결과를 보면, 구멍 구부림의 경향을 확실하게 알 수 있다. 즉, 가공 시초에는 아랫쪽을 향하고 차차로 윗쪽을 향하게 되며, $L/D=72\sim80$에서 거의 입구에 되돌아 가고 그 후에는 처지는 일이 없고 윗쪽으로 구멍이 구부러진다.

입구에서 아랫쪽을 향해서 공구가 진행하는 것은 부시, 바 가이드, 보링 바 방진구의 위치 관계로, 바의 자중에 의해서 공구가 아랫쪽을 향하게 되기 때문이다. 보링 머신에서는 $L/D$가 크면 윗쪽으로 향하지만, 좌우 방향에서는 진행 방향의 우측으로 향한다. 이것은 바 가이드부에서 보링 가공중에는 왼쪽밑으로 내려치기 때문이다.

우리들의 심공 가공에 대한 긴 경험에서 칩 막힘 다음의 큰 문제는 절삭날, 날끝의 재연삭이다.

**사진 3**은 중앙에 돌기(突起)가 있으나, 트리패닝이 아니라 솔리드 보링 결과 생긴 빠질 때의 링의 예이다. 이것은 재연삭할 때 절삭날의 중심을 내렸기 때문에 중심이 남아 있는 것이다. 이 중심의 지름은 $\phi 1.6\,mm$이므로 재연삭으로 중심고를 $0.8\,mm$만큼 내린 계산으로 된다. 재연삭대로 다듬질해 주지 않으면 이와 같은 일이 생겨서 옳바른 정밀도를 얻을 수 없다.

사진 3 솔리드 보링의 빠짐 링

# 범용기를 정밀 심공 뚫기 전용기로

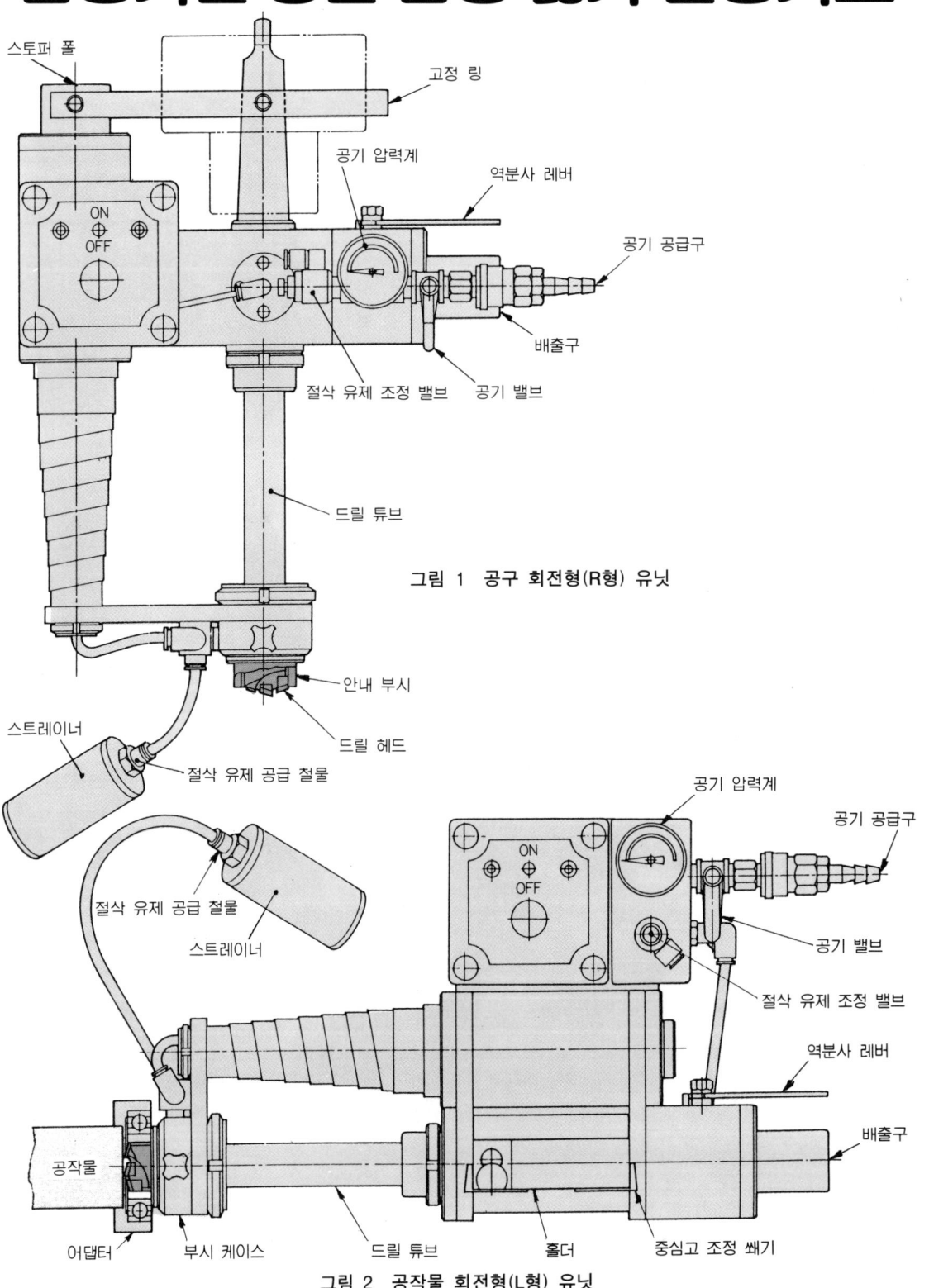

그림 1 공구 회전형(R형) 유닛

그림 2 공작물 회전형(L형) 유닛

# 변신시키는 보링 유닛

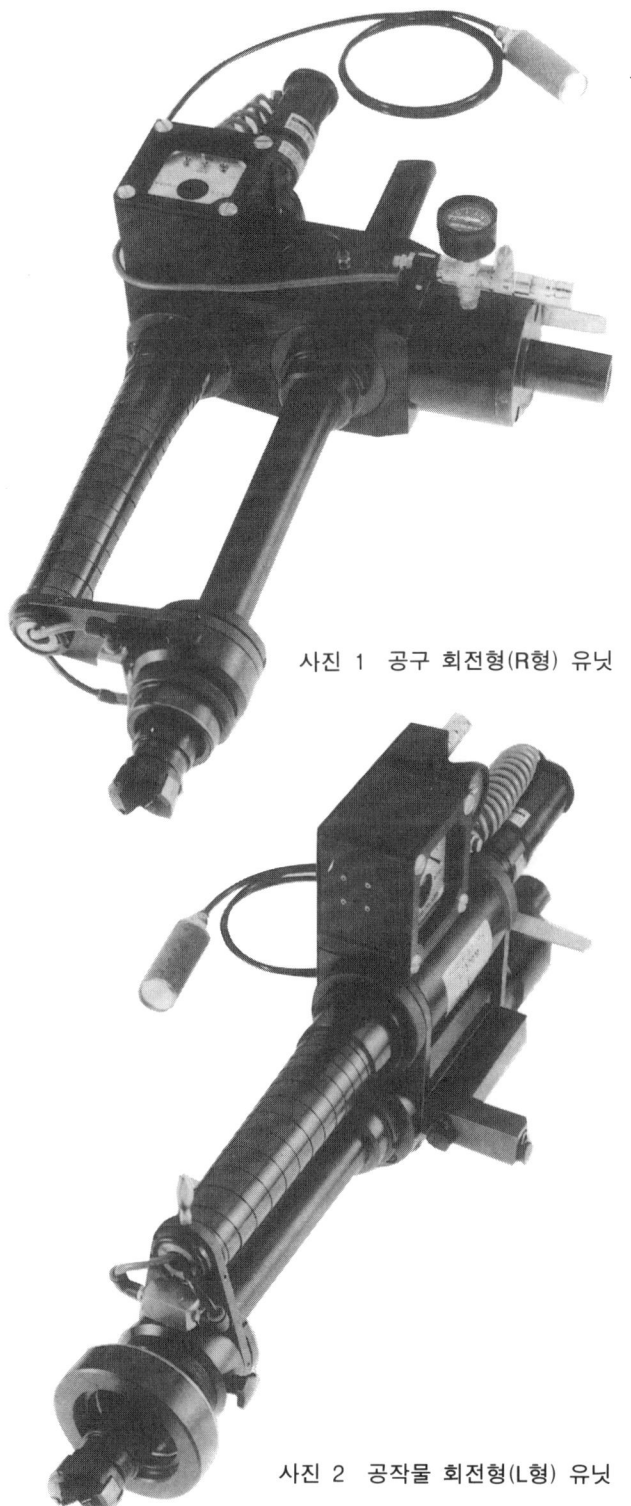

사진 1  공구 회전형(R형) 유닛

사진 2  공작물 회전형(L형) 유닛

구멍 뚫기 가공은, 선삭, 밀링 가공 등에 비해서 가공 상태의 감시가 대단히 곤란하기 때문에 트러블의 발생률이 높고, 비능률적인 가공 분야로 되고 있다.

특히 고능률 고정밀도의 심공 뚫기 가공의 경우는, 특수 전용기, 그 주변 장치(절삭유 장치)를 필요로 함으로써, 도입 코스트가 높고 그 위에 많은 플로 스페이스를 잡기 때문에 소, 중량 생산에서는 가공 코스트 상승의 원인으로도 되고 있다.

이들의 구멍 뚫기 가공중에 노하우를 필요로 하는 정밀 심공 뚫기 가공이 있다. 정밀 심공 뚫기란, 구멍 가공 정밀도 1 T 7~9급을 유지하면서 효율 좋고, $L/D$ 비 4~5배 이상의 드릴링을 하는 경우를 말한다.

보통의 트위스트 드릴에서는 구멍 가공 정밀도 1 T 10급 정도 밖에 기대할 수 없고, 이 이상의 정밀도를 필요로 하는 경우에는 리머등의 추가 가공을 하지 않으면 안되기 때문에 정밀 구멍 가공이라고 할 수 없다.

그 때문에 단일 공정에서 효율 좋게 정밀 심공 가공을 하기 위해서는 건 드릴이나 BTA 시스템 등이 많이 이용되고 있으나 이니셜 코스트가 높아, 가공 코스트는 다량 생산을 하는 경우에만 성립되는 가공법이다.

## 로 코스트(Low cost) 정밀 심공 뚫기

그래서, 공장에 있는 기존의 기계 설비에 장착하는 것만으로 정밀 심공이 원 패스로 고속 가공할 수 있는 가공 유닛 「사이클론·보링·시스템」이 개발되었다.

이 가공 유닛에는 **그림 1**, **사진 1**에 나타내는 공구 회전형(R형) 유닛과 **그림 2**, **사진 2**의 공작물 회전형(L형) 유닛의 2종류가 있다.

공작물 회전형은 선반이나 단능기, 터닝 센터 등에 설치해서 공작물을 회전시켜서 정밀 심공 뚫기 가공을 하는 것이다. 공구 회전형은 드릴링 머신이나 밀링 머신 등에 설치해서 공작물을 고정하고, 회전 공구에 의해서 정밀 심공 뚫기 가공을 하는 것이다.

유닛의 개발 목표는 기존의 범용 공작 기계, 예컨대, 선반, 단능기, 드릴링 머신, 밀링 머신 등의 기능을 해치지 않고 설치, 제거를 쉽게 할 수 있고, 가공 지름 $\phi 8 \sim 65\,mm$, $L/D = 5 \sim 30$, 가공 정밀도 IT 7~9급의 심공을 단일 공정으로 하는 것이다. 그리고 건 드릴이나 BTA 시스템과 같이 고압 다량의 절삭유를 사용하지 않고 그 이상의 가공 능률을 확보하고 단순한 구조로 가격을 싸게, 숙련을 필요로 하지 않는 것 등을 목표로 한 것이다.

**사진 3**은 선반에 설치한 공작물 회전형 유닛의 한 예이다.

사진 3 선반에 설치한 공작물 회전형 유닛

유닛은 드릴 헤드, 드릴 튜브, 가이드 부시, 절삭 유제 공급 장치, 흡인 방식 칩 회수 장치 등으로 구성되어 있다.

주된 특징과 사용상의 포인트를 정리하면 다음과 같이 된다.

### (1) 드릴 헤드

심공 뚫기 가공에서는 칩을 어떻게 제어해서 배출, 회수하는가에 따라서 가공 능률과 가공 정밀도가 결정된다. 따라서, 이 유닛에서는 가공면 거칠기와 진직도에 중점을 둔 칩의 내부 회수 방식을 채택하고 있다.

칩의 내부 회수를 하는 경우에 안정된 가공을 확보하기 위해서는 최소 가공 지름이 제약되지만, 비교적 가공 빈도가 높은 ∅8mm 이상을 대상으로 하였다. 칩 처리는 런닝 코스트를 가장 크게 좌우하는 요인으로 되는 것이다.

드릴 헤드는 **사진 4**에 표시한 것같이 가공 지름에 대해서 각각 독립한 3개의 절삭날에 의해서 절삭 깊이폭을 조정함으로써 칩폭은 강제적으로 분할되고, 각 절삭날은 분리, 독립하고 있으므로 주속(중심부의 0에서 외주부의 최대 주속까지)에 따른 초경 합금 재질 절삭날을 선택할 수 있다.

사진 4 드릴 헤드

절삭날에는 그 절삭 영역에 맞는 칩 브레이커가 설치되어 칩을 분단하며 배출 처리를 쉽게 하고 있다.

그리고 드릴 헤드 본체에는 칩 생성량, 칩 형상에 대응한 2개소의 칩 배출구, 배출구 형상을 설치해서 칩을 정체할 것 없이 쉽게 배출할 수 있다.

공구 수명은 다른 드릴과 다르고 각 절삭날이 독립되어 있으므로 절삭 저항을 다른 부분에서 받을 것 없이 절삭날의 재질, 형상을 선택하기 쉬우므로, 안정된 수명을 얻을 수 있다. 그리고 절삭날은 재연삭에 의한 트러블을 방지하는 것을 목적으로, 스로어웨이형으로 하였다.

가공할 때는, 유제의 공급과 칩 배출의 공기 흐름을 안정시켜서 하기 때문에, 가공 내벽과 드릴의 틈새를 충분히 확보해서 가이드 패드는 각 절삭날의 분력과 배니싱 효과를 가장 효과적으로 작용시키는 위치에 배치하고, 가공 구멍 정밀도, 표면 거칠기, 진직도의 확보에 주력하고 있다.

### (2) 드릴 헤드의 지지

드릴링은 가공 지름의 1/2이 절삭 깊이폭이 되므로, 가공 능률의 향상을 도모하기 위해서는 드릴과 그것을 지지하는 드릴 섕크에는 큰 강성이 요구된다.

이 유닛에서는, 공구에 트위스트 드릴, 건 드릴 등과 같은 홈이 없고 지지 단면을 원통형으로 할 수 있기 때문에, 비틀림에 대해서 보다 강성을 높일 수 있다.

이같은 이유에서 칩의 내부 회수 방식이 능률, 정밀도면에서 유리하다고 보고, 드릴 헤드의 지지를 중공형(中空形)으로 하였다.

### (3) 절삭 유제 공급 장치

종래의 심공 뚫기 가공에서는 고압 다량의 절삭 유제 공급이 필요하였으나 이 장치는 펌프 기능을 겸비한 오일 미스트 발생기에 의해서 유제를 흡인하는 동시에, 특히 극압성의 향상을 도모한 수용성 유제를 안개 모양으로 절삭날부에 공급할 수 있고 윤활과 냉각이 효과적으로 이루어지고 있다.

수용성 유제를 사용하면, 유제의 기화에 의해서 절삭 가공열의 냉각 효율을 더욱 향상시킬 수 있고 유제의 소비량을 적게 하는 것도 가능하다.

### (4) 흡인 방식 칩 회수 장치

압축 공기를 일정한 공간 내에서 효율 좋게 소용돌이치는 형상으로 분사시킴으로써 일어나는 큰 압력차에 의한 강력한 흡인력을 이용해서 칩을 원활하게 기계 밖으로 배출하는 장치이다. 이에 의해서 칩의 퇴적 장해의 발생이 제거되므로, 가공 목적 길이까지 연속된 이송이 주어지고 원 패스로 심공 뚫기가 가능하게 되었다.

고속 다량의 공기 흐름은 칩 배출만이 아니라 절삭열의 냉각도 하게 되므로, 가공 정밀도의 향상과 공구 수명 연장에 얼마간의 도움이 될 것이다.

## 가공상의 문제와 도입 효과

### (1) 칩 형상

칩의 형상은, 공작물의 재질, 절삭 조건과 절삭 유제의 질, 양에 따라서 크게 달라진다. **표 1**은, 공작물 재질별의 절삭 조건 예를 든 것이다.

표 1 피삭 재질에 의한 절삭 조건(참고값)

| 피삭 재질 | 항장력·경도 | 절삭 속도 (m/min) |
|---|---|---|
| 저 탄 소 강 | HB 180 이하 | 50~80 칩 절단이 어렵다 |
| 구 조 용 강 | 50~70 kg/mm² | 70~90 제일 절삭하기 쉽다 |
| | 70~100 | 50~80 비교적 절삭하기 쉽다 |
| 합 금 강 | 100~150 | 40~70 절삭열에 주의할 것 |
| 스테인리스강 | 마텐자이트계 | 40~70 절삭유를 조금 많게 |
| | 오스테나이트계 | 30~50 절삭유는 많이, 이송은 크게 |
| 주 철 | HB 200~300 | 60~80 절삭 유제는 수용성이 좋음 |

주물재 등과 같이 불연속형의 칩을 발생하는 피삭재에 대해서는 가공 정밀도와 공구 수명을 고려하는 것만으로도 좋으나, 연속형의 칩이 생성되는 피삭재에 대해서는 칩의 관리가 대단히 중요하게 된다.

배출 회수에 대해서 이상적인 칩의 형상은, 가공 지름의 1/3~1/4 정도로 컬지게 하여 그 컬 지름의 1/2~1/3 정도로 절단된 것이 가장 좋다고 말할 수 있다.

칩의 절단은, SS 41, SUS 304, 티탄 합금 등과 같이 대단히 어려운 것도 있다. 그렇다고 해도 절삭 조건과 칩 브레이커 형상의 연구에 의해서 불가능하지는 않다.

### (2) 가공 정밀도

사이클론·보링 시스템에 의한 가공 정밀도는 대략 다음과 같이 된다.
① 원통도는 공구 지름에 대해서 0.3%의 범위
② 표면 거칠기는 1 S~12 S의 범위
③ 진원도는 $L/D = 10$에 대해서 0.01~0.05%의 범위로 확보할 수 있다.

### (3) 도입 비용에 대해서

이 장치는 기설(既設)의 범용기를 이용하는 것을 전제로 해서 개발된 것이므로, 유닛의 도입에 의해서 즉시 심공 가공을 할 수 있도록 필요한 물건이 부속되어 있다.

가공 능률에 대해서는 **그림 3**, **그림 4**에 나타낸 것같이 얼마나 유리한가를 이해해 줄 것이라 생각한다.

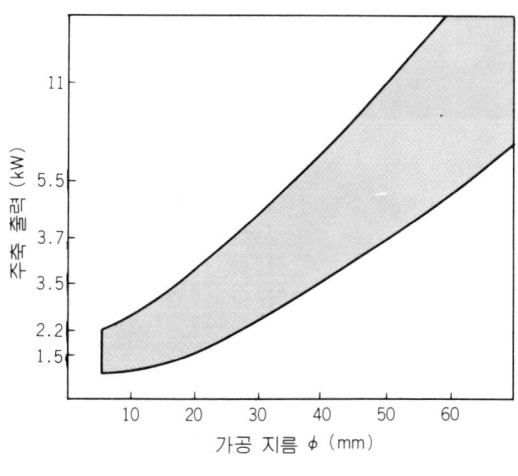

그림 3 주축 출력과 가공 능력

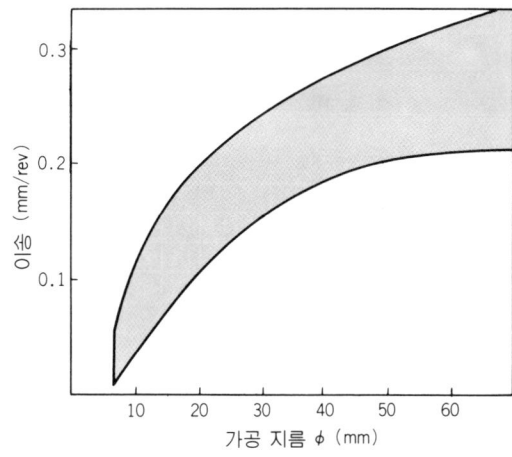

그림 4 가공 지름에 대한 이송량

초기 도입 비용은, 가공 지름과 그 길이에 따라 다르지만, 소유 기계가 고가인 전용기와 동등으로 유효하게 이용되는 효율을 생각하면 대단히 싸다고 생각한다.

런닝 코스트면에서는 소모 공구로 되는 드릴 헤드의 구입비가 제일 큰 비중으로 되지만, 장수명화, 고속·고정밀도화에 의한 생산성의 향상등에서는 다른 가공법에 비해 유리하다.

# 보링 바이트의 사용 방법

## ◐ 보링 바이트에 대해서

보링 바이트는, 슬리브를 사용해서 설치되는 둥근 섕크 형상의 것이 일반적이고, JIS형 표준 바이트(납땜 바이트)는 적어지고 있다.

이 둥근 섕크 형식의 것은 터릿 선반에서 NC 선반의 보급에 의해 크게 퍼졌다고 할 수 있다. 그리고 이 과정에서 ISO의 동향도 있고, 둥근 섕크의 사이즈는 $\phi 50\,mm$, $\phi 40\,mm$, $\phi 32\,mm$, $\phi 25\,mm$, $\phi 20\,mm$, $\phi 16\,mm$, $\phi 12\,mm$, $\phi 10\,mm$, $\phi 8\,mm$로 통일되고, NC 선반의 툴 포스트에 직접 설치, 혹은 슬리브를 통해서 설치된다.

일반적으로 $\phi 20\,mm$(일부 $\phi 25\,mm$까지 중복)이하를 작은지름 보링으로 하고 있다.

### (1) 보링 바이트($\phi 25mm$ 이상)

보링 바이트의 날끝 형상도 바깥 지름 가공용 바이트와 같이 용도에 따라서 분류되고 있으나 날끝 형상의 주된 것은 4각, 80°, 마름모꼴, 3각, 55° 마름모꼴의 스로어웨이 팁을 사용한 것으로 되어 있다.

그 주된 용도는 4각 팁은 관통 구멍 가공용, 3각 팁은 멈춤 구멍 가공용, 80°와 55° 마름모꼴 팁은 모방 가공용이다.

이 중에서, 일반적으로 3각 팁의 것이 가장 많이 사용되고 있다. 그것은, 작업의 공통성과 그 날끝 형상에서 배분력이 적고, 사용하기 쉬운 것에서 온 것이다.

마름모꼴 팁, 특히 80° 마름모꼴 팁은 3각 팁에 비해서 날끝 강도가 높고, 날끝 형상도 3각 팁에 가깝기 때문에, 절삭 특성면에서는 추천할 수 있으나 사용 절삭날 수가 3각 팁의 2/3이기 때문에, 코스트면에서는 불리하다고 할 수 있다.

$\phi 25\,mm$ 이상의 보링 바이트는, 형상의 차이로 시리즈화가 되어 있으나, 일체형 외에 바이트 선단부를 교환식으로 한 것도 있다. 이것은, 선단의 각종 날 형상을 교환함으로써, 바이트 본체는 공용으로 여러 가지 툴링에 대응할 수 있도록 한 것이지만, 강성의 점에서는 일체형이 우수하다.

그리고 이들의 보링 바이트에는 네거티브 팁을 사용하는 것과, 포지티브 팁을 사용한 것이 있으나 섕크 지름의 굵은 가공 분야에서는 절삭 조건, 강성면에서도 네거티브로 충분하고, 팁의 코스트면에서 선택되는 경우가 많은 것같다. 포지티브는 특히 절삭성을 중시하는 경우에 사용된다.

### (2) 작은지름 보링 바이트

이것은, ∅25 mm 이하와 섕크 지름이 가늘기 때문에, 아무래도 강성의 문제가 생긴다. 보링 바는 가공하는 지름보다 필연적으로 가늘게 될 수 밖에 없고, 이 바이트에 세트되는 스로어웨이 팁이 필요로 하는 스페이스로부터의 제약도 더해지기 때문에, 강성을 충분히 확보하기 어렵게 된다.

보링 바이트로 가공할 수 있는 최소 지름은 설계면에서 결정되고 있다. 이 이하의 지름을 가공하려고 하면 팁의 2번면 또는 섕크부가 가공물과 간섭해 버린다.

이 때문에 이런 종류의 보링 바이트는, 홀더 지름이 ∅8 mm, 최소 지름이 ∅8 mm 정도의 것이 가장 가는 것으로 되어 있다.

사용 분류는 지름이 굵은 보링 바이트와 같지만 포지 팁을 사용하고 있다.

∅8 mm 가공용의 팁은, 내접원 ∅3.969 mm, 두께 1.59 mm와 스로어웨이 팁 중에서도 최소의 것을 사용하고 있다. 그리고 가공 지름과의 간섭의 관계에서 반지름 방향의 경사각은 −12°와 커다란 네거티브로 되지 않을 수 없다. 이들의 작은지름 보링 바이트에서, 팁의 클램프 방법은 크게 나누어서 2종류로 된다. 스크루온식과 핀로크식이다.

이것들의 클램프 방식은, 클램프력이 물론 문제이지만 강성이나 칩 배출성, 조작성 등의 균형도 문제가 된다. 팁쪽은 여유각 7°의 것과 11°의 2종류가 주이지만, 최소 가공 지름과의 관계로 11°의 것이 참다운 경사각에 대해서 유리하고 절삭성도 좋다고 말할 수 있다.

## ● 보링 바이트 사용상의 포인트

보링 바이트에는, 공구의 특성에서 오는 여러 가지 문제가 있다. 대는 소를 겸할 수 없는 것이 물론이지만 반대로 소도 대를 겸할 수 없기 때문에 주의가 필요하다.

### (1) 칩 처리

칩 처리에는 안전면이나 공구 수명에 대한 영향, 다듬질 상태에 대한 영향 이외에, 가공의 자동화, 무인화에 있어서 큰 문제로 항상 거론되고 있다. 특히 보링 가공에서는 칩 배출 스페이스가 한정되어 있는 경우가 많고, 칩의 영향이 보다 증폭된 형상으로 나타나고 있다.

일반적으로, 칩의 형상과 그 영향은 **표 1**과 같이 된다. 가공 현장에 따라 좋은 칩 형상은 달라지게 되나 A형과 같이 가공물이나 기계에 휘감기거나 E형의 너무 막혀서 튀어 나가 흩어지는 것은 칩 처리성이 나쁘다고 할 수 있다. 기본적으로는 B형, C형, D형이면 좋은 칩이라 하고 이와 같은 칩 형상으로 되는 절삭 조건, 공구를 선택하지 않으면 안된다.

칩 처리는 팁에 설치된 칩 브레이커로 처리하는 경우가 대부분이고, 최근에는 3차원 형상의 것이 증가하고 있다. 그래서 초경 이외에 코팅이나 서멧과의 조합으로 풍부한 시리즈로 되어 있으므로 절삭 조건과 맞추어서 적합한 처리 범위의 브레이커를 선택할 필요가 있다.

표 1  칩 형상이 미치는 영향과 평가

| 영향과 평가 | | 칩 형상 | | | | |
|---|---|---|---|---|---|---|
| | | A 형 | B 형 | C 형 | D 형 | E 형 |
| 공구수명 | 내마모성 | ○ | ○ | ○ | ○ | × |
| | 치 핑 | × | × | ○ | ○ | × |
| 품질 | 다듬질면 | ○ | ○ | ○ | ○ | ○ |
| | 채터링 | ○ | ○ | ○ | ○ | × |
| | 치수정밀도 | ○ | ○ | ○ | ○ | × |
| 반송 | 가공부품 | × | ○ | ○ | ○ | ○ |
| | 칩 | × | × | ○ | ○ | ○ |
| 동력·절삭 저항 | | ○ | ○ | ○ | ○ | × |
| 안 전 성 | | × | ○ | ○ | ○ | × |
| 종 합 평 가 | | × | ○ | ◎ | ◎ | × |
| 절삭깊이량 | 대 | | | | | |
| | 소 | | | | | |

◎ 최적  ○ 양호  × 불가

## (2) 강성에 대해서

보링 바이트는, 가공되는 구멍의 깊이에 따라서 그 돌출 길이가 정해지게 된다. 따라서 심공이 될수록 돌출이 긴 설치 상태에서 가공하지 않으면 안되고, 바이트의 강성에서 어느 정도 이상 긴 돌출이 되면 채터링이 발생한다.

이 채터링의 대책으로는, 방진 기구(댐퍼등)를 내장한 방진 보링 바이트나, 초경 섕크의 것 등이 효과적이다. 방진 기구 내장형은, 일반적으로는 지름이 큰 보링 바이트가 잘 이용되고 있다.

특히, 작은지름 보링 바이트로 섕크를 초경화 하면 섕크의 휘는 양이 적기 때문에 채터링이 없고 다듬질 치수의 편차도 작아, 담금질강 섕크에 비해서 1.5~2배의 돌출량을 취할 수 있다.

**그림** 1에 초경 섕크와 담금질강 섕크의 절삭 성능 비교를 나타내고 있다.

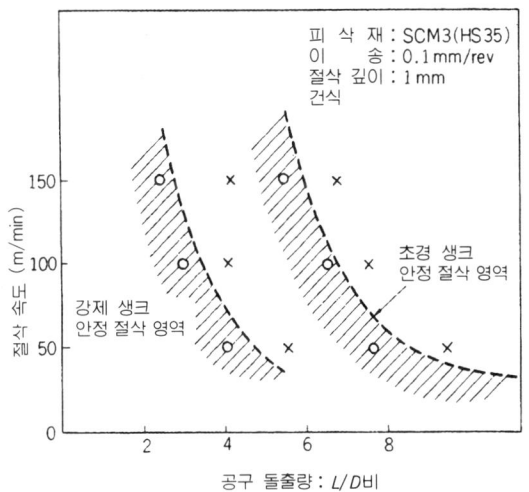

그림 1 강 섕크와 초경 섕크의 성능 비교

이 그림에서, 담금질강 섕크의 경우는 공구 돌출량 $L$과 섕크 지름 $D$와의 비 $L/D=3$, 초경 섕크의 경우는 $L/D=6$ 정도를 기준으로 하면 좋다고 생각한다.

### (3) 다듬질 정밀도

구멍 가공에서는, 선삭 다듬질에서도 H 7급의 정밀도를 목표로 하는 것이 적지 않다. 이와 같은 치수 관리에 대해서도, 기계와 공구의 양쪽에서의 충분한 관리가 필요하게 된다.

특히 NC 선반에서는, 날끝 위치 관리를 여러 가지 방법으로 하게 되고, 날끝 위치의 보정에 의해서 가공 정밀도의 장시간에 걸친 유지가 가능하게 되었다.

그림 2에 구멍 지름 치수의 변화와 보정의 한 예를 나타낸다. 공구는 사용 개시 초기에는 초기 마모등에 의해서 가공 치수의 변화가 급격하고 그 다음, 차차로 완만하게 되는 상태를 나타낸다. 이 상태를 파악하는 것이 보다 긴 공구의 수명과 정밀도를 유지하는 데 연결된다.

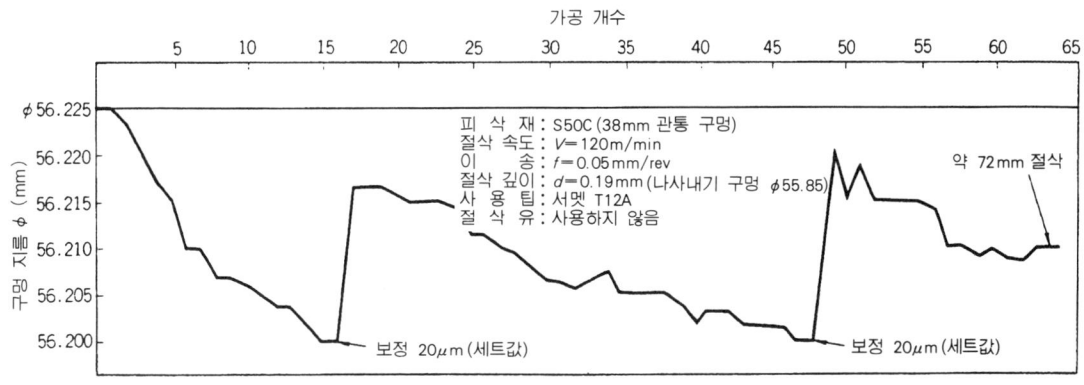

그림 2 구멍 지름의 변화와 보정(2회 보정)

구멍 지름만이 아니라 다듬질면 거칠기의 변화도 가공 품질의 중요한 포인트라 이것에 대해서는 서멧을 사용해도 한층 안정된 다듬질면을 얻을 수 있기 때문에, 공구 재종의 선정도 빠질 수 없는 포인트가 된다.

### (4) 공구 재종

스로어웨이화와 같이 각종의 재종이 출현하고 있기 때문에, 가공물의 재질에 적합한 공구 재종을 선정하고, 동시에 적절한 절삭 조건을 정하지 않으면 안된다.

그러나 구멍 지름이 큰 경우에는 그다지 문제가 없다고 하지만 일반적으로 스핀들 회전수의 제한에서 절삭 속도를 올리지 못하는 경우도 많고, 고속 절삭과 다소 거리가 먼 조건으로 되어 있다.

그리고 앞에서 말한 채터링의 점에서도, 절삭 속도를 너무 높게 할 수는 없다. 특히 작은지름 보링 가공에서는, $V=100 \text{ m/min}$ 이하의 절삭 속도가 대부분이다.

이와 같은 제한 속에서 공구 재종을 선정하지 않으면 안될 수 밖에 없다. 이것 때문에 강의 보링 가공에서 거친 가공에는 코팅, 중·다듬질 가공에서는 서멧의 사용이 바람직하다고 할 수 있다. 이것은 서멧이 상기의 조건에 맞은 성능을 나타내기 때문이다.

즉, 서멧은 작은 절삭 깊이로, 코팅은 비교적 절삭 깊이가 큰 영역에서 내치핑성이 뛰어나기 때문이다.

그리고 양쪽 다같이 내용착성에 대해서는 초경보다 대단히 우수하고, 초경에서 자주 볼 수 있는 늦은 이송 영역에서 생기는 용착성 치핑은 그다지 볼 수 없다.

# PART 5

# 탭과 그 활용

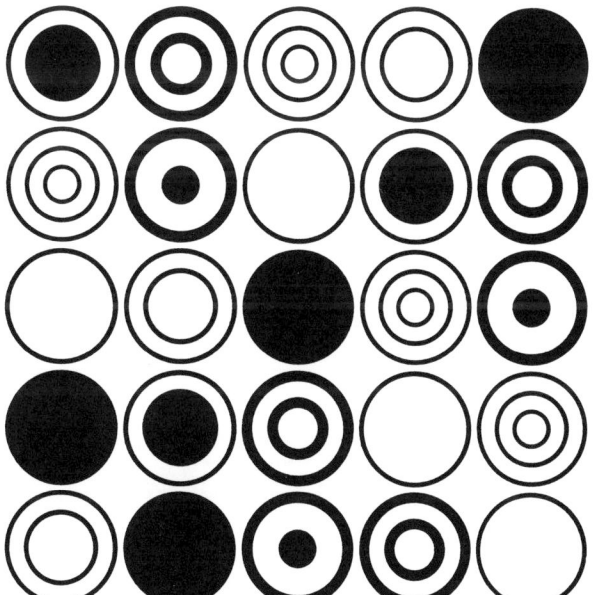

# 탭의 종류

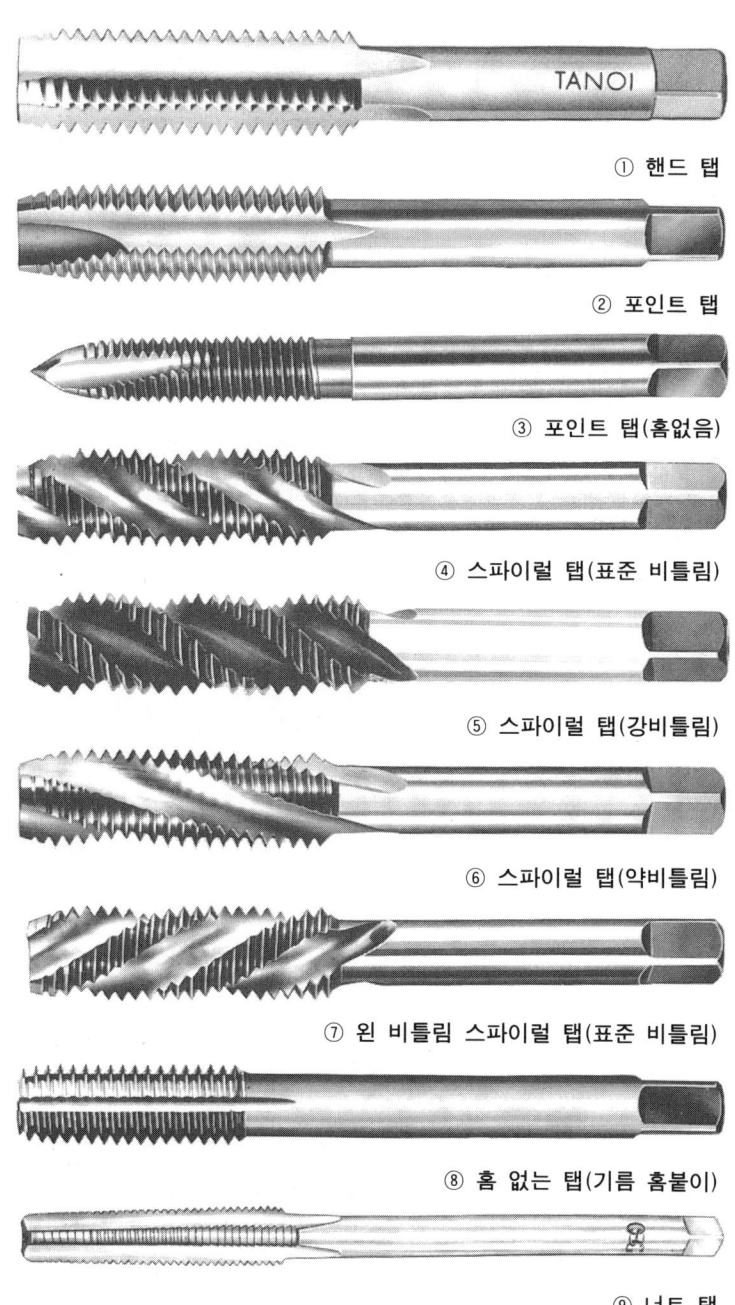

① 핸드 탭
② 포인트 탭
③ 포인트 탭(홈없음)
④ 스파이럴 탭(표준 비틀림)
⑤ 스파이럴 탭(강비틀림)
⑥ 스파이럴 탭(약비틀림)
⑦ 왼 비틀림 스파이럴 탭(표준 비틀림)
⑧ 홈 없는 탭(기름 홈붙이)
⑨ 너트 탭

 탭이란 「암나사를 가공하는 수나사형의 공구」를 말하는 것으로, 탭에 의한 암나사 가공을 태핑(나사 절삭)이라고 한다. 태핑은, 탭을 기계에 설치하고 또는 일부 탭 핸들에 의한 손 돌림으로 미리 가공된 나사내기 구멍에 1회전 1리드로 탭을 비틀어 박아서 가공한다.
 탭은 공작물의 대소, 형상의 복잡도, 나사 치수의 큰지름, 작은지름 등을 문제 삼지 않고, 능률적인 태핑을 할 수 있는 나사 가공 공구로 널리 이용되고 있다.

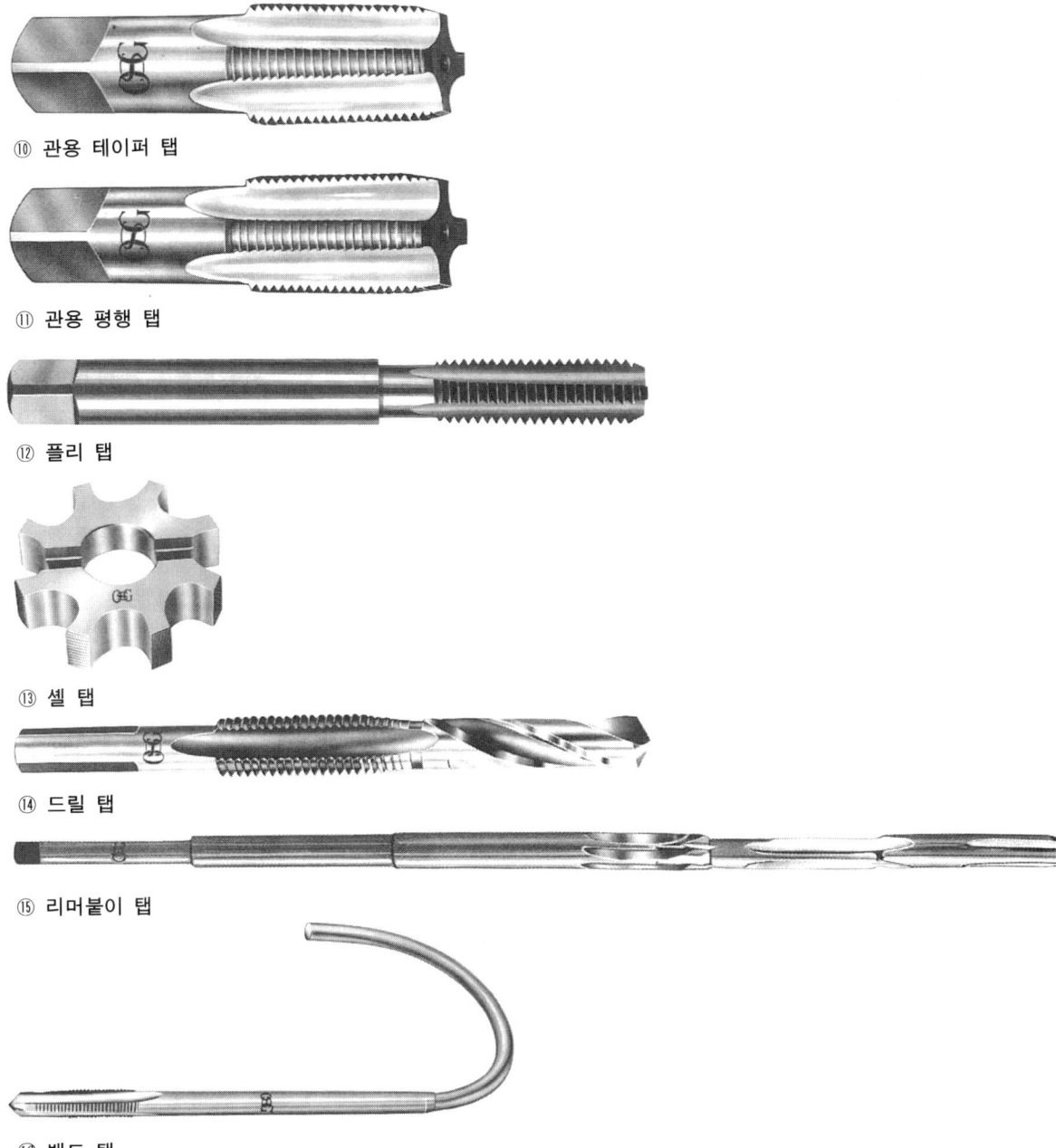

⑩ 관용 테이퍼 탭

⑪ 관용 평행 탭

⑫ 플리 탭

⑬ 셀 탭

⑭ 드릴 탭

⑮ 리머붙이 탭

⑯ 밴드 탭

　암나사는 탭 외에 바이트, 체이서(빗형 바이트) 나사 밀링 등을 사용해서 가공할 수 있으나, 이들 방법은 비교적 큰지름의 나사 가공에 한정되고 있다.
　그런데 탭의 종류에도, 사용 목적에 따라 여러 가지 형상, 재질의 탭이 있다. 예컨대, 미터 나사, 유니파이 나사, 위트워트 나사 등의 각 나사산 형상, 오른 나사용, 왼 나사용, 하이스제, 초경제, 그 위에 탭의 정밀도, 등급이라고 하는 상태 등 여러 가지이다.

● 핸드 탭······가장 일반적인 형이다. 그 중에서 같은 지름(等徑) 핸드 탭은, 나사부의 지름이 같은 치수이고, 선탭(9산), 중탭(5산), 다듬질 탭(1.5산)으로 구분된다①. 이 3개를 1세트로 해서 사용하는 것이 보통이지만, 최근에는 능률 향상면에서 작업 조건에 따라 각각 단독으로 사용하는 경우가 늘고 있다.

● 포인트 탭······챔퍼부의 절삭날측의 홈이 나사의 감기 방향과 반대로 경사지게 잘려 있고, 가공시에 칩은 전방으로 압축되며, 칩에 의한 장해가 없는 관통 구멍의 태핑에 제일 적합하다②. 홈 없음③, 기름 구멍붙이도 있다.

● 스파이럴 탭······나사와 같은 방향으로 비틀어진 홈(오른 나사 오른 비틀림홈④, 왼 나사 왼 비틀림홈⑦)을 설치한 구조로, 칩의 배출이 양호, 멈춤 구멍에서 칩이 연속해서 나오는 피삭재의 가공에 효과적이지만, 칩이 이어지지 않는 주철등에는 효과가 없다.

　홈의 비틀림각에도 강비틀림, 약비틀림의 것⑤, ⑥등 여러 가지가 있고, 기름 구멍붙이도 있다.

● 홈 없는 탭······소성 변형에 의해서 암나사를 형성하는 탭으로, 신장이 큰 비철 금속, 저탄소강 등의 가공에 적합하다. 칩이 나오지 않기 때문에, 멈춤 구멍에서는 특히 유효하다. 나사부에 기름 홈이 있는 것⑧과 없는 것이 있다.

● 너트 탭······주로 너트의 나사 가공에 사용된다⑨. 너트의 가공성을 고려해서 나사부, 섕크부가 길게 만들어져 있어서, 너트가 섕크부에 가득 찰 때까지 연속 가공할 수 있다.

　JIS에는 전장에 따라서 긴탭 및 짧은탭이 있으나, 나사의 길이는 같다.

● 관용(管用) 나사용 탭······관용 테이퍼 나사용(PT) 탭⑩과 관용 평행 나사용(PF) 탭⑪이 JIS에 규정되어 있다. PF 탭은 관, 관용 부품 등의 접속으로, 기계적 결합을 주 목적으로 하는 것의 태핑에 사용된다.

　그리고 PT 탭은 관, 관용 부품 등의 접속에서, 나사부의 내밀성을 주목적으로 하는 것의 태핑에 사용된다. 그 외에, 미식 관용 나사용, 기름 구멍붙이, 스파이럴홈의 것 등이 있다.

● 풀리 탭······핸드 탭에 비해서 섕크가 길고, 섕크 지름이 나사부의 지름과 거의 같다. 풀리등의 보스에 오일 컵 또는 멈춤 나사 등을 설치하기 위한 태핑을, 팁의 구멍을 통해서 할 때의 탭이다.

● 셀 탭······날부에 아버를 붙여서 사용하는 탭으로, 지름이 비교적 큰 나사의 태핑에 사용한다.

● 드릴 탭······탭 기능과 드릴 기능을 갖고 있으며, 드릴부에서 탭의 나사내기 구멍 가공을 하고, 탭부에서 태핑을 할 수 있는 생산성이 높은 공구이다.

● 리머붙이 탭······선단에 리머를 갖는 탭으로, 나사내기 구멍을 리머로 다듬질하는 동시에 태핑을 하는 경우와 깊숙한 곳에 구멍이 있어, 이것을 리머 다듬질하는 경우가 있다. 후자는 암나사와의 동심도(同心度)를 얻고 싶을 때 유효할 것이다.

● 벤드 탭······자동 나사 절삭기에서, 너트의 태핑을 할 때 사용한다. 태핑된 너트는 구부러진 섕크를 지나서 자동적으로 내보내지며 너트의 연속 생산이 가능하다.

# 탭의 형상과 절삭 기구

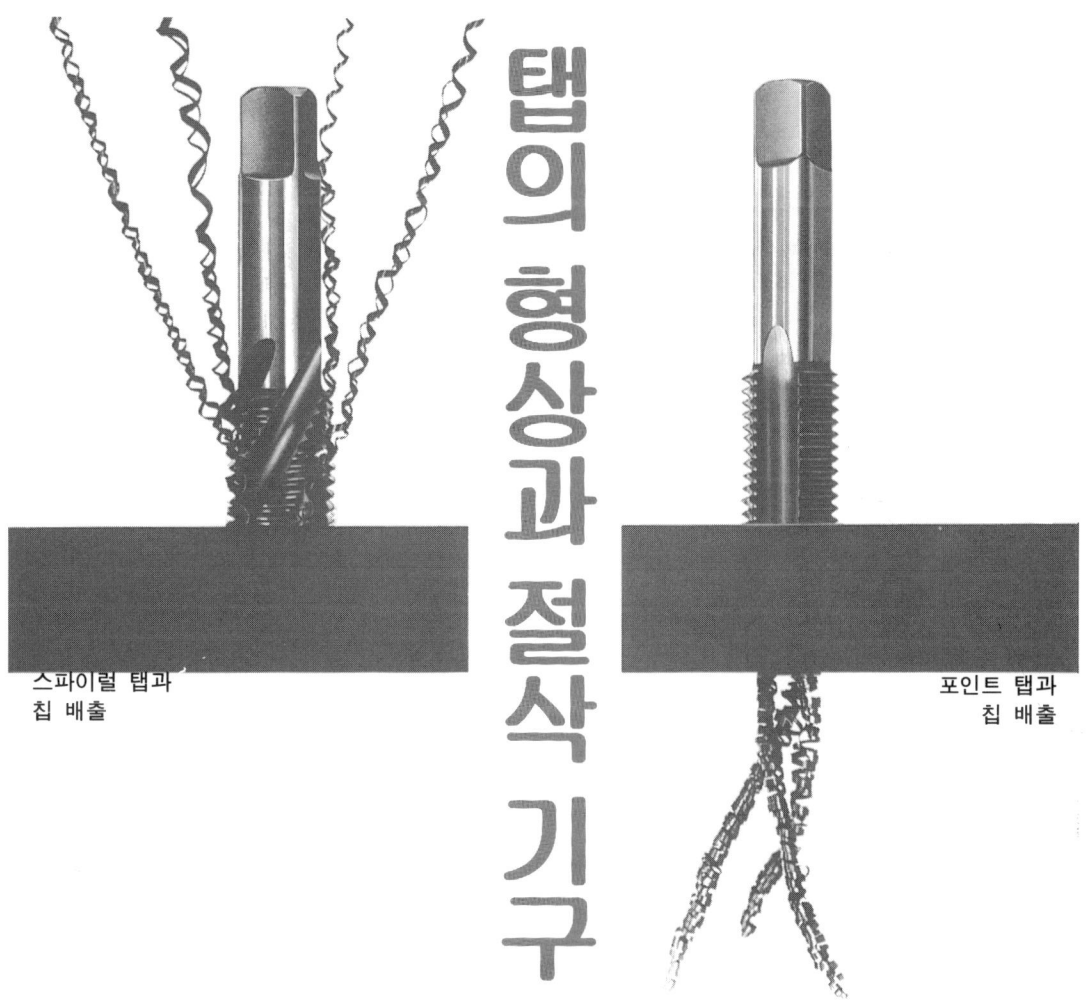

스파이럴 탭과
칩 배출

포인트 탭과
칩 배출

　탭의 구조는 크게 나사부와 섕크의 2개로 구분되며, 더욱이 나사부에는 챔퍼부, 홈, 완전 나사산부의 3개, 섕크부에는 섕크, 마크, 4각부의 3개 부위가 있다. 그리고 나사부에는 절삭각인 챔퍼부의 여유, 나사산의 여유, 경사각이 만들어지고 절삭 성능, 공구 수명 등에 대해서 중요한 역할을 담당하고 있다.
　탭 각부의 명칭과 그 작용에 대해서는 데이터 시트(269페이지)에 도시되어 있으므로 참조해주기 바란다.

## 1 탭홈의 종류와 홈수

### (1) 홈의 역할과 종류

　탭의 홈은 칩을 모으고 그리고 칩을 다른 스페이스로 옮겨 가는 동시에 절삭 유제를 공급하는 통로의 역할을 한다. 또, 절삭각(경사각)을 형성하는 곳이기도 하고 홈수, 파들기산 수와도 관련되며, 절삭 여유를 결정하는 데에도 중요한 부분이다.

탭은, 일반적으로 절삭형의 탭과 콜드 포밍형 롤 탭의 2개로 나누어지나 각각의 홈을 형상, 비틀림 방향, 비틀림각 등에 의해서 구분하면 **표 1**과 같이 된다.

**표 1 탭홈의 분류**

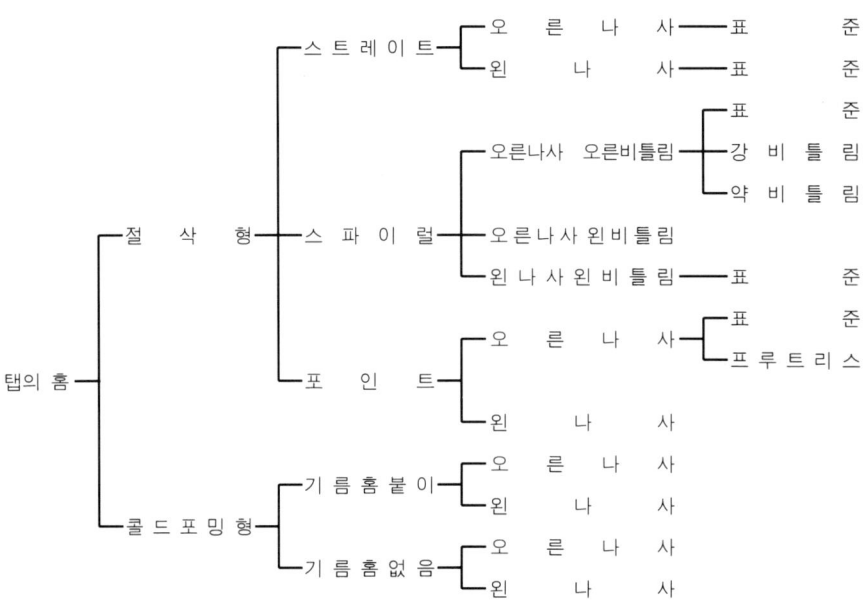

스트레이트홈(곧은날) 탭은, 가장 일반적인 홈 형상의 것으로 종래부터 널리 사용되어 왔다. 그러나 최근에는 작업성으로 스파이럴홈이나 포인트홈 탭의 사용이 늘고 있다.

스파이럴홈 탭은 비틀림홈에 의해서 칩이 연속해서 윗쪽으로 배출되기 때문에, 멈춤 구멍의 가공에 적합하다(컷 사진). 스파이럴홈 탭에서 나사 방향과 홈의 비틀림 방향이 반대의 것(예컨대, 오른 나사 왼 비틀림홈)은 포인트홈 탭과 같은 효과를 다한다.

그리고 홈의 비틀림 각도에 대해서도 표준, 강비틀림, 약비틀림의 것이 있어, 용도에 맞추어서 선정한다.

포인트홈 탭은, 커터 선단의 챔퍼부의 절삭날측의 홈을 경사지게 깎아 내고 있어 태핑시에 발생하는 칩은 앞쪽으로 압출되어서, 가공된 나사 속에 남는 일이 없기 때문에 관통 구멍의 가공에 적합하다(컷 사진).

### (2) 홈 수

절삭형 탭의 경우에는, 호칭 지름이 클수록 홈수가 증가하는 것이 일반적이다. 홈수 몇 개인 것을 사용해야 하는가는 탭의 강도, 강성, 칩 스페이스, 재연삭 여유, 급유 등을 검토해서 선정하여야 한다.

한편, 콜드 포밍형의 탭홈은, 기름홈 및 멈춤 구멍 가공시의 공기 빼기의 홈으로서의 역할을 다한다. 홈수는 탭의 호칭 지름이 크게 되는 데 따라서 증가하는 것이 일반적이지만, 때로는 전연 홈이 없는 탭이 사용되는 경우도 있다.

그림 1에 탭의 홈 형상, 홈수를 표시한다.

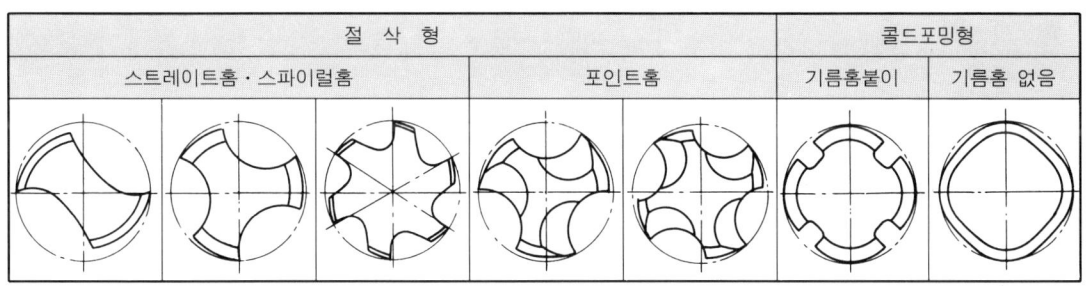

그림 1 탭의 홈 형상과 홈수

## 2 탭의 절삭각

### (1) 챔퍼부의 길이와 챔퍼부의 각도

탭의 챔퍼부의 길이는 홈수와 관련되고, 한 날마다의 절삭 여유를 결정하는데 나사 가공 길이, 나사내기 구멍 깊이의 관계, 그리고 태핑의 스트로크, 사용하는 탭의 손상 상황 등을 포함해서, 신중하게 선정하여야 한다.

특히 멈춤 구멍의 경우에는 칩이 구멍밑에 모이는 것, 탭 선단의 바닥 접촉으로 인한 손상에 충분히 배려할 필요가 있다.

그림 2는 핸드 탭의 챔퍼부 길이의 상세한 내용이고, 그것의 긴쪽으로부터 선(先)탭…9산, 중간 탭…5산, 다듬질 탭…1.5산으로 되어 있다.

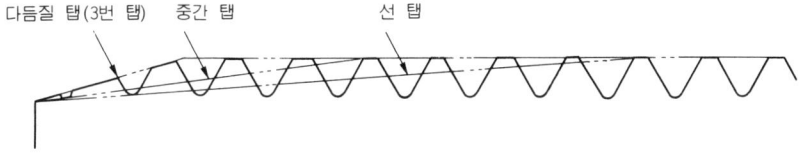

그림 2 핸드 탭의 챔퍼부 길이

표 2에 주된 탭의 챔퍼부의 길이와 챔퍼부의 각도를 나타낸다.

표 2 주된 탭의 챔퍼부 길이와 각도

| 탭의 종류 | | 챔퍼부의 길이 | 챔퍼부의 각 (약) |
|---|---|---|---|
| 핸드 탭 | 선 | 9 산 | 4° |
| | 중 | 5 산 | 7.5° |
| | 다듬질 | 1.5산 | 24° |
| 스파이럴 포인트 탭 | | 4 산 | 9.5° |
| 스파이럴 탭 | | 3 산 | 12.5° |
| 너트 탭 | | 나사부 길이의 75% | 1°40′ |

### (2) 챔퍼부의 여유각과 경사각

그림 3에 챔퍼부의 여유각 $\gamma$와 경사각 $\theta$를 나타낸다.

여유각은 피삭재에 따라서 바뀌지만, 비교적 딱딱한 재료에는 조금 약한 여유각을 설정하는 것이 일반적이다.

그러나 피삭재 형상, 사용되는 탭의 손상 상황등도 포함해서 검토하여 선정한다. 한편, 경사각에는 **그림 2**에 나타낸 것같이 레이크각과 훅각의 2개의 형상이 있으며, 훅각은 측정법에 따라 2개가 더 있다.

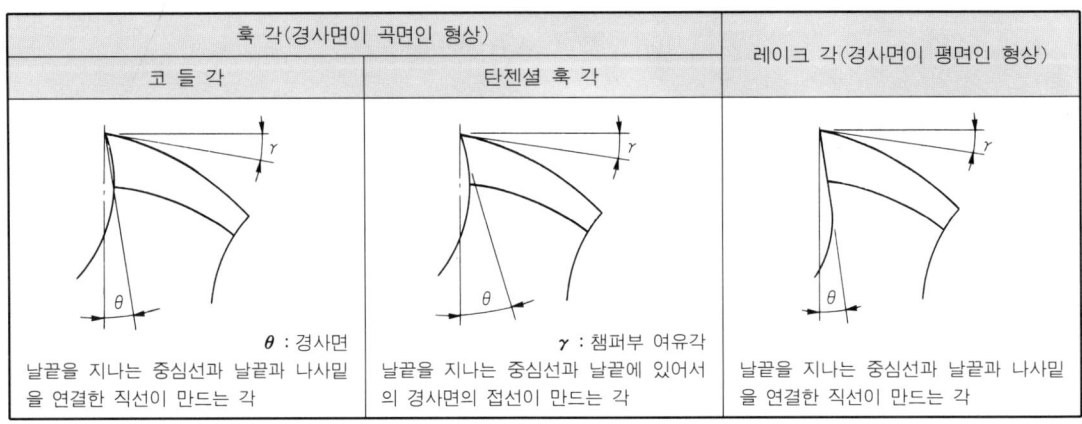

그림 3  경사각(훅 각·레이크 각)과 챔퍼부의 여유각

표 3  주된 피삭재에 대한 경사각과 챔퍼부의 여유각

| 피 삭 재 | 경 사 각 $\theta$ | 여 유 각 $\gamma$ |
|---|---|---|
| 저 탄 소 강 | H 8° ~12° | 7°~10° |
| 중 탄 소 강 | H 7° ~10° | 4°~ 8° |
| 쾌 삭 강 | H 8° ~10° | 4°~ 8° |
| 주 강 | R 10°~15° | 3°~ 8° |
| Ni － Cr 강 | R 5° ~15° | 3°~ 6° |
| Mo 강 | R 8° ~12° | 3°~ 6° |
| 합 금 공 구 강 | H 5° ~10° | 4°~ 8° |
| 다 이 스 강 | R 5° ~10° | 3°~ 6° |
| 주 철 | R 0° ~ 6° | 3°~ 6° |
| 황 동 (연) | H 5° ~10° | 6°~10° |
| 청 동 (경) | R 3° ~ 8° | 4°~ 8° |
| 스 테 인 리 스 강 | R 10°~15° | 3°~ 8° |
| 내 열 강 | R 8° ~15° | 3°~ 8° |
| 하 이 스 | R 5° ~ 8° | 3°~ 6° |
| 동 | H 12°~20° | 6°~10° |
| 경 합 금 | H 10°~30° | 6°~10° |
| 플 라 스 틱 | H 5° ~15° | 7°~10° |
| (주) H=코들 훅각, R=레이크 각 | | |

그리고 경사각은 딱딱한 피삭재에는 약하고, 연하고 끈적끈적한 피삭재에는 약간 강한 것이 일반적이지만 역시 피삭재 형상, 탭의 손상 상황 등을 포함해서 검토, 선정한다.

**표 3**에 주된 피삭재에 대한 경사각 및 챔퍼부의 여유각의 기준을 나타낸다.

### (3) 나사산의 여유

탭의 나사부에 가하는 나사산의 여유의 주된 것을 **그림 4**에 나타낸다.

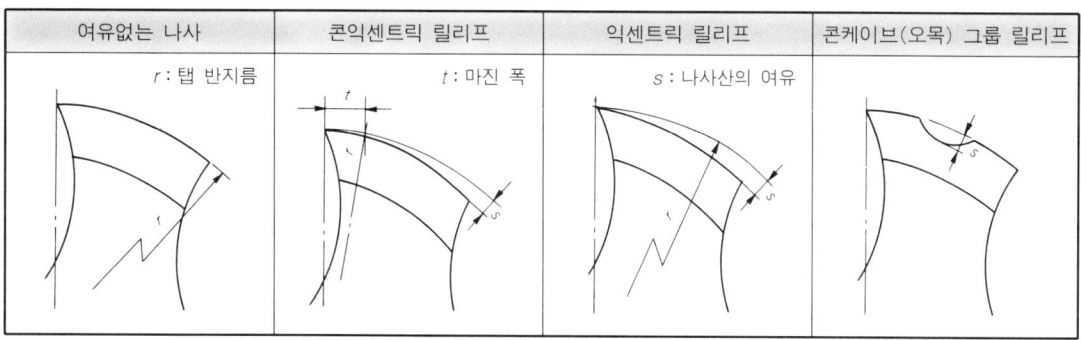

그림 4 나사의 여유

여유 없는 나사(콘익센트릭 언릴리프)는, 탭 나사부의 날폭(랜드)에 있어서, 나사산은 나사의 중심과 동심이고, 여유가 없는 것을 말하며, 주로 작은지름의 탭은 이 형상으로 제작된다.

콘익센트릭 릴리프는 날끝에서 진원부(마진)가 일부 있고, 뒤이어 나사산의 여유가 있는 것이다. 이 형상이 가장 일반적인 탭의 여유라고 할 수 있다.

익센트릭 릴리프는, 나사산의 날끝에서 여유가 있고 마진은 없는 형상이다. 테이퍼 나사용 테이퍼 탭(PT 등)의 나사 여유는 이 방법이 취해진다.

콘케이브·글브드·릴리프는 랜드에 오목(凹)면의 여유홈이 있는 것으로, 특별한 경우에 사용된다. 이들 나사산의 여유의 설정은 절삭성, 수명, 암나사의 다듬질 정밀도, 치수 정밀도 등에 크게 영향을 미친다. 그 때문에 탭의 절삭각(챔퍼부의 길이, 여유, 경사각)이나 그 외의 요소(홈수, 홈의 종류 등)와 같이 피삭재, 가공 조건에 따라 적절한 것으로 할 것이다.

## 3 절삭의 메커니즘

### (1) 파들기의 날수

일반적으로 평행 나사 가공에서, 홈수 4, 챔퍼부의 산수 3산을 예로 기술한다.

탭 나사부의 축 직각 단면에 있어서, 윗쪽의 랜드를 A로 하고 시계 방향으로 B, C, D로 구분한다.

**그림 5**는 각 랜드의 챔퍼부 날수의 상황을 표시한 것으로, A 랜드에서는 탭 선단부터 $A_1$, $A_2$, $A_3$, $A_4$ 날과 각 챔퍼부의 날에 기호를 붙이고, 그외의 랜드도 같게 한다.

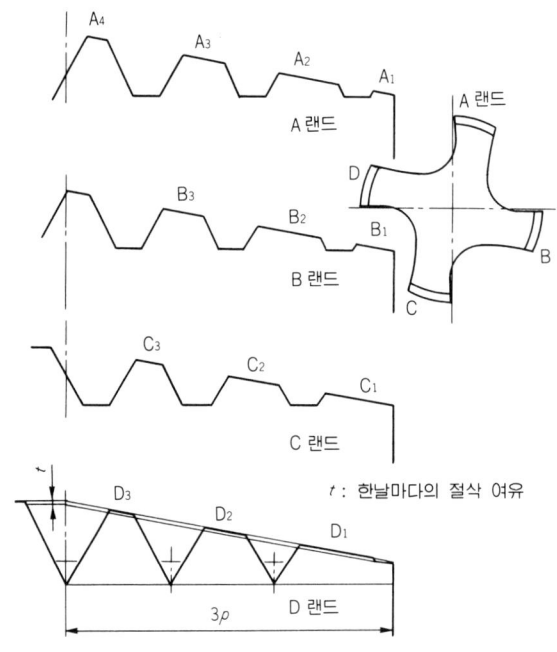

그림 5  탭 챔퍼부의 날수

그래서 탭 챔퍼부의 총날수는,

   랜드(홈)수×파들기산수=4×3=12

로 산출할 수 있다.

### (2) 절삭 깊이의 순서와 암나사의 완전 나사산

여기서, 하나의 암나사산에 총날수 12가 어떤 순서로 파들기하는지를 생각해 보도록 하자.

그림 6의 왼쪽에서 탭이 작용해서, 이미 가공된 나사내기 구멍에 파들기를 시작한다. $A_1$ 날은 나사내기 구멍 지름보다 작고, 나사내기 구멍에 대한 안내 역할을 하고 있으며, 절삭에는 관여하고 있지 않다. $A_1$ 날 다음의 $B_1$ 날부터 절삭이 시작되고 $C_1$ 날, 뒤이어 $D_1$ 날이 나가고, 여기까지 탭은 1회전=1피치 진행해 나간다.

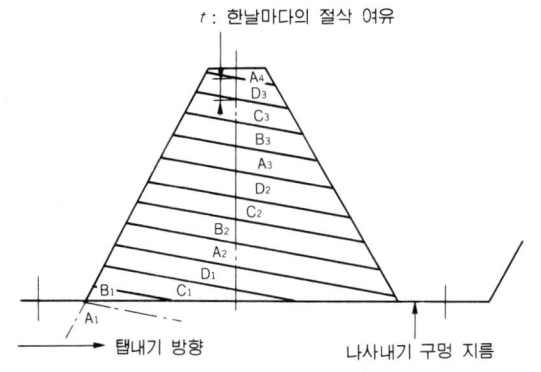

그림 6  탭 절삭 깊이의 순서와 한개 날마다의 절삭 여유

더욱이, 절삭이 계속되고 $D_1$ 날에 뒤 이어서 $A_2$, $B_2$,……$D_2$ 날이 작용해서, 탭은 2회전하게 되고 더욱이, $A_3$,……$D_3$ 날에서 $A_4$ 날로 탭 3회전해서 $A_1$ 에서 $D_3$ 까지, 12날 전부가 파들어가서, 암나사의 한개의 산이 형성된다.

소요의 태핑 길이(나사산수)는, 이상의 파들기의 반복에 의한 절삭으로 얻을 수 있다. 이 사이에, 챔퍼부 3산이, 피삭재에 전부 파들기한 다음부터, A 랜드에는 $A_1$, $A_2$, $A_3$ 의 날이, 그리고 다른 랜드도 마찬가지로 모든 날(총수 12)이 나사 가공에 참가하고 있는 것으로 된다.

챔퍼부 이외의 그것에 계속되는 완전 나사산은, 챔퍼부에서 절삭된 암나사에 들어 가서, 가이드가 되어 나사 가공을 원조하고 있다. 그리고 이 완전산은, 나사 가공 완료로부터 역전해서 탭을 빼낼 때도 나사 가이드가 된다.

### (3) 한개 날마다의 절삭 깊이 여유

나사산의 높이를 $h$ 로 하면, 한개 날마다의 절삭 깊이 여유 $t$ 는 다음 식으로 표시된다.

$$t = \frac{h}{홈수 \times 챔퍼산수}$$

여기서, 분모는 총날수를 나타낸다.

만일 한개 날마다의 절삭 깊이 여유 $t$ 를, 좀더 얇게 하고 싶은 경우에는 총날수를 많게 하면 그로 인해서 홈수든지, 파들기산수든지, 혹은 그 양쪽을 많게 함으로써 가능하게 된다. 그러나 홈수는 탭의 호칭 지름과 관계가 있으며, 일반적으로 강도면에서도 대폭적으로 변경하는 것은 어려운 일이다.

한편, 챔퍼산수도, 스트로크나 나사내기 구멍 깊이와의 관계로 수의 제약이 있다.

반대로, 절삭 깊이 여유를 크게 할 필요에서, 홈수를 적게 하거나 챔퍼산수를 적게(짧게)하는 것도, 상황에 따라 필요로 하는 경우도 있으나 탭의 손상, 암나사의 다듬질 정밀도 등에 영향을 미치기 쉽게 된다. 따라서, 탭 한개 날마다의 절삭 깊이 여유도, 가공 조건, 피삭재 형상 등과 같이 신중하게 검토한 후에 설정하는 것이 중요하다.

# 탭의 선택 방법 사용 방법

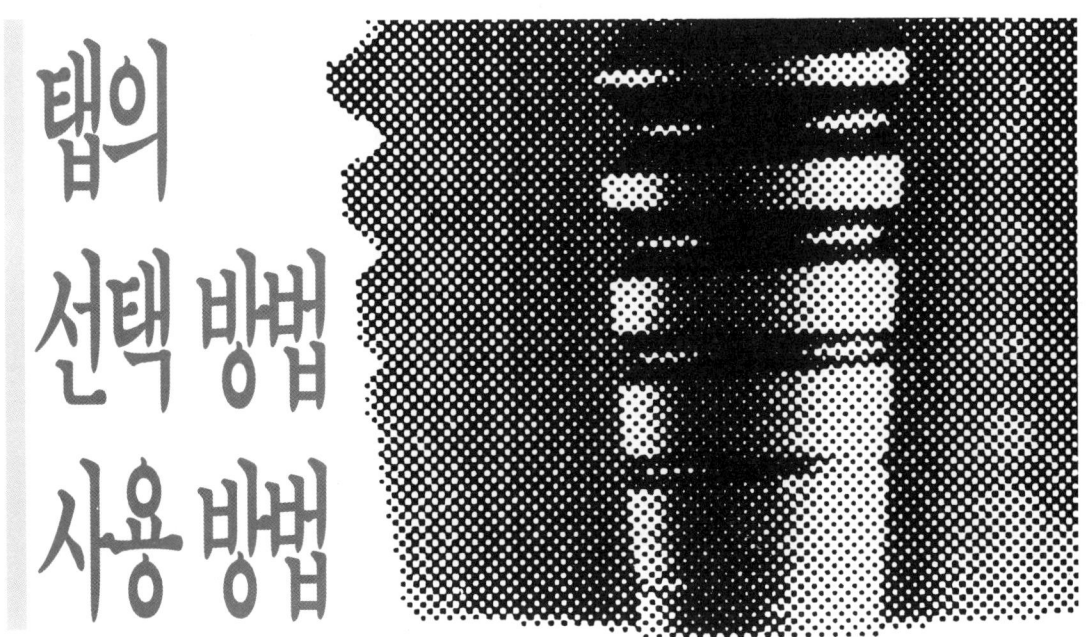

태핑은 구멍 가공으로, 대단히 좁은 공간에서 절삭 가공을 해서 칩을 배출하지 않으면 안되는 것이 일반적인 것이다. 절삭중에서는, 절삭 기구가 가장 복잡하고 해명하기 어려운 작업이라고 말하고 있다. 태핑을 좌우하는 요인은, 표 1과 같이 많이 있으며 이것이 서로 얽혀서 다양한 조건을 내고 있다.

태핑의 고능률화에는 이들의 특징을 이해하고, 각각의 조건에 적합한 탭을 선택하는 것이 중요한 포인트로 된다.

표 1 태핑 조건

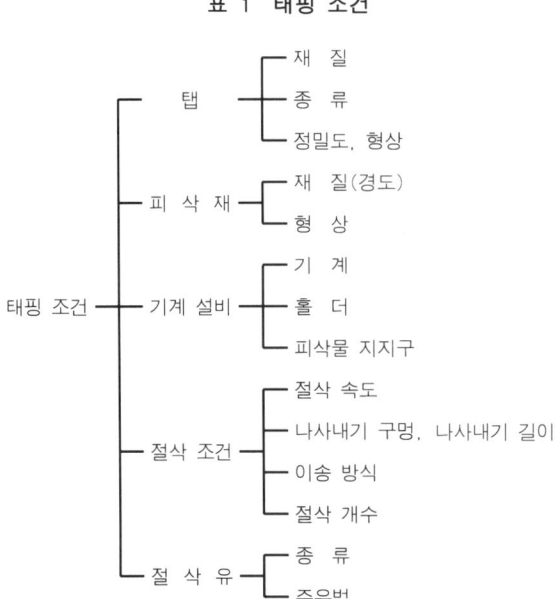

# 1 탭 형상과 칩 처리

태핑의 트러블 원인의 태반은, 칩의 영향에 의한 것이다. 따라서 이 칩을 어떻게 원활하게 처리하느냐가 태핑을 잘 하는 결정적인 방법이 된다.

칩의 처리를 고려한 경우, 기본적인 것으로 핸드 탭, 포인트 탭, 스파이럴 탭, 홈없는 탭의 4 종류로 나누어진다.

204페이지에 스파이럴 탭과 포인트 탭의 칩의 배출 상태를 나타내었으나, 사진과 같이 칩이 원활하게 배출되면, 절삭 토크(부하)도 작고 안정되기 때문에 탭에 무리한 부하가 걸리지 않고 절손에 대해서도 유리하게 된다.

일반 탭은 **그림 1**에 표시한 것같이 치수가 작게 되면 안전율도 작게 되고, 부러지기 쉬우므로 무리한 부하가 걸리지 않도록 하는 것이 중요하다.

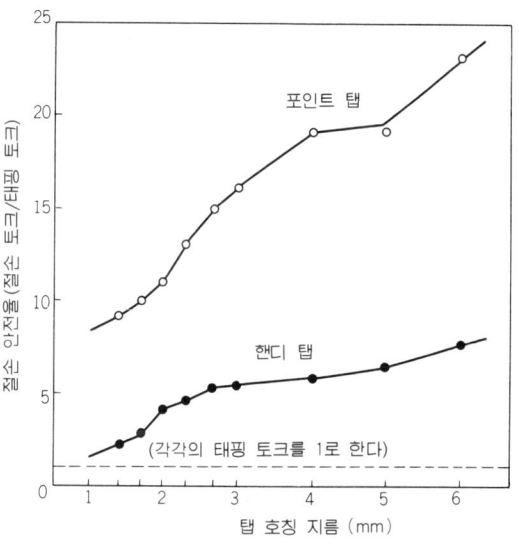

그림 1 절손 안전율

한편, 홈없는 탭은, 콜드 포밍형의 소성 암나사 가공이기 때문에 칩은 배출되지 않는다. 이 때문에 칩의 트러블이 없으며, 최근에는 사용되는 케이스가 많아지고 있다. 그러나 나사내기 구멍 정밀도(지름, 구부림, 거칠기)의 관리가 요구된다.

# 2 피삭 재질에 의한 탭 선정

### (1) 저탄소강

연질이고 신장률이 크며, 암나사 다듬질면의 뜯김이 발생하기 쉬우므로 탭은 경사각을 크게 하고 절삭성을 좋게 해서 칩의 배출을 원활하게 한다. 구성 날끝의 생성이나 탭 나사면의 용착을 방지하기 위해서 호모 처리를 한다.

핸드 탭은 칩이 홈에 막히고 절손이나 다듬질면 불량의 원인이 되기 쉬우므로, 관통 구명에는 포인트 탭이, 멈춤 구멍에는 스파이럴 탭이 적합하다. 탭의 나사 여유각을 날끝부터 세운 스테인리스용 스파이럴 탭은, 강비틀림홈의 효과도 있어서 전단 절단하기 때문에 발군의 성능을 발휘한다. 그러나 탭의 회전에 대한 이송을 정확하게 하지 않으면 암나사가 확대되는 경우도 있다.

그리고 저탄소강은 전연성(展延性)이 뛰어나기 때문에 홈없는 탭을 사용할 수 있다. 칩을 내지 않기 때문에 날의 결손이나 절손의 염려가 없으며 관통 구멍, 멈춤 구멍의 겸용으로도 사용된다. 암나사 정밀도도 안정되기 때문에 다량 생산에는 가장 적합하다.

멈춤 구멍으로 세로로 낼 때는, 기름 구멍붙이 탭이 사용되고 있다. 용착의 트러블 방지와 내구 수명의 향상을 위해서, 호모 처리나 TiN 코팅한 것을 사용한다.

### (2) 중, 고탄소강 및 합금강

피삭성이 비교적 양호한 재료이지만 탄소 함유량의 증가에 따라, 경도도 높게 되기 때문에 탭의 마모를 촉진한다. 따라서 탭 재질에는 내마모성이 뛰어난 고바나듐 하이스가 적합하다.

피삭재의 경도가 증가하는 데 따라서 고탄소강 전용의 스파이럴 탭이 효과를 발휘한다. 경도가 HRC 20 이상으로 된 경우에는 홈의 비틀림각이 15°~20°인 로스파이럴 탭이 효과적이다.

그리고 나사내기 길이가 호칭 지름의 1.5배 이상의 경우에는 홈의 비틀림각이 45°~50°이고, 탭 나사 길이가 짧은 심공용 스파이럴 탭을 사용한다.

### (3) 고경도강(조질강)

담금질 뜨임된 경도가 HRC 30~40의 강에서는 칩이 작게 감겨서 연결되지 않는다. 이 때문에 날끝 강도가 높은 핸드 탭이 좋고, 경사각은 4° 정도로 한다. 재질에는 고바나듐 하이스나, 분말 하이스 등이 사용된다.

파들기산수는 관통 구멍용에 5산, 멈춤 구멍용에는 2.5~3산의 탭을 사용하고, 일반의 다듬질 탭(1.5산)으로는 무리가 되어 극단적으로 수명이 짧아지는 일이 있다. 따라서 나사내기 구멍 깊이는 파들기산수 3산의 탭을 사용할 수 있는 정도의 여유가 필요하다.

최근에는 고경도, 난삭재 전용의 포인트 탭이나 멈춤 구멍용의 스파이럴 탭이 개발되어 시판되고 있다. 이것들의 탭은 날끝 강도가 충분히 고려된 시방으로 되어 있다. 예컨대, OSG제의 난삭재용 CPM 탭 시리즈가 그것이고, 고탄소강용 스파이럴 탭에 비해서 5~6배의 성능을 나타내고 있다.

### (4) 스테인리스강

오스테나이트계 스테인리스강 SUS 304가 난삭 재료라고 불리우는 이유는, ① 열전도율이 낮다(일반 강의 1/2~1/3), ② 가공 경화가 크다, ③ 공구와의 용착성이 높다는 등의 성질에 의한 것이다.

따라서, 탭은 홈 경사각을 크게 하고, 칩 룸도 넓게 한다. 마찰에 의한 용착을 방지하기 위해서 탭은 호모 처리를 하고, 또 나사부는 날끝에서 2번 가공한 것이 효과적이고 이들의 시방을 포함시킨 스테인리스 전용의 포인트 탭이나 스파이럴 탭을 선정한다.

특히 스파이럴 탭은, 강비틀림(45°~55°)의 스파이럴홈이 적당하다. 이것은 비틀림각이 크게 될수록 전단 효과가 크고, 칩의 코일 지름이 작게 되며, 칩의 배출이 원활하고 절삭 토크가 정상이 되기 때문이다.

그 외에 내열강이나 SNCM강 등의 태핑도 동일 기준에서 선택한다.

오스테나이트계 스테인리스강에서는 홈없는 탭이 스테인리스 특유의 강인한 칩을 배출하지 않기 때문에 안정된 태핑을 할 수 있고, 더욱이 표면에 호모 처리나 TiN 코팅을 함으로써 용착에 의한 눌어붙기를 방지할 수 있다.

### (5) 주 철

주철의 칩은 가루 모양으로 되기 때문에, 칩이 감기거나 막히는 염려는 거의 없다. 그러나 피삭성은 좋으나 탭의 날끝이나 나사 플랭크의 마모를 촉진한다. 적용 탭으로는 핸드 탭이 좋고 파들기산수는 3산 또는 1.5산으로 충분하다.

마모 대책으로 탭의 치수는 JIS 11급 탭 정밀도에 대해서 +0.02~+0.03 정도의 초과 치수로 한다. 그리고 나사 2번(여유각)을 날끝부터 세운 절삭성을 길게 유지할 수 있기 때문에 장수명을 얻을 수 있으나 탭의 자진 작용이 약하게 되기 때문에 탭의 이송은 정확하지 않으면 안된다.

일반적으로는 하이스제의 주철용 핸드 탭이 사용되지만, 내마모 대책으로 질화 처리가 되어 있다. 작업 조건이 안정되어 있는 양산 공정에서는 초경 탭이 가장 적합하고, 하이스 탭의 10~100배 정도의 긴 수명을 얻을 수 있다.

그리고 멈춤 구멍이 세로 구멍인 경우, 나사내기 구멍 깊이에 여유가 없으면 탭의 선단이 바닥을 찔러서 부러지는 경우가 있기 때문에, 방지책으로 스파이럴 탭을 사용하는 일도 있다. 강인 주철(FCD)에서는 칩이 약간 연속되기 때문에 포인트 탭이나 스파이럴 탭도 사용된다.

### (6) 알루미늄 합금

알루미늄이나 그외의 경합금은 연하나 점성이 있기 때문에 암나사가 뜯기기 쉬운 성질이 있다.

다듬질면을 좋게 하기 위해서 홈의 경사각을 13°~18°로 크게 하고, 칩의 수납을 좋게 하기 위해서 홈의 단면적을 넓게 하거나 비틀림홈 탭으로 해서 칩의 배출을 좋게 한다.

순알루미늄에는 홈수를 적게 하고, 칩 룸을 넓게 한 알루미늄용 핸드 탭을 사용하지만, 실리콘의 함유량이 많은 알루미늄 합금에서는 탭의 절삭날이나 나사 플랭크면의 마모를 촉진하기 때문에 하이스에 질화 처리를 한 다이캐스트용 핸드 탭을 사용한다.

양산 가공에서는 초경 핸드 탭이 가장 적합하지만, 나사내기 구멍의 중심이 어긋나거나 구부러짐을 적게 하도록 가공하는 것이 중요하다. 전연성이 좋은 것에는 홈없는 탭이 가장 좋다. 특히 멈춤 구멍의 태핑에는 가공 나사의 정밀도가 안정되고, 높은 수명(수천 구멍)의 가공이 가능하다.

더욱이 양산 가공용에는 초경제의 홈없는 탭도 사용되고, 내구 수명수로 2~4만 구멍을 실현하고 있다.

### (7) 플라스틱

주로 페놀, 에폭시, 유리어, 멜라민 등의 열경화성 수지는 태핑시의 발열이 크고, 탭날끝의 마모 및 암나사가 축소하기 쉽고 표준 탭으로서의 절삭이 곤란하다. 그리고 유리 섬유로 강화된 피삭재는 공구 마모를 한층 빠르게 한다.

이 때문에 발열을 억제하고, 마찰 토크를 적게 하기 위해서 날끝에서 2번(여유각)을 세우며, 내마모성을 향상시키기 위해서 질화 처리를 한 플라스틱용 핸드 탭이 적합하다.

## 3 나사내기 구멍 형상과 탭의 선택

### (1) 관통 구멍

나사내기 길이가 $1.5D$($D$ : 호칭 지름)이하, 특히 박판($0.8D$ 이하)에서는, 핸드 탭의 선탭 또는 중간탭의 사용이 가능하다. 피삭성이 좋은 주철이나 알루미늄 합금에는 드릴 탭을 사용할 수 있다. SPC나 SUS의 펀치 구멍이나 버링 구멍에는 절삭성이 좋은 박판 전용의 포인트 탭이 적합하다.

또 이것들의 경우 나사내기 구멍 지름이 고르면 홈없는 탭이 적합하고, 더욱이 TiN 코팅의 홈없는 탭은 한층 정밀도가 안정되어 고수명을 얻을 수 있어서, 가장 적합한 탭이라고 할 수 있다.

나사내기 길이가 길게 되면 칩의 배출성과 절삭성에서 스파이럴 포인트 탭이 사용된다. 스파이럴 탭은 칩의 배출 방향이 문제가 되는 경우나, 멈춤 구멍과의 겸용의 경우 등에 한정되어야 할 것이다.

나사내기 길이가 $1.5D$를 넘는 경우에는 칩의 배출성이 중요하며, 챔퍼부가 긴 탭은 절삭 저항이 크게 되어 트러블의 원인이 되기 쉬우므로, 스파이럴 포인트 탭이 특징을 가장 잘 발휘한다.

전연성이 좋은 재료에서는 홈없는 탭도 사용되지만 절삭유를 충분히 공급해서 눌어붙기를 방지할 필요가 생긴다.

## 4 절삭 속도

절삭 조건은 일반 가공에서는 절삭 깊이량, 이송 속도 및 주속도가 3요소로 중요한 작용을 나타낸다. 그러나 태핑은 다른 가공과 달리 절삭 깊이와 이송이 나사의 치수, 탭의 챔퍼산수와 홈수로 결정돼 버리기 때문에 조건이 제약된다.

절삭 속도는 빨리 하면 고능률로 연결되지만, 너무 빠르면 재질에 따라서는 탭의 구성 날이 성장하기 쉽게 되고 암나사 치수가 확대되는 경우가 생긴다.

**그림** 2는 S 15 C의 태핑으로 불활성유를 사용하였을 때는 확대 여유가 크고, 활성유의 사용은 확대 여유가 작게 되는 것을 나타내고 있다.

이 확대 여유도 절삭 속도에 따라 바뀌고 활성유의 경우에는 절삭 속도가 12 m/min 이하로 되면 확대 여유가 작게 된다.

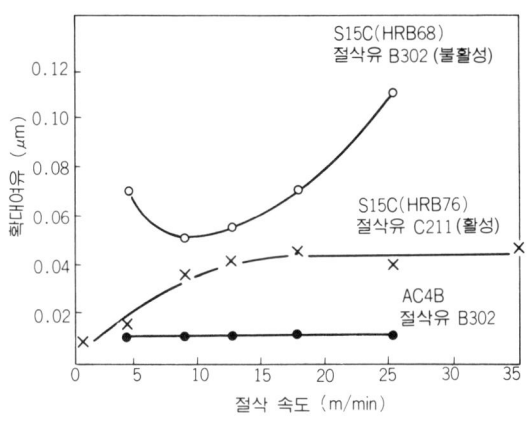

그림 2 절삭 속도와 확대 여유

한편, AC 4 B(알루미늄 주물)에서는 절삭 속도에 따라서 확대 여유가 변화하지 않고 정밀도가 안정되어 있기 때문에 고속 절삭이 가능하다.

그리고 조질(調質)된 SCM강(HRC 30)의 경우는, 절삭 속도를 빨리 하면 마모에 의한 수명 저하를 초래하기 때문에 절삭 속도는 10 m/min 이하로 하는 것이 요망된다.

그 외에 스파이럴 탭을 사용하는 경우, 절삭 속도의 변화에 따라 배출되는 칩의 형상이 **사진** 1에 나타난 것같이 변화한다.

속도가 너무 늦어져도 칩 형상이 불안정하게 되고, 절삭중에 나사내기 구멍의 입구에서 탭의 완전 나사부에 물려 넣어서 날 빠짐이나 절손의 원인으로 될 경우가 있다.

이 조건에서는 7~13 m/min 범위가 안정되어 칩 형상으로 되고, 적절한 절삭을 얻을 수 있다.

이와 같이, 절삭 속도는 피삭재질이나 탭 형상, 절삭유의 종류 등에 따라서 좌우되고 속도가 적정하면 암나사의 정밀도가 안정되며, 탭의 수명이 늘어나게 되는 것이다.

**표** 2에 대표적인 추천 조건을 소개한다.

또한, 최근에는 탭의 회전과 이송이 CNC에 의해서 완전히 같은 시기에 나사 리드에 맞추어서 고정밀도로 보내지기 때문에, 보다 고속도의 태핑이 가능해지고 있다.

태핑의 곤란한 심공에 대해서도 스텝 절삭에 의해 쉽게 해결할 수 있는 등, 태핑 가공의 생산성이 비약적으로 향상되어 가고 있다.

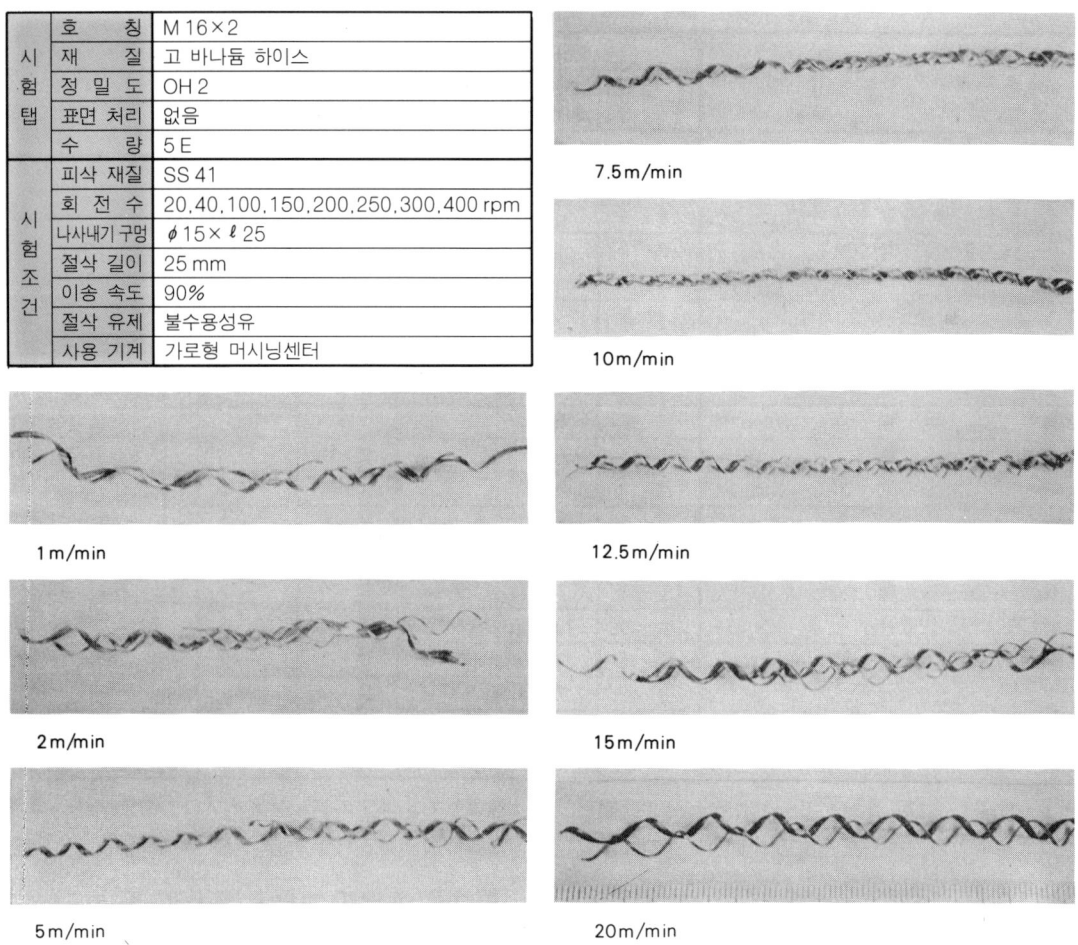

사진 1 스파이럴 탭에 있어서의 절삭 속도와 칩 형태

## 5 절삭 유제

절삭 유제의 구비하여야 할 조건은 ① 윤활성, ② 냉각성, ③ 세정성(洗淨性), ④ 화학적인 안정성, ⑤ 작업성 등에 뛰어나고, ⑥ 인체에 유해하지 않고, ⑦ 안정된 가격에 입수하기 쉬운 것 등이 필요하게 되어 있다.

태핑 성능에 미치는 제일 중요한 것은 윤활 효과라고 할 수 있다.

그림 3은 각종 피삭 재질과 유제에 대해서, 절삭 토크를 비교한 것이다. 저탄소강(S 15 C), 크롬 몰리브덴강(SCM 4) 등에 대해서는 경유나 머신유 등의 윤활성이 부족한 유제에서, 절삭 토크가 극단적으로 크게 되어 버린다. 따라서 이와 같은 피삭재에는 윤활 효과가 높은 유화 염화계의 극압 첨가제를 포함한 불수용성 유제가 효과적이라고 할 수 있다. 알루미늄 주물(AC 4 B)이나 주철(FC 25)에서는 피삭성이 좋기 때문에, 절삭 유제가 끼치는 영향은 비교적 적다고 할 수 있다. 공구 수명의 관점에서 보면, 불수용성보다도 에멀션(유제)형의 수용성 유제쪽이 긴 수명을 얻을 수 있다.

표 2 표준의 절삭 속도와 적응 절삭 유제

| 피 삭 재 | | 절삭 속도 (m/min) | | | | | 절 삭 유 제 |
|---|---|---|---|---|---|---|---|
| | | 핸드 탭 | 스파이럴 탭 | 포인트 탭 | 초경 탭 | 홈없는 탭 | |
| 저탄소강 (C 0.2% 이하) | | 8~13 | 8~13 | 15~25 | — | 8~13 | 유염화계 불수용성 절삭유<br>태핑 페이스트 식물성유 |
| 중탄소강 (C 0.25~0.40%) | | 7~12 | 7~12 | 10~15 | — | 7~10 | |
| 고탄소강 (C 0.45 이상) | | 6~ 9 | 6~ 9 | 8~13 | — | 5~ 8 | |
| 합 금 강 SCM | | 7~12 | 7~12 | 10~15 | — | 5~ 8 | |
| 조 질 강 (HRC 25~45) | | 3~ 5 | 3~ 5 | 4~ 6 | — | — | |
| 스테인리스강 | | 4~ 7 | 5~ 8 | 8~13 | — | 5~10 | |
| 석출 경화형 스테인리스강 | | 3~ 5 | 3~ 5 | 4~ 6 | — | — | |
| 공 구 강 SKD | | 6~ 9 | 6~ 9 | 7~10 | — | — | |
| 주 강 | | 6~11 | 6~11 | 10~15 | — | — | |
| 주 철 | FC | 10~15 | — | — | 10~20 | — | 에멀션(유제)형<br>수용성 절삭유<br>불수용성 절삭유 |
| | FCD | 7~12 | 7~12 | 10~20 | 10~20 | — | |
| 동 | | 6~ 9 | 6~11 | 7~12 | 10~20 | 7~12 | 불수용성 절삭유<br>(불활성형)<br>에멀션형<br>수용성 절삭유<br>광   유<br>식물성유 |
| 황동·황동 주물 | | 10~15 | 10~20 | 15~25 | 15~25 | 7~12 | |
| 청동·청동 주물 | | 6~11 | 6~11 | 10~20 | 10~20 | 7~12 | |
| 알루미늄 압연재 | | 10~20 | 10~20 | 15~25 | — | 10~20 | |
| 알루미늄 합금 주물 | | 10~15 | 10~15 | 15~25 | 10~20 | 10~15 | |
| 마그네슘 합금 주물 | | 7~12 | 7~12 | 10~15 | 10~20 | — | |
| 열경화성 플라스틱 | | 10~20 | — | — | 15~25 | — | 수용성 절삭유<br>미스트 급유<br>에어 냉각, 건식 절삭 |
| 열가소성 플라스틱 | | 10~20 | 10~15 | 10~20 | 10~20 | — | |

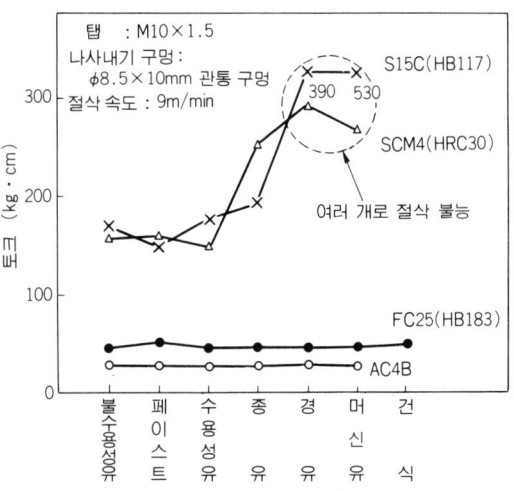

그림 3 절삭 유제와 토크

## 6  표면 처리의 효과와 적용 방법

탭의 성능 개량 방법으로 표면 처리가 있으나, 그 목적은, ① 경도를 높여서 내마모성을 향상, ② 공구와 피삭물과의 마찰 계수를 경감, ③ 공구와 피삭물간의 점착(粘着), 눌어붙기 방지 등의 3개로 집약된다.

현재 탭에 실시되고 있는 대표적인 처리에 대해서 특징을 나타낸다.

### (1) 호모 처리

호모 처리는 500~550℃의 가압 수증기 중에서 30~60분 가열하고, 공구 표면에 $Fe_3O_4$를 생성시키는 산화 처리 방법의 일종으로, 수증기 처리라고도 불리고 있다. 산화 피막은 흑청색으로, 일반적으로 두께 1~3 $\mu$m의 범위에서 사용된다.

이 피막은 다공질이기 때문에, 절삭유를 유지하고 마찰열의 발생을 적게 하며 용착 방지에 효과가 있다. 따라서 연하고 끈끈한 피삭재에 대해서 용착을 방지하고 무처리품과 비교해서 고속으로 태핑할 수 있다.

### (2) 질화 처리

암모니아 가스에 의한 기체 질화법과 시안염욕에 의한 액체 질화법, 이온 질화법 등에 의해서 처리되고 공구 표면의 경도를 HV 1000~1300 정도로 딱딱하게 하고, 공구의 내마모성과 고온 경도를 높여서 마찰 계수를 감소시키기 때문에 공구의 성능을 높일 수 있다. 특히 탭에서는 표면에 취약층이 없고 매끄러우며 경도의 경사가 완만하여 안정된 질화층이 요구된다.

적용 효과로서는 피삭성이 좋고 내마모성을 필요로 하는 주철, 알루미늄 다이캐스트나 열경화성 플라스틱 등에 효과가 있다. 반면, 인성이 조금 저하되기 때문에, 담금질강이나 작은지름의 탭에서는 날끝이 치핑되는 경우가 있기 때문에 주의가 필요하다. 따라서, 스파이럴 탭에는 전연 채택되지 않는다.

### (3) TiN 코팅

이 처리는 TiN(티탄 질화물)을 공구 표면에 1~2 $\mu$m 코팅하는 것으로 처리 방법으로서 PVD(물리적 증착)법이 채택되고 있다. 이것은, 처리 온도가 550℃ 이하이고, 다른 CVD (화학적 증착)법의 처리 온도 1000~1100℃와 비교해서 하이스의 뜨임(템퍼링) 온도 이하이기 때문에, 열변형이 적고 정밀도를 유지할 수 있기 때문이다.

PVD법은, 고진공조 속의 도가니에 증착 금속(Ti)을 넣어서 전자총으로 부터의 전자 빔에 의해서 가열 증발시킨다. 이 증발원에서 튀어 나온 Ti의 원자와 별도로 도입된 질소($N_2$)는, 이온화 되어 반응해서 탭 표면에 질화물(TiN)을 형성한다. 이 표면의 색상은 황금색이고, 성능의 특징으로 다음의 것을 들 수 있다.

① 표면 경도가 높다(HV 2000 이상)

② 마찰 계수의 향상
③ 내용착성의 향상
④ 내마모성의 향상
⑤ 치수 정밀도를 손상하지 않는다(변형이 적다)
⑥ 균일한 표면 처리

이러한 특징에 의해서 연질재에서 경질재로 폭넓게 사용할 수 있다. 특히 난삭재로 불리는 스테인리스강이나 냉간 다이스강 등에 효과를 발휘하고 있다.

적용 탭의 형상에서는, 홈없는 탭에 대한 효과는 안정된 고수명을 얻을 수 있다. 이것에 포인트 탭, 핸드 탭이 잇따른다.

그러나 스파이럴 탭으로는 칩의 코일 지름이 크게 되고, 날이 파손될 때가 있다. 따라서 일반의 스파이럴 탭에 TiN 코팅하는 것은 바람직하지 못하고 칩의 배출성을 고려한 하이스 스파이럴홈의 전용 탭을 사용하는 것이 바람직하다.

그리고 가공 지름이 크게 되면, 역시 칩의 불안정에서 트러블의 원인이 되는 일이 있고, 얕은 나사의 태핑에 효과를 발휘한다.

일반적으로는, M14이하의 치수가 성능이 안정되고 널리 사용된다.

강 절삭의 경우, 수용성 절삭 유제를 사용하는 경우가 있으며 일반적으로는 내구 수명이 짧지만 TiN 코팅 탭에서는 내마모, 용착 방지에 높은 효과가 있고, 무처리품이나 다른 표면 처리보다도 높은 수명을 얻을 수 있다.

그외에, 특수한 케이스로 나사내기 길이 1mm 정도의 박판(SPC) 경우에, TiN 코팅의 홈없는 탭을 사용함으로써, 가장 곤란한 작업의 하나인 드라이 태핑을 가능하게 하고 있다.

*　　　*　　　*

이상 태핑에 있어서 탭의 선정 방법, 사용 방법에 대해서 설명하였으나, 이외에 기계나 탭 홀더 및 피삭물 지지구 등에 따라서도 태핑의 성과가 바뀌고, 이 중에서 어느 것이거나 상태가 좋지 않아도 트러블의 원인이 된다. 그 중에서도, 탭의 회전과 이송의 관계나 나사내기 구멍 지름이나 중심 어긋남, 기울기 등의 항목은 중요하게 된다.

태핑에서도 난삭재화, 다양화가 진행되고 고정밀도 고속 가공이 요구되며 이것들에 대응한 여러 가지 용도별 탭이 개발되어 있고, 이후에도 한층 품질 개량이 진전하는 것으로 생각된다. 최소 비용으로 최대 효과를 얻는 데는, 각각의 조건에 가장 적합한 용도별 탭을 정확하게 선택하는 것이 기본이다.

# 초경 탭의 종류와 절삭 성능

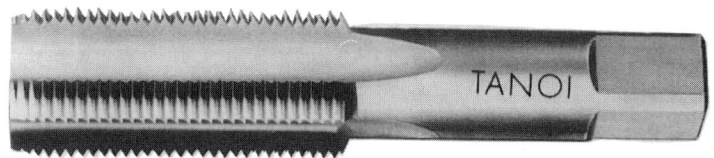

초경 합금은, 절삭 속도가 5~25 m/min의 저속 영역에서는 만족스런 결과를 얻을 수 없기 때문에, 탭에 대한 이용은 늦어져 있었으나 초미립자 초경 합금이 개발된 후부터 초경 탭은 크게 발전하였다.

초미립자 초경 합금의 일반적인 특성은 ① 저속 절삭 영역에서 뛰어난 내마모성을 발휘한다, ② 날끝 강도가 크므로 치핑하기 어렵다, ③ 초미립자 조직이기 때문에 절삭날 기능이 대단히 좋다 등이다.

## ● 초경 탭과 하이스 탭

초경 탭이 하이스 탭과 절삭날의 구성 요소 중에서 크게 다른 점은, 나사부의 릴리프량(여유량)에 있어서 하이스 탭과 비교할 때 그 양이 대단히 크게 된다. 이 릴리프량의 적합, 부적합이 암나사 정밀도 및 탭 수명을 크게 좌우한다.

최근에는 MC를 위시해서 NC기에 의한 태핑이 많아졌기 때문에, 암나사 정밀도의 트러블(주로 확대) 발생의 횟수가 많아지고 있다.

이것은 탭과 피치와 기계의 이송량의 차이에 기인하는 것이다. 그래서 회전 방향으로 플로팅하는 탭 홀더를 사용하고 있으나 합해서 탭의 절삭성을 억제하는 의미에서, 릴리프량을 조정한 탭의 사용을 권장한다.

## ● 초경 탭의 종류

일반적으로 사용되고 있는 초경 탭을 분류하면, **그림** 1과 같이 ① 솔리드형(단체형), ② 심은날형(강의 모체에 초경의 절삭날부를 납땜=컷 사진), ③ 선솔리드형(초경 나사부에 강의 축을 납땜), ④ 축 이음형(강의 축을 끼움)으로 크게 나눌 수 있다.

솔리드형은 M 12 이하의 작은지름에 적용되고 이것이 일반적이지만 탭 전장이 JIS 규격보다 긴 것이 필요한 경우에는 축이음형 혹은 심은날형(다만 M 8 이상)으로 된다.

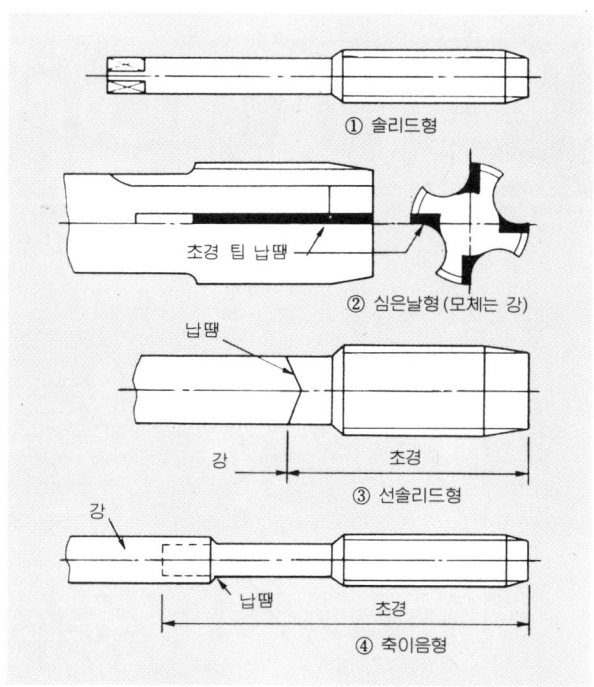

그림 1 초경 탭의 종류

 심은날형은 일반적으로 M 13 이상의 큰지름에 적용되지만 절손 방지의 목적에서, M 8 ~M 12에도 이것을 채택할 때가 있다. 그리고 축 이음형은, 솔리드형에서는 전장이 짧을 때 강의 축에 초경부를 끼워서 납땜한 것으로, 사용자와 협의해서 제작하는 경우가 많다.
 선솔리드형은 M 13 이상의 큰지름에 사용되고 심은날형으로는 상태가 좋지 않은 경우에 적용되는 것으로 이것도 사용자와 협의해서 제작한다.

## ● 초경 탭의 정밀도와 성능

### (1) 나사부 정밀도
 초경 탭은, 하이스 탭과 비교해서 절삭날내기가 대단히 좋고 용착이나 구성날이 발생하기 어려운 것등의 이유로, 암나사의 확대가 적다고 하는 특징이 있다. 그 때문에, 탭의 유효 지름을 JIS보다 크게 설정하고 있다.

### (2) 형상 치수
 초경 탭의 표준품의 형상 치수는 JIS B 4430(미터 보통 나사용 같은 지름 핸드 탭), JIS B 4436(미터 가는 나사용 같은 지름 핸드 탭)에 준하지만 MC에서 사용하거나 또는 특수 형상의 제품을 가공하는 것에 대해서는 전장이 긴 롱 탭을 사용하는 경향이 늘고 있다.

### (3) 절손 강도

하이스와 비교해서 재료의 인성이 대폭적으로 낮기 때문에, 태핑 조건에 적당치 못한 일(나사내기 구멍의 중심 어긋남, 과도한 칩의 막힘, 나사내기 구멍의 기울기 등)이 있으면 절손하기 쉽게 된다.

**그림 2**는 탭의 나사내기 강도를 표시한 것이나 초경 탭의 나사내기 강도는 하이스 탭의 그것의 30~35% 정도이기 때문에, 절손을 방지하기 위해서 심은날 탭을 채택할 때도 있다.

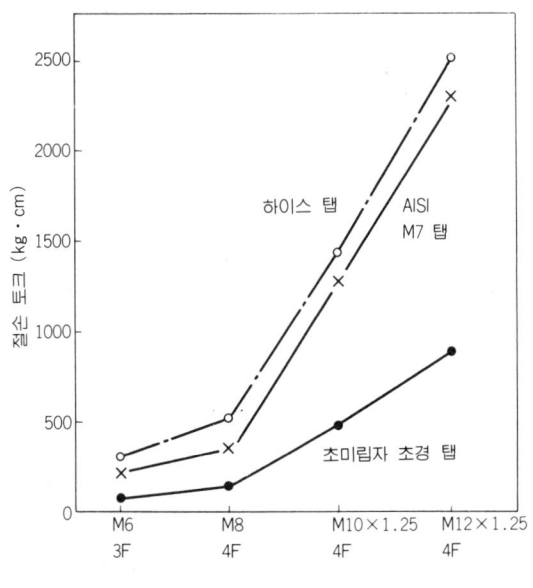

그림 2  탭의 비틀림 강도

### (4) 절삭 성능

① **마모, 용착**……초경은 하이스에 비해서 크게 경도가 높기 때문에 절삭날 부분의 마찰이 대단히 적고, 용착하기 어렵기 때문에 안정된 태핑을 장시간 계속할 수 있다.

사진 1  동일 조건에서 태핑후의 절삭날의 비교

같은 태핑 조건에서 ADC재를 같은 구멍수 절삭한 탭의 절삭날의 상태를 **사진** 1에 나타낸다. (a)는 하이스 탭, (b)는 초경 탭의 절삭날인데, 하이스 탭은 경사면, 파들기 2번의 마모가 커 코너 마모가 크게 되고 있다. 그리고 파들기 2번면에 용착이 발생하고 있으나 초경 탭은 마모, 용착 다같이 미소하고 충분한 절삭 능력을 유지하고 있다.

**사진** 2는 AC 4재를 10만 구멍 가공한 초경 탭, M 10×1의 절삭날의 상태를 표시하였으나, 충분히 계속 사용할 수 있는 상태이다.

사진 2 AC 4재를 10만 구멍 가공한 초경 탭의 절삭날

② **유효 지름 마모**……사진 1에 표시한 것같이 탭 나사산의 마모가 하이스 탭에 비해서 극히 적기 때문에, 장시간의 안정된 태핑을 할 수 있다.

**그림** 3은 탭 유효 지름 마모의 비교를 표시한 것으로, 그에 따르는 초경 탭 사용시 암나사 정밀도의 변화를 **그림** 4에 나타낸다.

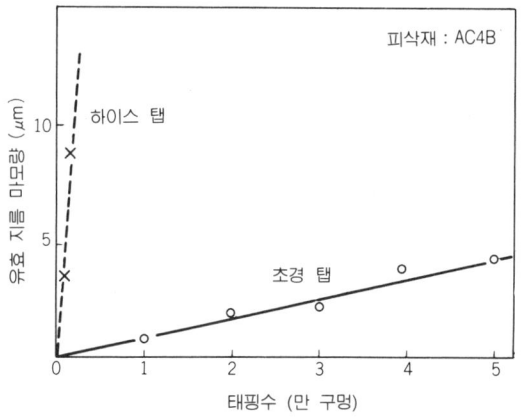

그림 3 탭 유효 지름 마모의 비교

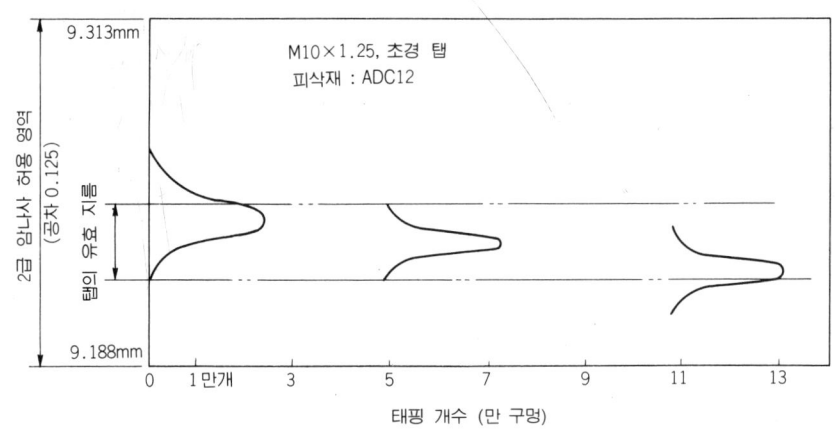

그림 4  탭으로 절삭한 암나사 정밀도의 변화

③ **암나사의 마무리**……초경 탭은 전술한 바와 같이 내용착성, 내마모성이 뛰어나고 절삭날내기가 좋아서 암나사의 마무리가 깨끗하고 안정되어 있다. **그림 5**는 ADC 12재의 암나사의 표면을 나타낸다.

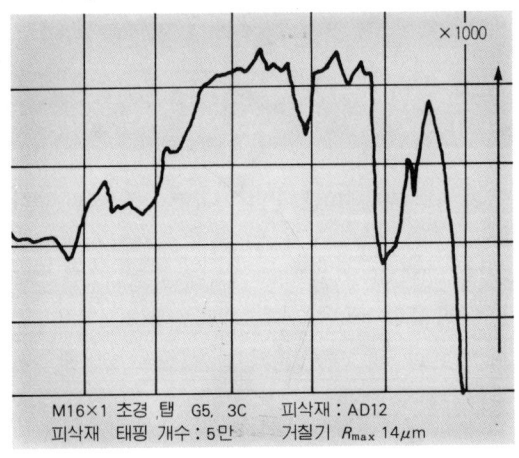

그림 5  암나사 표면 거칠기(진행쪽 플랭크 측정)

초경 홈없는 탭으로 같은 피삭재를 16만 구멍 가공을 해올 때는, $R_{max} \times 4\,\mu m$였다.

그리고 탭의 절삭성이 저하되는 데 따라서 암나사 산정의 버(burr)가 많아지는데, 이것을 방지하기 위해서 초경 탭을 채택하는 사례가 대단히 많이 있다.

## ● 수명 향상 사례

초경 탭은 현재, 피삭재가 주철, 알루미늄계 합금 및 플라스틱 제품의 경우에 많이 사용되고 있으나 탭 수명 향상 사례의 일부를 **표 1**에 소개한다.

초경 탭을 사용함으로써, 공구 교환 횟수의 극단적인 감소, 라인의 가동률 및 가공 능률의 향상, 또 검사 공수의 대폭적인 삭감을 계획할 수 있다.

플라스틱의 경우, 주철이나 알루미늄계 합금보다 수명비가 큰 것은,

① 열의 불량도체라는 것(절삭열에서 탭 절삭날이 둔화되기 쉽다).

② 금속 재료에 비해서 탭 절삭날 통과후의 도약이 크다(탭을 껴안기 때문에, 마모되기 쉽다).

③ 탭 절삭날을 마모시키는 충전제를 포함하고 있는 것 등으로, 하이스 탭에서는 저수명이었던 것이 초경의 재료 특성이 크게 살려져서 고수명을 올린 것으로 추정할 수 있다.

특히, 플라스틱 제품의 태핑에는 30~504 $\mu m$의 초과 치수 탭의 사용을 권장한다.

표 1 초경 탭에 의한 수명 향상 사례

| 피삭재 | | 탭 | 암나사 형상 | 절삭 속도 (m/min) | 절삭제 | 탭 수명 | | 수명비 (초경/하이스) |
|---|---|---|---|---|---|---|---|---|
| | | | | | | 하이스 | 초경 | |
| 알루미늄계 합금 | ADC 10 | M8×1.25 GT6, 2C | 관통 ($\phi$6.7×15) | 8 | 수용성 | 3,000 | 112,000 | 37 |
| | AC 2 B | M10×1 GT6, 2C | 멈춤 ($\phi$9.05×13×10) | 12 | 수용성 | 1,800 | 126,000 | 70 |
| | ADC 12 | M8×1 GT6, 1.5C | 멈춤 ($\phi$7.2×11.5×9) | 15 | 수용성 | 20,000 (날 재연삭 6) | 280,000 (날 연삭 없음) | 84 |
| | ADC 12 | M28×1.5 GT8, 3C | 멈춤 ($\phi$26.45×20×13) | 20 | 수용성 | 1,500 | 143,200 | 95 |
| | AC 4 | M8×1.25 GT7, 2C | 관통 ($\phi$6.7×15) | 8 | 수용성 | 3,200 | 186,000 | 58 |
| | ADC 12 | M6×1 B7 | 멈춤 ($\phi$5.5×22×16) | 8.5 | 수용성 | 1,800 (핸드 탭) | 250,000 (홈없는 탭) | 139 |
| | AC 2 B | M16×1.5 GT8, 2C | 멈춤 ($\phi$14.5) | 10 | 수용성 | 1,000 | 43,000 | 43 |
| 주철 | FC 20 | M5×0.8 GT4, 2C | 멈춤 ($\phi$4.2×15×12) | 7 | 수용성 | 1,500 | 50,000 | 33 |
| | FC 30 | M8×1.25 GT6, 2C | 멈춤 ($\phi$6.8×22×18) | 10 | 수용성 | 1,000 | 38,500 | 38.5 |
| | FC 20 | M20×1.5 GT7, 2C | 멈춤 ($\phi$18.5×22×15) | 10 | 수용성 | 1,200 | 46,000 | 38 |
| | FC 25 | M12×1.25 GT6, 2C | 멈춤 ($\phi$10.7×20×16) | 6.5 | 수용성 | 520 | 41,000 | 79 |
| | FCD 70 | M8×1 GT6, 4C | 관통 ($\phi$7×10) | 15 | 수용성 | 2,500 | 160,000 | 64 |
| 수지제품 | 폴리카보네이트 (15% 유리섬유) | M5×0.8 G8, 2C | 멈춤 (깊이 20×유효 15) | 4 | 수용성 | 5 | 2,300 | 460 |
| | 페놀 | M4×0.7 G8, 2C | 멈춤 ($\phi$3.4×14×8) | 4 | 건식 | 150 | 5,500 | 37 |
| | 폴리카보네이트 (20% 유리 섬유) | M3×0.35 G8, 4C | 관통 (유효 2) | 12 | 수용성 | 500 | 50,000 | 100 |
| | 베이클라이트 | M3×0.5 G8, 2C | 멈춤 ($\phi$2.6×15×12) | 4.5 | 건식 | 1,800 | 146,000 | 81 |
| | 베이클라이트 | M2.6×0.45 G8, 4C | 관통 ($\phi$2.15×4) | 4 | 건식 | 1,000 | 130,000 | 130 |

●동기(同期) 기구 내장의 태핑에 대응한다●

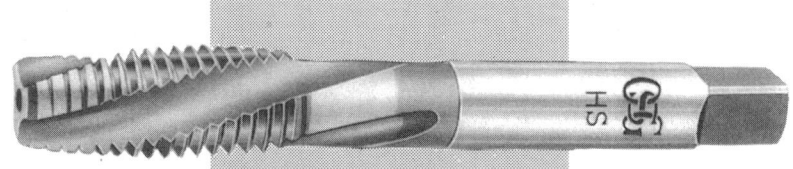

# 고속 싱크로 탭의 절삭 성능

탭은 1회전에 반드시 1리드 나가고, 절삭 속도(주속)와 이송 속도가 비례 관계가 되도록 가공하지 않으면 안되는 숙명을 짊어진 공구이다. 그래서 대단히 좁은 공간 속에서 칩을 수용 혹은 배출하면서 나사산을 성형한다.

태핑 작업은 절삭 가공 중에서도 고속화가 뒤떨어진 것 중의 하나였다.

태핑은 탭의 회전과 이송 방향을 순간적으로 역행시킬 필요가 있다. 그래서 고속 회전에서는 관성이 있기 때문에 회전과 이송이 동기화되지 못하게 되고, 암나사 확대나 절손이라는 트러블을 일으켜 고속화를 조해하고 있다.

주속은 다음 식으로 계산된다.

$$V = \frac{\pi DN}{1000}$$

여기서, $V$ : 주속(m/min)
$D$ : 탭 바깥 지름(mm)
$N$ : 회전수(rpm)

주속이 같으면 작은지름 탭만큼 회전수는 빠르게 되고, 회전과 이송을 동기화시키는 것은 어렵게 된다.

그런데, 최근 공작 기계 메이커에서 다품종 소량 생산 및 가공 시간의 단축에 대응할 수 있고, 특히 회전과 이송을 완전 동기화(싱크로 기구 장비)된 NC 태핑 머신이나 MC가 개발되어 고속, 고정밀도의 태핑을 가능하게 하고 있다.

이 최신의 태핑 머신의 기능에 대응해서 개발된 것에 고속 싱크로 탭이 있다.

## ● 구조와 사용 조건

① **재질과 표면 처리**……전용의 고바나듐 하이스(SKH 53)가 채택되고 있다. 이 전용 재종은 내마모성, 고인성을 갖고, 탄화물의 크기, 분포가 균일하고 수도 많기 때문에 우수

한 특성을 갖고 있다.

더욱이, 긴 내구 수명과 고정밀도 암나사를 얻을 수 있도록 탭의 표면에는 내마모성, 내용착성에 뛰어난 TiN 코팅 처리가 되고 있다.

② **형상**……관통 구멍용에 고속 싱크로 역스파이럴 탭(**컷 사진**), 멈춤 구멍용에 고속 싱크로 스파이럴 탭(**사진 1**)의 2종류가 있다.

**사진 1 고속 싱크로 스파이럴 탭(멈춤 구멍용)**

날홈의 치수, 형상은 초고속(30 m/min 이상)에 대응할 수 있도록 절삭성과 칩의 배출성이 중시되고, **컷 사진**의 것은 좌 20° 스파이럴, **사진 1**의 것은 우 45° 스파이럴홈에서 고강성을 갖고 있다.

챔퍼부의 길이는 내구성이 고려되고, 각각 6산과 3산으로 되어 있다.

또, 생크 지름은 엔드 밀과 같은 치수와 정밀도로, 콜릿 홀더나 밀링 척에 의한 직접 태핑을 할 수 있다.

③ **나사부의 정밀도**……회전과 이송을 완전 동기화한 NC 태핑 머신이나 MC는, 확대 여유가 안정되기 때문에, JIS 1급 암나사도 안정되게 가공할 수 있다.

고속 싱크로 탭은 JIS 2급 암나사 정밀도를 대상으로 한 가장 적합한 초과 치수의 정밀도 설정이 되어 있다. 나사 릴리프의 형상은, 마찰 저항이 적은 익센트릭 릴리프가 채택되고 있다.

④ **흔들림**……고속 태핑에서는, 흔들림은 공구의 수명이나 암나사의 정밀도에 큰 영향을 미치는 요소이다. 흔들림은, 탭이나 탭 홀더(콜릿, 콜릿 홀더, 밀링 척 등)의 정밀도에 좌우된다.

흔들림이 작아, 정밀도가 좋은 것을 선정해서 사용하는 것이 중요하다.

⑤ **기계**……고속 싱크로 탭은 완전 싱크로 이송 기구 장비 머신 전용의 탭이다. 사용에 있어서는 태핑 머신이 한정되기 때문에 주의를 요한다.

⑥ **홀더**……완전 싱크로 기구 장치 머신에서는, 플로팅 홀더를 사용할 필요가 없다. 콜릿 홀더나 밀링 척으로 직접 탭을 유지한다.

결과적으로 흔들림이 작게 되고, 나사내기 길이의 오차 정밀도도 작게 조정하는 것이 가능하게 된다.

⑦ **절삭 속도**……주속 30 m/min(S 10 C~S 45 C)를 기준으로 선정하여 사용한다.

⑧ **나사내기 구멍 가공**……나사내기 구멍 가공은, 기울기가 발생하지 않도록 충분히 주의한다. 기울기가 나타나고 있는 상태에서 고속 태핑을 하면, 암나사 확대나 절손을 일으키는 경우가 있다.

나사내기 구멍 지름의 치수는, 허용차내에서 가능한 한 상한에 설정하므로, 절삭 토크의 저감이나 공구 수명에 큰 효과를 얻을 수 있다.

⑨ **절삭 유제**……절삭 유제는 강절삭에는 불수용성유가 많이 사용되나, 냉각 효과가 높은 수용성 절삭 유제, JIS W 1종 2호로도 대응할 수 있다. 절삭 유제는 충분히 주유하는 것과, 희석 배율(5~15배 정도)의 관리를 하는 데 주의한다.

## 절삭 성능

▶ **실례 1**……그림 1에 표시한 데이터는, 기계, 절삭 속도의 차이와 공구 성능의 관계를 조사한 것이다. 같은 시방의 탭이라도, 기계의 차별로 성능에 차가 생기는 것을 알 수 있다.

| 기계 절삭 속도 | 탭 | 태핑 개수 2500  5000 | 절삭 조건 |
|---|---|---|---|
| 싱크로 기계붙이 태핑 머신 28.3 m/min (3000 rpm) | 고속 싱크로 역 스파이럴 탭 M 3×0.5 | 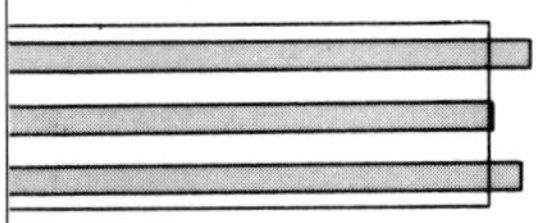 | 피삭재 : S 45 C (HRB 91~93) 나사내기 구멍 : ø2.5×6 mm 나사내기 길이 : 6 mm 수용성 절삭유 |
| | 포인트 탭 M 3×0.5 | 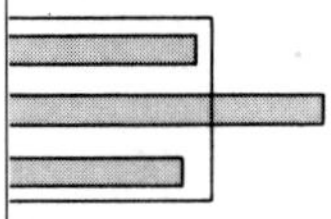 | |
| 종래형 태핑 머신 15.1 m/min (1600 rpm) | 포인트 탭 M 3×0.5 | 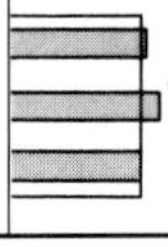 | |

그림 1 고속 싱크로 역스파이럴 탭(M 3×0.5)의 성능

▶ **실례 2**……이것은, 모터용 팬에 대한 적용 예이다.
- 피 삭 재 : S 40 C (HS 30~32)
- 나사내기 구멍 지름 : ø5.1×15 mm
- 나사내기 길이 : 10 mm
- 절 삭 유 : 수용성
- 기    계 : 싱크로 기구붙이 CNC 태핑 머신

일반용 스파이럴 탭은, 절삭 속도 : 400 rpm (7.5 m/min)으로 하여도, 600 구멍을 가공했을 때 절손하고 말았다. 이에 대해서, 고속 싱크로 스파이럴 탭은, 절삭 속도: 1100 rpm (20 m/min)의 고속 태핑에도 2400 구멍을 가공할 수 있었다. 주속은 약 2.6배, 내구 수명은 약 4배가 되고, 생산성의 향상, 코스트 저감에 훌륭한 성과를 얻고 있다.

▶ **실례 3**……이것은 비디오 헤드의 암나사의 헤어 버 대책에 대한 적용 예이다.
- 피 삭 재 : 실리콘 합금(HB 110)
- 나사내기 구멍 지름 : ø2.55×16 mm

- 나사내기 길이 : 16 mm
- 절 삭 유 : 유성
- 기        계 : 싱크로 기구붙이 CNC 태핑 머신

포인트 탭은, 절삭 속도 : 2000 rpm (18.8 m/min)에 대해서 고속 싱크로 역스파이럴 탭은, 절삭 속도 : 4000 rpm (37.7 m/min)와, 문제점의 헤어 버를 해결하는 동시에, 주속은 약 2배가 되고, 암나사 정밀도 및 생산성을 향상시키고 있다.

*        *        *

고속 싱크로 탭은 이상과 같이, 최신의 태핑 머신에 의해서 그 성능을 최대한으로 끌어낼 수 있다. 코스트 절감, 고속 가공, 무인화의 요구에는 기계나 공구의 특징을 알고 선정, 대응하는 것이 중요한 포인트라고 할 수 있을 것이다.

# 암나사 등급과 탭의 등급

나사에는 미터 나사, 유니파이 나사, 위트워드 나사, 미니어처 나사, 관용 나사 등 여러 가지 종류의 나사가 있으며, JIS나 ISO에서는, 각각의 나사에 대해서 정밀도 특성을 표시하는 등급을 정하고 있다.

따라서 태핑에 있어서는, 가공하는 암나사의 종류, 등급에 따라서 탭의 종류, 등급, 사용 기계 등을 선정해서 사용하는 것이 포인트가 된다.

여기서는, 미터 나사용의 핸드 탭을 예로 탭의 등급에 대해서 말하고자 한다.

## ▎암나사와 탭의 등급

우선, 탭으로 가공하는 미터 나사의 암나사의 등급에 대해서, ISO 나사를 도입한 JIS에서는 미터 나사의 허용 한계 치수 및 공차에 따라서 5H(일부 치수에 의해 4H), 6H, 7H의 3등급이 규격 본체에 정해지고 있다.

그리고 그 부속서에는 종래 JIS의 1, 2, 3급의 3개의 등급이 규정되고 있다(JIS B 0209, B 0211 참조).

한편, 미터 나사용 탭의 등급은, ISO를 도입한 규격 본체에 클래스 1, 클래스 2, 클래스 3의 3등급, 그리고 그 부속서에는 종래의 1a급, 1b급, 2급, 3급의 4등급이 규정되고 있다.

등급과 그 기호는 각각 **표 1**, **표 2**와 같다(JIS B 4430 참조).

**표 1 JIS에 의한 미터 나사용 탭의 등급**

| 등 급 | 클래스 1 | 클래스 2 | 클래스 3 |
|---|---|---|---|
| 기 호 | ISO 1 | ISO 2 | ISO 3 |
| (참 고) | 4H, 5H | 6H<br>4G, 5G | 7H, 8H<br>6G |

**표 2 종래 JIS의 미터 나사용 탭의 등급(J형)**

| 등 급 | 1 급 | | 2 급 | 3 급 |
|---|---|---|---|---|
| | 1a급 | 1b급 | | |
| 기 호 | Ia | Ib | II | III |

**표 1**의 탭의 등급에 대한 암나사의 등급의 탭에 의해서 태핑된 암나사가, 그 등급에 반드시 적합하다고는 할 수 없다.

일반적으로 암나사의 정밀도는 피삭재, 공작 기계의 상태, 태핑 부속 장치, 절삭 속도,

절삭 유제 등에 의해서 변화하므로, 암나사의 등급에 의거해서 각각의 조건에 적합한 탭의 등급을 선택하지 않으면 안된다.

특히 태핑후에 도금이나 열처리 등의 2차 가공이 있는 경우에는 나사부의 치수가 축소되는 경향이 있기 때문에 생각한 대로의 등급의 암나사를 얻기 어렵게 된다. 그것도 계산에 넣어서 탭을 선택하지 않으면 안된다.

## ■ JIS와 ISO의 유효 지름 허용차의 비교

다음으로, 미터 보통 나사에 대해서 JIS와 ISO에 있어서의 암나사 및 탭의 유효 지름 허용차를 비교하도록 하자.

여기서는 편의상 M 10×1.5의 미터 보통 나사를 예로 든다.

여기서 유효 지름이란, 나사홈의 폭이 나사산의 폭과 같게 되는 가상적인 원통(또는 원추)의 지름을 말한다.

미터 보통 나사 M 10×1.5에 있어서 종래의 JIS 2급 암나사의 유효 지름은 9.026 mm : 허용차 0~+140 $\mu$m, 그에 대응하는 ISO의 6 H의 나사 유효 지름은 9.026 mm : 허용차 0~+180 $\mu$m이고, ISO쪽이 허용차에서 40 $\mu$m 넓게 되어 있다.

그리고, 탭의 유효 지름 허용차의 비교에서, JIS 2급 탭의 유효 지름 9.026 : 허용차 +15~+40 $\mu$m에 대해서, 가장 근사적인 ISO의 클래스 1의 유효 지름 9.062 mm : 허용차 +14~+42 $\mu$m서, ISO의 허용차쪽이 JIS보다도 3 $\mu$m 넓게 되어 있다.

이와 같이 M 10에 한정되지 않고, 전반적으로 ISO의 암나사 유효 지름 허용차는 JIS에 비해서 넓게 되어 있으며, 마찬가지로 탭에서도 각각의 등급에 대응하는 클래스의 유효 지름 허용차는 ISO쪽이 JIS보다 크게 되어 있다.

JIS와 ISO에 있어서 암나사와 탭의 유효 지름 허용차의 비교를 **그림 1**에 표시한다.

따라서, 종래의 JIS등급의 탭을 적절하게 이용하면 그에 대응하는 ISO 등급의 나사 정밀도는 충분히 확보할 수 있게 된다.

## ■ TAS 등급과 초과 치수 탭

태핑은 어디까지나 소정 등급의 암나사를 얻는 것을 생각하면서 실시하는 것이지만, 전술한 바와 같이, 도금 열처리 등의 2차 가공에 의해서 암나사의 유효 지름이 작게 되거나, 탭 마모 여유가 크거나 해서 소정의 암나사를 얻을 수 없는 일이 자주 생긴다.

그 때문에, 각 탭 메이커에서는 단계적으로 허용차를 설정한 초과 치수 탭을 준비하고 있다.

이것은 TAS(일본 공구 공업회 규격)의 P(정밀)급 규격에 준해서 설정된 것으로, M 3.5 이하의 탭이 유효 지름 허용차 15 $\mu$m 마다에 5단계, M 4 이상, M 24 이하의 탭이 유효 지름 허용차 20 $\mu$m마다에 6단계라고 하는 식으로 설정하고 있는 경우가 많으나, 탭 메이커에 따라 다르다.

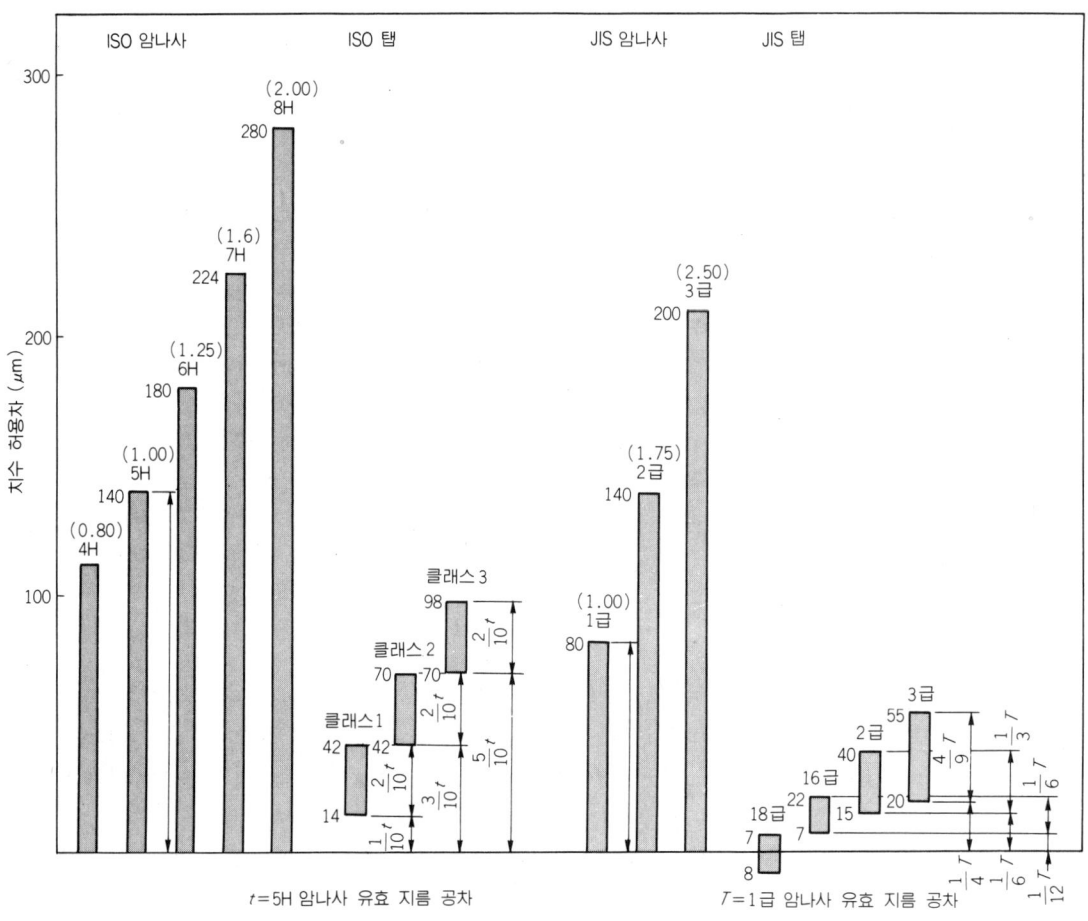

그림 1 JIS와 ISO에 있어서 암나사와 탭의 유효 지름 허용차의 비교

\*　　　　\*　　　　\*

    미터 나사용 탭의 등급에 대해서 기술하였으나, 이외의 탭에도 각각 등급이 있다. 그리고 JIS, ISO 이외에 ANSI(아메리카 국가 규격 협회)에 의한 탭 등급이 요구되는 케이스도 있다. 그것들에 대해서는 생략하나, 상세한 것은 각각의 규격표를 참조하기 바란다.

    기계 분야에서 사용하는 나사는, 특수한 것은 제외하거나 대부분이 JIS 2급에 해당하는 것으로, 이것에 대응해서 사용하는 1급, 2급 탭은, 하이스나 초경제로 연삭 다듬질되고 있다. 한편, 거친 용도에 한정되는 3급 탭은, SKS제에서 전조한 그대로의 비연삭의 것이 주로 되고 있다.

    그러나 이들 탭의 등급도 전술한 바와 같이, 암나사의 등급에 대응한 탭을 사용하였다고 해서 반드시 소정 등급의 암나사를 얻을 수 있다고는 한정할 수 없다. 절삭 조건, 사용 기계, 2차 가공 등 여러 가지 조건을 고려해서 탭을 선정해야 할 것이다.

    요는 태핑된 암나사가 나사 게이지에 의한 검사의 난관을 헤쳐 나갈 수 있느냐 없느냐가 중요한 것이다.

# 나사내기 구멍 지름과 걸림률

태핑의 앞 공정으로, 나사내기 구멍이 가공되는데, 이 나사내기 구멍 지름, 결국 암나사의 안지름을 어느 정도의 크기로 하는가 하는 것은, 태핑의 효율과 암나사의 강도를 좌우하는 것이기 때문에 신중하게 결정하지 않으면 안된다.

## ■ 나사내기 구멍 지름과 걸림률

나사에서는, 수나사의 나사산과 암나사의 나사홈이 서로 물리는 높이의 기준 산형의 높이에 대한 비율을 걸림률이라 하고, JIS B 1004에서 식 (1)과 같이 정의하고 있다.

$$걸림률 = \frac{d - 나사내기\ 구멍\ 지름}{2H_1} \times 100(\%) \quad \cdots\cdots (1)$$

여기서, $d$ : 수나사의 바깥 지름 기준 치수

$H_1$ : 기준의 걸림 높이이고, **그림 1**에서, 미터 나사의 기준 산형에 있어서의 수나사와 암나사가 끼워져 있는 나사산의 높이를 말한다.

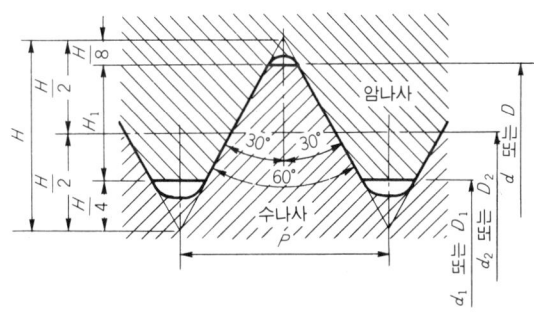

그림 1 미터 보통 나사의 기준 산형

식 (1)에서 수나사와 암나사는 지름으로 표시하고 있으나 기준의 걸림 높이 $H_1$은 한쪽의 나사산형으로 표시하고 있기 때문에 계산에서는 2배로 하고 있다. 식 (1)에서 알 수 있는 것과 같이 수나사 바깥 지름과 암나사 안지름의 차가 기준의 걸림 높이(의 2배)와 같으면 걸림률은 100%이다. 밑의 안지름이 커서 다시 말하면 암나사의 산의 높이가 낮아지면 걸림률은 작게 된다.

그런데, 이 기준의 걸림 높이 $H_1$은, **그림 1**에서 다음 식으로 나타낼 수 있다.

$$H_1 = H - \frac{H}{8} - \frac{H}{4} = \frac{5}{8}H \quad \cdots\cdots (2)$$

$H$는 기초 3각형의 높이이고, **그림** 1에서

$$H = \frac{P(\text{피치})}{2} \tan 60° = 0.866025 P \quad \cdots\cdots(3)$$

이되고, 식 (2), (3)에서 $H_1$은

$$H_1 = 0.541266 P \quad \cdots\cdots(4)$$

가 된다. 따라서 걸림률을 다음 식과 같이 피치 $P$로도 표시할 수 있다.

$$\text{걸림률} = \frac{d - \text{나사내기 구멍 지름}}{1.0825 P} \times 100(\%) \quad \cdots\cdots(5)$$

이 식은, 미터 나사, 유니파이 나사에 적용된다.

## ■ 나사내기 구멍 지름의 영향

**그림 2**에 표시한 것같이, 수나사(탭)와 암나사의 산을, 각각 6단, 계 48개의 작은 3각형으로 나누어 보았다. 암나사의 산의 높이와 수나사의 산의 높이가 같을 때 걸림률은 100%이다.

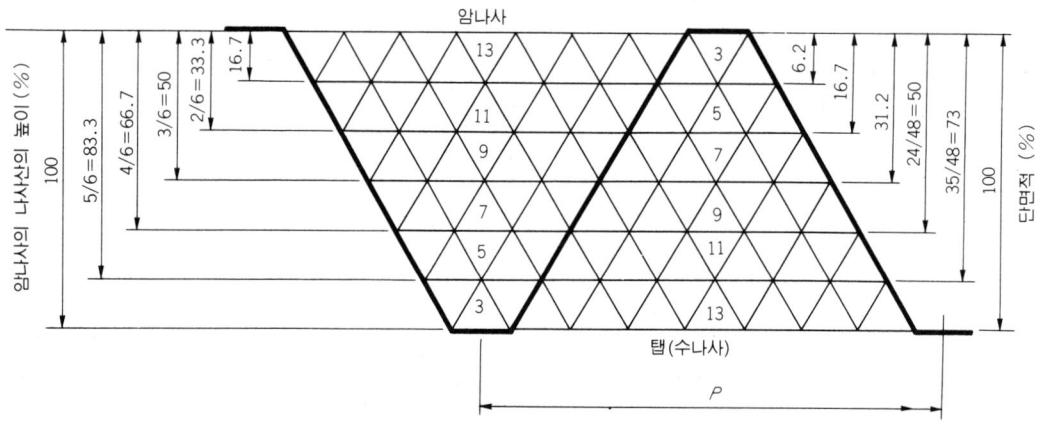

그림 2 암나사의 산의 높이와 단면적의 관계

지금, 나사내기 구멍 지름을 1단만 크게 하고, 암나사의 산의 높이를 5/6으로(걸림률 83.3%로) 한 경우를 생각해 보자.

암나사의 산의 높이는 1/6=16.7%가 줄은 83.3%로 되었으나, 그 때의 수나사(탭)쪽의 단면적은, 작은 3각형 13개 감소, 즉 13/48=27% 만큼 감소해서 73%로 된다. 감소율은 수나사의 단면적쪽이 큰 것이다. 이것을 탭으로 바꾸어서 말하면, 걸림률 83.3%로 나사내기 구멍을 가공하면, 탭 가공은 27%만큼이 적게 되는 것이 된다.

**그림 3**에 나사내기 구멍 지름과 태핑 토크의 관계를 표시한다.

한편, 산의 높이를 낮게 함으로써, 암나사의 강도(단면적에 거의 비례한다)는 어떻게 변화하게 될까.

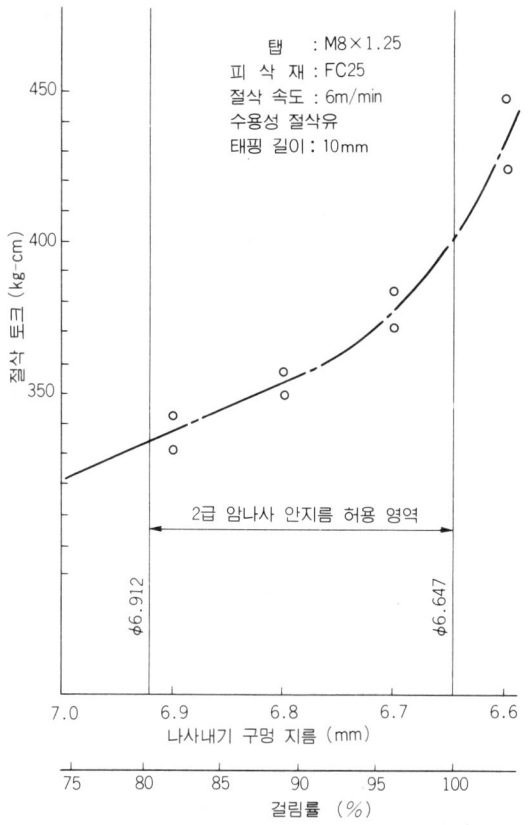

그림 3 나사내기 구멍 지름과 태핑 토크

그림 2에서 나사내기 구멍 지름을 2단이나 크게 하고, 암나사의 산의 높이를 4/6로(걸림률 66.7%로) 했을 경우를 생각해 보자.

암나사의 단면적은 작은 3각형이 8개 감소해서 40개로 되지만, 그래도 40/48=83.3%만큼이 있고 걸림률보다 훨씬 큰 수치이다.

이상을 통해서 말하면, 나사내기 구멍을 크게(걸림률을 작게)하여도 암나사 강도에 대한 영향은 적고, 또 태핑 효율은 좋게 된다. JIS B 1004의 나사내기 구멍 지름의 규정은 이 양자를 감안해서 결정한 것이다.

## ■ 나사내기 구멍 형상과 나사내기 길이

관통 구멍에서 나사내기 길이가 짧은 것은 칩의 배출도 비교적 좋고, 긴 것(일반적으로는 호칭 지름의 2배 이상의 태핑 길이)이나 멈춤 구멍의 태핑에 비해서 보다 유리하다고 할 수 있다.

관통 구멍에서도 나사내기 길이가 긴 경우는, 특히 나사내기 구멍 지름을 보고 즉시 개량이 필요한 케이스가 많은 것 같다.

멈춤 구멍의 나사 가공은, 칩의 배출과 나사내기 구멍 깊이와 탭 가공 깊이 등의 관계에서 관통 구멍에 비해서 보다 곤란을 수반하는 일이 많아진다.

특히, 난삭재의 태핑에서 길이가 $2D$($D$는 나사의 호칭 지름)이상의 깊은 멈춤 구멍, 나사내기 구멍 깊이도 더 깊게 할 수 없는 등, 3개 이상의 악조건이 겹친 태핑은 상당한 곤란을 수반하고, 때로는 탭이 부러지는 일이 계속 발생하기도 한다.

이와 같은 경우에는, 우선 나사내기 구멍 지름을 될 수 있는 대로 크게 할 수 없는가 어떤가를 검토하고, 개량할 수 있으면 즉시 개량해야 할 것이다. 그리고 나사내기 구멍 깊이를 될 수 있는 대로 확보하기 위해서 때로는 드릴 가공 구멍밑의 원추 부분을 별도 공구로 다시 긁어내는 케이스도 있다.

그리고 유제의 검토, 급유 방법도 포함해서 개량하고, 가공 스피드도 줄이는 방향으로 해서, 나사내기 구멍 드릴의 교환을 좀 일찍하거나, 여러 가지 배려를 하지 않으면 안된다.

사용 탭면에서는 나사내기 구멍 깊이를 깊게 할 수 있으면, 탭의 절삭 여유에서 챔퍼부의 길이를 약간 길게 재검토해서 변경하는 것도 방법의 하나이지만, 일반적인 멈춤 구멍에서는 챔퍼부의 길이도 3~5산 이하로 될 것이다.

그리고, 상비되고 있는 용도별 탭의 선정도 때로는 필요하지만, 뭐니뭐니 해도 앞에서 말한 나사내기 구멍 지름을 조금 크게 할 수 있으면 멈춤 구멍의 태핑도 대단히 유리하게 된다.

# 탭의 재연삭

## ● 재연삭의 필요성

종래 탭의 재연삭은 비교적 쉽게 생각해 왔으나, 저성장 시대를 맞이해서 공구 코스트의 절감을 진지하게 생각하게 되므로써, 그 중요성은 더욱더 증가되고 있다.

탭은 그의 기능, 적당한 재연삭 시기 및 방법의 기본적 사항을 파악하면 계속해서 그 성능을 발휘시킬 수 있어, 수명 연장이나 코스트의 절감에 연결된다. 그러나 정밀도나 수명이 저하되기 쉬운 작은지름 탭이나 값싼 합금 공구강 탭의 경우는 재연삭에 의한 경제 효과를 충분히 검토한 뒤에, 적용의 유무를 판단할 필요가 있다.

또, 재연삭의 횟수도 탭의 시방이나 사용 조건에 의하지만, 3~5회 정도가 일반적이다.

## ● 재연삭의 시기

탭은 다른 절삭 공구와 같이, 태핑 개수에 따라서 날끝의 손모는 크게 된다. **그림 1**은 탭의 손모 상태를 표시한 것이나, 그 상태에서 절삭을 계속하면 절삭 성능이 떨어질 뿐만 아니라 어느 시기를 넘으면 손모량은 급격히 증대해서 마침내 절손의 위험도 있고, 또 재연삭량이 많아져서 비경제적이 된다.

이와 같은 사태로 되지 않는 적당한 시기에, 날끝의 재연삭이 필요하게 된다. 재연삭 시기의 판정 기준으로 다음의 것이 있다.

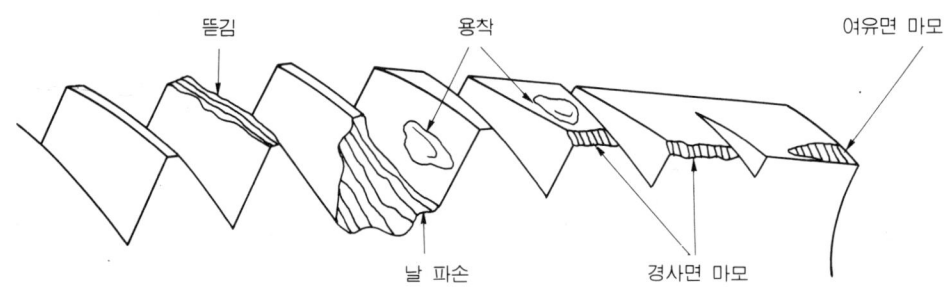

그림 1 탭의 손모 상태

① **손모**……챔퍼부의 여유면이 제일 마모하기 쉽고, 이 마모폭($V_B$)을 눈으로 보고 판정하는 것이 일반적이다. 마모폭은 재연삭량을 고려해서 0.2~0.3 mm 정도가 보통이다.

② **암나사 정밀도**……암나사 치수를 나사용 한계 게이지로 정기적으로 체크하고, 통과쪽 게이지가 통과하지 않게 되었을 때, 또는 멈춤쪽 게이지가 규정 피치 이상으로 들어가게 되었을 때를 재연삭 시기로 한다.

③ **다듬질면**……탭이 손상되면 다듬질면이 나빠지게 된다. 나사산이 뜯기는 일도 있다. 일반적으로는 눈으로 관측하고, 재연삭 시기를 정한다.

④ **태핑 토크**……태핑 토크를 전류값의 변화로 읽어내는 방법이 있다. 실용적인 방법으로는, 태핑 머신 또는 홀더의 안전 장치에 한계 토크를 설정에 놓고, 작동했을 때를 재연삭 시기로 하고 있다.

⑤ **삐걱거리는 소리**……절삭중에 발생하는 삐걱거리는 소리가 크게 되었을 때는, 손상이 진행되어서 절삭성이 저하된 것을 나타내는 것이고, 이에 의해서 판정한다.

⑥ **칩**……정상적인 절삭중에 발생하고 있던 칩에서, 윤기, 컬의 형상, 연속되고 있는 형태 등이 변화했을 때, 눈으로 관측해서 판정한다.

⑦ **절삭 개수**……연속적으로 계측하거나, 관측하는 것이 곤란한 경우, 또는 공구를 교환하기 위해서 기계가 정지하는 것을 최소로 하고 싶은 경우에는 미리 그 시기가 되는 절삭 개수를 구해 놓고, 그 개수가 되었을 때, 정기적으로 교환하는 방법이 자동 기계에서는 널리 이용되고 있다.

## ● 탭의 손모 특성

재연삭은 손모 부분을 제거하고, 날끝을 신품과 똑같게 하는 것이 목적이므로, 손모가 어떻게 되어 있는가를 이해할 필요가 있다.

### (1) 손모의 종류

① **마모**……정상적으로 사용하고 있어도, 서서히 탭의 날끝은 닳아서 둥글게 된다. 이 현상을 마모라고 한다.

② **날 파손**……챔퍼부 또는 완전 나사산의 날끝이 파손되는 현상으로, 피삭재에 대해서

탭이나 절삭 조건에 적당하지 않은 경우나, 탭의 수명이 한계에 도달했을 경우 등에 발생한다.

③ **용착**……나사 플랭크면이나 챔퍼부에 피삭재가 부착되거나, 절삭날에 구성날끝이 생기는 현상이고, 절삭 속도가 부적당하거나, 급유가 불충분한 경우에 잘 발생한다.

④ **뜯김**……나사산의 산꼭대기가 날끝에서 날뒤에 걸쳐서, 잡아 뜯기는 상태를 말하고, 피삭재가 특히 고경도이거나, 칩이 파들기하거나 해서 발생한다.

### (2) 손모의 방법

손모는 다음과 같이 발생한다.
① 경사면에 마모 또는 날 파손이 생긴다.
② 챔퍼부의 여유면에 마모가 발생한다.
③ 경사면과 챔퍼부의 여유면의 양쪽에 손모가 생긴다.

## ● 재연삭 부분

탭의 재연삭은, 손모를 제거하는 것이 목적이기 때문에 재연삭을 하는 부분에는, 손모의 방법과 마찬가지로 다음 세 가지가 있다.
① 경사면
② 챔퍼부의 여유면
③ 경사면과 챔퍼부 여유면의 양쪽

세 방식의 재연삭 방법 중 어느 것을 선택하느냐 하는 것은, 사용 조건, 마모 상태, 연삭 설비에 따라 판단하여야 한다.

그러나 어느 경우에도 절삭날의 손모 상태에 따라서 재연삭 방법을 적절히 선택해야 한다.

**사진** 1은, 사용이 끝난 핸드 탭의 재연삭 전과 후를 표시한 것이다.

① 사용이 끝난 탭의 재연삭 전……홈 경사면의 날끝과 챔퍼부 여유면의 코너부에서 마모를 볼 수 있다.

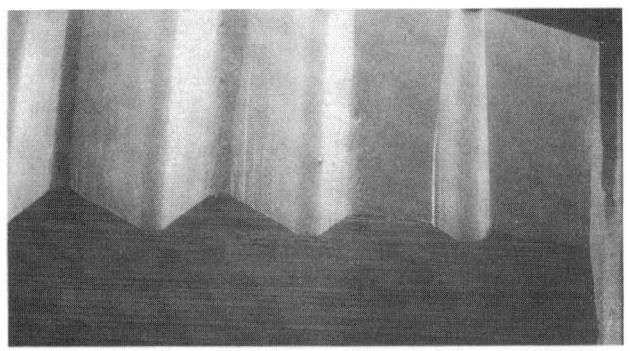

② 경사면만을 재연삭······홈 경사면의 날끝은 재생되고 있으나 챔퍼부 여유면의 코너부에 마모가 남아 있다.

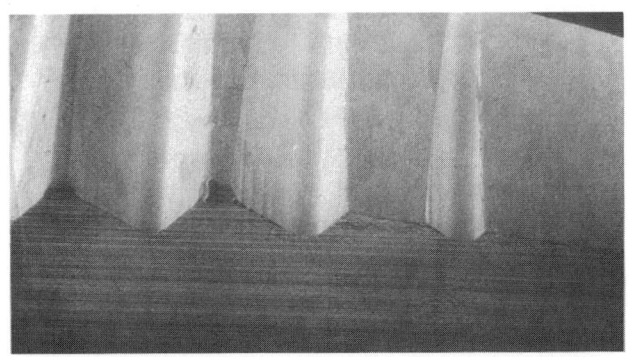

③ 챔퍼부 여유면만을 재연삭······챔퍼부 여유면은 대부분 재생되고 있으나 홈 경사면의 날끝에 마모가 남아 있다.

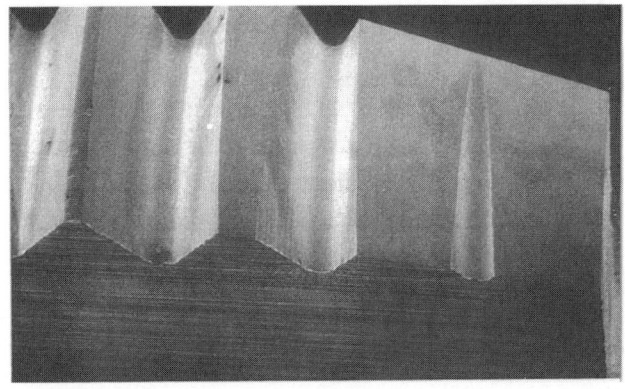

④ 경사면, 챔퍼부 여유면의 양면을 재연삭······대부분 마모가 제거되고 탭이 재생되고 있다.

- 핸드 탭 M10×1SKH 파들기 2.5산

사진 1 탭 재연삭의 전과 후(×20)

### (1) 홈부의 재연삭

홈부의 재연삭에는, 만능 공구 연삭기 또는 홈 연삭 전용기를 사용한다. 일반적인 연삭 조건을 **표 1**에 나타낸다. 숫돌의 트루잉, 드레싱은 브리크(성형용 숫돌)에 의해서 고치는 것이 간편하다.

표 1 탭홈 연삭 표준 조건

| | 일 반 | 다량 생산 |
|---|---|---|
| 숫 돌 | WA 60~80 K | CBN 120~170 |
| 숫돌 주속 (m/min) | 600 | 1500~1800 |
| 절삭 깊이 (mm) | 0.03 | 0.01~0.05 |
| 이 송 (m/min) | 1 | 1~3 |
| 냉 각 | 습 식 | 습 식 |

또 양산(量産)의 경우나, 최근의 동향에서 탭 재질에 고바나듐 하이스의 적용이 증가하고 있으므로 연삭성이 우수한 CBN(입방정 질화 붕소) 숫돌이 사용돼 오고 있다.

연삭 부분은, 경사면에서 나사산 높이의 1.5~2배 이상이면 되고 홈 전체를 연삭할 필요는 없으나 좁은 홈 용적 속에 칩을 알맞게 컬지게 해서 정연하게 수납하여야 하기 때문에 연삭하지 않는 부분과의 이음매는 가급적 매끄럽게 해야 한다.

그리고 홈밑에는 탭의 강도를 유지하기 위해서 1/60~1/100 정도의 구배가 되어 있으므로, 이 구배에 맞추어서 연삭하는 것을 권장한다.

**그림** 2에 경사면의 재연삭 상태에 대해서 나타낸다.

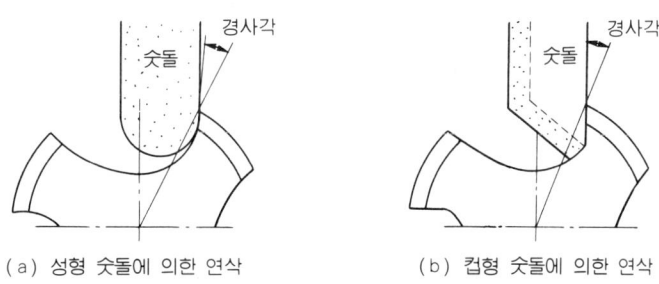

(a) 성형 숫돌에 의한 연삭    (b) 컵형 숫돌에 의한 연삭

그림 2  경사면 재연삭 상태

홈 재연삭은, 경사면의 손모를 제거하는 동시에 경사각을 설정하여야 한다. 탭의 경사각은 피삭 암나사 정밀도, 다듬질면, 절삭성, 날끝 마모의 조기 발생에 영향이 미치기 때문에, 피삭재에 알맞는 각도를 선정하는 것이 필요하다. 그리고 경사면의 형상에는 레이크날형(절삭날면이 평면)과 훅날형(절삭날면이 곡면)의 2종류가 있으며, 경사각과 같이 피삭재 재질에 따라서 선정한다 (203~209페이지 참조).

연삭 숫돌은, 레이크날에는 접시형 숫돌이, 훅날에는 성형 숫돌이 알맞지만 어느 것이나 경사면에 단이 나지 않도록 연삭하는 것이 중요하다(**그림** 2 참조).

홈부의 재연삭에 관한 주의 사항을 다음에 나타낸다.

① 절삭날의 분할을 정확하게 하기 위해서, 인덱스(분할대) 또는 그에 대신하는 장치를 사용한다.

② 연삭 눌어붙기를 방지하기 위해서 연삭유를 사용하고, 과대한 절삭 깊이는 하지 않는다.

③ 날끝에 코너 슬로프(날끝이 찌그러진 것같은 상태)가 생기지 않도록 숫돌의 형상, 마

모, 세트의 방법에 주의한다.
④ 연삭면의 거칠기는 3.2 S 정도로 한다.
⑤ 연삭후는 반드시 버(burr)를 마포 등으로 제거한다.
⑥ 재연삭을 홈부에만 할 경우에는, 연삭 여유를 조금 많이 잡고 챔퍼부 여유면의 코너 마모를 완전히 제거한다.

그리고 홈부의 재연삭 한도는, 피삭 나사에 대한 정밀도나 탭의 강도를 종합해 보면 신품일 때, 날 두께의 1/2~1/3 정도가 일반적이다.

그러나 탭에 따라서는 나사부의 여유가 콘익센트릭 릴리프(동심부를 남긴 릴리빙)의 경우는 홈 연삭에 의해서 동심부(마진)가 제거되어 버리면, 익센트릭 릴리프(날끝에서 릴리빙)가 되어서, 절삭성이 좋아지는 반면, 탭의 자진 작용이 약하게 되기 때문에, 암나사의 확대가 발생하는 일이 있으므로 주의가 필요하다.

### (2) 챔퍼부의 재연삭

챔퍼부 여유면의 연삭은, 탭 전용의 릴리빙 연삭기나, 또는 릴리프 가공용의 전용 부속품을 설치한 공구 연삭기가 필요하다. 이것들로는 회전 캠이나 판 캠 기구에 의해서 탭 또는 숫돌쪽을 이동시켜서 릴리프를 내도록 연삭한다.

대표적인 예로는, **그림 3**에 나타낸 것같은 탭과 숫돌의 축심을 평행으로 설치하고, 숫돌에 탭의 챔퍼 각도 $\beta$와 같은 각도를 붙여서 각도 $\alpha$에서 릴리프가 되도록 캠으로 탭 또는 숫돌을 움직이게 하면서 연삭하는 방법이다.

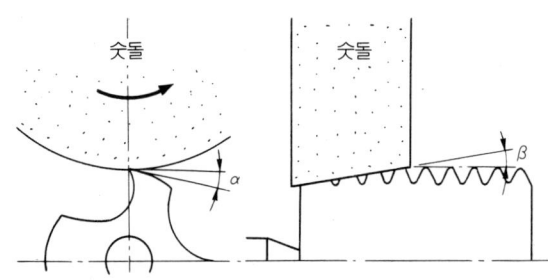

그림 3 챔퍼부의 재연삭 상태

표준적인 절삭 조건을 다음에 나타낸다.
- 숫　　　돌 : WA 80 K~L (평형 숫돌)
- 숫돌 주속 : 1500 m/min
- 절삭 깊이 : 0.03 mm

탭의 절삭 작용은 챔퍼부에서 한다. 따라서 챔퍼부 길이의 선정은 절삭성, 내구성, 피삭 암나사 다듬질면 등의 성능에 크게 영향을 준다. 일반적으로 관통 구멍 또는 멈춤 구멍에서도 나사내기 구멍 바닥에 충분히 여유가 있는 경우는, 챔퍼부가 긴 편이 성능이 좋게 된다.

가령, 핸드 탭의 3번 탭은 1.5산이지만, 탭 성능을 생각하면 3산 정도가 바람직하게 된다. 이 챔퍼부 길이는 탭의 용도에 따라 설정되고 있다. 그런데 재연삭을 거듭하면 챔퍼부 길이는 증가한다. 그래서 멈춤 구멍에서 나사 밑에 여유가 없는 경우는, 재연삭을 홈부만 하거나 탭의 선단을 잘라내서 챔퍼부를 재생한다. 이 때, 탭의 선단 지름이 나사내기 구멍 지름보다 크게 되지 않도록 주의하고 탭 골의 지름 정도로 한다.

챔퍼부는 외주에 적당한 여유량을 설정하지 않으면 절삭은 불가능하다. 이 여유량은 피삭재, 탭의 날 두께, 챔퍼부의 길이 등에 따라 차이가 있으나 여유각(**그림 3**의 $\alpha$)으로 표시하면 일반적으로는 2°~8°의 범위에서, 경질재에서 2°~3°, 연질재에서는 4°~6°로 설정한다. 또 탭의 지름이나 챔퍼부의 길이에 의해서도 다르고 지름이 크고 챔퍼부가 길게 되는 데 따라서 작은 각도로 설정한다.

실용적인 방법으로서는, 미리 신품의 탭의 여유량을 측정해 놓고 신품 탭의 사용 상황, 즉 릴리프 접촉이나 절삭성 불량 등의 여유량 과소에 의해서 난처하거나, 날 파손이나 피삭 암나사 확대 등의 여유량 과대에 의한 거북함 등의 현상을 고려해서 여유량을 설정한다.

챔퍼부의 재연삭에 관한 주의 사항을 다음에 표시한다.

① 날끝에 흔들림을 일으키지 않도록 한다(0.03 mm 이하가 바람직하다).
② 챔퍼부의 길이는, 산수(山數)로 관리하는 것이 호칭 지름에 관계없이 알기 쉬우나, 챔퍼각으로 하는 것이 가장 정확하다.
③ 연삭 눌어붙기를 방지하기 위해서는 연삭유를 사용하고, 과대한 절삭 깊이는 피한다.
④ 챔퍼면의 날끝에 코너 슬로프가 생기지 않도록 한다.
⑤ 연삭면의 거칠기는 3.2 S 정도로 한다.
⑥ 탭의 선단 지름은 골의 지름을 기준으로 나사내기 구멍 지름보다 약간 작게 한다.

## ● 탭의 종류에 의한 재연삭

스트레이트홈 탭의 재연삭은 전항에 나타낸 방법으로 한다.

비틀림홈 탭에는, 스파이럴 탭과 스파이럴 포인트 탭(포인트 탭)이 있으나 스파이럴 탭은 약 35° 오른쪽으로 비틀어진 홈 때문에 일반적으로는 챔퍼부만을 재연삭한다. 전항의 내용에 더해서, 비틀림홈의 날끝에 따라 릴리빙 가공을 할 수 있는 장치가 필요하다. 챔퍼부의 여유량은, 조건에도 의하지만 여유각으로 표시하면 3°~4° 정도가 적당하다.

포인트 탭은, 스트레이트홈 선단에 약 10°의 비틀림각 및 구배각을 갖는 독특한 홈형을 하고 있다. 이 때문에, 전항의 내용에 더해서 다음 사항을 고려해서 한다.

홈의 재연삭은, 홈 연삭기에 특수한 장치를 부착해서 수평 방향 및 수직 방향으로 각각 10° 정도의 경사각을 주어서 한다. 경사각은 칩의 배출을 좋게 하기 위해서 스트레이트홈의 경우보다 2°~3° 강하게 설정한다. 또 비틀림홈의 길이는 챔퍼부 길이 +2~3산 정도로 하는 것이 적당하다.

챔퍼부의 재연삭은 스트레이트홈의 경우와 같은 요령으로 실시한다. 홈없는 탭은 문자 그대로 홈이 없고, 챔퍼부도 특수한 형상이기 때문에 일반적으로 재연삭은 하지 않는다.

# 태핑의 트러블과 대책

보통 태핑의 트러블이라고 하는 것은, 하나의 요인만으로 발생하는 것은 매우 적고 몇개의 요인이 복잡하게 얽혀서 트러블로 발전하는 경우가 많은 것이다. 따라서, 트러블이 발생하면 가장 영향이 큰 것을 빨리 추측해 내서, 신중하게 대책을 강구하는 것이 중요하다.

| 트러블의 내용 | 트러블의 요인 | 대 책 |
|---|---|---|
| 암나사의 확대 | 탭의 선정이 좋지 않음 | ① 적절한 정밀도의 탭을 사용할 것<br>② 챔퍼부의 길이를 길게 할 것 |
| | 칩이 막힘 | ① 포인트 탭, 스파이럴 탭을 사용할 것<br>② 탭의 홈수를 줄이고 홈 용적을 크게 할 것<br>③ 나사내기 구멍 지름을 가급적이면 크게 할 것<br>④ 멈춤 구멍의 경우, 나사내기 구멍을 가급적 깊게 할 것<br>⑤ 절삭 유제의 종류, 주유 방식을 변경 |
| | 사용 조건이 부적당 | ① 절삭 속도를 적정하게 할 것<br>② 탭과 나사내기 구멍의 중심 어긋남을 방지할 것<br>③ 탭 또는 피삭물의 지지를 부동식으로 할 것<br>④ 이송 속도를 적정하게 해서 산마름을 방지<br>⑤ 강제 이송 방식으로 한다(리드 이송 방식)<br>⑥ 기계의 용량을 적정하게 한다<br>⑦ 축심의 흔들림을 방지한다 |
| | 용 착 | ① 호모 처리등의 표면 처리를 한다<br>② 반용착성이 높은 절삭 유제로 한다<br>③ 절삭 속도를 내린다<br>④ 경사각을 피삭재에 맞춘다 |
| | 재연삭 부적당 | ① 홈 분할을 정확하게 한다<br>② 경사각이나 파들기 2번각(여유각)을 지나치게 크게 하지 않는다<br>③ 날 두께를 지나치게 작게 하지 않는다<br>④ 연삭 버(burr)를 제거한다 |
| 암나사의 축소 | 탭의 선정이 좋지 않음 | ① 초과 치수 탭으로 한다<br>　(a) 피삭재가 동 합금, 알루미늄 합금, 주철 등과 같이 확대 여유가 작은 것<br>　(b) 피삭재의 형상이 파이프 형상, 박판 버링 가공 구멍과 같이 스프링 백되기 쉬운 것<br>② 파들기 2번각(여유각)을 적정하게 할 것<br>③ 경사각을 크게 한다. |
| | 암나사의 홈집 | ① 역전할 때, 탭을 빼낼 때의 되돌림 속도를 적정하게 하고, 암나사의 입구에 홈집을 내서는 안된다 |
| | 칩 잔류 | ① 탭의 절삭성을 향상시켜, 수염 모양의 칩 잔류를 방지한다.<br>② 게이지 체크는 칩을 완전히 제거한 다음에 실시한다. |

| 트러블의 내용 | 트러블의 요인 | 대책 |
|---|---|---|
| 암나사의<br>뜯김, 스커핑 | 용착 | ① 릴리프붙이 탭을 사용한다<br>② 날 두께를 얇게 한다<br>③ 표면 처리 탭을 사용한다<br>④ 절삭 유제의 종류, 주유 방법을 변경한다.<br>⑤ 절삭 속도를 내린다 |
| | 칩 막힘 | ① 포인트 탭, 스파이럴 탭을 사용한다.<br>② 나사내기 구멍을 크게 한다 |
| | 탭의 선정이 좋지<br>않음 | ① 챔퍼부 길이를 길게 한다 |
| | 경사각 부적당 | ① 경사각을 피삭재에 맞춘다 |
| 암나사의<br>채터링 | 절삭성의 과잉 | ① 경사각을 작게 한다<br>② 릴리프를 작게 한다 |
| | 재연삭 부적당 | ① 날 두께를 지나치게 작게 하지 않는다<br>② 홈밑의 연삭을 하지 않는다 |
| 탭의 절손 | 탭의 선정이 좋지<br>않음 | ① 공구 재질을 바꾼다<br>② 칩 막힘을 방지한다(포인트 탭, 스파이럴 탭, 하이롤 탭, 슈롤 탭을 사용) |
| | 절삭 토크 과대 | ① 나사내기 구멍 지름을 가급적 크게 한다<br>② 탭의 절삭성을 좋게 하기 위해서 경사각을 크게 한다<br>③ 마찰 토크를 감소시키기 위해서 릴리프를 크게 하고 날 두께를 얇게 한다.<br>④ 비틀림홈 탭을 사용한다 |
| | 사용 조건 부적당 | ① 절삭 속도를 내린다<br>② 탭과 나사내기 구멍의 중심 어긋남이나 나사내기 구멍의 기울기를 방지한다<br>③ 탭의 유지를 부동식으로 한다<br>④ 홀더를 토크 조정붙이로 한다<br>⑤ 나사내기 구멍 바닥에 부딪치게 하는 것을 방지한다 |
| | 재연삭 부적당 | ① 홈밑은 연삭하지 않는다<br>② 날 두께를 지나치게 작게 하지 않는다<br>③ 마모부를 남기지 않는다<br>④ 재연삭 주기를 조금 이르게 한다 |
| 탭의 날 파손 | 탭의 선정이 좋지<br>않음 | ① 경사각을 작게 한다<br>② 공구 재질을 바꾼다<br>③ 경도를 낮게 한다<br>④ 챔퍼부의 길이를 길게 한다<br>⑤ 칩 막힘을 방지한다(비틀림홈 탭을 사용한다) |
| | 사용 조건 부적당 | ① 절삭 속도를 내린다<br>② 중심 어긋남을 방지하고, 탭 파들기할 때 충격을 주지 않는다<br>③ 멈춤 구멍의 경우는 급한 역전을 하지 않는다<br>④ 용착을 방지한다 |
| 탭의 마모 | 탭의 선정이 좋지<br>않음 | ① 피삭재가 경질인 경우에는 특수 설계의 탭을 사용한다<br>② 공구 재질을 바꾼다(V계의 탭 재질)<br>③ 표면 처리를 한다(질화 처리등)<br>④ 챔퍼부의 길이를 길게 한다 |
| | 사용 조건 부적당 | ① 절삭 속도를 내린다<br>② 절삭 유제의 종류, 주유 방법을 변경<br>③ 나사내기 구멍의 가공 경화를 방지한다 |
| | 재연삭 부적당 | ① 경사각을 너무 크게 하지 않는다<br>② 연삭 그을음을 방지한다 |

# PART 6

# 공구 홀더와 그 활용

# 드릴 척

정밀 구멍 가공에 대해서는, 소위 드릴 척의 시대는 끝났다고 생각하지 않으면 안된다. 물론, 종래의 야곱 척, 킬리스 척의 용도가 완전히 없어진 것은 아니고, 오히려 현재의 스트레이트 섕크 드릴의 생산량으로 보면, 아직도 종래 방식이 태반을 점유하고 있다고 할 수 있을 것이다. 그러나 수년 전에 개발된 새로운 곡면 날형을 갖는 초경 솔리드 드릴이, 드릴 척에 대한 필요성을 바꾸어 버렸다. 이들의 초경 드릴은 고속·고이송의 강 가공이 가능하기 때문에 그 때까지의 드릴 척으로는 적응할 수 없고 드릴링 그 자체에 대한 개념마저 바뀌었다고 해도 과언이 아닐 정도이다. 다시 말하면, 초경 드릴이기 때문에 척에는 강성과 정밀도가 동시에 요구되는 것으로 된 것이다.

여기서는, 앞으로의 드릴 척에 요구되는 조건을 들고 특히 $\phi 16 \sim \phi 20$ mm 이하의 작은 지름용 드릴 척과 콜릿 척에 대해서 생각하고자 한다.

## 드릴 척의 조건

### (1) 흔들림 정밀도

초경 드릴은 그의 합금 특성으로 하이스에 비해서 치핑을 발생하기 쉬우므로, 특히 흔

흔들림 정밀도에는 민감하기 때문에 주의해야 한다.

종래의 3조식 드릴 척(킬리스 척, 야곱 척)은 제일 안정된 하이 레벨의 것에도 흔들림 정밀도는 카탈로그값으로 0.02 mm 정도이고, 대부분의 것이 0.05 mm 이상이다.

초경 드릴 메이커에 의하면, 성능을 안정시키는 데는 적어도 드릴 날끝의 흔들림 정밀도를 0.015 mm 이내로 확보해야 한다고 말하고 있다.

그러나 초경 드릴에 대해서 척의 영향을 최소한으로 하기 위해서는 경험적으로 0.003~0.008 mm 이내로 억제하는 것이 바람직하다.

콜릿 척의 구성은 일반적으로 척 본체, 콜릿, 너트로 되어 있으나 더욱이, 최근에는 강력한 파악력(把握力)이나 죌 때의 콜릿의 비틀림을 피하고 현장에서의 재현성이 높은 흔들림 정밀도를 얻기 위해서 스러스트 베어링을 짜 넣는 것이 대단히 일반적인 것으로 되고 있다.

이것은 극히 단순한 구성인 것같으나, 이 조합을 기본으로 $5\,\mu m$ 이내의 정밀도를 보증하는 것은 대단히 어려운 일이다.

정밀도의 포인트가 되는 점은
① 콜릿 자체의 정밀도를 높일 것
② 너트의 조합 정밀도를 높일 것
③ 본체의 단체 정밀도와 조임 너트와의 조합 정밀도를 높일 것

의 3점으로 대략 좁힐 수 있으나 특히 ① 및 ②에 대해서는, 고도의 생산 기술이 요구되며, 코스트 퍼포먼스(cost performance)의 점에서 이제까지는 별차원의 문제로 취급되어 왔다. 덧붙여서 말하면, 콜릿의 흔들림 정밀도의 세계적 레벨은 $5\sim10\,\mu m$이다.

### (2) 파악력(把握力)

우선 첫째로, 초경 드릴이나 최신의 하이스제 스텝 드릴의 성능을 안정시키기 위해서는, 종래의 소위 킬리스 척으로는 불가능하다는 것을 전제로 생각하여야 한다.

현재, 만약 종래의 스트레이트 생크 드릴과 킬리스 척과의 조합으로 사용하고 있는 것이라면, 꼭 한번 그 드릴의 생크를 체크해 보기 바란다. 절삭 조건이 높으면 높은 만큼 생크에 흠집이 나 있을 것이다.

이 상태는 종래의 킬리스 척이 어느 정도 생크에 끼어 들어 가면서 파악력을 얻고 있는 것을 나타내고 생크 경도가 높은 초경 드릴이나 고정밀도의 가공에는 적합하지 않다는 것을 알 수 있다.

척의 파악력에 대해서는 엔드 밀용의 롤 로크 척이 대단히 강하기 때문에, 그것과 비교해서 콜릿 척의 약함이 지적되는 경우도 있다.

그러나 적어도 드릴 가공의 절삭 토크(절삭 저항)는 태핑 가공의 1/3 정도이고, 오히려 추력쪽이 큰것을 생각하면, 보다 중요한 포인트는 파악력이 아니라는 것을 쉽게 이해할 수 있을 것이다(**그림 1**).

일반적으로, 콜릿 척의 파악력은 드릴 절삭력의 5~10배도 있으며, 콜릿 척인 이상 지나

치게 의식할 필요는 없다. 그리고 원래 콜릿 척의 파악력은 이들 롤러 방식(롤 로크 방식)의 1/5~1/7 정도이고, 그 점에서는 비교도 되지 않으며 비교할 것도 없다.

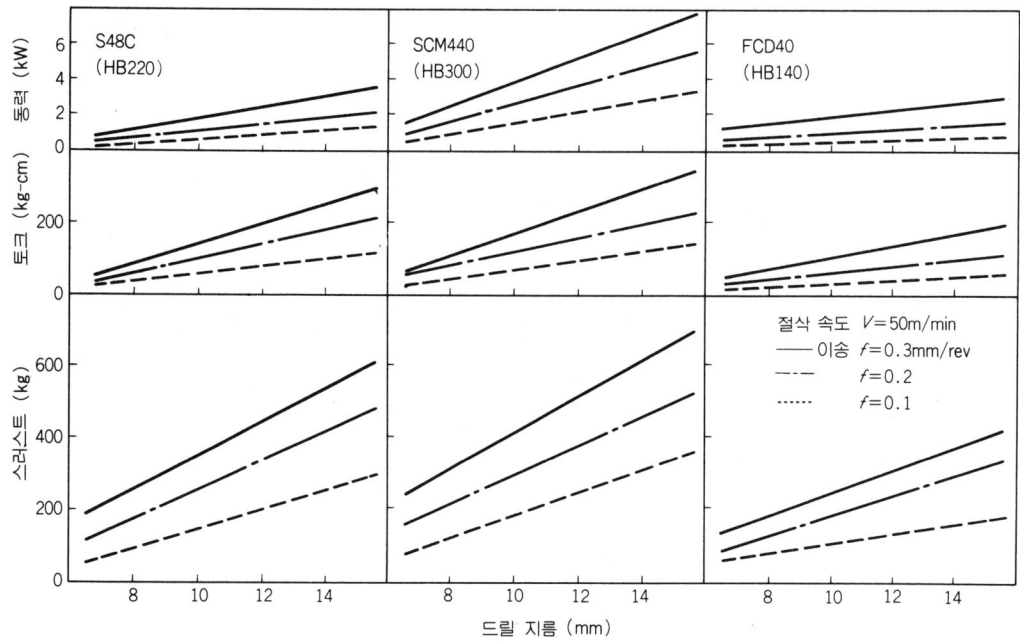

그림 1 각종 피삭재에 대한 소요 동력, 토크, 스러스트

## (3) 처킹 범위

종래의 드릴 척 방식은 하나의 드릴 척의 처킹 범위가 대단히 넓고, 예컨대 $\phi$13 mm용으로 $\phi$1.2~$\phi$13 mm까지 쥐는 것이 가능하며, 이러한 점이 사용하기 쉬워 현장에서의 관리가 쉽다고 하는 주된 이유로 되어 왔다.

그런데 콜릿 척 방식에서는, 하나의 유닛의 수축 여유는 큰 것으로도 1.0 mm/$\phi$ 정도이고, 비교가 되지 않을 정도로 작게 되어 있다. 그래도 금속제의 콜릿을 크게 줄여서 $\mu$m대의 흔들림 정밀도를 내는 자체에는 무리가 없다.

여러 가지 요인이 영향을 주기 때문에, 일률적으로는 말할 수 없으나, 예컨대 4D의 돌출 위치에서 5$\mu$m 이내의 흔들림 정밀도를 보증하는 데는 1 mm/$\phi$가 되는 수축 여유로서는 다소 무리가 있는 것 같다.

그래서 필요한 콜릿의 수는 증가하나, 수축 여유는 0.5 mm/$\phi$ 정도로 억제하고, 흔들림 정밀도를 가장 중요시하여야 할 것이다.

흔들림 정밀도의 공구 수명에 미치는 영향에 대한 정량적인 실험 데이터가 아직까지 충분하게 갖추어지고 있지 않으나, 현재까지 현장에서 확인되고 있는 예에서도 흔들림을 충분히 잡은 가공에서는 공구 수명이 1.5~2배로도 되고 있기 때문에 극히 중요한 요인으로 생각하지 않으면 안된다.

초경 드릴로 강만이 아니고 알루미늄 합금이나 수지 등도 가공한다고 하면, 당연한 일로 15000~20000 rpm 혹은 그 이상의 회전수를 요구할 것이다. 종래의 킬리스 척으로 이와 같은 고속 운전을 하는 것은, 원심력의 점에서 야콥 테이퍼에 의한 연결만으로도 대단히 위험하고 피하여야 할 일이다.

이 점에서, 콜릿 척 방식은 훨씬 신뢰성이 높고, 흔들림 정밀도가 높은 척을 선택함으로써 흔들림에 의한 드릴의 절손도 방지할 수 있다.

### (5) 드릴 절삭날부의 처킹

드릴이라고 할지라도 비틀림 방향의 절삭 저항을 무시할 수 없다. 드릴의 돌출 길이가 짧을수록 강성이 높아지며, 따라서 높은 절삭 조건을 설정할 수 있어서 수명도 길게 되는 것은 명백하다.

그 때문에 **그림 2**와 같이 드릴 홈부를 쥐어서 돌출부 길이를 짧게 하여 드릴의 강성을 높이는 방법이 권장된 일도 있었으나, 콜릿의 경도(HRC 48 정도)가 드릴의 경도(HRC 63 이상)에 견딜 수는 없고, 콜릿을 손상시키고 정밀도를 현저하게 열화시켜 버렸다. 이 때문에 현재 이 방법은 거의 사용하지 않게 되었고, 대신 소위 스텝 드릴을 보급하게 된 것이다.

즉, 하이스 드릴의 "재연삭하면서 장기간 사용한다"라고 하는 배경에서 생긴 드릴에 대신해서 날 길이는 필요한 최소 한도로 짧고, 바르게 섕크를 잡아, 그로 인해서 얻은 강성으로 센터 드릴 공정을 생략한다.

더욱이, 절삭 조건도 높여서 능률 향상을 도모하는 방향으로 되었기 때문에 새롭게 고정밀도 콜릿 척이 생기게 된 것이다.

### (6) 축류 조정(액셜 어저스트)

콜릿 척의 숙명으로 드릴을 끌어들이면서 처킹하기 때문에, 드릴은 스러스트 방향으로 이동하고 세트 길이를 정하기가 어렵게 된다.

해결 수단으로, 척 속에 세트된 축류 조정 나사로 길이 조정을 하는 방법을 생각할 수 있다.

그러나 이 방법은 현실적으로 대단히 세트하기 어려운 것이다. 더 죌 때의 콜릿의 끌어들이는 힘에 반대 방향으로 작용하기 때문에 척의 파악력이 떨어지고, 경우에 따라서는 흔들림 정밀도에 대한 영향도 있으므로 너무 적극적으로 권장할 수 없다.

절삭 성능을 중시해서 가급적이면 MC(머시닝 센터)등의 공구 오프셋 기능을 사용할 것을 권장한다. 흔들림 정밀도는 약간 희생이 되지만 조정 어댑터 방식이면 간단히 조절될 수 있다.

### (7) 콤팩트성(性)

콜릿 척의 외형 치수는, 드릴 척에 비하면 비교가 되지 않을 정도로 작게 되어 있다. 예컨대 $\phi$13 mm용을 비교하면, 그 외형은 킬리스 드릴 척의 $\phi$53 mm에 대해서 콜릿 척은 $\phi$20 mm 정도이다.

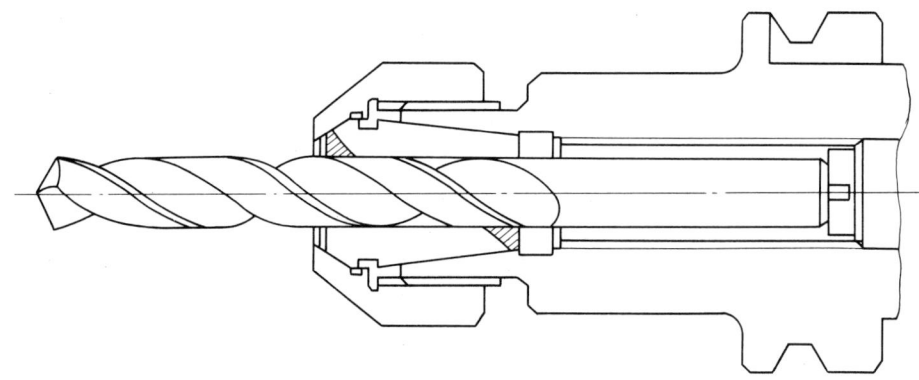

그림 2 드릴홈부를 쥐어서 돌출 길이를 짧게 하는 방법

이 때문에, 공구의 간섭을 피하기 쉽고 경우에 따라서는 롱 드릴에서 표준 드릴에 대한 전환도 가능하므로 절삭 조건의 상승만이 아니라 가공 정밀도의 향상에도 연결되기 때문에, 최근 특히 비교적 공구의 간섭이 많은 가로형 MC에서의 사용이 증가하고 있다.

### (8) 콜릿의 취급성

콜릿의 수축 여유가 0.1 mm/φ 정도의 엔드 밀용 콜릿 척의 경우에는 전연 문제가 되지는 않지만, 수축 여유가 0.5~1.0 mm/φ 정도로 되면 콜릿을 너트에 설치하였다고 해도 어떠한 지그를 사용하지 않으면 해체할 수 없다. 그래서 유럽에서는 예전부터 **그림 3**과 같은 방법을 사용하고 있었다.

그러나 고속화가 진전되어 고속 회전시의 균형이 문제가 되기 시작하면서 이 부분의 불균형을 보충하고, 더구나 지그없이 취급성이 좋은 **그림 4**와 같은 방법도 고안되었다.

동시에 이것은 현장에서 보통 사용할 때는 콜릿이 떨어지기 어렵다고 하는 사용의 용이성도 부가되어 있다.

대단히 소박한 일이지만 "공구는 현장에서 사용되는 것"이라고 하는 극히 당연한 기본적 필요성을 만족시키기 위해서 중요한 포인트라고 생각한다.

### (9) 증속(增速) 기구붙이 드릴 척

최근의 MC는 고속화 되었다고는 하지만, 5000~6000 rpm 이상의 것은 상당히 고도의 기술을 필요로 하며, 드릴 가공이라는 분야에서의 코스트 퍼포먼스를 지적하는 경우도 있다.

φ3~φ4 mm 이하의 초경 드릴에서는, 5000 rpm 이상이 필요하고, 일반 현장에서 적절한 절삭 조건을 얻는 것은 대단히 어렵다고 할 수 있다.

종래, 엔드 밀용으로는 증속 헤드가 많이 사용되어 왔으나, 드릴용으로서의 사용이 거의 없었던 것은 아닐까.

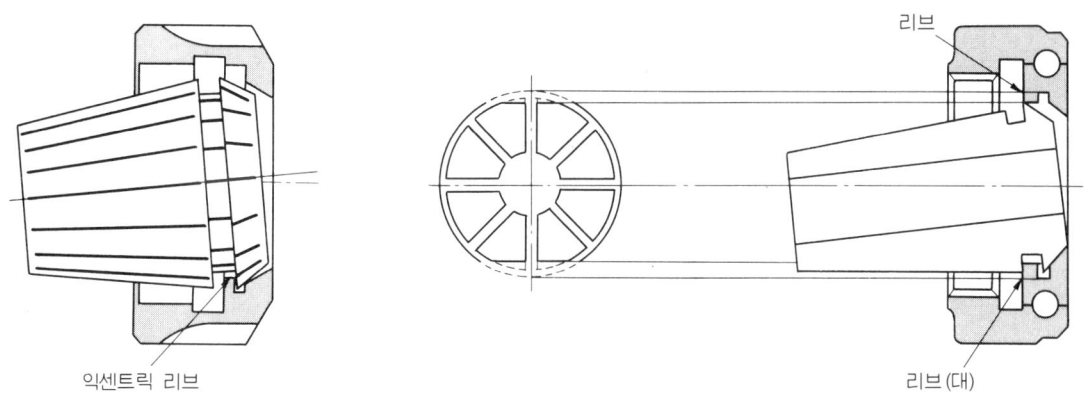

그림 3  익센트릭 리브                그림 4  더블 리브붙이 콜릿 척

사진 1의 증속 헤드는, 이 점에 초점을 맞추어서 개발된 것으로 날끝에 대해 딱 들어맞는 급유 기구도 갖추고 있으므로, 작은지름 드릴용으로 상당히 안정성이 높은 가공이 가능하다.

그리고 척의 흔들림 정밀도도 돌출 길이 $4D$ 의 위치에서 $0.01\,\mathrm{mm}$ 이하로 고정밀도이고, 최고 회전수도 $20000\,\mathrm{rpm}$까지 가능하기 때문에, 일반의 MC에 있어서의 능률 향상을 위해서 한번은 검토해 볼 툴이 아닌가하고 생각한다.

사진 1  증속 헤드

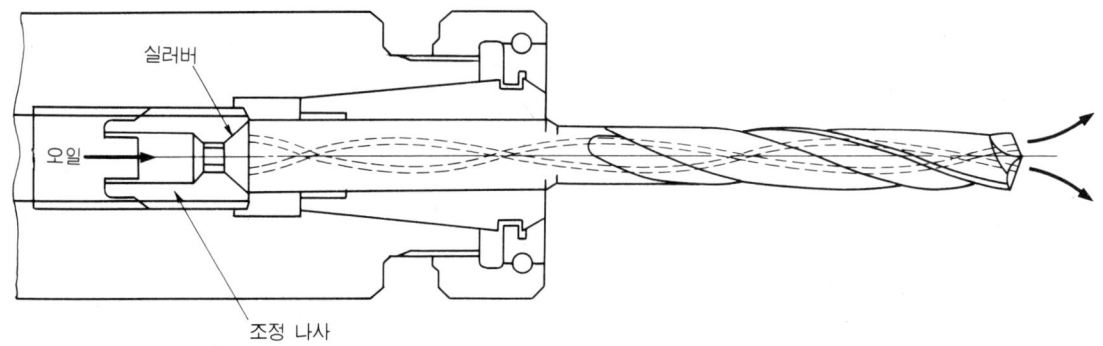

그림 5 실러버로 확실한 실링

## 오일 홀붙이 드릴 척

하이스 드릴에 대해서는 꽤 이전부터, 특히 심공용으로 $L/D$(길이/지름) 10 이상의 것이 상품화 되고 있었다.

이들의 섕크는 대부분 100% 모스테이퍼 섕크이고, 심공용이라고도 하면서 오히려 전용적으로 사용되어 왔다.

그런데 작은지름의 초경 솔리드 기름 구멍붙이(오일 홀붙이) 드릴이 스텝 드릴로 상품화됨으로 급격히 오일 홀붙이 드릴 척의 필요성을 부르짖게 되었다.

이미 오일 홀 홀더는 일반적인 툴로 되어 있기 때문에 여기서는 특히 작은지름에 초점을 좁혀서 해설하고자 한다.

### (1) 절삭유의 실링법

앞에 기술한 바와 같이, 콜릿에는 0.5~1.0 mm/$\phi$ 정도의 수축 여유가 필요하다. 이 때문에, 콜릿에는 많은 슬릿이 설치되어 있으므로 오일 홀 홀더를 척으로 사용하는 경우에는 기름이 누설되지 않게 하기 위한 연구가 문제로 된다.

콜릿의 수축 여유가 작은 경우에는 슬릿 속에 실리콘등의 실재를 넣는 것도 그 가능성을 생각할 수 있으나 냉각재의 압력이 높으면 이와 같은 탄성이 있는 실재는 간단히 눌려서 밀려나고 만다.

그래서 가장 좋은 방법은, **그림 5**와 같이 드릴 섕크 끝부분의 모떼기부에서 실링하는 방법이다. 이 방법은 조정 나사의 전면에 테이퍼 형상의 실 러버가 있어서 기름 구멍이 드릴 섕크의 중심부에 없어도 확실하게 실링할 수 있고, 동시에 처킹할 때의 끌어들이기에 의한 드릴의 흔들림 정밀도에 대한 나쁜 영향을 받지 않으며 거칠지만 길이의 조절을 할 수 있다.

MC의 기름 공급 방식이 센터 스루인가 사이드 스루인가는 별도로 하고, 기름 구멍붙이 공구가 많이 사용돼오고 있기 때문에, 콜릿 척에는 이와 같은 실링 수단이 필요해지고 있다.

사진 2 벤 펌프를 내장한 오일 홀 홀더

## (2) 증압식 오일 홀 홀더

작은지름 드릴용의 증속 헤드에 대해서는 이미 말하였으나 작은지름의 초경 오일 홀 드릴용으로, 증속식 오일 홀 홀더, 또 증속 증압식 오일 홀 홀더가 개발되고, 스파이럴 기름구멍붙이 초경 드릴용 홀더로서 효과를 올리고 있다(**컷 사진** 참조).

일반적인 오일 홀 홀더일지라도 2000 rpm을 넘으면 절삭유의 토출량은 원심력의 영향으로 급격히 저하되고 만다. 그 대책으로 축류 펌프나 베인 펌프 등을 짜 넣어서 주축의 회전을 이용해서 **그림 6**과 같은 증압 효과를 얻는 홀더가 상품화 되어서 활용되고 있다.

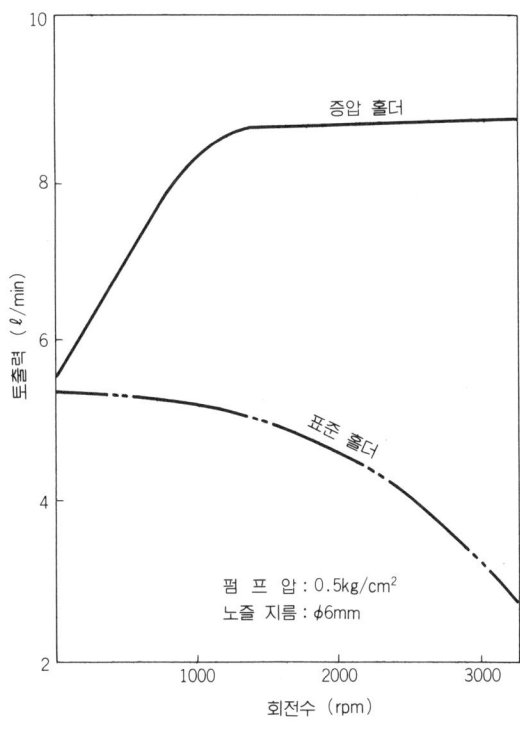

그림 6 증압형에 의한 펌프 효과

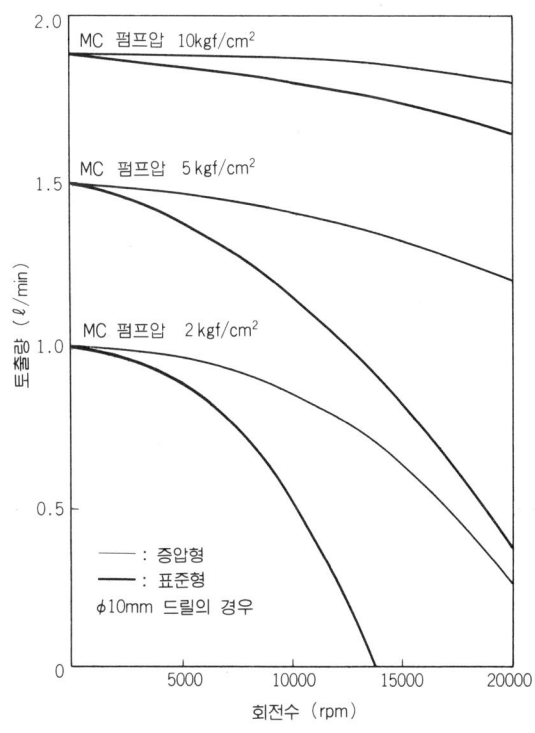

그림 7 벤 펌프 내장 오일 홀 홀더의 회전수-토출량

사진 2는, 베인 펌프를 내장한 보통의 오일 홀 홀더의 구조를 표시한 것이다. 증속 헤드의 경우, 이 일반적인 오일 홀 홀더에 비해서 축 지름이 가늘기 때문에, 비교적 원심력의 영향은 받기 어려우나 그래도 **그림** 7과 같이 7000 rpm을 넘으면 드릴의 기름 구멍 지름이 작은 것도 있어서 토출량은 떨어지게 된다. 더욱이, 15000 rpm이라도 되면 전혀 나오지 않게 된다.

펌프에 의한 증압 효과는, 그래프에 표시한 것같이 대단히 높고 실제의 가공에서도 토출량의 차이가 분명하다. 특히, 초경 솔리드 드릴의 기름 구멍은 작기 때문에 적어도 3~5 kg/cm$^2$ 이상의 압력이 필요하다. 냉각재 압력과 공구 수명과의 관계는 아직 정량적으로 명백하게 돼 있지 않으나, 높을수록 좋은 것은 단순하게 이해할 수 있는 것이다.

특히 증속 헤드는 5000~15000 rpm으로 사용되는 케이스가 많기 때문에 중압 펌프를 내장하고 있는 것이 바람직하다고 할 수 있을 것이다.

## ● 스터브 드릴의 효과

다축의 드릴링 머신으로 고능률의 구멍 뚫기 가공을 할 수 있는 것은 당연하지만, MC로는 어떨가. 단축이기 때문에 다축기와 같은 생산성은 올리기 어려우나 MC에서 가공되는 공작물에는 실제로 다수의 구멍 가공이 있어서 드릴링 효율의 향상이 큰 테마이다.

MC에 의한 고능률 드릴링은 한마디로 말하면 한 구멍마다의 가공 시간을 어떻게 짧게 하는가에 결론지어진다.

그 방법으로는, 드릴의 회전수를 높인 고속 가공을 하든가, 드릴의 이송 속도를 높인 고이송 가공을 하든가의 2가지가 있다. 물론, 고속에서 고이송 가공을 할 수 있으면 대폭적인 고능률화를 계획할 수 있게 된다.

어쨌든, 최근의 MC에 의한 드릴링에는 고이송 가공이 바람직스럽게 되고 있다.

고이송 가공, 요컨대 중절삭 가공의 첫째 조건으로는, 절삭 공구의 유지 강성을 높이는 동시에, 절삭 공구를 굵고 짧게 사용하는 것은 당연한 일이다. 따라서 MC의 고이송 가공에는 드릴 길이를 짧게 한 스터브 드릴의 채택이 큰 효과를 내고 있다.

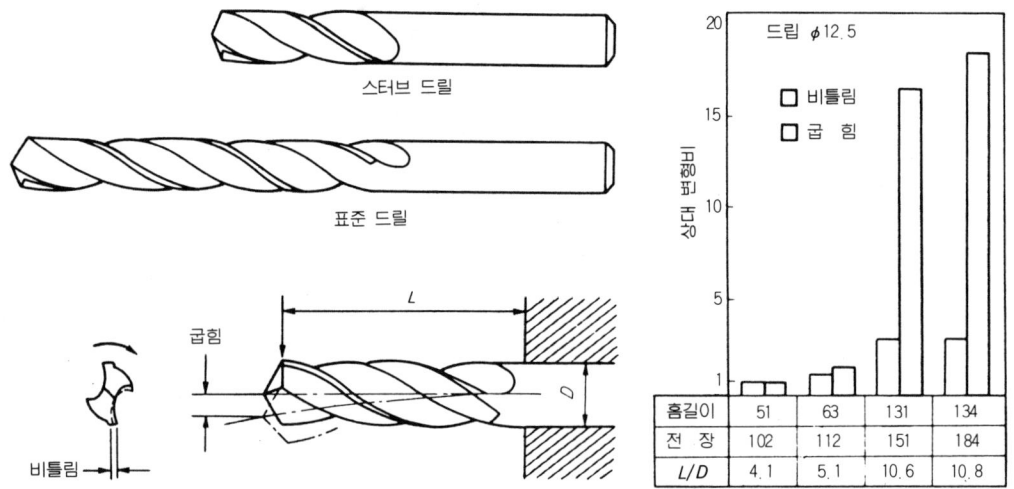

그림 1 드릴의 길이와 비틀림 강성과 굽힘 강성

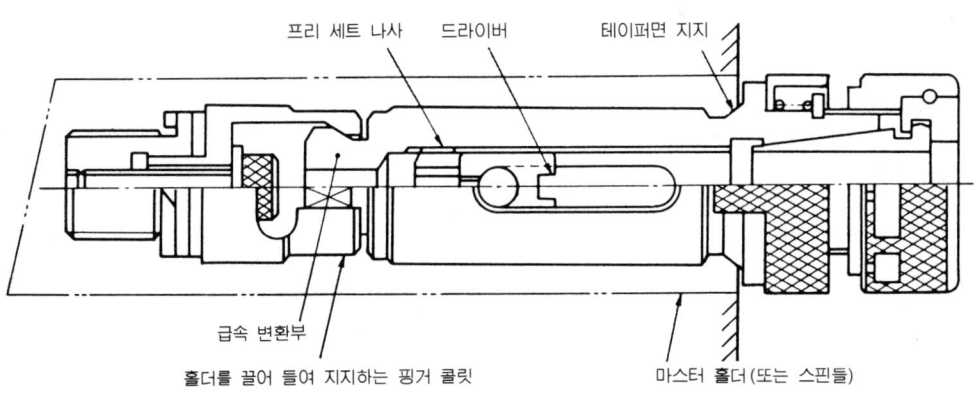

그림 2 스터브 홀더(서브 홀더)의 구조

그림 1은, 홈 길이, 전장이 다른 동일 지름의 스트레이트 섕크 드릴의 비틀림 강성과 굽힘 강성을 비교한 것이다. 그리고 **표 1**은 스터브 드릴과 표준 드릴의 절삭 성능을 비교한 것이다.

표 1 절삭 성능 비교

|  | φ10 스터브 드릴 | φ10 표준 드릴 |
|---|---|---|
| 돌 출 길 이 (mm) | 40 | 80 |
| 절 삭 속 도 (m/min) | 30 | 18 |
| 회 전 수 (rpm) | 960 | 560 |
| 이 송 (mm) | 0.5 | 0.2 |
| 수 명 (mm) | 530 | 170 |
| 피 삭 재 | SK 7 | SK 7 |

이러한 것들의 **그림**, 표에서 알 수 있듯이 드릴의 굽힘 강성은 홈 길이, 전장에 의해서 크게 변화되고, 스터브 드릴은 표준 드릴의 2~3배 정도의 고이송을 할 수 있으며, 가공 시간은 약 1/4, 공구 수명도 3배 이상의 향상이 가능하게 되었다.

그리고 MC는 1회 처킹으로 다공정 가공을 할 수 있는 것이 특징이지만, 다공정에 해당하기 때문에 드릴을 안내하는 부시 플레이트의 채택은 어려운 것이다.

그 때문에 일반적으로는 센터 드릴로 센터 구멍을 내고, 드릴의 위치 결정을 한 다음에 구멍 뚫기를 하지만 2공정이 되어 생산 효율 저하의 원인이 된다.

그래서 센터 드릴에 의한 센터 구멍 내기 공정을 생략해서 스터브 드릴로 센터 구멍 내기 혹은 직접 구멍 뚫기를 할 수 있으면 보다 고능률의 드릴링이 가능하게 된다.

스터브 드릴에 사용하는 홀더는 고이송 가공, 센터 구멍 내기 공정 생략화에 대응해서 강력한 유지를 할 수 있고, 처킹 정밀도의 우수한 콜릿 척타입의 것이 적합하다.

## ● 조립식 홀더의 활용

다양화하는 공작물에 대응한 툴 홀더를 1공작물, 1툴링 시스템으로 해서 전용 홀더를 완비하는 것은, 가공면만을 생각하면 이상적인 툴 레이아웃으로 된다.

그러나 툴 홀더수가 증대하고 막대한 비용이 소요되며, 더욱이 홀더의 보관, 그 스페이스 등이 큰 문제가 된다. 이러한 문제들에 대처한 툴링 시스템으로, 컷 사진에 표시한 것 같은 조립식(블록 빌드형) 툴링이 있다. 조립식 툴링은, 조합을 바꿈으로서 많은 공작물에 대응할 수 있는 플렉시블성이 있는 툴링 시스템이다.

그렇다고 해서 분리할 수 있는 구조로 너무 지나치게 하면 홀더의 강성을 떨어뜨리거나, 정밀도의 저하를 일으켜서, 조합이 대단히 번잡하고 귀찮게 되는 등의 문제가 생긴다.

**컷 사진**은 세분화를 최소한으로 한 조립식의 스터브 홀더의 예이다. 테이퍼 섕크의 마스터 홀더부와 스트레이트 섕크의 서브 홀더부의 2개로 되어 있다.

절삭 공구의 다양화에는 서브 홀더쪽을 갖춤으로서 대응할 수 있고 드릴의 돌출 길이의 변화에는 마스터 홀더쪽을 갖춤으로 많은 조합을 할 수 있어, 공작물의 다양화에 대응한 플렉시블한 홀더라고 할 수 있다.

**그림** 2에 조립식 홀더의 서브 홀더 구조의 예를 나타낸다. 이 홀더는 핑거 콜릿의 탄성 변형을 이용해서 강한 힘으로 서브 홀더를 마스터 홀더의 끝면에 끌어들여 밀착시키기 때문에 엔드 밀에 의한 스폿 페이싱 가공도 가능하다.

이것과 유사한 홀더로, 서브 홀더를 작은 코일 스프링에 의해서 가볍게 마스터 홀더에 끌어들여 밀착시키는 방식의 것이 있다. 이 방식은 끌어들이는 힘이 약하고 내진성이 떨어지기 때문에 스폿 페이싱 가공등에는 부적당한 것같다.

스터브 드릴링의 기본은, 전술한 바와 같이 드릴 돌출 길이를 필요 최소한으로 억제하고 드릴의 강성을 높여, 고이송 가공을 하는 데 있다.

이를 위해서는 돌출 길이의 조정을 하기 쉽고, 0.3~0.5 mm/rev의 고이송에 의한 중절삭에도 견딜 수 있는 유지력이 요구된다.

# 리머 홀더

　리머 가공은, 우선 나사내기 구멍 가공부터 시작한다. 이 나사내기 구멍은 일반적으로 드릴링, 펀칭, 보링 등에 의해서 가공되지만, 대부분의 나사내기 구멍 가공은 드릴링이다.

　리머 가공은 이 나사내기 구멍을 따라서 리머를 보내고 나사내기 구멍의 내벽을 비교적 소량 깎아내는 것이므로, 나사내기 구멍의 상황이 다음의 리머 가공에 크게 영향을 주게 된다.

　그래서 리머 가공에서는 리머 자체에 셀프 센터링의 기능을 갖게 해서 리머의 편 접촉을 하거나 올라 앉기를 일으키지 않도록, 독특한 유지 구동 방법을 채택하는 것이 구멍 정밀도 공구 수명의 점에서 좋은 결과를 나타낸다.

　리머 가공에 있어서의 유지 구동 방법에는 다음의 5가지 방법이 있다(**그림 1**).

　① 리머, 가공물 동시 고정
　② 리머 부동
　③ 가공물만 부동

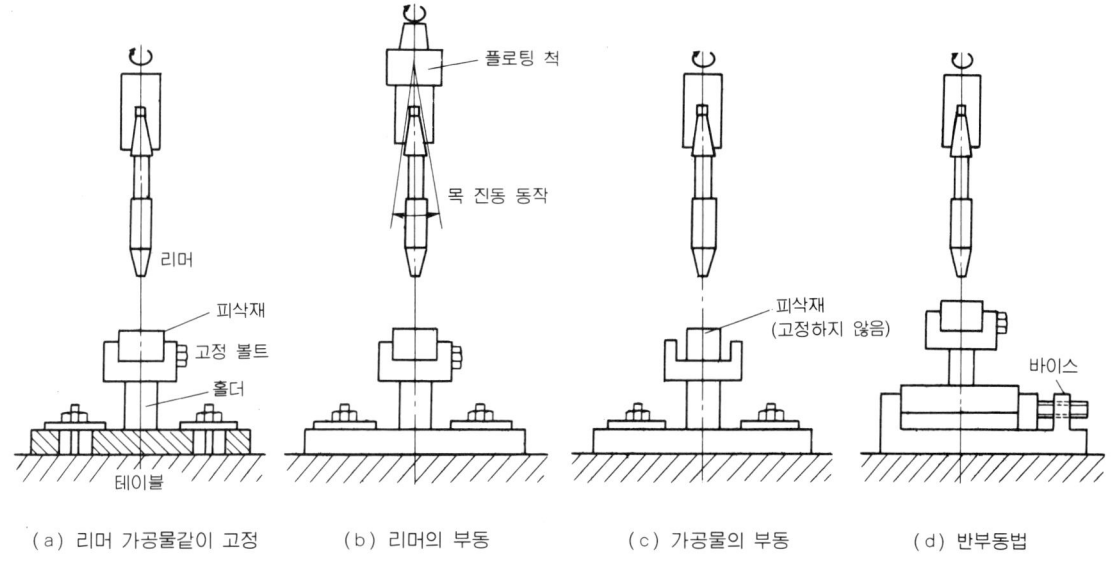

(a) 리머 가공물같이 고정  (b) 리머의 부동  (c) 가공물의 부동  (d) 반부동법

그림 1 리머의 유지 구동 방법

④ 리머, 가공물 동시 부동
⑤ 반부동법(경량물을 테이블에 자유롭게 놓는다)

이들의 부동법을 리머 가공에 도입함으로써, 채터링의 방지, 확대 여유의 감소, 다듬질면 거칠기의 향상 등을 기대할 수 있다.

**표 1**은, 이들의 각종의 유지 구동 방법을 사용해서, 가공 구멍의 정밀도와 절삭 토크를 측정한 결과로 부동법을 사용하면 다듬질면 거칠기, 절삭 토크가 동시에 우수한 결과를 얻을 수 있다는 것을 알 수 있다.

표 1  유지 구동 방법의 리머 구멍에 대한 영향

| 유지 구동법 | 확대 여유 $\mu m$ | | 다듬질면 거칠기 $\mu m$ | 절삭 토크 kg-cm | 토크 변동 kg-cm | 절 삭 조 건 | |
|---|---|---|---|---|---|---|---|
| | 상면에서 5 mm | 상면에서 20 mm | | | | | |
| 양 고 정 | 12.0 | 10.4 | 5 | 32.0 | 22.0 | 사용 기계 : 수직식 밀링 머신<br>절삭 속도 : 3 m/min<br>이송 : 0.3 mm/rev<br>리머 여유 : 0.25 mm<br>피삭재 : SK 7<br>절삭유 : 유화유<br>척 : φ10 mm | 리머 지름 : φ10 mm<br>　　　　　 +7.4 $\mu m$<br>　　　　　 +9.6 $\mu m$<br>여유각 : 6°~6°30′<br>경사각 : 0°~1°20′<br>챔퍼각 : 34°<br>챔퍼 여유각 : 10°10′<br>비틀림각 : 0°<br>마진 : 0.192 mm |
| 반 고 정 | 5.0 | 2.8 | 7 | 28.5 | 12.0 | | |
| 리 머 부 동 | 3.0 | 2.5 | 2.5 | 25.4 | 8.1 | | |
| 피삭재 부동 | 3.2 | 3.0 | 2.0 | 24.6 | 6.0 | | |
| 양 부 동 | 4.2 | 3.5 | 2.0 | 24.0 | 4.5 | | |

기계의 주축에 리머를 설치하는 경우, 리머를 전연 흔들리지 않게 하는 데는, 상당한 시간을 요한다. 곧잘 슬리브를 사용해서 설치하는 경우가 있으나, 이 슬리브도 주축의 진동, 슬리브와 리머 사이의 진동, 또 주축 자체의 진동 등이 합성되어서 리머의 선단은 상당히 진동하고 있다고 볼 수 있다.

따라서 가공물과 리머의 양쪽을 고정해 두면, 리머의 중심과 가공 구멍의 중심을 일치시키기가 곤란하기 때문에 결과적으로 무리한 절삭을 하고 있는 것이 된다.

리머의 중심과 가공 구멍 중심의 불일치는 구멍 정밀도를 악화시킬 뿐만 아니라 리머의 절손이나 수명의 단축화를 초래하기 때문에, 세심한 주의가 필요하다.

그리고 가공물의 중량이 가벼운 경우에는 가공물 부동 방식이 좋고, 가공물이 무거운 경우에는 리머 부동법, 또는 리머 부동과 가공물 반고정을 이용하면 좋을 것이다.

이들의 부동법을 채택하는 데는, 플로팅 척을 사용하는데 플로팅 방식은 다음 세 가지로 분류할 수 있다.

① 목 진동 부동형(앵귤러 플로팅)
② 평면 부동형(올덤 커플링)
③ 양부동이 가능한 것(컴바인드 플로팅)

일반적으로는 ①의 앵귤러 플로팅형이 많은 것 같으나, 전술한 것같은 구멍과 리머의 중심을 맞추는 문제를 생각하면 이것으로는 불충분하다는 것이 명확하다. 역시, ③의 레이디얼 방향, 각도 방향의 플로팅을 할 수 있는 형의 것이 최선의 것이라고 생각된다.

**컷 사진**은 레이디얼 방향, 각도 방향, 레이디얼 각도 방향의 셋을 조정하는데 따라서, 보다 정확한 리머 가공을 가능하게 하는 플로팅 홀더를 분해한 것이다. 기구의 기본은 올덤 커플링으로, 레이디얼 방향과 각도 방향을 플로팅시켜서 그것들의 플로팅량을 조정할 수 있는 기구로 되어 있다.

따라서 구멍과 리머의 평행적 중심 어긋남, 각도적인 중심 어긋남, 더욱이 각도적인 어긋남을 동반한 평행적인 어긋남의 세 가지를 캔슬할 수 있는 것이다.

그러나 이와 같은 조정 기구를 갖는 홀더를 사용해도 절삭 여유가 너무 많았거나, 나사내기 구멍이 구부러지고 있으면 아무리 좋은 것을 사용해도 정확한 리머 가공을 할 수 없다. 이와 같은 초보적인 문제를 제외하면 적당한 리머 홀더를 사용함으로써 가공 정밀도나 작업 능률의 향상도 가능하다.

# 태핑척

## 태핑시에 발생하는 힘

 탭 홀더의 활용에 대해서 검토하기 전에, 태핑할 때의 작용력에 대해서 생각해 보고 싶다. 요컨대 태핑할 때, 어떤 힘이 홀더에 작용하고 있는가를 아는 것이 홀더 선정의 키 포인트가 되고, 또 홀더를 살린 태핑 조건을 설정하는 포인트로 되기 때문이다.

 그런데 태핑할 때 발생하는 힘은, ① 챔퍼 추력, ② 가공 추력, ③ 가공 토크로, 이 세 가지 힘의 크기 등에 대해서 생각해 보고자 한다.

 우선, 태핑을 개시할 때는 큰축 방향의 힘이 작용한다. 이것은 탭이 피삭재에 처음 파들어갈 때 발생하는 것으로, 챔퍼부의 테이퍼 크기, 챔퍼부의 날끝의 형상, 날끝의 절삭성에 의해서 크게 달라진다.

 **그림** 1은, 각종 탭 챔퍼부의 추력의 측정 결과이다. 챔퍼 추력은, 스파이럴 포인트 탭에서는 파들기 2차홈이 왼 스파이럴인 것에서 절삭 토크의 경우와 달라서 스파이럴 탭, 핸드 탭보다 크게 된다. 그리고 콜드 포밍 탭의 홈없는 탭은 절삭 탭에 비해서 수 배가 크게 된다.

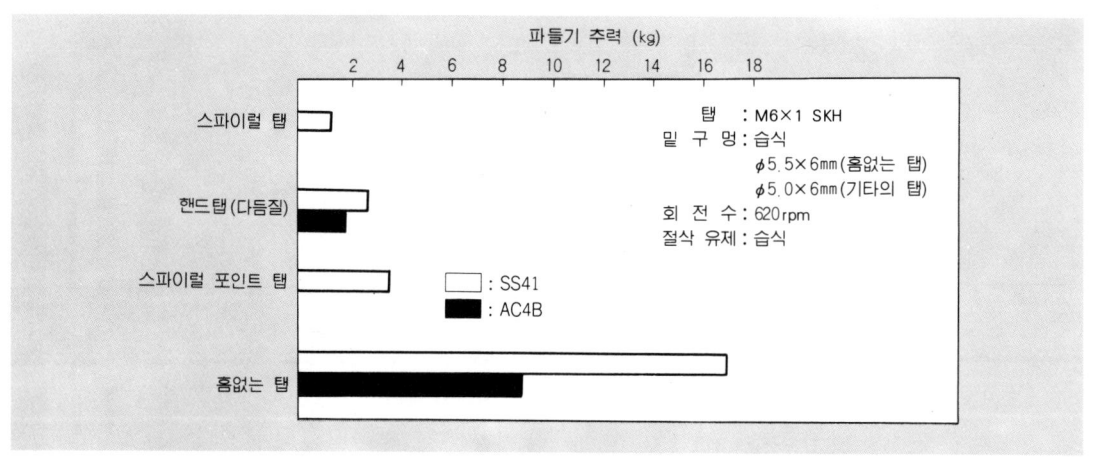

그림 1 각종 탭의 챔퍼부의 추력

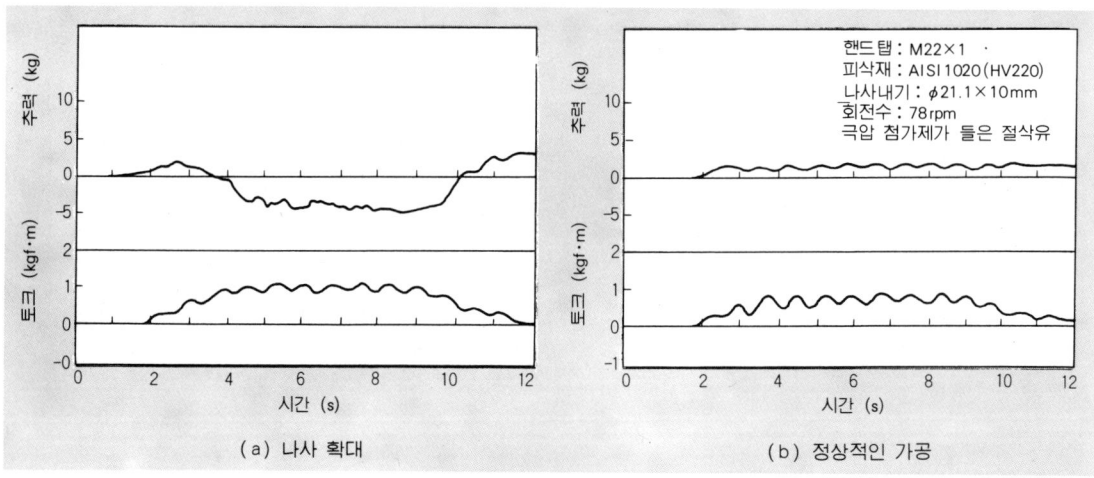

(a) 나사 확대    (b) 정상적인 가공

그림 2 태핑에 의한 토크, 추력

**그림 2**에 Doyle 등이 실시한 절삭 토크와 가공 추력의 측정 결과를 나타낸다.

(a)는 주축과 축 방향의 힘의 불균형에 의해서 암나사 확대가 생겼을 경우에, M 22×1 의 나사로 5 kg 정도의 추력에 의해서 나사 확대가 발생하고 있다는 것을 알 수 있다.

(b)는 정상적인 암나사 가공을 했을 경우의 절삭 토크 및 추력의 곡선이다.

**그림 1**에서 챔퍼 추력은 M 6×1 핸드 탭으로도 3 kg 정도이고, 절삭성이 다소 나빠지는 것을 고려하면 4~5 kg 정도로 될 것이다.

그리고 **그림 2**(a)에서, M 22×1의 나사 5 kg 정도의 추력을 작용시키면 나사 확대를 일으킨다.

요컨대 파들기 추력을 수축 스프링에 축적해서 태핑할 때에 작용시키면 나사 확대를 발생시킬 위험성이 있는 것으로 된다.

이와 같이 태핑할 때 발생하는 챔퍼 추력은 다른 작용력에 비해서 크고, 그 크기는 탭 나사 정밀도에도 악영향을 미칠 정도의 것이다.

## 신축 기능붙이 태핑 척

 태핑 척이란, 탭 유닛과 탭 스핀들의 이송과 탭의 피치 이송에 오차가 생긴 경우에도 척 자체가 축방향으로 늘어남으로써 이송 오차를 흡수해서 고정밀도 나사 가공을 할 수 있는 방식의 것이다.
 특히 다축 전용기의 갱 헤드 등에서는, **사진 1**과 같이 여러 종류의 탭을 1개의 헤드에 설치하는 경우가 있다. 이 때, 각 축의 스핀들이 마스터 스크루로 따로따로 이송 작동을 하지 않는 한, 탭 사이즈가 다른 스핀들에서는 이송 오차가 생기게 된다.

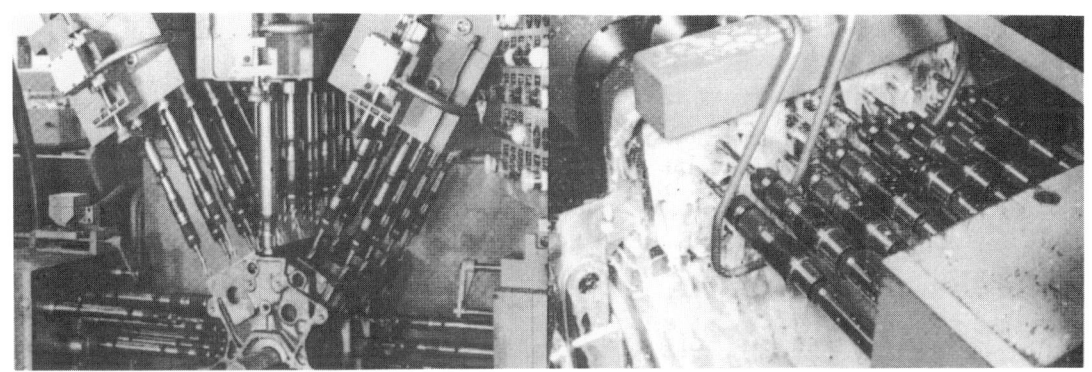

사진 1 전용 기계 라인에서의 태핑 작업 예

 이와 같은 경우에는 신장(elongation) 기능붙이 태핑 척을 사용함으로써 대응할 수 있다. 신장이 작용하는 초기압은 태핑 척 사이즈에 의해서 다르고 약 1~4 kg 정도로 비교적 작은 압력으로 설정되어 있다.
 이것은 태핑중에 신장이 이루어져도, 나사면에 큰 힘을 가하지 않게 하기 위한 배려에서이다. 태핑중에 나사면에 여분의 힘을 작용시켜서 나사 가공을 하면 나사 확대의 원인이 되기 때문이다.
 그리고, 태핑 척에는 신장 기능과 같이 축소 기능도 있다. 축소 작용 초기압은 약 7~25 kg이라는 높은 힘으로 설정되어 있다.
 이것은, 앞에 기술한 것같이 탭이 나사내기 구멍에 파들기할 때 높은 챔퍼 추력을 필요로 하기 때문이다. 만약 축소 작용압이 너무 작으면, 탭이 나사내기 구멍에 파들기 하지 않고 태핑 척이 축소되어 태핑 깊이가 얕아지거나, 탭 미가공의 트러블이 발생하거나 한다.
 그러면 태핑 척의 축소 기능은 왜 필요한 것인가.
 전용기의 라인에는 큰 로트의 공작물이 일관해서 흐르고 있다. 가공중에 탭이 절손한 경우에도 기계 이송은 그대로 가공 완료점까지 작동한다.
 이 때, 기계의 이송 파워를 스핀들이나 태핑 척에 작용시키지 않고, 태핑 척의 축소 기능으로 흡수 보호하기 위해서다.

## 레이디얼 평행 플로트 기능붙이

전용기 라인의 가공에서는 공작물이 각 공정에 자동 반송되고, 각각 설치구에 의해 위치가 결정되어서 가공이 진행된다.

그 때, **그림** 3(a)에 표시한 것같은 전 공정의 나사내기 구멍과 태핑 스핀들과의 중심 어긋남이 생긴다. 중심 어긋남이 생긴 대로 태핑을 하게 되면, 나사 확대등의 트러블의 원인이 된다.

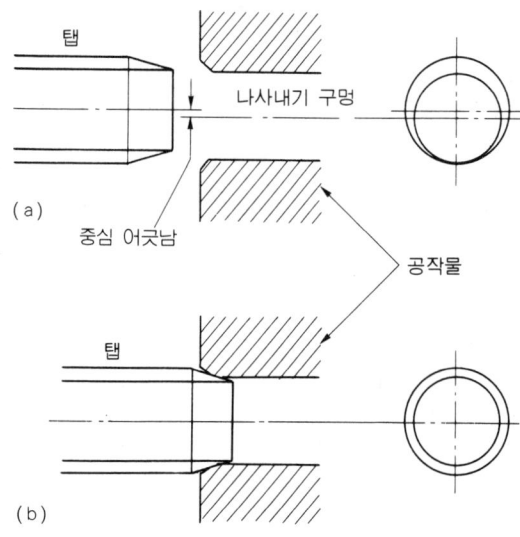

그림 3 탭과 나사내기 구멍의 중심 어긋남과 보정

이와 같은 트러블을 없애기 위해서 **그림** 3(b)와 같이 탭의 축심이 0.25~1 mm 평행 이동하고, 미스얼라인먼트를 보정하는 레이디얼 평행 플로트 기능붙이 태핑 척이 있다. 이 레이디얼 평행 플로트 기능의 효과적인 이용 예로서, 알루미늄 다이캐스트의 공작물로 드릴링 가공을 생략하고 성형된 나사내기 구멍에 직접 태핑을 하는 예가 있다.

**사진** 2는, 이들 모든 기능 ① 신장, 수축, ② 레이디얼 평행 플로트, ③ 급속 전환을 갖추고 있는 태핑 척의 예이다.

## MC와 태핑 척

MC에서의 태핑은 주축의 이송을 탭의 피치에 맞춘, 소위 피치 이송에서 하는 것이 일반적이다.

그러나 주축의 정전(正轉), 역전의 전환시에 생기는 회전의 시작에 대해서 이송을 완전히 동조시키는 것이 보통의 MC에서는 할 수 없었다. 물론, 최근의 MC에는 회전과 이송을 완전히 동조시킨 싱크로 기능을 장비한 것도 있으나 아직까지 종래형의 MC가 많은 것 같다.

사진 2 다축 가공에 대응한 다기능 태핑 척

사진 3 MC용 태핑 척

사진 4 깊이 치수(値數) 장치붙이 태핑 척

종래형의 MC에서 일정한 깊이까지 태핑을 하고 정전을 정지시키고 회전수 "0"에서 일정한 회전수의 역전에 도달할 때까지의 시작과, 되돌림 이송 개시의 타이밍에 의해서 발생하는 회전과 이송의 오차는 대개의 경우 탭을 끌어당기는 작용을 한다.

이와 같은 경향은 탭의 회전수가 높을수록 일어나기 쉽고, 이 잡아당기는 힘(引張力)의 영향을 받지 않고 고정밀도의 나사 가공을 하는 데는 신장 기능을 갖은 태핑 척을 사용할 필요가 있다.

그리고 MC에 의해서는 더욱 높은 회전수의 영역에서 태핑을 하고 탭을 짓누르는 것같은, 요컨대 태핑 척의 수축이 일어나는 것같은 작용이 생기는 케이스도 있다.

이와 같은 경우에는 기계의 이송을 탭의 피치 이송보다 늦추어서 프로그램을 짜고, 태핑할 때 신장을 일어나게 할 수 있도록 한다.

그래서 역전시의 시작에 발생하는 수축 작용은 이 신장 상태로 되어 있는 태핑 척으로 흡수할 수 있도록 하는 연구가 효과적일 것이다.

이와 같은 MC용의 태핑 척으로 **사진 3**이 있다.

## 멈춤 구멍의 태핑

부품 형상의 복잡화는, 멈춤 구멍의 태핑수를 많이 하게 됨으로써 나사내기 구멍 깊이와 나사 깊이 사이에 5mm 이상의 여유를 두지 않는 경우 등에 탭 선단이 나사내기 구멍의 밑에 닿아서 탭이 부러지는 등의 트러블의 원인이 된다.

그리고 태핑의 깊이는 주축의 이송량과 주축 정지까지의 관성에 의해서 결정된다. 요컨대, 주축은 회전 정지 신호가 나와서 즉시 회전을 정지시킬 수 없다. 브레이크를 걸면서 회전이 정지할 때까지의 관성에 의한 회전 몫만큼 깊이 태핑한 것으로 된다.

그러나 관성등에 관계없이 일정한 위치에서 주축의 회전 전달을 끊어버리면 탭의 나사 깊이는 안정되어 탭 선단이 나사내기 구멍의 밑에 부딪치는 것도 방지할 수 있을 것이다.

이와 같이 일정 위치에서 주축의 회전력을 전하지 않게 하는 기능을 갖는 깊이 치수 장치붙이 태핑 척(**사진 4**)이 있다.

이 태핑 척의 원리는, 일정량의 신장이 일어나게 되면 내장된 캠 클러치가 끊겨서, 회전을 탭측에 전달하지 못하게 되는 것이다. 이 때문에 주축의 회전 정지시에 일어나는 관성에 의한 나사 깊이의 편차도 없어지고, 멈춤 구멍은 물론 관용 테이퍼 나사등 나사 깊이에 심한 공차가 있는 태핑이 가능하게 된다.

이 태핑 척을 사용한 태핑 방법을 **그림 4**에 나타낸다.

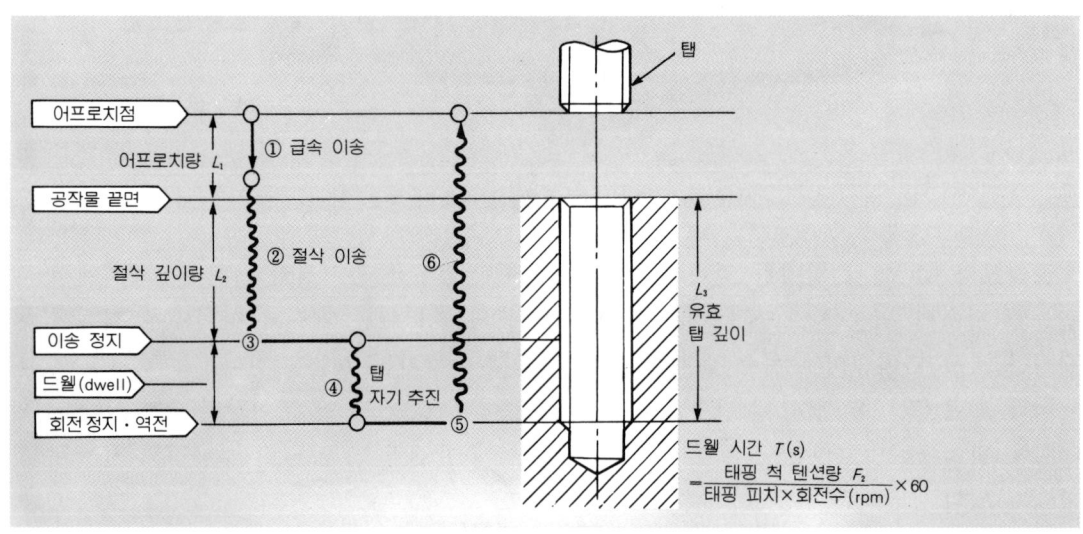

그림 4 깊이 치수(値數)형 태핑 척의 기본 차트

## 자동 역전형 태핑 척

MC에 의한 태핑 가공의 사이클 타임을 단축하는 데는, 한 축에서 가공하는 이상, 고속 가공이나 대기 시간의 단축화를 생각할 이외의 방법은 없다.

사진 5 자동 역전형 태핑 척

최근에는 알루미늄 합금에 롤 탭이나 초경 탭을 사용해서 50 m/min 이상의 고속 태핑을 하는 케이스가 많아지고 있다. 지금까지는 생각지도 못했던 2000 rpm도, M 6~M 10의 태핑을 할 정도이다.

이와 같은 고속 태핑으로 사이클 타임을 더욱 단축하는 경우, 종전과 같이 주축을 정전·역전시켜서 가공하게 되면, 2회의 정·역전의 전환에 의한 대기 시간의 비중의 크기가 문제로 된다. 이와 같은 대기 시간을 제외할 수 있는 태핑 척에 자동 역전형 태핑 척(**사진 5**)이 있다.

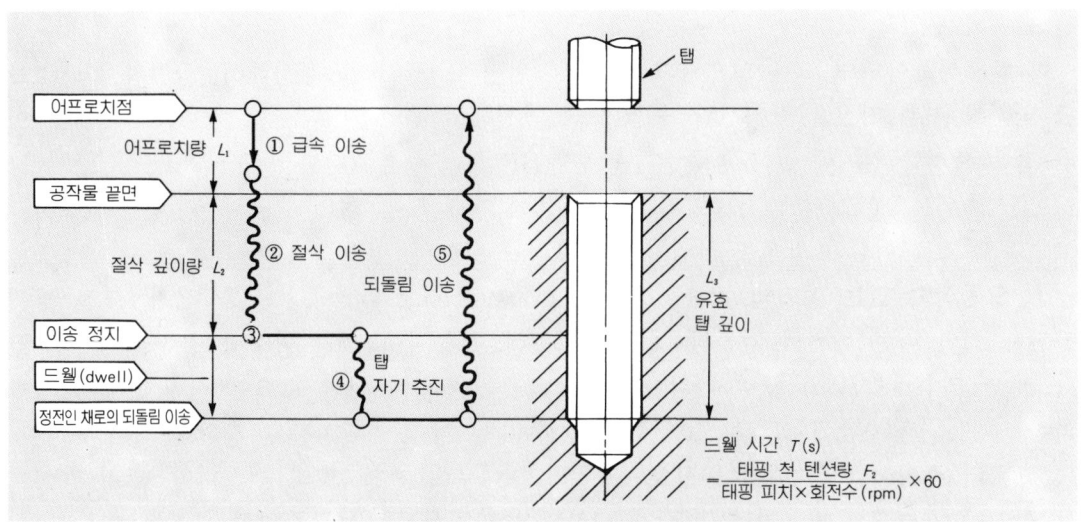

그림 5 자동 역전형 태핑 척의 기본 차트

이 태핑 척은, 척 속에 자동 역전 구조를 내장하고 있고 일정량의 신장을 일으키면, 태핑 척의 탭측이 자동적으로 역잔하는 것이다. 이 때문에 MC의 주축은 항상 정전한 대로이고 회전을 멈추게 하는 일도 없기 때문에, 정·역전 전환할 때의 대기 시간을 없앤 극히 효율적인 태핑을 할 수 있다.

그러나 작은 홀더 속에 자동 역전 구조를 갖고 있는 것만큼 복잡한 기구로 되고, 홀더의 내구성 향상등의 과제가 남아 있기는 하나, 자동차 메이커를 중심으로 큰 효과를 내고 있다. 또, 이 태핑 척은 자동 치수(値數) 기능도 같이 갖고 있고, 멈춤 구멍 태핑에도 충분히 사용할 수 있다.

자동 역전형 태핑 척의 사용 방법을 **그림 5**에 나타낸다.

## 태핑의 트러블 검지

자동 태핑 라인에서는, 많은 트러블에 직면하면서 작업 관리를 하고 있다. 태핑의 트러블 원인과 현상을 **표 1**에 나타낸다.

표 1 태핑 가공에 있어서 트러블의 원인과 현상

| 트러블의 원인 | | 트러블의 현상 |
|---|---|---|
| • 탭의 절삭성이 나빠진다<br>• 나사내기 구멍 깊이가 깊다<br>• 나사내기 구멍에 칩이 막힌다<br>• 나사내기 구멍이 가공되지 않는다 |  | • 나사 깊이 불량품의 연속 가공<br>• 탭 꺾임<br>• 태핑 척 파손<br>• 기계 주축의 파손 |

트랜스퍼 머신등의 연속 가공 라인에서 이와 같은 트러블을 검지할 수 없으면, 가공 불량품이 연속해서 가공될 뿐만 아니라, 경우에 따라서는 공작 기계의 주축을 파손해버리는 사고로 되는 일도 있다.

이런 트러블이나 사고를 일으키기 전에 첫 번째의 트러블을 검지해서, 작업자에게 경보를 발하고 기계 가공을 중지시킬 수 있으면 안심해서 무인 가공을 할 수 있을 것이다. 이와 같은 트러블 검지에 절삭 공구 절손 예지 HF 시스템이 있다.

이 시스템은 태핑 척에 짜넣어진 고주파 발신기가 태핑 척의 수축에 의해서 작동하고 고주파 신호로 이상의 발생을 작업자에게 알리는 것이다. 이 시스템의 특징은,

① **오동작이 없는 메커닉 검출**……AE (acoustic emission)이나 진동 센서, 통전 방식 등과는 전연 다른 메커닉 검출의 채택에 의해서, 오동작이 없는 확실한 검출을 할 수 있다. 탭의 꺾임 나사내기 구멍의 미가공, 절삭 공구 수명에 의한 토크 클러치의 작동 등에 의한 태핑 척의 수축에 의해서, 고주파 신호를 내는 정밀 스위치를 내장한 홀더이다.

② **홀더 주위에 대한 배선 불필요**……홀더의 내부에 전지, 트러블 스위치, 트러블 신호를 발신하는 고주파 발작기(發作器)가 내장되어 있어서, 홀더의 주위에 배선을 할 필요없이 보통의 홀더와 아주 같게 사용할 수 있다. 다축 가공에는 최적한 홀더이다.

③ **검출 낭비 시간·"0"**······가공중에 자동적으로 이상을 검지하는 방법이므로, 가공 종료후의 매회 검출 시간을 필요로 하지 않는다.

④ **몇 개의 홀더라도 한대로 검지**······트러블 신호 수신 안테나의 반지름 3m 이내의 홀더를 한대로 콘트롤할 수 있다.

이 HF 시스템을 **사진 6**에 나타낸다.

사진 6  트러블 검지 기능붙이 탭 홀더

이와 같은 트러블 검지 시스템의 실용화에 의해서 태핑의 자동화, 무인화를 더욱 구체적인 것에 가깝게 한 것이다. 그래서 태핑 척의 기능과 사용 조건을 충분히 파악하고 효율적인 태핑을 하고 싶은 것이다.

# 1 드릴의 각 부분의 명칭

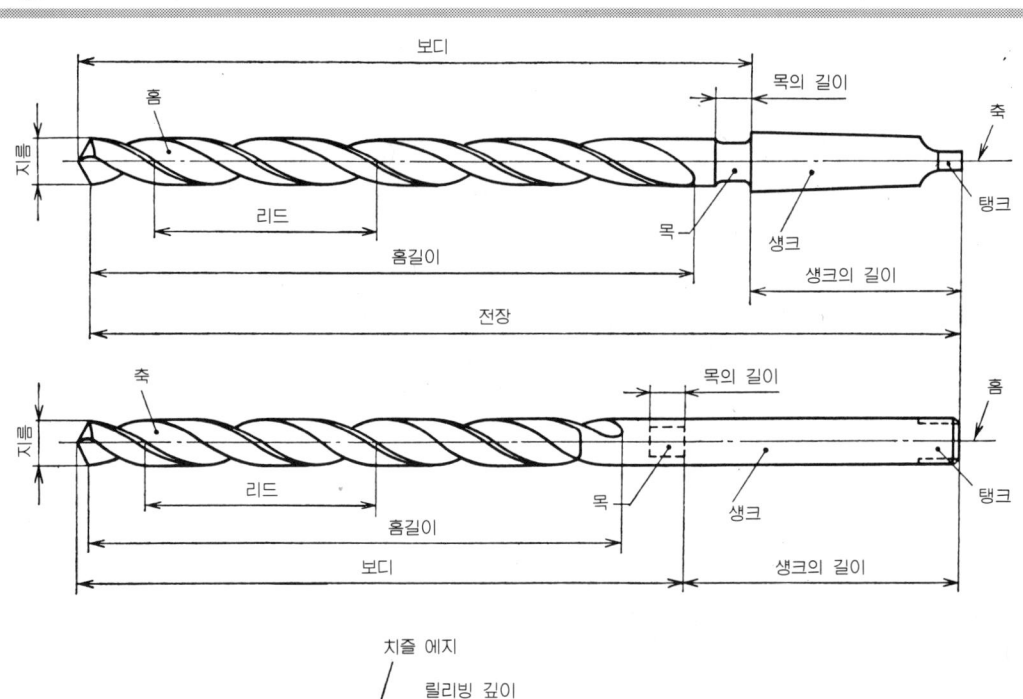

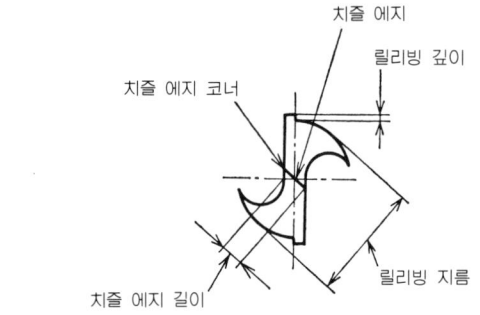
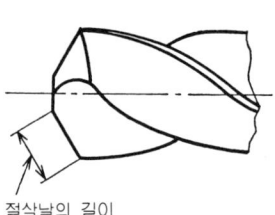
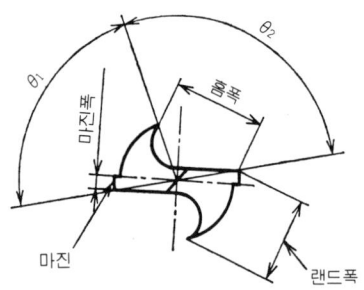
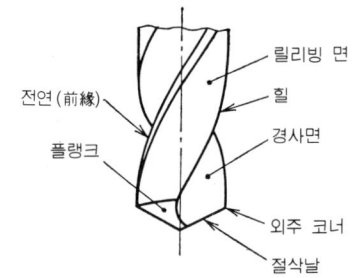
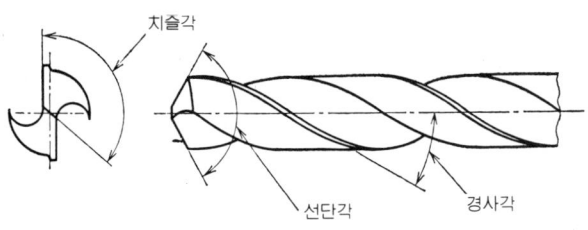
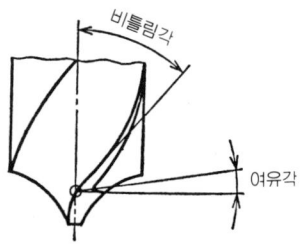

## 2 드릴의 날 세우기 형상과 특성

| 날 세우기 형상 | | 형상 특징 | 성능 특징 | 용도 | 구심성 | 진원도 |
|---|---|---|---|---|---|---|
| 보통 형상 | | 절삭날 부분이 직선이고, 선단 플랭크는 보통의 원추면이고 중심 부근일수록 여유각이 크다.<br>선단각 118° | 딱딱한 재료, 연한 재료에 일반적으로 공용할 수 있다. | 범용 | | |
| 예각 | | 보통 형상의 것을 예각으로 연마하면 절삭날부는 볼록형으로 되지만 홈 형상을 바꾸면 직선으로 된다.<br>선단각 118° 보다 작다. | 경도가 낮고 피삭성이 좋은 재료에 대해서 양호하다. | 주철 | 양호 | |
| 둔각 | | 보통 형상의 것을 둔각으로 연마하면 절삭날부는 오목형으로 되지만 홈 형상을 바꾸면 직선으로 된다.<br>선단각 118° 보다 크다. | 경도가 높고 피삭성이 나쁜 재료에 대해서 양호하다. | Mn강<br>선단각<br>(130°)<br>스테인리스강 | | |
| 레이디얼 립 | | 립 외주 부근을 R로 연마함으로써 더욱 부하를 분산하고 있다. | 절삭날에 걸리는 부하가 균일하기 때문에 수명이 길다. 관통시의 토크가 작고, 버(burr)가 발생하지 않는다. | 주철 | | 양호 |
| 스파이럴 포인트 | | 치즐부는 S형을 하고 있으며, 여유면은 스파이럴형이고, 드릴의 절삭 기구상 이상적인 형상이다.<br>선단각 118° | 드릴 선단에 자기 구심성이 있다. 드릴축에서 외주까지 연속해서 유효한 절삭 작용을 시킨다. | 범용 | 양호 | 양호 |
| 양초 | | 최외주 부분, 중심부가 뾰족하고 볼 밀과 같은 형상으로 단면은 양초의 꼴과 유사하다. | 구심성이 양호하고 관통시에 버가 발생하지 않는다. | 박판 | 양호 | 양호 |
| NC용 날 세우기 | | 보통 형상의 날 세우기에 평면 연삭에 의한 릴리빙을 부가한 형상이다. | 파들기성, 구심성이 뛰어나다. | NC용<br>머시닝센터용 | 양호 | 양호 |

# ③ 리머의 각 부분의 명칭

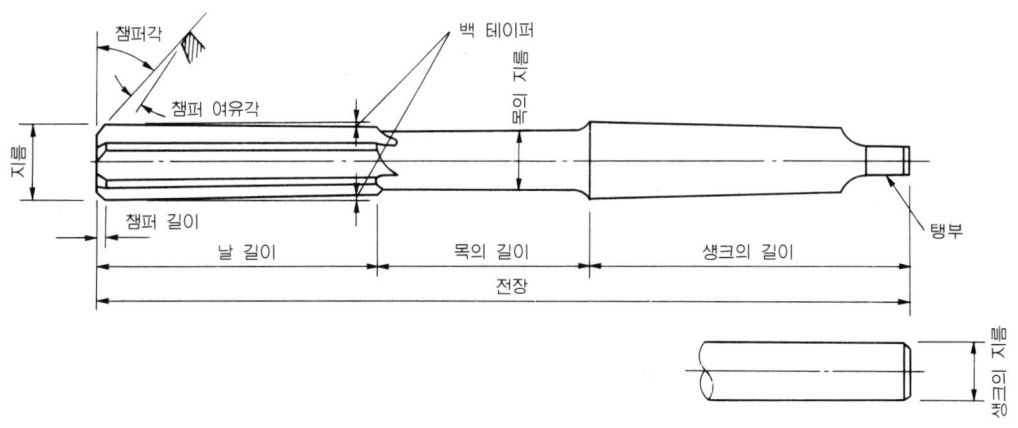

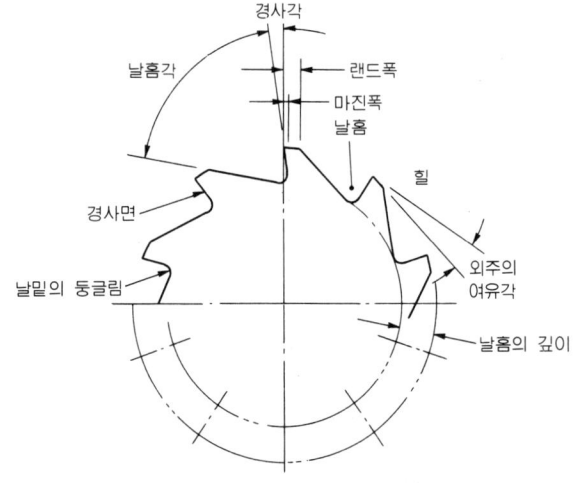

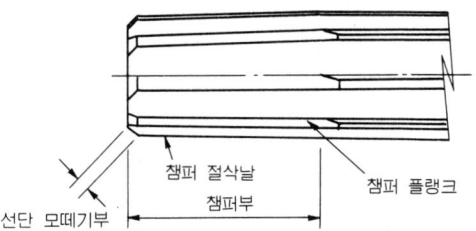

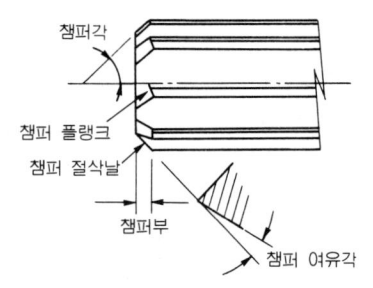

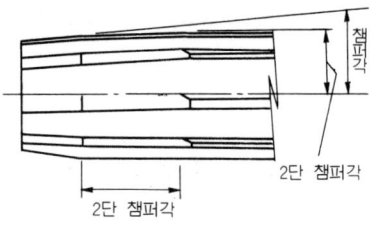

# 4 리머의 절삭 조건

### 하이스 리머의 절삭 조건

| 강 종 | 절삭 속도 (m/min) | 비 고 |
|---|---|---|
| 구조용탄소강 (연) | 5~6 | |
| 합 금 강 (중) | 4~5 | |
| 주 강 (경) | 3~4 | |
| 단 조 강 (경) | 2~3 | |
| 담 금 질 강 (경) | 2~3 | HRC 30~35 |
| 고 속 도 강 | 1.5~3 | SKH 52~55 |
| 주 철 (연) | .6~8 | |
| 주 철 (중) | 5~6 | |
| 주 철 (경) | 4~5 | |
| 동 및 동 합 금 | 8~10 | |
| 알 루 미 늄 (연) | 10~15 | |
| 알 루 미 늄 (경) | 6~10 | |
| 마 그 네 슘 합 금 | 8~10 | |
| 스 테 인 리 스 강 | 3~5 | SUS 304 |

### 하이스 리머의 이송량(mm/rev)

| 리머 지름<br>피삭재 | 1~5 (mm) | 6~20 (mm) | 21~50 (mm) | 51~120 (mm) |
|---|---|---|---|---|
| 강 | 0.2~0.3 | 0.3~0.5 | 0.5~0.6 | 0.6~1.0 |
| 주 철 | 0.3~0.5 | 0.5~1.0 | 1.0~1.5 | 1.5~3.0 |
| 스테인리스 | 0.1~0.2 | 0.2~0.3 | 0.3~0.5 | 0.5~1.0 |
| 강 합 금 | 0.3~0.5 | 0.5~1.0 | 1.0~1.5 | 1.5~3.0 |
| 알루미늄 합금 | 0.3~0.5 | 0.5~1.0 | 1.0~1.5 | 1.5~3.0 |

### 초경 리머의 절삭 조건

| 피삭재 | | 추천 재종 | 리머 지름 (mm) | 절삭 깊이 (mm) | 이 송 (mm/rev) | 절삭 속도 (m/min) |
|---|---|---|---|---|---|---|
| 재료명 | 인장 강도 (kg/mm²) | | | | | |
| 강 재 | ~100 | K 10 | ~10<br>10~25<br>25~40 | 0.02~0.05<br>0.05~0.12<br>0.12~0.2 | 0.15~0.25<br>0.2~0.4<br>0.3~0.5 | 8~12 |
| 강 재 | 100~140 | K 10 | ~10<br>10~25<br>25~40 | 0.02~0.05<br>0.02~0.12<br>0.12~0.2 | 0.12~0.2<br>0.15~0.3<br>0.2~0.4 | 6~10 |
| 주 강 | 40~50 | K 10 | ~10<br>10~25<br>25~40 | 0.02~0.05<br>0.05~0.12<br>0.12~0.2 | 0.15~0.25<br>0.2~0.4<br>0.3~0.3 | 8~12 |
| 주 강 | 50~70 | K 10 | ~10<br>10~25<br>25~40 | 0.02~0.05<br>0.05~0.12<br>0.12~0.2 | 0.12~0.2<br>0.15~0.3<br>0.2~0.4 | 6~10 |
| 주 철 | (경도 HB ~200) | K 10 | ~10<br>10~25<br>25~40 | 0.03~0.06<br>0.05~0.15<br>0.15~0.25 | 0.2~0.3<br>0.3~0.5<br>0.4~0.7 | 8~12<br>10~15 |
| 주 철 | (경도 HB 200~) | K 10 | ~10<br>10~25<br>25~40 | 0.03~0.06<br>0.06~0.15<br>0.15~0.25 | 0.15~0.25<br>0.2~0.4<br>0.3~0.5 | 6~10<br>8~12 |
| 알루미늄 합금 | | K 20 | ~10<br>10~25<br>25~40 | 0.03~0.06<br>0.06~0.15<br>0.15~0.25 | 0.2~0.3<br>0.3~0.5<br>0.4~0.7 | 15~25<br>20~30 |

# ❺ 리머의 측정 방법 1

| 측정 항목 | | 측정 방법 | 약    도 | 측정 기구 |
|---|---|---|---|---|
| 치 수 | 지름 | 외측 마이크로미터 또는 지시 마이크로미터로 리머 선단부의 지름을 측정한다. | | 외측 마이크로미터<br>지시 마이크로미터 |
| | 기준 지름 | 테이퍼도 측정기의 양 센터로 리머를 지지하고, 날부의 작은 끝 또는 큰끝에서 a 또는 b의 위치를 외측 마이크로미터로 측정한다. | | 테이퍼 측정기<br>외측 마이크로미터 |
| | 테이퍼 | 기준 지름(번호 4)을 측정하는 것과 같게 해서, $D_a$ 및 거리 $\ell$로 $D_b$를 측정하고, 다음 식으로 구한다.<br>테이퍼 $= \dfrac{D_b - D_a}{\ell}$ | | |
| | 백 테이퍼 | 지름(번호3)을 측정하는 것과 같게 해서, 선단부의 지름 $D$ 및 날 길이의 약 3/4의 거리 $\ell$로 지름 $D_1$을 측정해서, 다음 식으로 구한다.<br>백 테이퍼 $= \dfrac{D - D_1}{\ell} \times 100$ | | 외측 마이크로미터<br>지시 마이크로미터<br>금속제 곧은자 |
| 흔 들 림 | 외주의 흔들림 | a) 센터 구멍 기준<br>센터대에 설치하고, 외주면에 수직으로 다이얼 게이지를 댄 뒤, 리머를 돌려서 각 날의 다이얼 게이지의 눈금을 읽는다. | | 센터대<br>정밀 정반<br>다이얼 게이지 |
| | | b) 테이퍼 섕크 기준<br>리머를 테이퍼 게이지에 삽입해서 V 블록으로 지지하고, 테이퍼 게이지를 돌려서 a)와 같이 측정한다. | | V 블록<br>정밀 정반<br>테이퍼 게이지<br>다이얼 게이지<br>강구 |

# ⑥ 리머의 측정 방법 2

| 측정 항목 | | 측정 방법 | 약 도 | 측정 기구 |
|---|---|---|---|---|
| 흔들림 | 외주의 흔들림 | c) 테이퍼 구멍 기준<br>테이퍼 아버에 리머를 삽입해서 센터대에 설치하고, 리머의 닿는면에 수직으로 다이얼 게이지를 대서 그 눈금을 읽는다. 다음으로 리머를 돌려서 마찬가지로 각 날의 다이얼 게이지의 눈금을 읽는다. | 정밀 정반 | 센터대<br>정밀 정반<br>테이퍼 아버<br>다이얼 게이지 |
| | 챔퍼부의 흔들림 | 외주의 흔들림과 같게 해서, 챔퍼부의 절삭날에 수직으로 다이얼 게이지를 대고, 리머를 돌려서 각 날의 다이얼 게이지의 눈금을 읽는다. | | 센터대<br>정밀 정반<br>테이퍼 게이지<br>테이퍼 아버<br>다이얼 게이지<br>강구 |
| 각도 | 챔퍼각 | 공구 현미경에 설치해서, 현미경의 경통내의 헤어 라인과 절삭날을 일치시켜서, 그의 회전각을 읽어낸다. | 챔퍼각 | 공구 현미경 |
| | 경사각 | 센터대에 설치하고, 다이얼 게이지로 $\ell$ 사이의 $h$를 측정하고, 경사각 $\beta$를 다음 식으로 계산한다.<br>$\beta = \tan^{-1} \dfrac{h}{\ell}$ | | 센터대<br>다이얼 게이지<br>스케일 |
| | 여유각 | 센터대에 설치하고, 다이얼 게이지로 $\ell$ 사이의 $h$를 측정하고, 여유각 $\alpha$를 다음 식으로 계산한다.<br>$\alpha = \tan^{-1} \dfrac{h}{\ell}$ | | 센터대<br>다이얼 게이지<br>스케일 |

# 7 탭의 각 부분의 명칭

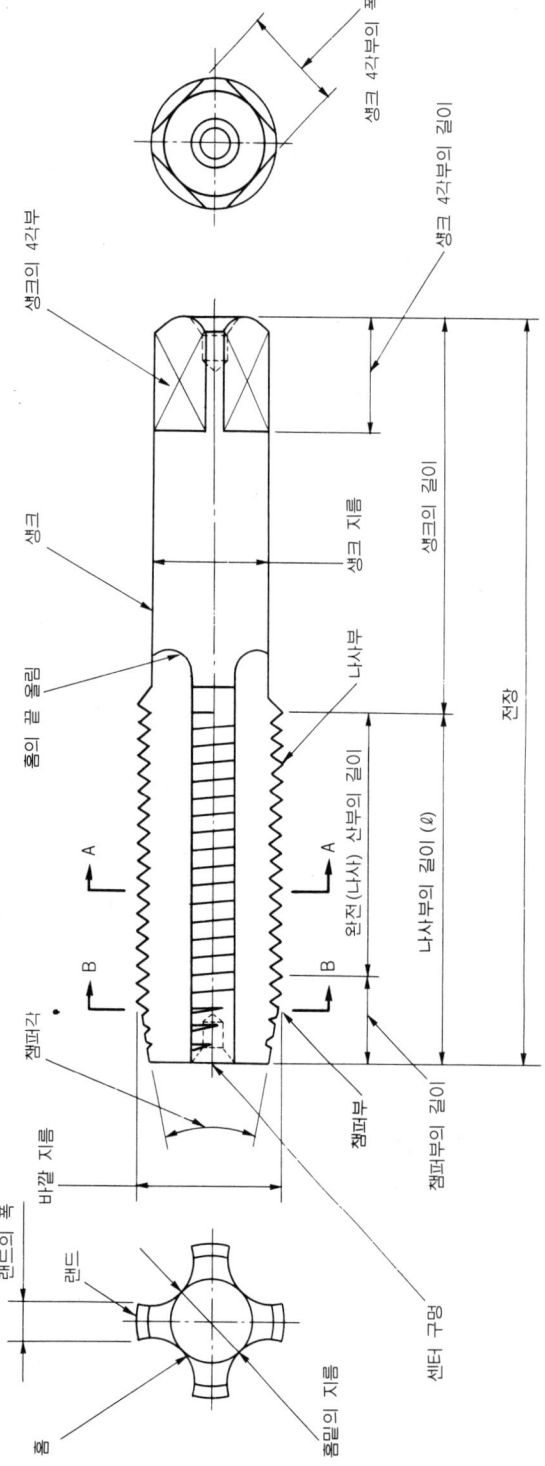

■ 나사산의 릴리프와 경사각

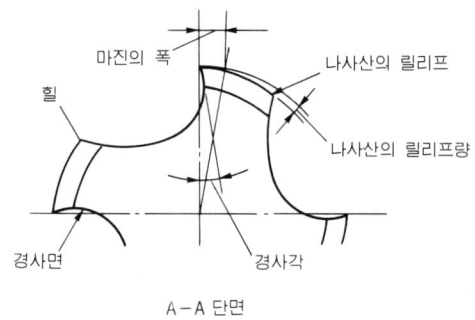

A-A 단면

■ 챔퍼부의 릴리프

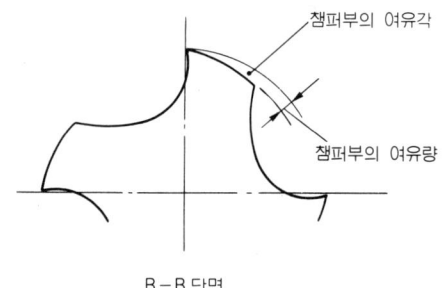

B-B 단면

■ 챔퍼부의 길이와 챔퍼각

| 탭 의 종 류 | 챔퍼부의 길이 | 챔퍼각 |
|---|---|---|
| 핸 드 탭   선 | 9산 | 약 4° |
| 핸 드 탭   중 | 5산 | 약 7.5° |
| 핸 드 탭  다듬질 | 1.5산 | 약 24° |
| 너    트    탭 | 나사부의 길이의 75% | 약 1.5° |
| 관용 테이퍼 나사용 탭 | 2.5산 | 약 20° |
| 관용 평형 나사용 탭 | 4산 | 약 11° |
| 스 파 이 럴   탭 | 2.5산 | 약 15° |
| 포  인  트   탭 | 5산 | 약 7.7° |

# 8 나사내기 구멍 지름

**■ 미터 보통 나사**  (단위 : mm)

| 나사의 호칭 | 드릴 지름 | 2급 나사내기 구멍 지름 | 2급 암나사 안지름 최소 치수 | 2급 암나사 안지름 최대 치수 |
|---|---|---|---|---|
| M 1 ×0.25 | 0.75 | 0.78(80%) | 0.729 | 0.785 |
| 1.1×0.25 | 0.85 | 0.88(80%) | 0.829 | 0.885 |
| 1.2×0.25 | 0.95 | 0.98(80%) | 0.929 | 0.985 |
| 1.4×0.3 | 1.1 | 1.14(80%) | 1.075 | 1.142 |
| 1.6×0.35 | 1.25 | 1.32(75%) | 1.221 | 1.321 |
| 1.7×0.35 | 1.35 | 1.42(75%) | 1.321 | 1.421 |
| 1.8×0.35 | 1.45 | 1.52(75%) | 1.421 | 1.521 |
| 2 ×0.4 | 1.6 | 1.65(80%) | 1.567 | 1.679 |
| 2.2×0.45 | 1.75 | 1.83(75%) | 1.713 | 1.838 |
| 2.3×0.4 | 1.9 | 1.97(75%) | 1.867 | 1.979 |
| 2.5×0.45 | 2.1 | 2.13(75%) | 2.013 | 2.138 |
| 2.6×0.45 | 2.2 | 2.23(75%) | 2.113 | 2.238 |
| 3 ×0.6 | 2.4 | 2.42(90%) | 2.280 | 2.440 |
| 3 ×0.5 | 2.5 | 2.59(75%) | 2.459 | 2.599 |
| 3.5×0.6 | 2.9 | 3.01(75%) | 2.850 | 3.010 |
| 4 ×0.75 | 3.25 | 3.31(85%) | 3.106 | 3.326 |
| 4 ×0.7 | 3.3 | 3.39(80%) | 3.242 | 3.422 |
| 4.5×0.75 | 3.8 | 3.85(80%) | 3.688 | 3.878 |
| 5 ×0.9 | 4.1 | 4.17(85%) | 3.930 | 4.170 |
| 5 ×0.8 | 4.2 | 4.31(80%) | 4.134 | 4.334 |
| 5.5×0.9 | 4.6 | 4.67(85%) | 4.430 | 4.670 |
| 6 ×1 | 5 | 5.13(80%) | 4.917 | 5.153 |
| 7 ×1 | 6 | 6.13(80%) | 5.917 | 6.153 |
| 8 ×1.25 | 6.8 | 6.85(85%) | 6.647 | 6.912 |
| 9 ×1.25 | 7.8 | 7.85(85%) | 7.647 | 7.912 |
| 10 ×1.5 | 8.5 | 8.62(85%) | 8.376 | 8.676 |
| 11 ×1.5 | 9.5 | 9.62(85%) | 9.376 | 9.676 |
| 12 ×1.75 | 10.3 | 10.40(85%) | 10.106 | 10.441 |
| 14 ×2 | 12 | 12.2 (85%) | 11.835 | 12.210 |
| 16 ×2 | 14 | 14.2 (85%) | 13.835 | 14.210 |
| 18 ×2.5 | 15.5 | 15.7 (85%) | 15.294 | 15.744 |
| 20 ×2.5 | 17.5 | 17.7 (85%) | 17.294 | 17.744 |
| 22 ×2.5 | 19.5 | 19.7 (85%) | 19.294 | 19.744 |
| 24 ×3 | 21 | 21.2 (85%) | 20.752 | 21.252 |
| 27 ×3 | 24 | 24.2 (85%) | 23.752 | 24.252 |
| 30 ×3.5 | 26.5 | 26.6 (90%) | 26.211 | 26.771 |
| 33 ×3.5 | 29.5 | 29.6 (90%) | 29.211 | 29.771 |
| 36 ×4 | 32 | 32.1 (90%) | 31.670 | 32.270 |
| 39 ×4 | 35 | 35.1 (90%) | 34.670 | 35.270 |
| 42 ×4.5 | 37.5 | 37.6 (90%) | 37.129 | 37.799 |
| 45 ×4.5 | 40.5 | 40.6 (90%) | 40.129 | 40.799 |
| 48 ×5 | 43 | 43.1 (90%) | 42.587 | 43.297 |

**■ 미터 가는 눈 나사**  (단위 : mm)

| 나사의 호칭 | 드릴 지름 | 2급 나사내기 구멍 지름 | 2급 암나사 안지름 최소 치수 | 2급 암나사 안지름 최대 치수 |
|---|---|---|---|---|
| M 2.5×0.35 | 2.2 | 2.22(75%) | 2.121 | 2.221 |
| 3 ×0.35 | 2.7 | 2.72(75%) | 2.621 | 2.721 |
| 3.5×0.35 | 3.2 | 3.22(75%) | 3.121 | 3.221 |
| 4 ×0.5 | 3.5 | 3.59(75%) | 3.459 | 3.599 |
| 4.5×0.5 | 4 | 4.09(75%) | 3.959 | 4.099 |
| 5 ×0.5 | 4.5 | 4.59(75%) | 4.459 | 4.599 |
| 5.5×0.5 | 5 | 5.09(75%) | 4.959 | 5.099 |
| 6 ×0.75 | 5.3 | 5.35(80%) | 5.188 | 5.378 |
| 7 ×0.75 | 6.3 | 6.35(80%) | 6.188 | 6.378 |
| 8 ×1 | 7 | 7.13(80%) | 6.917 | 7.153 |
| 8 ×0.75 | 7.3 | 7.35(80%) | 7.188 | 7.378 |
| 9 ×1 | 8 | 8.13(80%) | 7.917 | 8.153 |
| 9 ×0.75 | 8.3 | 8.35(80%) | 8.188 | 8.378 |
| 10 ×1.25 | 8.8 | 8.85(85%) | 8.647 | 8.912 |
| 10 ×1 | 9 | 9.13(80%) | 8.917 | 9.153 |
| 10 ×0.75 | 9.3 | 9.35(80%) | 9.188 | 9.378 |
| 11 ×1 | 10 | 10.13(80%) | 9.917 | 10.153 |
| 11 ×0.75 | 10.3 | 10.35(80%) | 10.188 | 10.378 |
| 12 ×1.5 | 10.5 | 10.62(85%) | 10.376 | 10.676 |
| 12 ×1.25 | 10.8 | 10.85(85%) | 10.647 | 10.912 |
| 12 ×1 | 11 | 11.13(80%) | 10.917 | 11.153 |
| 14 ×1.5 | 12.5 | 12.62(85%) | 12.376 | 12.676 |
| 14 ×1 | 13 | 13.13(80%) | 12.917 | 13.153 |
| 15 ×1.5 | 13.5 | 13.62(85%) | 13.376 | 13.676 |
| 15 ×1 | 14 | 14.13(80%) | 13.917 | 14.153 |
| 16 ×1.5 | 14.5 | 14.62(85%) | 14.376 | 14.676 |
| 16 ×1 | 15 | 15.13(80%) | 14.917 | 15.153 |
| 17 ×1.5 | 15.5 | 15.62(85%) | 15.376 | 15.676 |
| 17 ×1 | 16 | 16.13(80%) | 15.917 | 16.153 |
| 18 ×2 | 16 | 16.2 (85%) | 15.835 | 16.210 |
| 18 ×1.5 | 16.5 | 16.62(85%) | 16.376 | 16.676 |
| 18 ×1 | 17 | 17.13(80%) | 16.917 | 17.153 |
| 20 ×2 | 18 | 18.2 (85%) | 17.835 | 18.210 |
| 20 ×1.5 | 18.5 | 18.62(85%) | 18.376 | 18.676 |
| 20 ×1 | 19 | 19.13(80%) | 18.917 | 19.153 |
| 22 ×2 | 20 | 20.2 (85%) | 19.835 | 20.210 |
| 22 ×1.5 | 20.5 | 20.62(85%) | 20.376 | 20.676 |
| 22 ×1 | 21 | 21.13(80%) | 20.917 | 21.153 |
| 24 ×2 | 22 | 22.2 (85%) | 21.835 | 22.210 |
| 24 ×1.5 | 22.5 | 22.62(85%) | 22.376 | 22.676 |
| 24 ×1 | 23 | 23.13(80%) | 22.917 | 23.153 |
| 25 ×2 | 23 | 23.2 (85%) | 22.835 | 23.210 |
| 25 ×1.5 | 23.5 | 23.62(85%) | 23.376 | 23.676 |
| 25 ×1 | 24 | 24.13(80%) | 23.917 | 24.153 |
| 26 ×1.5 | 24.5 | 24.62(85%) | 24.376 | 24.676 |
| 27 ×2 | 25 | 25.2 (85%) | 24.835 | 25.210 |

### 역자 소개

**김하룡**
- 일본 요코하마공과대학 기계학과 졸업
- 서울교육위원회 장학사
- 서울공업고등학교 교감
- 서울직업학교 교장
- 서울 대림중학교 교장 정년 퇴임

기계 가공 기술 시리즈 No.1
# 구멍 가공용 공구의 모든 것

1996. 9. 11. 1판 1쇄 발행
2016. 1. 12. 2판 1쇄 발행
**2021. 3. 15. 2판 3쇄 발행**

지은이 | 툴엔지니어 편집부
옮긴이 | 김하룡
펴낸이 | 이종춘
펴낸곳 | BM (주)도서출판 **성안당**
주소 | 04032 서울시 마포구 양화로 127 첨단빌딩 3층(출판기획 R&D 센터)
     | 10881 경기도 파주시 문발로 112 파주 출판 문화도시(제작 및 물류)
전화 | 02) 3142-0036
     | 031) 950-6300
팩스 | 031) 955-0510
등록 | 1973. 2. 1. 제406-2005-000046호
출판사 홈페이지 | www.cyber.co.kr
ISBN | 978-89-315-3620-1 (13550)
정가 | 25,000원

이 책을 만든 사람들
책임 | 최옥현
진행 | 이희영
교정·교열 | 류지은
전산편집 | 이지연
표지 디자인 | 박원석
홍보 | 김계향, 유미나
국제부 | 이선민, 조혜란, 김혜숙
마케팅 | 구본철, 차정욱, 나진호, 이동후, 강호묵
마케팅 지원 | 장상범, 박지연
제작 | 김유석

이 책의 어느 부분도 저작권자나 BM (주)도서출판 **성안당** 발행인의 승인 문서 없이 일부 또는 전부를 사진 복사나 디스크 복사 및 기타 정보 재생 시스템을 비롯하여 현재 알려지거나 향후 발명될 어떤 전기적, 기계적 또는 다른 수단을 통해 복사하거나 재생하거나 이용할 수 없음.

■ 도서 A/S 안내

성안당에서 발행하는 모든 도서는 저자와 출판사, 그리고 독자가 함께 만들어 나갑니다.
좋은 책을 펴내기 위해 많은 노력을 기울이고 있습니다. 혹시라도 내용상의 오류나 오탈자 등이 발견되면 **"좋은 책은 나라의 보배"**로서 우리 모두가 함께 만들어 간다는 마음으로 연락주시기 바랍니다. 수정 보완하여 더 나은 책이 되도록 최선을 다하겠습니다.
성안당은 늘 독자 여러분들의 소중한 의견을 기다리고 있습니다. 좋은 의견을 보내주시는 분께는 성안당 쇼핑몰의 포인트(3,000포인트)를 적립해 드립니다.

잘못 만들어진 책이나 부록 등이 파손된 경우에는 교환해 드립니다.